钱广荣伦理学著作集　第五卷

道德智慧论

DAODE ZHIHUI LUN

钱广荣　著

安徽师范大学出版社
ANHUI NORMAL UNIVERSITY PRESS
·芜湖·

图书在版编目(CIP)数据

道德智慧论 / 钱广荣著.— 芜湖:安徽师范大学出版社,2023.1(2023.5重印)
(钱广荣伦理学著作集;第五卷)
ISBN 978-7-5676-5793-9

Ⅰ.①道… Ⅱ.①钱… Ⅲ.①道德建设–中国–文集 Ⅳ.①B82-53

中国版本图书馆CIP数据核字(2022)第217838号

道德智慧论　　　　　　　　　　钱广荣◎著

责任编辑:胡志立　　　　　责任校对:陈　艳
装帧设计:张德宝　　　　　责任印制:桑国磊
出版发行:安徽师范大学出版社
　　　　　芜湖市北京东路1号安徽师范大学赭山校区
网　　址:http://www.ahnupress.com/
发 行 部:0553-3883578　5910327　5910310(传真)
印　　刷:江苏凤凰数码印务有限公司
版　　次:2023年1月第1版
印　　次:2023年5月第2次印刷
规　　格:700 mm×1000 mm　1/16
印　　张:26.5　　插　页:2
字　　数:409千字
书　　号:ISBN 978-7-5676-5793-9
定　　价:168.00元

凡发现图书有质量问题,请与我社联系(联系电话:0553-5910315)

出版前言

钱广荣，生于 1945 年，安徽巢湖人，安徽师范大学马克思主义学院教授、博士生导师，"全国百名优秀德育工作者"，国家级精品课程"马克思主义伦理学"课程负责人。在安徽师范大学曾先后任政教系辅导员、德育教研部主任、经济法政学院院长、安徽省高校人文社会科学重点研究基地安徽师范大学马克思主义研究中心主任。出版学术专著《中国道德国情论纲》《中国道德建设通论》《中国伦理学引论》《道德悖论现象研究》《思想政治教育学科建设论丛》等 8 部，主编通用教材 12 部，在《哲学研究》《道德与文明》等刊物发表学术论文 200 余篇。

钱广荣先生是国内知名的伦理学研究专家。为了系统整理、全面展现钱先生在伦理学和思想政治教育领域的主要学术成果，我社在安徽师范大学及马克思主义学院的大力支持下，将钱先生的著作、论文合成《钱广荣伦理学著作集》。钱先生的这些学术成果在学界均具有广泛而持久的影响，本次结集出版，对促进我国伦理学和思想政治教育学科建设与人才培养具有重要意义。

《钱广荣伦理学著作集》共十卷本：第一卷《伦理学原理》，第二卷《伦理应用论》，第三卷《道德国情论》，第四卷《道德矛盾论》，第五卷《道德智慧论》，第六卷《道德建设论》，第七卷《道德教育论》，第八卷《学科范式论》，第九卷《伦理沉思录 上》，第十卷《伦理沉思录 下》。这次结集出版，年事已高的钱先生对部分内容又作了修订。

　　由于本次收录的著作、论文大多已经公开出版或者发表，在编辑过程中，我们尽量遵从作品原貌，这也是对在学术田野上辛勤劳作近五十年的钱先生的尊重。由于编辑学养等方面的原因，文集难免有文字讹错之处，敬请方家批评指出，以便今后修订重印时改正。

安徽师范大学出版社

二〇二二年十月

总　序

一

第一次见到钱老师，是在我大学二年级的人生哲理课上。老师说，从这一年开始，他将在他的教学班推选一名课代表。这个想法说出来之后，几乎所有的学生都把头低了下去，教室里鸦雀无声。我偷偷地抬起头来，看到大家这样的状态，心里有些窃喜，因为我真的很想当这个课代表，只是不好意思一开始就主动说出来，于是我小声地跟坐在身边的班长说："我想当课代表。"没想到班长仿佛抓到了救命稻草一样，迅速站起来，指着我大声地说："他想当课代表！"课间休息时，我找到老师，一股脑儿把自己内心长期以来积累的思想上的小障碍"倾倒"给老师，期望他一下子能帮助我解决所有的问题，而这正是我主动要当课代表的初衷。老师和蔼地说："你的问题确实不少，可这不是一下子能解决的。这样吧，我有一个资料室，课后你跟我一起过去看看，我给你一项特权，每次可以从资料室借两本书带回去看，看完后再来换。你一边看书，我们一边交流，渐渐地你的这些问题就会解决了。"从此，我跟着老师的脚步，一步一步地走进了思想政治教育的领域，毕业后幸运地留在了老师的身边，成为思想政治教育战线上的一员。

转眼之间，我已经工作了三十年，从一个充满活力的青年小伙变成了一个头发灰白的小老头，本可以继续享用老师的恩泽，在思想政治教育领域徜徉，不料老师却在一次外出讲学时罹患脑梗，聆听老师充满激情的教诲的机会戛然而止，我们这些弟子义不容辞地承担起老师手头正在整理文稿的工作。

老师说："你把序言写一下吧，就你写合适。"我看着老师鼓励的眼神，掂量着自己的分量，尤其想到多年来，在思想政治教育领域学习、实践、深造，每一步都得益于老师的指点和影响，尽管我自己觉得，像文集这样的巨著，我来作序是不合适的，但从一个弟子的视角来表达对老师的尊重和挚爱，归纳自己对老师学术贡献的理解，不也有特殊的价值吗？更何况，这些年，我也确实见证了老师在学术领域走出的坚实步伐，留下的清晰印迹。于是，我坚定地点点头说："好，老师，我试一试。"

二

老师生于1945年的巢湖农村，"文革"前考入当时的合肥师范学院，毕业后在安徽师范大学工作。老师开始时从事行政管理工作，先后做过辅导员、团总支书记。1982年，学校在校党委宣传部下设立了思想政治教育教研室，老师是这个教研室最早的成员之一。后来随着教研室的调整升级，老师担任德育教研部主任。从原来的科级单位建制，3个成员，到处级建制的德育教研部，成员最多时达到13人，在老师的带领下，德育教研部成为一个和谐、快乐的战斗集体，为全校学生教授"大学生思想道德修养""人生哲理""法律基础""教师伦理学"四门公共课。老师一直是全省高校《大学生思想道德修养》教材的主编，在教师伦理学领域同样颇有建树，是当时安徽省伦理学学会第五届、第六届副会长。

受当时大环境的影响，老师从事科研工作是比较晚的，但是因为深知思想政治教育教学的不易，所以老师要求每一位来到德育教研部的新教师"首先要站稳讲台"。我清晰地记得，当我去德育教研部向老师报到的时候，老师就很和蔼地告诉我，为了讲好课，我得先到中文系去做辅导员。

我当时并不理解，自己是来当教师的，为什么要去做辅导员工作呢？老师说："如果你想讲好思想政治理论课，就必须去一线做一次辅导员，因为只有这样才能深入了解和认识教育对象。"老师亲自将我送回我毕业的中文系，中文系时任副书记胡亏生老师安排我担任93级汉语言文学专业60名学生的辅导员。正是因为有了这样的经历，我从此与学生结下了不解之缘，这不仅涵养了我的师生情怀，还培育了我的师德和师魂。

用老师自己的话说，他是逐步意识到科研对于教学的价值的。我最初看到的老师的作品是1991年发表在《道德与文明》第1期上的《"私"辨——兼谈"自私"不是人的本性》这篇文章。后来读到的早期作品印象比较深刻的是老师主编的《德育主体论》和独著的《学会自尊》，现在都通过整理收录在文集中。和所有的学者一样，老师从事科研也是慢慢起步的，后来的不断拓展和丰富都源于多年的教学实践。教学实践中遇到的问题逐步启发了老师的问题意识，从而铸就了他"崇尚'问题教学'和'问题研究'的心志和信仰"。与一般学者不同的是，老师从事科研后就没有停下过脚步，做科研不是为了职称评审而敷衍了事，而是为了把工作做得更好，不断深入和拓展研究的领域，直至不得不停下手中的笔。老师的收官之作是发表在国内一流期刊《思想理论教育导刊》2019年第2期上的《"以学生为本"还是"以育人为本"——澄明新时代高校思想政治教育的学理基础》这篇文章。前后两百多篇著述，为了学生，围绕学生，也诠释了老师潜心科研的心路历程。因为他发现，"能够令学子信服和接受的道德知识和理论其实多不在书本结论，而在科学的方法论，引导学子学会科学认识和把握道德现象世界的真实问题，才是伦理学教学和道德教育的真谛所在。"也正是这个发现，成为老师一生勤耕的动力，坚实的脚步完美注解了"全国百名优秀德育工作者"的荣誉称号。

三

一个人在学术领域站住脚并产生一定的学术影响力，大约需要多长时间，没有人专门地研究过。但就我的老师而言，我却是真切地感受到老师在学术之路跋涉的艰辛。如今将所有的科研成果集结整理出版十卷本，三百多万字，内容主要涉及伦理学和思想政治教育两个领域，主要包括伦理学、思想政治理论、思想政治理论教育教学、辅导员工作四个方面，如此丰厚的著述令人钦佩！其中艰辛探索所积累的经验值得我们认真地总结和借鉴。总起来说，有两个研究的路向是我们可以从老师的研究历程中梳理出来的。

一是以教学中遇到的现实问题为导向，深入思考，认真研究，逐个解决。

对于一个初学者来说，科研之路从哪里开始呢？"我们不知道该写什么"这样的问题几乎所有的初学者都曾遇到过。从遇到的现实问题入手，这是我的老师首先选择的路。

从老师公开发表的论文中，我们可以清晰地看到老师在教学过程中不断思考的足迹。就老师长期教授的"大学生思想道德修养"课程来说，主要内容包括适应教育、理想教育、爱国主义教育、人生观教育、价值观教育和道德观教育六个部分。从老师公开发表的论文看，可以比较清晰地看出老师在教学过程中的相应思考。老师在1997年《中国高教研究》第1期发表《大学新生适应教育研究》一文，从大学生到校后遇到的生活、学习、交往、心理四个方面的问题入手，提出针对性的对策，回应教学中面对的大学新生适应教育问题。针对大学生的理想教育，老师在1998年《安徽师大学报》（哲学社会科学版）第1期发表《社会主义初级阶段要重视共同理想教育》一文，直接回应高校对大学生开展理想教育应注意的核心问题。爱国主义教育如何开展？老师早在1994年就在《安徽师大学报》（哲学社会科学版）第4期发表《陶行知的爱国思想述论》一文，通过讨论陶行知先生的爱国思想为课堂教学中的爱国主义教育提供参考。而关于道德教育，老师的思考不仅深入而且全面，这也是老师能够在国内伦理学界占有一席之地的基础。对学生进行道德教育是"大学生思想道德修养"这门课程的主要内容之一，也是伦理学的主要话题。教材用宏大叙事的方式，简约而宏阔地将中华民族几千年的道德样态描述出来，从理论的角度对道德的原则和要求进行了粗略的论述，而这些与大学生的现实需要有较大距离。为了把课讲好，老师就结合实际经验，逐步进行理论思考。从1987年开始，先后发表了《我国古代德智思想概观》（《上饶师专学报》社会科学版1987年第3期）、《略论坚持物质利益原则与提倡道德原则的统一》（《淮北煤师院学报》社会科学版1987年第3期）、《"私"辨——兼谈"自私"不是人的本性》（《道德与文明》1991年第1期）、《中国早期的公私观念》（《甘肃社会科学》1996年第4期）、《论反对个人主义》（《江淮论坛》1996年第6期）、《怎样看"中国集体主义"？——与陈桐生先生商榷》（《现代哲学》2000年第4期）、《关于坚持集体主义的几个基本理论认识问题》（《当代世界与社会主义》2004年第5期）。这七篇论文的发表，为老师讲好道德问题奠定了厚实的基础。正如老师在他的《"做学问"要有问题意识——兼谈高校辅导员的人生成长》（《高校辅导员学刊》2010年第1期）一文中所说的那样："带着问题意识，在认识问题中提升自己的思维品质，丰富自己的知识宝库，在解决问题中培育自己的实践智慧，提升自己的实践能力，是一切民族（社会）和人成长与成功的实际轨迹，也是人类不断走向文明进步的基本经验（包括人生经验）。"正是因为这种强烈的问题意识，成就了老师在伦理学和思想政治教育两个领域的地位，也给予所有学人一条宝贵经验——工作从哪里开始，科研就从哪里起步。

二是以生活中遇到的社会问题为导向，整体谋划，潜心研究，逐步展开。

管理学之父彼得·德鲁克说："人们都是根据自己设定的目标和要求成长起来的，知识工作者更是如此。"根据德鲁克的认识指向，目前高校的教师群体大致可以划分为三类：一类是主动设定人生奋斗目标的人，他们大多年纪轻轻就能在自己从事的学科领域崭露头角建树不凡；一类是在前进中逐步设定目标的人，他们虽然起步慢，但一直在跋涉，多见于大器晚成者；还有一类是基本没有什么目标，总是跟随大家一道前进的人。从人生奋斗的轨迹看，我的老师应该属于第二类人群。从他公开发表的科研成果的时间看，这一点毋庸置疑。从科研成果所涉及的研究领域看，这一点也是十分明显的。这种逐步设定人生目标的奋斗历程，对于普通大众来说具有可借鉴性，对于后学者而言更具有学习价值。

老师在逐步解决教学实际问题的过程中，渐渐地开始着迷于社会道德问题研究。20世纪末，我国正处于改革开放初期，东西方文明交融互鉴的过程中，在没有现成经验的条件下，难免会出现一些"失范"现象。当时的道德建设在社会主义市场经济建设的大背景下到底是处于"爬坡"还是"滑坡"的状态，处在象牙塔中的高校学子该如何面对社会道德变化的现实，诸如此类的问题，都成为老师在教学过程中主动思考的内容，并且逐步形成了自己独特的科研方向和领域。这一点，我们可以通过老师先后完成的三项国家社科基金项目来识读老师科研取得成功的清晰路径。

其一，中国道德国情研究。社会主义市场经济建设新时期如何进行道德建设？老师积极参与了当时的大讨论。他认为，我国当前道德生活中存在着不少问题，其原因是中华民族传统道德与"新"道德观念的融合与冲突同时存在，纠葛难辨。存在这些问题是社会转型时期的必然现象，是由道德的历史继承性特征及中国的国情决定的。《论我国当前道德建设面临的问题》（《北京大学学报》哲学社会科学版1997年第6期）一文明确提出：解决问题的根本途径是建设有中国特色的社会主义道德体系。《国民道德建设简论》（《安庆师院社会科学学报》1998年第4期）一文进一步提出：国民道德建设当前应着重抓好儿童和青少年的学业道德的养成教育，克服夸夸其谈之弊；抓紧职业道德建设，尤其是以"做官"为业的干部道德教育；抓紧伦理制度建设，建立道德准则的检查与监督制度。接着，《五种公私观与社会主义初级阶段的道德建设》（《安徽师范大学学报》人文社会科学版1999年第1期）一文提出：当前的道德建设应当把倡导先公后私、公私兼顾作为常抓不懈的中心任务。做了这些之后，老师还觉得不够，认为这条路径最终可能会导致"公说公有理，婆说婆有理"，并不能为当时的道德建设提供有益的参考。受毛泽东思想的深刻影响，他认为只有通过调查研究，实事求是，一切从实际出发，才能找到合适的道德建设的路径。于是，他在已经获得的研究成果的基础上，提出了中国道德国情研究的思路，并深刻指出，我们只有像党的领袖当年指导革命战争和在新时期指导社会主义现代化建设那样，从研究中国道德国情的实际出发，才能把握中国道德的整体状况，提出当代中国道德建设的基本方案。几乎就是从这里开始，老师的科研成果呈现出一个新特点，不再是以前那样一篇一篇地写，一个问题一个问题地提出和解决，而是以"问题束"的形式出现，就像老师日常告诉我们的那样，"一发就是一梭子"。这"第一梭子"，"发射"在世纪之交的 2000 年，老师一口气发表了《"道德中心主义"之我见——兼与易杰雄教授商榷》（《阜阳师范学院学报》社会科学版 2000 年第 1 期）、《道德国情论纲》（《安徽师范大学学报》人文社会科学版 2000 年第 1 期）、《中国传统道德的双重价值结构》（《安徽大学学报》哲学社会科学版 2000 年第 2 期）、《关于中国法治的几个认识问题》（《淮北煤师院学报》哲学社会科学版 2000 年第 2 期）、《中国传统道德的制度化特质及其意义》（《安徽农业大学学报》社会科学版 2000 年第 2 期）、《偏差究竟在哪里？——与夏业良先生商榷》（《淮南工业学院学报》社会科学版 2000 年第 3 期）、《"德治"平议》（《道德与文明》2000 年第 6 期）七篇科研论文。紧接着在后面的五年，老师又先后公开发表近 20 篇相关的研究论文，从不同角度讨论新时期道德建设问题。

其二，道德悖论现象研究。老师笔耕不辍，在享受这种乐趣的同时，也很快找到了第二个重要的"问题束"的线索——道德悖论。以《道德选择的价值判断与逻辑判断》《关于伦理道德与智慧》两篇文章为起点，老师正式开启了道德悖论现象的研究之路。有了第一次获批国家社科基金项目的经验，这一次，老师不再是一个人单干，而是带着一个团队一起干。他将身边的同仁和自己的研究生聚集起来，相互交流切磋，相互砥砺奋进，从道德悖论现象的基本理论、中国伦理思想史上的道德悖论问题、西方伦理思想史上的道德悖论问题、应用伦理学视野内的道德悖论问题四个方向或层面展开，各个成员争相努力，研究成果陆续问世，一度出现"井喷"态势。到项目结项时，围绕道德悖论现象，团队成员公开发表论文四十多篇，现在部分被收录在文集第四卷中。

这一次，老师也不再是"摸着石头过河"，而是直面问题："悖论是一种特殊的矛盾，道德悖论是悖论的一个特殊领域。所谓道德悖论，就是这样的一种自相矛盾，它反映的是一个道德行为选择和道德价值实现的结果同时出现善与恶两种截然不同的特殊情况。"他明确地指出，自古以来，中国人对道德悖论普遍存在的事实及道德进步其实是社会和人走出道德悖论的结果这一客观规律，缺乏理性自觉，没有形成关于道德悖论的普遍意识和认知系统，伦理思维和道德建设的话语系统中缺乏道德悖论的概念，社会至今没有建立起分析和排解道德悖论的机制。因此，研究和阐明道德悖论的一些基本问题，对于认清当代中国社会道德失范的真实状况，促进社会和个人的道德建设，是很有必要的。老师自信满满地说："道德悖论问题的提出及其研究的兴起，是当代中国社会改革与发展的实践对伦理思维发出的深层呼唤……是立足于真实的'生活世界'的发现，表达了当代中国知识分子运用唯物史观审思国家和民族振兴之途所遇挑战和机遇的伦理情怀。"

从道德悖论问题的提出到现在编纂集结，已经过去十几个年头，道德悖论现象研究这一引人入胜的当代学术话题，到底研究到了什么程度呢？老师不无遗憾地说，至今还处在"提出问题"的阶段。不仅一些重要的问题只是浅尝辄止，而且还有不少处女地尚未开发。但是，老师依然充满信心，因为正如爱因斯坦所说，提出一个问题往往比解决一个问题更重要，解决一个问题也许是一个数学上的或实验上的技能而已，而提出新的问题，从新的角度去看旧的问题，却需要创造性的想象力，它标志着科学的真正进步。因此，要真正解决它，尚需有志的后学者们积极跟进，坚持不懈，不断拓展和深入。

其三，道德领域突出问题及应对研究。通过主持道德国情研究和道德悖论研究两个国家社科基金项目，老师不仅获得了丰富的科研经验，而且积累了更为厚实的学术基础。深厚的学养没有使老师感到轻松，相反，更增加了他的使命感。道德领域以及其他不同领域突出存在的道德问题，都成为老师关注的焦点。于是，通过深入的思考和打磨，"道德领域突出问题及应对"研究应运而生，并于2013年获得国家社科基金重点项目的立项。

与道德悖论问题的研究不同，"道德领域突出问题及应对"研究不仅涉及道德领域的突出问题，而且关涉不同领域存在的道德问题，所涉及的面远比道德悖论问题面广量多，单靠老师一个人来研究，显然是不能完成的。从某种程度上来说，老师是用自己敏锐的洞察力探得了一个"富矿"，并号召和带领一群有识之士来共同完成这个"富矿"的开采。因此，老师把主要精力用在了理论剖析上，先后发表了《道德领域及其突出问题的学理分析》（《成都理工大学学报》社会科学版2014年第2期）、《道德领域突出问题应对与道德哲学研究的实践转向》（《安徽师范大学学报》人文社会科学版2014年第1期）、《"基础"课应对当前道德领域突出问题的若干思考》（《思想理论教育导刊》2014年第4期）、《应对当前道德领域突出问题的唯物史观研究》（《桂海论丛》2015年第1期）四篇论文。在上述论文中，老师深刻指出：道德领域之所以会出现突出问题，首先是社会上层建筑包括观念的上层建筑还不能适应变革着的经济关系，难以在社会管理的层面为道德领域的优化和进步提供中枢环节意义的支撑；其次，在社会变革期间，新旧道德观念的矛盾和冲突使得社会道德心理变得极为复杂，在道德评价和舆论环境领域出现令人困惑的"说不清道不明"的复杂情况。正因为如此，社会道德要求和道德活动因为整个上层建筑建设的滞后而处于缺失甚至缺位的状态。老师认为，当前我国道德领域存在的突出问题大体上可以梳理为：道德调节领域，存在以诚信缺失为主要表征的行为失范的突出问题；道德建设领域，存在状态疲软和功能弱化的突出问题；道德认知领域，存在信念淡化和信心缺失的突出问题；道德理论研究领域，存在脱离中国道德国情与道德实践的突出问题。对此必须高度重视，采取视而不见或避重就轻的态度是错误的，采用"次要"或"支流"的套语加以搪塞的方法也是不可取的。

事实上，老师对存在突出问题的四类道德领域的划分，也是对整个研究项目的整体设计和谋划。相关方面的研究则由老师指导，弟子和课题组其他成员共同努力，从不同侧面对不同领域应对道德突出问题深入地加以研究。相关的理论和成果都被整理收录在文集中，展示了道德领域突出问题及应对研究对于道德建设、道德教育、道德智慧等方面的潜在贡献。

四

回过头来看，从道德国情到道德悖论，再到道德领域的突出问题及应对，三项国家社科基金项目的确立和结项，不仅彰显了老师厚实的科研功底，更是全面地呈现出老师作为一名教育工作者所具有的深厚学养。如果我们把老师所有的教科研项目比作群山，那么，三项国家社科基金项目则是群山中的三座高山，道德领域突出问题及应对研究无疑是群山中的最高峰。如此恢弘的科研成果，如此丰富的科研经验，对于后学者来说，值得认真学习和借鉴。

从选题的方向看，要有准确的立足点并坚持如一。老师一直关注现实的社会道德问题，即使是偶尔涉及一些其他方面的问题，也都是从道德建设、道德教育或道德智慧的视角来审视它们。这一稳定的立足点，既给自己的研究奠定了基础，也为研究的拓展指明了方向。老师确立了道德研究的方向，就仿佛有了自己从事科研的"定海神针"，从此坚持不懈，即使是退休也没有停下来。因为方向在前，便风雨兼程，终成巨著。正如荀子曰："蚓无爪牙之利，筋骨之强，上食埃土，下饮黄泉，用心一也。"

从选题的方法看，从基础工作开始再逐步拓展，做好整体谋划。如果说道德国情研究是对当时国家道德状况的整体了解，那么，道德悖论研究则是抓住一个点，通过"解剖麻雀"的方式来认识道德的现状并提出应对策略。而"道德领域突出问题及应对"研究，则是从道德悖论的一点拓展到道德领域所有突出的问题。这种从面到点再到面的研究路径，清晰地呈现出老师在研究之初的精心策划、顶层设计。这种整体设计的方略对于科研选题具有很高的借鉴价值：不是"打洞"式地寻找目标，而是通过对某一个领域进行整体把握——道德国情研究不仅帮助老师了解了当时的社会道德样态，也为他后面的选择指明了方向；然后再找到突破口——道德悖论研究从道德领域的一个看似不起眼却与每个人都十分熟悉的生活体验入手，通过认真细致的分析、深入肌理的讨论，极好地训练了团队成员科研的功力；再进行深入的拓展式研究——"道德领域突出问题及应对"研究，从整体谋划顶层设计的高度探得道德领域研究的富矿，在培养团队成员、襄助后学方面，呈现出极好的训练方式。这种做法对于一个初学者来说值得借鉴，对于一个正在科研路上的人来说也值得参考。

或许是因为自己如今也已经年过半百，我时常回忆起大二时与老师相识的场景，觉得人生的相识可能就是某种缘分使然。如果当初没有老师的引领，我现在大概在某所农村中学从事语文教学工作，无论如何也不可能成为一名高校思想政治教育工作者。而每一次回望，我都会看到老师的身影，常常有"仰之弥高，钻之弥坚，瞻之在前，忽焉在后"之感。越是努力追赶，越是觉得自己心力不济，唯有孜孜不辍，永不停步，可能才会成就一二，诚惶诚恐地站在老师所确立的群峰之旁，栽下几株嫩绿，留下一片阴凉。

万语千言，言不尽意，衷心祝福我的老师。

是为序。

路丙辉

二○二二年八月于芜湖

自　序

　　中国改革开放和社会主义现代化建设，在取得举世公认的辉煌成就包括人的思想道德方面的巨大进步的同时，也出现了诸多严重的社会问题，包括思想道德领域的突出问题。为此，中国共产党第十八次全国代表大会在部署"扎实推进社会主义文化强国建设"的战略布局中，提出"深入开展道德领域突出问题的专项教育和治理"的重大工作任务。本书作为国家社会科学基金重点项目最终成果之一，正是为此而作的。

　　我从事道德问题的教学与研究已逾四十年，真正把关注的目光从书本和课堂的道德宣讲转向社会生活中的道德考察，不过二十年。这种转向对我而言是一种自我革新和创造，其动因是世界范围内道德哲学的实践转向，特别是当代中国改革开放和城镇化进程中道德领域出现的突出问题。

　　起先，我关注的是中国道德国情和现实社会生活中的道德悖论现象，继而关注应对这种"自相矛盾"现象的道德智慧问题，联结两个不同阶段学术思考的主题词是道德实践。这种关注让我渐渐意识到道德本质上是实践的，一切道德现象都源于道德实践。如果说，道德国情研究的论域是道德现象世界存在论或本体论的问题，道德悖论现象研究是追问道德现象特别是道德实践过程之"不合逻辑"的矛盾现象的认识论问题，那么，道德实践智慧研究则直接关涉道德实践的实践论问题。两个阶段先后涉足的三个方向和领域，分别获得国家社会科学基金的资助，即1998年的"中国道德国情研究"、2008年的"道德悖论现象研究"和2013年的"当前道德领域突出问题及应对研究"。获得这些重要项目的资助，说明我的关注得到了学界和社会的认同。

道德国情，是一国国情的重要组成部分，是社会和人坚持不懈"讲道德"和做"道德人"的结果。在任何国家，道德国情作为道德现象世界真实的客观存在，都是真善美与假丑恶并存的。对此加以辨别，是国家提出和倡导道德价值标准和行为规则、开展道德教育和建设的基础和逻辑前提。

一个人，自幼就会受到做人做事要讲道德的教育，只要生存和发展的环境正常，就会为做"道德人"而按照社会道德标准做事。然而，做道德人在有些情况下会遭遇不道德的待遇，不仅好心得不到好报，有时甚至会适得其反，让自己陷落因"讲道德"而"自找麻烦"的尴尬境地。于是，一些本来道德品质不错的人渐渐地远离了道德，一些本想加入"道德人"行列的人开始驻足观望，一些品质不良者则放肆地晒出他们的丑恶魂灵，凸显了社会生活领域"道德失范"和"诚信缺失"等问题。毫无疑问，应对道德领域突出问题，需要加强和改进道德教育，批评和谴责那些不讲道德的现象，同时实行道德治理并使之与法治相向和结伴而行。然而，道德价值归根结底还是要依赖社会建设和个体选择的方式来实现，更重要的问题是启迪和引导人们如何讲道德。这就使得道德实践智慧的理论建构，成为一个重大的学术话题和社会建设工程。

1998年和2008年获得的国家社会科学基金项目，已分别以《中国道德国情论纲》（拟修订再版时更名为《道德国情认知基础》）和《道德悖论现象研究》（拟修订再版时更名为《道德悖论理解基础》）的最终成果形式出版。"当前道德领域突出问题及应对研究"，按照课题设计要求最终成果须是一本论文集，一本专著，后者就是这本《道德智慧论》。它的问世，最终实现了我的一个夙愿：用《道德国情认知基础》《道德悖论理解基础》《道德实践智慧基础》三种"基础"型成果，从存在论、认识论和实践论三个视角反映我毕生探讨和说明道德现象世界奥妙的基本意见。

《道德智慧论》涉及的学术前沿问题较多，之所以坚称"基础"而不用"研究"，是基于如下两点考虑：

其一，道德实践智慧研究是一个全新的领域。在哲学界，一些先觉志士提出实践哲学的学术话题，相关成果时而问世，有些成果还以丛书的形式相继出版，引起人们的广泛关注。然而，关注道德实践智慧问题的著述却鲜有见闻，而当代社会道德领域存在的突出问题，正是道德实践中的问题，它对于社会和人的发展进步的阻碍性破坏性影响，令世界各国各民族担忧。这就使得本书的写作缺少必要的思想资源，它所发表的研究意见难免只能是基础性的。

其二，全部社会生活本质上是实践的，道德生活本质上自然也是实践的，而实践的主体是人民大众。道德的真正力量历来不在著述家的文本中，也不在演说家的说辞中。他们的作为再丰，也不能说明道德现象世界的真实情况。马克思说："理论只要说服人，就能掌握群众；而理论只要彻底，就能说服人。所谓彻底，就是抓住事物的根本。而人的根本就是人本身。"①基于这种"根本"，道德实践智慧研究的成果应以人民大众为基本读者对象，采用基础性的理论形态和话语形式，力求深入浅出、雅俗共赏，某些地方的叙述风格甚至带有教材或普及读物的味道，或许也是必要的。如此定位，是否会涂鸦它的学术品质，应由读者去评论。据《史记·儒林列传第六十一》记载：一次，汉武帝祖母窦太后拿着一本《老子》问博士辕固生："你知道这是什么书么？"辕固生不屑一顾地说："此是家人言耳。"意思是说，这是老百姓也看得懂的书。

探讨道德实践智慧的基本问题，无疑要有中西方哲学史的深厚根基，能够精读古今西文原著，这对于我来说确是难事。我非哲学专业出身，又不识西文，以往关涉道德的数百万字著述多是地道的中文大实话。有些著述的引文和参考文献也用过一些英文，但那多是为了装饰门面，在弟子们帮助下的做派。我的优势仅在于，从未离开过道德讲坛，最关注、最感兴趣的是社会现实生活中的道德问题，特别是道德实践中的诸多矛盾现象，

①《马克思恩格斯文集》第1卷，北京：人民出版社2009年版，第11页。

爱用业外人可以看得懂的话来表达我的学科人意见。

如果说，哲学家可以用很哲学的话语著述他们经过潜心思考的实践哲学或实践智慧的意见，不管业外人士，更毋庸说普通民众能否看得懂他们的智慧是理所当然的话，那么，对道德实践智慧问题的研究及其成果却不应作如是观。因为，道德学问归根到底不能搁置和生长、传播在书本与课堂，道德和道德实践历来是属于普通民众的，他们需要关于道德的哲学不是要做哲学家。道德哲学若是无助于他们成为"道德人"，帮助他们体面地立身处世，有尊严地活着，他们就不可能关注道德哲学。就适合民众之需而言，道德哲学的使命不是要把简单的道德问题说复杂，把复杂的道德问题说得让人们看不明白，可以用母语说的话不一定非得用外语说。

道德的极端重要性不言而喻。正因如此，人们面对"道德危机"和"道德风险"，才会普遍感到"生活在碎片之中"，为"我们的时代是一个强烈地感受到了道德模糊性的时代，给我们提供了以前从未享受过的选择自由，同时也把我们抛入了一种以前从未如此令人烦恼的不确定状态"所困扰①。我们的时代太需要道德了，只要真心关注社会和倾听民众，那就会侧目可视，侧耳可闻。然而，人们又感到至今的道德普遍原则似乎并不能真正拯救"道德危机"，化解"道德风险"。更令人沮丧和尴尬的是，一些愤愤不平批评别人不讲道德的人，当其身临某种伦理情境，需要其作出合乎道义选择的时候，他却退避三舍，作出不道德的选择。要走出这种困扰，当然需要道德哲学和伦理学实行与时俱进的道德理论创新，推出真正适合当代社会发展进步所需要的理论精品。这样的理论创新是否应该包含建构道德实践智慧的理论呢？回答应当是肯定的。

作为哲学类的国家重点项目"当前道德领域突出问题及应对研究"的最终成果，拙著《道德智慧论》其实并不是一本道德哲学或伦理学的著作。道德哲学崇尚关于道德问题的思辨精神，其理论建构旨在求真求知。以往的伦理学，注重关于道德的价值标准和行为规则的规范性，其理论建

---

① [英]齐格蒙特·鲍曼：《生活在碎片之中——论后现代道德》，郁建兴、周俊、周莹译，上海：学林出版社2002年版，第61页。

构的宗旨在于立足社会为人们提供"实践理性",尽管这种理性其实不一定是来自道德实践,具有指导道德实践的理性品质。

诚言之,《道德智慧论》不是要写给学科专家看的。徐长福在《实践哲学的传统与创新丛书》总序中指出:此前研究实践哲学的中文著述大体可以划分为"广义马克思主义学科"和"西方哲学学科"两类,此外的"余下部分"多"属于跨学科或自创新说的研究成果",它们都"是以问题为中心",力图"为中国当下实践问题的解决提供学理鉴照"①。《道德智慧论》自然属于"余下部分"。但愿大家能够明白它在说什么。

---

① 参见刘宇:《实践智慧的概念史研究》,重庆:重庆出版社2013年版。

目　录

导论　道德实践智慧研究的科学范式

应对道德领域突出问题的理论建构，基本理路应是建构道德实践智慧体系。为此，首先需要基于科学研究和发展进步的规律，从整体上厘清和阐明道德实践智慧的科学范式，勾勒出道德实践智慧理论建构的工程蓝图。

科学范式，即范式，是美国学者托马斯·库恩（1922—1996）发现并在其《科学革命的结构》中加以阐发的，属于科学哲学和科学史范畴。他指出，科学发展史表明，每一门学科建设和发展的过程，都会有区别于其他学科的结构模型，包括科学共同体及其共同拥有的科学背景、理论框架、研究方法、话语体系等要素。库恩范式理论的提出，在逻辑与历史相统一的科学视野里揭示了学科发展进步的一种普遍规律。

托马斯·库恩在其著述中并未给范式下过严格的定义。这并不是他的疏忽，而是在他看来这个问题并不重要。西方学者做学问不同于中国学者，他们一般都不太看重给一个概念下一种文字严谨的定义，这是他们的一种传统。英国学者 J·D·贝尔纳（1901—1971）[1]，在其《科学的社会功能》开篇借用中国老子"道可道，非常道；名可名，非常名"的断语指

出："过于刻板的定义有使精神实质被阉割的危险。"①这种见解是颇有道理的。本来，给范式下一个"刻板的定义"既不是一个值得纠缠的问题，也不是一件容易的事情。因为，范式是一个形而上学概念，反映的不是具体的"什么是什么"的"在者"，而是一个整体的"在者"，只能用"结构模型"这种似是而非的模糊词语给予表达。21世纪初，库恩的范式理论在中国学界传播开来，"范式"这一概念也逐渐被普遍使用，如"哲学范式""教育范式""思想政治教育范式"等②。

道德实践智慧有没有自己特定的科学范式？回答是肯定的，但若要叙述清楚却并不轻松，因为它目前尚无学科归属。虽然，目前已有"实践哲学""实践伦理学"等著述出现③，但是可否因为它们问世就应在哲学大家族中增设一个"实践哲学"的学科，尚无定论，也很难有定论。道德实践智慧的学科归属问题，同样面临这种尴尬和困难。不过，有一点是可以肯定的：哲学作为一般的世界观和方法论，不应当包罗所有运用哲学方法的理论体系和样式；不能因为某种领域的研究需要运用哲学的方法，就必须戴上"哲学帽子"（"哲学××"）或穿上"哲学裤子"（"××哲学"）。

换个角度看，道德实践智慧理论建构目前"无家可归"的学科尴尬也可能正是它的幸运所在。因为，这实际上给探讨道德实践智慧的理论建构的科学范式问题留下了可以自由驰骋的空间，我们完全可以将基于跨学科的视野，根据理论和实践的需要"自由创造"。如果说道德实践智慧的提出是一种科学发现，那么它的意义或许并不在其本身，而在于它提出一个具有科学价值的原创性话题，会引发人们的思考，拓展人们关注道德现象世界的视野。人类对自身须臾不可离开的伦理与道德问题的认识和把握，

---

① ［英］J·D·贝尔纳：《科学的社会功能》，陈体芳译，北京：商务印书馆1982年版，第1页。

② 从一些相关成果来看，这些"范式"所指其实多是相关成果的理论样式和样态或具体研究方法，实则是对托马斯·库恩发现和提出的范式的曲解和误用。在《科学革命的结构》中，范式作为科学学和科学史的范畴，是反映学科建设和发展之整体结构状态的形而上学概念。

③ 如王南湜的《辩证法：从理论逻辑到实践智慧》（武汉大学出版社2011年版）、徐长福的《走向实践智慧》（法律出版社2010年版）、刘宇的《实践智慧的概念史研究》（重庆出版社2013年版），美国彼得·辛格著有《实践伦理学》（刘莘译，东方出版社2005年版）等。从它们的学术立论和逻辑取向来看，是值得作为一种新学科问题来探讨的。

其实还处在幼年阶段，不然面对"当前道德领域突出问题"怎么会感到"困惑"以至于沮丧呢？

爱因斯坦在谈到光的速度可测量时曾以"伽利略提出了决定光速的问题，但是却没有解决它"为例，指出："提出一个问题往往比解决一个问题更重要，因为解决一个问题也许仅是一个数学上的或实验上的技能而已。而提出新的问题，新的可能性，从新的角度去看旧的问题，却需要有创造性的想象力，而且标志着科学的真正进步。"[1]道德实践智慧理论建构问题的提出，或许也具有这样的意义。

第一节　道德实践智慧的科学共同体

科学共同体是托马斯·库恩范式理论的核心范畴，指的是从事同一学科的科学工作，追求共同的科学目标，认同和遵守同一科学规范的科学工作者群体。在学科建设和发展的过程中，科学共同体成员在同一科学规范的约束和自我认同下，围绕共同的目标从事各自的科学工作。

一、托马斯·库恩范式理论视阈里的科学共同体

早在20世纪40年代，英国科学家M·波拉尼（1891—1976）曾探讨过科学共同体的某些问题。继而，结构功能主义的代表人物之一、美国社会学家R·K·默顿（1910—2003）依据科学社会学的互动理论，解释科学共同体及其重要作用，认为科学共同体的任务是建立和发展科学家之间最佳的合作关系。托马斯·库恩的贡献在于，用范式的理论形态为科学共同体的形成和发展提供了认识论的基础。

---

① [德]爱因斯坦：《物理学的进化》，周肇威译，上海：上海科学技术出版社1962年版，第59页。

（一）科学共同体由科学活动参与者构成

托马斯·库恩之前，一般认为科学共同体只是科学家群体。库恩并没有沿用这种看法，也没有就科学共同体的构成给出一个明确的意见。不过，从他叙述发现范式的过程可以看出，他把参与科学活动的人都视为科学共同体的成员，而不唯独是科学家。库恩回忆道：1943年，年仅21岁的他获得了物理学学士学位，开始了他的研究生阶段的学习。当时他的心目中只有一个目标：当一名理论物理学家，完全没有想到要成为后来这样的科学史家或科学哲学家。1946年，库恩获理学硕士学位，开始着手准备物理学博士学位论文。他在《科学革命的结构》的"序"中，介绍了他从物理学转向科学史、最终发现范式的机缘和过程。他说："这时我幸运地卷进了一项实验性的大学课程，这是为非理科学生开设的物理学，由此而使我第一次接触到科学史。使我非常惊讶的是，接触了过时的科学理论和实践，竟使我从根本上破除了我关于科学的本质和它所以特别成功之理由的许多基本观念。"就此，他特别提道：一位叫F·X·萨顿的青年学者曾就他的思想发表过评论，他的学生对他的课给予充分肯定，这些"合作"使他意识到自己的"那些思想可能需要在科学共同体的社会学中，才能被确立起来。"就是说，他所发现的范式凭借的是"科学共同体力量"的力量[①]。但是，如同范式一样，托马斯·库恩在叙述他的范式理论中始终没就科学共同体给出一个严格的概念。人们完全可以也只能沿着他在《科学革命的结构》中考察和分析范式的思维向度和纬度，对科学共同体及其结构要素做出合乎学科建设和发展之规律的拓展性解读[②]。

在科学研究中，任何一个环节的工作都是学科建设和发展整体不可或

---

① 参见［美］托马斯·库恩：《科学革命的结构》序，金吾伦、胡新和译，北京：北京大学出版社2003年版，第1页。

② 如此看待，其实也是学科建设和发展史上一种普遍存在的现象，它正是科学在特定情势下发生"革命"即范式（"结构"）"转换"的内在动力。任何一门学科的科学研究提出的问题都是课题，属于过程范畴，永远没有终结，因而检测其真理性的标准都应被置于过程之中。对范式作为学科建设和发展的结构研究，也应当作如是观。

缺的组成部分，这里只存在重要程度不同的差别，不存在重要与否的差别。自然科学和工程技术的科学共同体是这样，社会科学工作的科学共同体也是这样。相关学界过去都未曾将一般科学工作者纳入科学共同体范畴，这其实是不正确的。任何一个学科的建设和发展，其科学共同体都是全体参与者共同拥有和同心协力的结果。

（二）科学共同体的类型

可以从不同的角度将科学共同体划分为不同的类型。依据学科的对象、内涵、属性和使命，可以划分为自然科学、工程技术科学和社会科学等基本的学科类型，这就是人们平常所说的文科、理科、工科、医科、农科等不同类型。这些基本的学科类型通常是以相互关联、交叉、渗透和重合的方式存在的，由此而又产生一些其他的基本学科类型。每一种基本学科类型之下，又可以继续划分为下一个层级的不同学科类型，依此类推，就有庞大复杂的学科体系。在当今世界，各国都以学科门类、一级学科、二级学科乃至三级学科的分类图表，反映庞大复杂的学科体系。这些不同类型的学科都有彼此不同的科学共同体。

从组织形式来划分，科学共同体大体上可以划分为有规范组织形式和无组织形式两种类型。前者多为理科和工科范式的科学共同体，后者多为文科的科学共同体。文科的科学共同体，虽然也有一些"学会"那样的组织形式，但其"共同性"和功能是有限的，更多的还是处于非组织状态的共同体。文科范式的科学共同体成员，其实多因"共同"的旨趣及共同拥有的学科背景、理论框架、研究方法和话语体系等其他范式要素，而"走到"一起来的。这是一切人文社会科学范式之共同体最为显著的特点，它既是学科建设和发展的优势所在——可以借助特定历史时代所有相关人员的力量，也是它的劣势所在——因没有严格的组织形式而缺乏内在的凝聚力。

就科学共同体成员的科学水准及其结构状态而论，理工科和文科有着重要的不同。理工科科学共同体成员，其科研水准一般用"素质"来评判，属于结构性的概念，多与其接受教育的程度包括学历高低相关。文科科学共同体则不然，评判其成员的科学水准，通常用"素养"，是由其素质结构中的不同元素整合而成的，多不与其就受教育的程度特别是学历的高低直接相关，相关的是他们的思维品质、人生阅历和实践经验。所以，在文科的科学共同体中，一些著名大学培养的博士不见得比一般高校培养的人才对科学事业贡献大的情况并不鲜见。就科学共同体成员科学水准的结构状态来看，理工科多为"象牙塔"的结构，从塔底越是往上水准越高，在塔尖上的某些人多是总设计师、总工程师那样的思想家和专家。文科则不一定。在文科科学共同体中，有些科学工作者不在金字塔里，甚至离"金字塔"很远，但却可能会因他们独特的思维方式和价值观而实则是科学共同体的成员，以至于是重要的成员。他们的科学研究工作可能还会对学科建设的范式结构产生重大影响。

（三）文科科学共同体的基本结构

据托马斯·库恩在《科学革命的解构》中的自我介绍，他1958年至1959年间应邀在行为科学高级研究中心做研究，"在主要是由社会科学家组成的团体中度过的"，这段科研经历使他感到"震惊的是，社会科学家关于正当的科学问题与方法的本质，在看法上具有明显的差异"，这是他"未曾预料过的"[①]。在科学研究范式的问题上，社会科学家和自然科学家究竟存在哪些"明显的差异"以及为什么会存在"明显的差异"，库恩在《科学革命的结构》中并没有细说。尽管如此，我们已经可以从中清楚地看出，库恩在阐发他的范式理论时已经把两大科学领域存在的这种"明显的差异"问题，明白无误地提了出来。

文科科学共同体的结构与特点，大体上可以从三个角度来考察，从中我们可以看出它与理工科科学共同体存在的明显差别。

首先，规范性的专门机构。这样的科学共同体，在中国是从中央到地

---

① ［美］托马斯·库恩：《科学革命的结构》，金吾伦、胡新和译，北京：北京大学出版社2003年版，第4页。

方的各级社会科学院和社会科学联合会的组织机构。它们为数不多，接受党和国家的领导，人员配备受国家人事政策指导和制约，其设施和活动经费由国家专项财政支出。这样的科学共同体，在当今任何国家都充当领导阶层的"智库"，同时发挥引导整个人文社会科学之科学活动和社会舆论的导向作用。

其次，群众性的学术团体。它们按照专业学科设置，多由相关专业领域内的专家学者构成，实则是半规范性的科学共同体。它们的科研活动经费，在中国多受到政府有限财政的支持，在西方发达资本主义国家则多依赖市场机制，得到企业的支持。文科群众性学术团体的科学共同体，都与高等学校相关专业的教学研究机构存在千丝万缕的联系，古今中外概莫能外。

最后，无专门机构归属的科学共同体。其构成人员都是大量的体制外人员，多因"共同"的旨趣及共同拥有的学科背景和研究方法而"走到"一起来的。他们的科研活动多很活跃，贡献也较大。如当代中国进入改革开放新时期之后，道德和思想政治教育的观念面临一系列需要变革的挑战，在这种过程中涌现出一大批有所作为甚至有大作为的理论工作者，他们本来的职业并不是专业的科学共同体的成员，但是由于他们致力于创新思维及由此作出的重要贡献而成为时代的骄子，或者加入有规范组织形式的科学共同体，或者虽仍然置身度外，却说着业内的行话，对伦理学和思想政治教育学的学科建设发挥着不可或缺的作用。

这是一切人文社会科学学科范式之共同体最为显著的特点。从科学史来看，文科科学共同体在社会变革时期一般都能充分展示其"共同性"功能。这是因为，社会处于变革时期，文科科学共同体一方面需要批评阻碍变革的传统旧观念，另一方面需要解读、梳理和创新新生的思想观念，此时的思想家们，易于有所作为甚至大有作为，他们对一个国家和民族的思想观念文化创新，往往会起到奠基的巨大作用。比如，中国春秋时期的孔子，他在颠沛流离的人生之旅中聚众讲学，却又"述而不作"，奠定了中华民族的传统伦理道德文化。

二、道德实践智慧科学共同体的基本结构

道德实践智慧范式的科学共同体，结构上大体由思想者、学者、实践者和管理者四种成员构成。

（一）思想者

思想者或思想家，是道德实践智慧理论建构的科学家群体。他们既是道德实践智慧体系理论上的设计者，也是道德实践智慧实践模式的设计者，在形而上学层面，为道德实践智慧的理论进行整体设计，提供相应方案，包括道德实践智慧的实践路径。

在道德实践智慧科学共同体中，思想者多为所谓"智库"的成员，担当着重大的战略性的"务虚"责任。他们有独立思维的头脑，崇尚思想自由，不受成见束缚，勇于开拓前人未至的新领域，敢于挑战世人皆信的旧思想旧学说。

道德实践智慧科学共同体中的思想家所从事的科学工作的价值和意义，一般是难以用实证的方法加以评定的，但却如同其他文科科学共同体中的思想者一样，在根本上制约和影响着伦理道德的发展和进步，直至影响国家和民族的前途和命运。这种影响，不仅是关涉道德实践智慧理论建构本身，更是有助于培育人们追求真理的勇气、崇尚真理和智慧生活的理念、独立思考的能力。因此，国家的统治者都会重视思想者的工作，不会允许轻视和诋毁他们的工作的现象存在。如中国西汉初年统治者确立"罢黜百家，独尊儒术"的道德文化战略，就是一个典型的例证。历史上，科学共同体中的思想者，一般都被视为"士阶层"的要员。

（二）学者

学者，即学问家或很有学问的人。道德实践智慧科学共同体成员的学者专攻的自然是与道德和道德实践有关的学问，包括关于道德的一般理论

和知识，如道德的起源与根源、道德的本质与特点、道德与其他社会意识形态的关系，以及关于道德实践的规律与特点、把握道德实践的经验与原则等。他们的这些学问，既是历史的又是现实的，既是本土的又是域外的，既是社会的又是与个体有关的。在这个问题上，他们与思想者并无两样。

历史上，这样的学问家比比皆是，但却彼此不同，各有风范。有的长于关于道德现象世界的思辨学问，如西方思想史上的柏拉图、亚里士多德、休谟、康德、黑格尔等，有的长于哲学尤其是道德哲学史文本解读的学者，在批判地解读前人的文本中发表自己的哲学意见，如中国哲学和伦理思想史上的董仲舒、朱熹等，他们多擅长注经立说，在注释前人文本中发表自己的一得之见。这种科学史现象，在中国当以注释《四书五经》为典型。

须知，不管是哪一种学问家，道德实践智慧科学共同体都一直缺乏这样的人。究其原因，历史上一直没有真正形成这样的科学共同体。研究伦理与道德问题的学者，包括那些学问大家多缺乏道德智慧的意识，更缺乏建构道德实践智慧体系的理论自觉，他们多属于直接依附于"士阶层"的知识分子，著述的内涵多属于"统治阶级思想"范畴，缺乏思想家那种追寻自由的品质。诚如马克思恩格斯在《共产党宣言》中指出的那样：以往"任何一个时代的统治思想都不过是统治阶级的思想。"[1]而道德实践智慧始终属于社会生活共同体中的所有成员的，不唯独属于统治阶级。

（三）实践者

实践者或行动者，是道德实践智慧的实践主体。大而言之，可以划分为社会和个体两种基本类型的实践者。社会实践者，又可以依据其承担道德实践的不同责任和内容而划分为不同类型的实践主体，如执政者集团和政府专门部门、各类社会专门团体和公共生活管理机构、各级各类学校、各种生产经营企业相关部门等。个体实践者，指的就是所有进行道德选择

---

①《马克思恩格斯文集》第2卷,北京:人民出版社2009年版,第51页。

并付诸实际行动的个人。

是否应当将个体实践者作为道德实践智慧科学共同体的成员，是一个需要加以说明的理论问题。如果说，在理工科范式的科学共同体中，一般科学工作者应当作为科学共同体的构成人员的话，那么，个体实践者就应当作为道德实践智慧科学共同体的成员来看待。因为，个体道德实践既是道德实践智慧之实践活动的承担者，也是道德实践智慧之建构过程的后觉者，还是道德实践智慧之"实践理性"的检验者。就是说，道德实践智慧的价值实现必须依靠个体的道德实践，个体道德实践的过程又在"后知"的意义上检验着道德实践智慧内涵的价值理性。

不难想见，如果在理论思维上将广大个体道德实践者排斥在道德实践智慧科学范式的共同体之外，道德实践智慧的理论建构就可能会脱离实际，脱离大众实践的道德觉悟，脱离社会生活实际，而缺损以至失却其智慧内涵，成为主观主义、形式主义的道德教条。

（四）管理者

道德实践智慧科学共同体中的管理者，与其他管理者虽然有共同之处，但是差别也很明显，这是由道德实践智慧体系理论建构的性质、目的和目标决定的。

道德实践智慧体系理论建构的管理属于理论文化的意识形态管理范畴，其目的和目标是促进和保障道德实践智慧体系的集体认同，包括意识形态的传统价值和现实价值两个方面的集体认同①。为此，要求管理者一方面要统揽全局，把握道德实践智慧体系的全貌及其建构的全过程，促使其具备科学性与意识形态性内在统一的特质，同时确保其主流意识形态的主导地位。另一方面要统管科学共同体的全体成员，引导和促使共同体成员能够自觉、主动地让自己的行为合乎道德实践智慧理论建构及其实践的客观需要。正因为道德实践智慧科学共同体的管理者有不同于其他管理者

---

① 意识形态的价值认同，大体上可以划分为个体、集体、社会三种基本类型。道德实践智慧科学共同体的价值认同，属于集体认同类型。

的职责，所以管理的内容和方法，也有不同于其他管理之处。

在道德实践智慧理论建构科学共同体中，管理者也是一种共同体，内部呈现一种不同管理层级的关系，各层级之间是领导和被领导的关系。这一点，与其他管理没有什么两样。

在道德实践智慧理论建构之科学共同体的四种成员中，管理者是关键，他们的管理实践活动决定着共同体的存在状态和实际功能。因此，管理者集团要具备相应的管理与领导能力。

第二节 道德实践智慧的理论框架

一般说来，科学研究中的理论框架可以分为视角理论框架、假设理论框架、解释理论框架和发现理论框架四种基本类型。除了假设理论框架，道德实践智慧的理论框架兼具视角理论框架、解释理论框架和发现理论框架的一些基本特性，它关涉社会和人道德实践的所有领域。道德实践智慧的理论框架建构，要以人类生存智慧的道德经验和智慧为逻辑起点，以人类社会生活共同体的全过程为形而上学基础，具体从三个方向展开。

一、道德实践智慧的逻辑起点

道德作为一种调节社会关系的行为规则和精神生活，在逻辑起点意义上只是一种与人类生存直接相关的智慧。道德同时成为一种特殊的社会意识形态，那是阶级对立和对抗的阶级社会形成以后的现象。

逻辑起点属于思想和理论体系的起始范畴，是关于研究对象最简单、最一般的本质规定。每一种理论体系的框架都会有自己的逻辑起点。道德实践智慧体系的逻辑起点，应是作为人类生存智慧的道德经验，这种经验的形成经历了漫长的智慧选择过程。

（一）人类诞生于生存的能动选择

古希腊哲人普罗泰戈拉说："人是万物的尺度"。《圣经》说：人是上帝创造的；《山海经》说：人是女娲创造的。如此等等高扬人是万物之灵的说法和意见，虽然缺乏历史逻辑和经验的证明，却都是在赞美人是有智慧的高等生灵。

其实，人之所以堪称"万物的尺度"，首先是因为人是"人"（类人猿）在劳动中创造的，这种创造性选择和过程本来就是一种不间断的能动的智慧选择。当然，起初这种所谓的劳动不过是类人猿以一种被动的生存方式适应生存环境的变化而已，并不是后来意义上的属人的劳动；所谓智慧也不过是一种"聪明"的高等动物所不得不作出的被动选择，与后来意义上的属人的智慧不可同日而语。但是，与人类诞生相关的劳动和后来真正人类意义上的劳动本是一种过程，不能说"人"当初被动适应环境变化的活动就不是劳动，相对于不愿适应环境变幻的其他动物而言就不是一种智慧的选择。

智慧选择，伴随着人类诞生和不断走向文明的全过程。人类至今的许多被动选择，都具有被动智慧的特征。常言道"人到屋檐下，不得不低头"，就是这个意思。

据人类学家考察，世界上至今仍有一些"最奇特的原始部落"，如从不劳动或仅凭简单采集狩猎为生的"懒族""小人族""狗面族""顺风耳族"等，仍然生活在最原始的状态中，却又不愿离开原始森林，不愿走进当代人类文明的共同体之中。不能说，这与他们当初进化为人之后缺失持续选择的智慧不无关系。

我们没有理由证明那些至今活跃在山林沃野的灵长类高级动物，在亘古时期本是类人猿的同类或"邻居"，但是从进化逻辑来推论，它们当初缺乏类人猿那种适应环境的选择"勇气"和"智慧"，是可以肯定的。

（二）生存智慧中的道德特质

人类应对生存挑战的核心问题和永恒主题，是如何调整群体内的利益关系，在实践中寻求个体与群体利益关系的平衡。就社会和人的需要与选择而言，道德的形成是一种由不自觉到自觉的认知过程。以色列学者尤瓦尔·赫拉利在其影响甚广的《人类简史——从动物到上帝》中指出，这是一个十分复杂的过程。对此，他形象地作了这样的描述：起先，人维护群体生存的"智慧"与动物无异，只会像猴子那样发出"小心，有老鹰""小心，有狮子"之类的警报，继而为了生存（需要主动"劳动"的过程中）"突变"性地成为"社会性的动物"，使得"社会合作"渐渐地成为人的群体"得以生存和衍繁的关键"①。尤瓦尔·赫拉利这种推论的意义在于：他形象地指出正是生存的智慧选择促使道德意识——智慧最终形成。就是说，适应调整群体内的利益关系之需是道德智慧形成的逻辑起点。道德和道德智慧一开始就是实践的，它在生存利益关系基础上形成，又以调整生存利益为使命，在其中展现自己的社会功能。

人类诞生与人类社会诞生本是同一种过程，而社会从一开始就是一种现实关系的"总和"，它的客观基础和实质内涵是生命个体之间和个体与社会集体之间的利益关系。人类诞生之初，就在与生存抗争中不断和逐步自觉地获得这样的经验证明：调整利益关系是维护社会和人生存的第一需要。由此而产生原始宗教的习俗意义上的生存智慧，道德就是其中之一，其带有浓郁的宗教习俗特性，虽然与后来带有意识形态性质的道德不是一回事，但就调整利益关系的社会功能而言，它们并没有本质的差别。

总而言之，人类一开始关于生存问题的智慧选择，就带有道德智慧的特质。

---

① 参见［以］尤瓦尔·赫拉利：《人类简史——从动物到上帝》，林俊宏译，北京：中信出版社2014年版，第23—26页。

（三）道德经验作为一种生存智慧

生存智慧中的道德智慧，在人类求生存谋发展的过程中逐渐会成为一种经验，这就是道德经验。在谋求生存繁衍的过程中形成经验，又以经验指导生存和发展，这是包含道德经验在内的一切经验的奥秘所在。

不难想象，人类童年时期特别讲究道德，而那时的道德基本上是经验型的道德，既无文本记述的形式，也无意识形态的功能，其形成和发挥作用都在社会生活的实际过程中形成。在学校教育没有诞生之前，这种初始状态道德经验的传播和传承也无须专门的教育机构和教育人员。因此，没有专门的文字记载，无须发挥意识形态功能都是不足为奇的。这种情况，甚至在人类社会发展进步的过程中延续了很长的时间，美国作家亚历克斯·哈利所写的一部家史小说《根》，可以帮助人们回溯这种历史文化现象。今天，我们仍然不难发现它在实际社会生活中的踪迹，如今伦理学所涉论的风俗习惯，其实也多是社会生活中的道德经验。但是，人类童年时期的道德经验，对于维护社会和人的生存与发展所起的作用，却是绝对不可或缺的。

由史而来的道德经验，作为一种生存智慧，既是道德实践智慧理论框架的逻辑起点，也是其基本结构的重要成分，在理论建构中应有专门的分析和阐述。

二、道德生活的实践本质

道德实践智慧的理论建构，在叙述其逻辑起点之后应当揭示道德生活的实践本质。而要如此，首先就要在学理上厘清道德与伦理的逻辑关系，进而提出道德实践的客观规律这个重要的学术话题。

（一）道德生活及其伦理目标

社会和人为什么要有须臾不可离开的道德生活？亦即道德生活追求的

目标究竟什么？这就涉及道德生活的伦理目标问题。道德实践智慧要在理论上揭示道德生活及其实践本质，需要在学理上说明道德与伦理、道德生活与伦理追求之间的逻辑关系。

在人们日常生活和相关科学研究中，道德和道德生活这两个词使用率都很高，而相对来说关于伦理和伦理生活这两个词的使用就少得多。这种现象说明什么？道德生活是否就是精神生活？伦理是否就是道德？如果不是，两者之间的理论和实践逻辑关系究竟是怎样的？对这些重要的学理问题，学界长期很少有人给予应有的关注。

从基本学理来看，道德是一种特殊的社会意识形态和价值准则，道德生活是一种特殊的精神生活；伦理是一种特殊的思想形态的社会关系，一种最为重要的精神生活，崇尚"心照不宣"和"心心相印"，"同心同德"和"齐心合力"，这就是人们平常所说的"人心所向"的价值认同。道德实践智慧的理论建构，需要阐明道德生活所追求的精神价值并不在于其本身，而在于建构伦理关系。为此，需要明确指出伦理与道德是两个不同的精神生活领域。道德生活的直接目标是建构适应于一定社会和历史时代的伦理关系，由此而实现自己的价值。换言之，也就是说，伦理与道德之间，伦理是人们精神生活追求的目标，道德是为实现目标而制定的手段。因此，人们在使用伦理与道德这两个概念的时候，不应当将它们混为一谈，否则就会在基本学理上影响人们对道德生活之实践本质的理解和把握。

（二）实现伦理目标的道德实践

道德生活追求伦理目标，唯有付诸实际行动或活动才有可能。从逻辑上推论，这就决定了道德生活本质上必然是实践的。不论是社会还是个体的道德生活，其实现伦理目标的道德生活都是必然的。

旨在实现伦理目标的道德生活，固然需要"讲道德"，但是须知，只是"讲"，是不可能实现"人心所向"之价值认同的伦理目标的。实现这种伦理目标，需要将道德生活的"讲道德"，转变成"做道德"。试想一下，一个社会，如果"讲道德"的人比比皆是以至于造成某种舆论强势，而"做道德"的人却少见踪影以至于出现"道德领域的突出问题"，那么，这样的道德生活能够实现其在价值认同的伦理目标吗？

道德生活，不论是社会的还是个体的，也不论是采取哪一种方式，唯有付诸实际行动，以道德实践的形态出现，才可能产生"心照不宣"和"心心相印"，"同心同德"和"齐心合力"的价值认同，达到"人心所向"的伦理目标。正因如此，我们说，道德生活本质上是实践的。

（三）道德实践的自在规律

规律，作为一般哲学概念指的是事物发展过程中的本质联系和必然趋势。规律都是事物本身固有的，因而都是自在的。

任何实践都会有其客观规律，道德生活实践自然也是这样。不过，道德生活作为一种精神生活，其实践有着特殊的规律和特点。这是道德实践智慧必须探讨的一个重要的理论和学术话题。

这种探讨需要有专门的章节，从多种角度和侧面展开分析和阐述。如道德生活与社会生活中的逻辑关系、道德生活的类型及其实践本质、道德实践的类型与特点、社会道德实践与个体道德实践以及道德实践的悖论现象等。对这些属于道德生活实践自在规律的重要的学术话题，至今的道德哲学和伦理学都没有涉及，尚是有待开垦的处女地。由此看来，道德实践智慧的理论建构是可以大有作为的。

三、道德实践智慧的形而上学问题

形而上学作为哲学范畴有两种涵义，一是指研究超感觉的、经验以外的对象的存在论理论，二是指与辩证法相对立的，用孤立的静止的片面的观点观察世界的思维方式。

哲学发端于人类的形而上学思考，而形而上学则起源于人类对自己精神需求终极关怀的追问，渐而作为哲学的一门学问和方法发展至今。从这种角度看，道德作为人类的一种精神生活，与形而上学存在着天然的联系。或者可以说，形而上学就是因由人对于道德生活的精神需求而成为人类一种必要性、必然性的哲学成果的。没有形而上学的思维便没有人类的道德。因此，讨论道德实践智慧问题，不能避开其形而上学问题。

（一）道德形而上学著述的历史回眸

推崇形而上学是西方哲学源远流长的哲学传统。可以说，在马克思主义哲学诞生以前，西方哲学所有的重大问题特别是"存在论"或"本体论"问题，都是借助形而上学展开的。虽然，作为一门哲学学科或领域的定义，至今并没有形成关于"什么是形而上学"或"形而上学是什么"的一致看法，但是，关于形而上学作为"第一哲学"或最高智慧的看法，却是一致的。中国传统哲学没有形成西方哲学那样的形而上学，虽曾有所谓"形而上者谓之道，形而下者谓之器"①的哲学意见，却长期没有关涉形而上学的哲学概念和独特学科，也就没有在学理的意义上对"形而上者"与"形而下者"作出区分。不过，尽管存在这种差别，中西方传统哲学有一点却是共同的，这就是：凡涉"形而上"的学说，都是不同于关乎形而下之"存在"的"物理学"。

应当关注的是，至今的形而上学一直没有直面道德实践问题，这使得道德实践智慧在今天依然是一个原创性的学术话题。这并不正常。康德的《实践理性批判》所研究的"实践理性"，实质只是凭借和遵照"绝对命令"付诸行动的实践理性，并不是来自道德实践和指导道德实践的实践理性。他的《道德形而上学原理》本质上是与道德经验相对立的道德形而上学存在论，与其推崇的所谓"实践理性"其实是相悖的。在此基础上，不可能基于整体抽象出道德实践智慧的形而上学基础及其诸种要素，我们只得另辟蹊径。

①《易传·系辞上》。

（二）道德实践智慧形上基础整体之"无"

道德实践智慧理论建构的形而上学，既需要超感觉的和经验以外的存在论，也需要与辩证法相对立的、用孤立的静止的片面的观点观察世界的思维方式，而其首要的是存在论意义上的形而上学。

在存在论形而上学的视域内，道德实践智慧存在论整体"在者"的性状，用当代德国哲学家马丁·海德格尔（1889—1976）的话说，就是"无"，是不能用感觉和经验加以证明的。海德格尔在其《形而上学导论》中开篇提出"为什么在者在而无反倒不在"这个"形而上学基本问题"，这一命题是他研究形而上学的逻辑起点和核心话题。由于西方近代以来形而上学并不关注和研究"在"和"存在论"，海德格尔认为："一部形而上学史乃是存在的遗忘史。"在海德格尔那里，"在"有具体的"在者"与"全体在者"的区分。他举例说，"粉笔是一长长的、较为坚固的、有一定形状的灰白色的物体""可能被我们在黑板上划动和使用"，因而具有"特定功能"，如此等等这些都是具体的"在者"。但是，我们并没有见过粉笔的"全体在者"或整体的"在"。就是说，虽然"所有我们所列举的这一切都确实在，但是，一旦我们想要去把捉这个在时，我们却又总是扑空。我们在此所询问的在，几乎就是无。而我们却又时刻存有戒心，深怕去说全体在者是无（不在）。"①由此看来，"全体在者"或"在"就是"无"，这就是为什么要提出"为什么在者在而无反倒不在"这个"形而上学基本问题"的道理所在。

道德实践智慧的形而上学基础研究，旨在厘清解决问题的方向，能够从理论上整体回答道德实践智慧本体论意义上的形而上学问题，为其形而上学问题的具体领域的理论建构奠定基础。这样的存在论形而上学基础不能是别的，只能是人类命运共同体及其现实形态的社会现实生活共同体。

---

① ［德］马丁·海德格尔：《形而上学导论》，熊伟、王庆节译，北京：商务印书馆2012年版，第36页。

（三）社会生活共同体的存在论视域

立足于社会生活共同体之整体"在者"的存在论视域，考察道德实践智慧的形而上学基础，需要从社会和个体两个基本视角提出问题，逐步展开。不论是从哪种视角看，都必须恪守"共同拥有"的观念和思维方式。

从社会的角度来看，要恪守与无数生命个体共同拥有共同体的观念和思维方式，不能允许任何信奉"社会本位"的道德实践理论的存在。

从生命个体的角度来看，要恪守与个体同伴共同拥有一个社会生活共同体之"大家庭"的观念和思维方式，不能允许任何"个体本位"的道德实践理论和论调盛行。

概言之，社会生活共同体的存在论作为道德实践智慧的形而上学基础，既反对社会本位主义，也反对个体本位主义，它只承认和奉行社会生活共同体主义。一切关涉道德实践智慧的理论都应由此而出。

四、道德实践智慧的理论形态

道德实践智慧的理论形态，总的来说有认知理论和实践理论两个基本部分，具体可以从三个层面来展开叙述。

（一）社会道德实践智慧的理论形态

建构社会道德实践智慧的理论形态，首先需要区分其与社会道德体系的学理界限。虽然，在社会要求的意义上，社会道德实践智慧与社会道德体系有着天然的联系，但是两者毕竟不是一回事，不可相提并论。

道德实践智慧无疑应内涵道德规范体系，但是这样的内涵不是简单的形式包容，而是要求后者必须具有道德实践智慧的特质，能够反映社会道德实践的自在规律。

不仅如此，社会道德实践智慧体系，还应当包含道德的一般理论和知识，能够真正在"实践理性"的意义上回答"道德是什么""道德应当是怎样的"这些关涉道德基本问题的理论话题。

（二）个体道德实践智慧的理论形态

以往的伦理学谈论个体道德问题，所涉及的只是个体道德品质的结构及其养成的道德教育问题，并不涉及个体道德实践整体的规律及行为方式，因而也就不涉及个体道德实践的智慧问题。这显然是不够的。

个体道德实践智慧的理论，主要不应是叙述个体道德品质的结构及其形成的"静态"问题，而应是从不同视角说明影响个体道德实践之智慧要素，如道德认知、道德选择、个性表达、理性敬畏、道德祈愿等。它们都属于展现个体道德品质优良与否的"动态"话题。

当然，在说明这些个体道德实践"动态"的问题中，自然会在"静态"的意义上涉及个体道德品质结构的道德认识、道德情感、道德意志、道德行为以及道德理想等。

（三）实践道德实践智慧的理论形态

道德实践智慧来自实践又用于指导实践，如何用于指导实践属于道德实践智慧的实践理论。这种理论形态，不同于道德实践智慧的理论，具有相对独立性，但又与道德实践智慧的理论有着内在的逻辑关联，因此也可以作为道德实践智慧的理论框架的一个有机组成部分来看待。

探讨道德实践智慧的实践理论形态，旨在厘清和阐明道德实践智慧的实践路径。这种路径，既是对传统路径的传承，也应结合当今社会改革发展的新特点，与时俱进地创新，促使道德实践智慧的实践循序渐进地推进。

道德实践智慧之实践路径的理论，应当从倡导社会认同、普及道德故事、践行道德立法、实行社会治理、推动国际接轨等层面展开。

第三节　道德实践智慧的建构方法

道德实践智慧的建构方法，不是指工具和手段意义上的具体方法，而是一种整体的方法论，是历史唯物主义方法论原则主导的方法体系。

所谓方法论，既是关于认识世界和改造世界的根本方法的学说，也特指某一学科所采用的研究方式和方法的综合。考察道德实践智慧的建构方法，需要从探讨一般方法的基本问题开始，继而专门阐述唯物史观的方法论问题。

一、方法的一般理解

方法问题，是一个很复杂的学术领域，讨论方法问题本身就存在一个方法问题。因此，对方法的一般理解需要从方法及其类型与功能等多个层面展开。

（一）方法及其形成

方法，一般是指"解决各种问题的途径或程序"[①]，有狭义与广义之分。狭义的方法，专指解决思维或操作程序上具体问题需要采用的办法和手段。广义的方法，泛指一切可用来解决问题的方式，一般是指某种方法系统，包括可以转化为方法的知识和理论。

方法的形成不是自然而然的过程，需要学习——接受教育与训练，学习方法的情况决定掌握"得法"的程度和水平，而学习方法本身也存在学习方法的方法是否"得法"的方法问题。

学而"得法"靠悟。悟，是一种由经验、知识和理论而转化办法、手段的思维过程，一种高级的思维方式。如果说经验具有某种方法的意义，

---

① 路丽梅等：《新编汉语辞海：图文珍藏版》（上卷），北京：光明日报出版社2012年版，第374页。

那么知识和理论本身并不就是方法，只有在经过"悟"的转化之后才具有方法的意义。一个学富五车的人，如果不注意方法的转化，即使抱有建功立业的心愿，也不一定就会学以致用。

从这种理解的角度看，人们致力于学习的各门知识和理论特别是高等教育期间学习的专业知识和理论，都可以作为方法来学习和掌握。不这样看，就有可能如同鲁迅在其杂文《人生识字糊涂始》中所批评的那样，因有所读而自以为"有所得"，"其实却没有通"，而产生这种"糊涂"的来源，恰是在"识字和读书。"

书中的知识和理论本身只是"学问"，并不是方法，学问大的人不一定就方法多，也不一定就能把握得当的方法。由知识理论到方法，需要经过一种转化过程。道德生活世界的情况也是这样，一个心地善良、很有道德学问的人，不一定就会"讲道德"和"做道德人"。知识和理论的学问唯有经过特定的转化过程，才能转变为特定的方法。

为什么同样接受一种专业的教育和训练，毕业后有的发展得很好，有的则显得逊色，究其原因，与是否重视和擅长将所学知识和理论转化为方法，直接相关。

（二）方法的类型

梳理和分析方法的类型是一个十分复杂的问题，可以从各种不同角度划分为各种各样的类型。所谓"各种不同角度"本身其实也是一个关涉方法类型的问题。在这里，我们只是根据道德实践智慧理论建构的实际需要，从方法的功能角度，将方法划分为求真、求实、求善和求美四种基本类型。

求真的方法，旨在揭示事物的本来面貌和本质，获得关于事物的真理性认识。这种方法强调理论的建构要实事求是，能够揭示和反映事物的本真面貌和本质特性及其发展变化的客观规律。因此，它反对脱离实际用主观想象和臆断建构理论。

求实的方法，旨在把握实践活动的自在规律。它有两层意思：一是主张理论来源于实践，是对实践经验的理性升华，关于道德实践智慧的理论必须能够反映道德实践的自在规律；二是强调一切来源于实践的理论都要能够用来指导实践。理解这层意思的关键在于，要认识到实践本是一种不断发展变化的过程，来源于实践的理论是过去时，而当下需要指导的实践却是现在时和未来时，因此用来指导实践的理论一般是需要经过面向实践的创新的。

求善的方法，旨在把握价值理论生成及其再现的规律。这种理论建构的方法强调一切理论包括道德实践智慧理论的内涵和价值取向都要有利于社会和人的发展进步。

求美的方法，是相对于拙与笨而言的，旨在赋予求真、求实、求善的道德行动以社会美的美感意义，使社会和人的道德行为能够充分发挥道德价值。

求真、求实、求善和求美的方法，都适应于道德实践智慧的理论建构，在建构的实际过程中将这四者贯通起来。

（三）方法的本质与功能

方法本质上是一种智慧和能力，其功能可以一言以蔽之：建构——建构人作为主体与其对象之间合乎逻辑的认识和实践关系。毛泽东曾把工作方法比作过河之桥和渡河之舟，这里的"桥"和"舟"就是方法，没有"桥"和"舟"，要想到达彼岸就得泅水，泅水在这里也就成了一种合适的方法。如果把方法比作刀，那么方法的结构就是刀型、刀刃、刀功的统一体，方法的形态可以有各种各样，但刀刃大体是一样的，其传神之处都在于切（或砍、捅等），因而都可以做功。

通俗地说，方法的本质可以划分为三种能力，即动脑——思维能力、动口——表达能力、动手——实践能力。因这些能力不同而表现为不同的功能，由此而造成社会和人发展进步状态方面的差距。

人与人相比人生发展和价值实现存在的差别，国家民族之间文明进步的程度存在的差距，归根到底是理解、把握和运用方法的不同。大而言之，如我国经济快速发展成为全球的第二大经济体，原因就在于找到了适合中国建设和发展的方法。这个方法就是改革开放和建立社会主义市场经济体制，以及在此基础上推进中国特色社会主义民主法制建设。

道德实践智慧理论建构的方法，需要综合上述三种能力，综合的能力如何，决定道德实践智慧理论的水准如何。

二、道德实践智慧建构的唯物史观

唯物史观即历史唯物主义，是马克思一生两大科学发现和创造性成果之一。马克思通过这一伟大的科学发现和创造，全面、彻底地解决了哲学基本问题，从而实现了唯物论与辩证法的统一、唯物主义的自然观与历史观的统一。道德实践智慧的建构方法，必须以唯物史观的科学方法论原则为指导。

（一）唯物史观的要义

唯物史观是关于人类社会发展一般规律的理论，也是指导人们科学认识社会历史发展的一般方法论原则。可以从四个方面来认识和把握唯物史观的要义：

其一，物质资料的生产活动是人类社会赖以生存的前提条件，因此，在社会处于和平历史时期，国家和社会的治理者应当以经济建设为中心，将发展生产和改善民生当作社会建设和管理的第一要务。

其二，社会基本矛盾是生产力与生产关系、经济基础与上层建筑的矛盾。它是社会出现一切问题的总根源，也是推动社会发展进步之内在动力的总根源。当社会处于变革时期，唯有立足于社会基本矛盾才能科学认识、合理解决出现的问题包括道德领域的突出问题。

其三，全部社会生活在本质上是实践的，坚持用实践第一的观点理解和把握社会生活，将实践看成是检验真理的唯一标准。

其四，确认人民群众是社会实践的主体和历史创造者，社会历史发展有其自身规律，它是一种"自然历史过程"。

（二）唯物史观的普遍指导意义

唯物史观实现了辩证法和唯物主义历史哲学的有机结合，把科学自然观与社会历史观有机地结合了起来。它以人与自然的关系为逻辑起点、以社会基本矛盾运动的过程为逻辑主线，在人与自然相统一的意义上揭示了人类社会发展的一般规律。因而，具有普遍的方法论指导意义。

在现代社会，一门社会科学学科的研究方法通常是由多种思维方式和行动技术构成的方法体系，其间必有一种方法居于核心地位，发挥主导作用。它是方法体系的灵魂和"看家本领"，制约着学科建设和发展的前途与命运。这样的方法，只能是唯物史观的方法论原则。

道德实践智慧的建构方法，更应视唯物史观为"看家本领"。不论逻辑起点和形而上学基础、社会样态和个体要素，也不论实践路径的理论，其建构都必须以唯物史观为指导，充分体现其社会历史的、国家的智慧特质，唯有如此，道德实践智慧的理论和知识体系，才可能是真正开心的"实践理性"。

诚然，以往的道德理论，包括马克思主义诞生以来的道德理论、当代中国的许多道德理论和学说主张，并未宣称在建构方法上遵循了唯物史观的方法论原理。但是，只要我们仔细地研读一下那些著述就不难发现，他们考察和言说社会道德问题都没有离开唯物史观的视野，只不过不是那么自觉地运用罢了。

在社会科学研究中，历史唯物主义是科学方法论，建构道德实践智慧的理论和知识体系，对此没有任何的怀疑和动摇。

（三）道德实践智慧的建构方法必须以唯物史观为主导

首先，要将道德实践智慧扎根在一定的社会经济关系及"竖立其上"的政治等上层建筑的"现实基础"之上，视一切道德现象为社会的历史的产物，摒弃道德发生论上形形色色的历史唯心主义观点。其次，要用实践的观点理解社会和生命个体的所有道德生活，尊重道德实践自在的规律。既要反对轻视道德实践的主观主义和意志决定论，也要摒弃社会道德建设和评价上的形式主义和虚夸作风。最后，要确立道德发展进步的唯物史观，尊重民众选择道德生活实践方式的正当权利，依靠广大民众推动道德发展进步，防止在引导和要求民众做"道德人"问题上提出不合理的要求。

三、道德实践智慧建构的方法体系

在唯物史观主导之下，道德实践智慧建构的方法体系的内在结构，主要有三个层次。

（一）政治伦理学的方法

人类社会自从出现政治现象后，政治与道德便有着极为密切的关系。政治伦理学是研究社会政治生活中的道德准则、政治与道德关系及其发展规律的一门学科。柏拉图（前427—前347）的《理想国》、亚里士多德（前384—前322）的《政治学》实则都是政治伦理学的著作。近代西方，格劳秀斯（1583—1645）的《战争与和平法》、斯宾诺莎（1632—1677）的《政治伦理学》、霍布斯（1588—1679）的《利维坦》、洛克（1632—1704）的《政府论》等都对政治伦理做了系统的研究和阐发。中国自古以来，政治思想一直没有脱离伦理的影响，一直存在政治遵从伦理的原则，存在政治规范道德化的倾向，《论语》和《孟子》等经典著述所阐发的思想观念其实多是政治伦理的学说和主张。

（二）社会伦理学的方法

严格说来，人类至今没有独立的社会伦理学，因为社会伦理从来不是孤立的，不能离开政治伦理和个体伦理。但是，社会伦理有其相对独立的形式，主要表现为各种各样的职业伦理和社会公共生活伦理。在现代社会，职业分工日趋合理和精细，公共生活空间日渐扩展、内涵越来越丰富，其伦理要求也就越发显得重要。这就使得社会伦理学的建设和发展势在必行，这种态势为道德实践智慧的建构提供了一种方法视野。

在道德实践智慧建构中，社会伦理学的方法的主要功用在于提供社会生活的宽广视野，将道德实践智慧建构的实证知识背景扎根在现实社会生活的土壤之中。

（三）心理伦理学的方法

学界至今没有心理伦理学一说。传统心理学仅以生命个体心理为对象，研究人的感觉、知觉、认知、情绪、人格、行为，以及人际关系、社会关系等，虽然无不涉及伦理学意义上的道德心理，却极少公开如此涉论伦理，不能自觉地将心理与伦理贯通起来。然而，尽管如此，其围绕心理机能和行为方式建构起来的理论和范畴，无不包含伦理的要素。从这个角度看，心理伦理学实际上是存在的，完全可以作为道德实践智慧理论建构的一种方法来看待。

道德实践智慧理论建构的方法，就是在历史唯物主义的指导下将上述三种方法整合起来的方法体系。所谓以历史唯物主义为指导，就是要在历史唯物主义视野里运用政治伦理学、社会伦理学和心理伦理学的方法，防止脱离具体社会历史条件解读和使用这三种方法。

总而言之，道德实践智慧体系建构作为一种具有原创性的理论话题，需要在唯物史观的主导下，借鉴其他学科的方法，实行方法创新。在科学研究中，不同方法是可以相互借用的，借用的旨趣在于借得别的方法的传神之功，改善和优化自己的方法，以促进本学科的建设和发展。这是一切方法创新的宗旨和真谛所在。

第四节 道德实践智慧的话语体系

语言的重要性不言而喻。它不仅是语言学这门独特学科的对象，更因其不同的内涵和属性而成为其他学科的对象，使得每一门学科都有自己独特的话语体系。现代语言学注重研究语言的本质、结构和发展规律，作为一种方法和理念与分析哲学结伴而行，越来越受到学界的广泛关注。

作为科学范式的一个结构要素，道德实践智慧的话语体系直接受其理论框架和建构方法的制约和支配，基本要求就是"一家人不说两家话"，尊重和使用这种"行话"是建构和正常开展科学研究的一项重要法则。

一、建构道德实践智慧话语体系的学理前提

建构道德实践智慧话语体系的逻辑前提，是要厘清和说明道德哲学与伦理学的逻辑关系。学界自从有关于道德问题的理论思维以来，一直存在忽视道德哲学与伦理学的学理关系的问题，这种"疏忽"一直影响着专门以伦理和道德及其相互关系为对象的伦理学建设和发展，自然也会影响我们今天建构道德实践智慧的话语体系。因此，有必要首先说明道德哲学与伦理学的学理逻辑关系。

（一）道德哲学与伦理学的不同对象

历史地看，道德哲学和伦理学都以道德为对象，但侧重点有所不同。从学理逻辑来看，二者也不一样。道德哲学以道德形而上学问题为对象，属于道德现象世界的一般世界观和方法论，围绕"是"与"真"构建话语

体系，故而历来排斥世俗生活和道德经验①。伦理学以伦理与道德及其相互关系的"世俗问题"为对象，关涉一切人，不论是文本语言还是日常用语都属于世俗社会"做人"的知识和智慧，围绕"应当"与"本当"建构话语体系。不仅如此，道德哲学在特定的历史时代和语境中，还可能会分析和刷新已有的话语，以至于痴迷于"语言游戏"，把简单的话语搞复杂，把复杂的话语推演得让业外人特别是"公众"望而却步。而伦理学语言则不然，它因"世俗"传统而贴近社会生活，贴近"公众"，这是它的使命所在。在一定的社会里，道德哲学或许有理由无视政治和意识形态的关注目光，伦理学则不可以，它唯有正视这种目光才能展现自己的学科属性和使命，发挥其存在价值。道德哲学的语言致力于描述解释道德现象世界，能教人学会做"说道德的人"，却不重视教人成为"做道德的人"，伦理学语言则致力于推崇"实践理性"，倡导"做"，引导人们呵护和优化建构道德生活世界。一个社会，如果"说道德的人"比比皆是以至于造成某种日常舆论强势，而"做道德的人"却少见踪影以至于出现"道德领域的突出问题"，那么，理论界所要反思的首先应当是伦理学的实际地位和作用，它所推崇的"实践理性"在社会生活中是否缺场，或因其缺乏实践理性而被人们拒之于经验世界之外。

（二）道德哲学与伦理学的不同属性和使命

按照传统的学科分类方法来看，如果说道德哲学不能有自己学科门类或一级学科的学科地位，那么，它应当属于哲学门类。其功能在于，描述道德现象世界的整体面貌及生态模式，揭示道德的根源及本质特性，为伦理学的理论建构提供世界观和方法论意义上的科学意见。因而，道德哲学一般并不涉论所谓伦理学的对象，自然也不涉及道德实践及其智慧的问

---

① 康德在其《道德形而上学原理》开篇便声讨"那些为了迎合公众趣味，习惯于把经验和理性以自己也莫名其妙的比例混合起来加以兜售的人们"，申明建构道德形而上学的使命只能由像他这样"清除一切经验的东西"的"少数人来完成"（康德：《道德形而上学原理》，苗力田译，上海世纪出版集团2012年版，正文第2页）。如此处置，就自然而然地使道德学说具备了形而上学基础，然而同时也使得"实践理性"失却了实践的基础，净化为"绝对命令"。

题。顺延这种逻辑考察，如今的实践哲学并不关注道德实践智慧问题，也就不足为奇了。

伦理学则不同。如果它不能作为一个学科门类或一级学科来获得自己的学科地位，那么，它就应当属于政治学。伦理学从创生开始就与政治学结下不解之缘，甚至可以说，伦理学就是应由政治建设的客观要求而创生的。这种学理逻辑，我们可以从孔子"述而不作"的《论语》、亚里士多德的《政治学》与《尼各马科伦理学》等古典伦理学著述中，看得很清楚。它们的话语体系都是围绕所谓政治伦理和政治道德主张展开的，算得上是真正的伦理学的代表作。

近代以来，道德问题思考的哲学化是道德理论建设和发展的总趋势。这一方面说明哲学家试图将对道德问题的思考引向深入，像康德和黑格尔那样要把自己的理论体系建构得天衣无缝，从而终结完善人类的伦理思维和道德主张。另一方面，也说明哲学家对现实生活中光怪陆离的道德问题感到无奈和"困惑"，不得不到哲学的殿堂里建构可以自慰的精神家园。与此同时，像《论语》、亚里士多德的《政治学》那样的伦理学话语范式，渐渐淡出了关于道德问题的理论著述，从而使得道德哲学和伦理学的学科属性都发生了某种蜕变，丢失了自己的学科使命。

当代，人类社会生活包括精神生活中普遍出现的"碎片"化现象，以及道德领域的突出问题，触发了一些学者对传统道德哲学和伦理学的反思和批判。这种文化现象，在当代英国社会学家齐格蒙特·鲍曼的《后现代伦理学》和《生活在碎片中——论后现代道德》中得到反映。

面对当今人类社会生活中出现的道德突出问题，道德哲学和伦理学都需要反思自己的学科属性和使命，重构自己的话语体系。

(三)《反杜林论》之道德论话语的学理意义

在人类伦理思想史上，注意到将道德哲学和伦理学作学理区分的杰出著述当首推《反杜林论》，其标志是：恩格斯在分析道德与经济关系的关系时用"伦理观念"，而不用"道德观念"，在阐述道德的历史发展时用

"伦理规律"，而不用"道德规律"，总体上使用的是"伦理规律"与"道德世界"两种不同的话语形式。虽然恩格斯作这种区分的话语不多，但其隐含的语言学学理逻辑却不难理解：道德作为特殊的社会意识形态不可能像杜林鼓吹的那样是"永恒真理"、一成不变，而伦理作为特殊的"思想的社会关系"其"和谐"本质所要求的"人心所向"却是"永恒"的。在一定社会里，道德可能会因阶级的时代的差别而显现不同的意识形态特征，在社会处于变革时期还可能会因价值观冲突而难以发挥道德功能，以至于引动思想和价值观的批判浪潮。但是，其伦理（关系）作为一种"人心所向"的精神共同体则必定是不可或缺和动摇的，否则就会因"人心"散乱而出现社会动乱。

道德实践智慧的话语体系，自然与道德哲学和伦理学的话语有着千丝万缕的逻辑联系，但它本质上是实践的，有着自己独特的话语个性。因此，人们在认知、运用和评判道德实践智慧的话语时，不可以生搬硬套道德哲学或伦理学的话语标准。

二、道德实践智慧的主体话语

所谓主体话语，是指一门学科或理论体系的范畴体系。它是话语体系的主体和核心部分，相比较于一般话语，其科学内涵和根本标准更为规范和严格，充当特定学科的属性和使命的语言标识，如同一篇学术论文的关键词的关键作用那样。道德实践智慧之主体话语，可以从三个方面来梳理和把握。

（一）伦理与道德话语

伦理与道德话语，是道德实践智慧话语体系两个使用率最高的核心概念。作为语言标识与传统的道德哲学与伦理学都不尽相同。传统道德哲学，虽然多涉及伦理问题，但在语形上多公开回避"伦理"这个概念。传统伦理学由于一直存在"伦理就是道德"的学理误读，虽自称为"伦理学",却很少使用"伦理"这个概念。道德实践智慧研究应纠正这种学理缺陷,每章乃至每节都会凸显伦理与道德这两个不同的核心概念。

不过,我们应当看到的是伦理与道德之间的逻辑关系,并在此基础上分析和说明相关的学理问题、实行理论和实践创新。

(二)实践哲学话语

在学界,实践哲学是一个很活跃的哲学意见领域,但对于究竟什么是实践哲学的问题,人们的看法并不一致,对于实践哲学的话语也不认同,基本上处于各谋其道、各行其是的状态。

所谓实践哲学,顾名思义是相对于理论哲学而言的,它不应只是关于实践的解释学意见,也不只是哲学的实践论的思想,而应是以实践为对象和意义旨归的哲学理论。因此,实践哲学的话语体系应当以"实践"为轴心,围绕"实践"建构。在这个基点上拟定道德实践智慧的话语,无疑应凸显"道德实践"。

理论哲学主要指较抽象的、具有普遍意义的、远离我们现实生活的或没有与我们现实生活直接发生联系的理论,如广义的"物质""存在""意识""运动"等的本质和定义方面的理论。而实践的哲学是指与自然科学和社会科学关系密切的理论,如物理、化学、生物等学科方面的定义和原理,或者是社会发展过程中的兴衰和朝代更替等方面的规律都属于实践哲学的范畴。

(三)各种智慧话语

智慧话语,作为道德实践智慧的一种主体话语,形态最为多样,内涵也最为宽泛。这会使得道德实践智慧之理论体系的智慧话语频频出现,而在不同的语境中又有所不同。不过,总的来看可以从五个基本角度来理解和把握。

一是作为道德经验的智慧话语。所谓道德经验智慧,简言之就是人们在社会生产和日常生活中,以自然而然方式习得的道德知识,又以此知识自然而然处理社会生产和日常生活中发生的利益关系的话语。人类有史以来代代相传的道德故事和人生箴言,很多都属于这样的智慧语言。

二是作为道德知识和理论的智慧话语。这种智慧亦即关于道德问题的理性认识,一般属于道德真理观范畴。人类有史以来浩如烟海的道德文本著述的思想理论和学说主张,多力图提供这样的智慧语言。

三是作为社会道德价值标准和规则的智慧话语。人们平常关于社会道德的语言,就属于这样的智慧语言范畴,虽然在历史唯物主义看来,这类道德语言不一定都是智慧。

四是作为道德选择和行动的智慧话语。这样的智慧语言,既有文本记载和社会提倡的规范形式,如见义勇为、乐于助人等,也有特殊伦理情境下的个性化语言,如急中生智、奋不顾身等。

五是作为道德实践智慧之实践的智慧话语。这是一个尚待开垦和梳理的话语领域,它既是对传统伦理道德话语的传承,也是依据道德实践智慧体系建构的实际需要的创新。

以上五种类型的道德智慧话语,我们将会在本书逐章分析和阐述中逐步涉论。

三、道德实践智慧话语体系的维护与优化

语言具有形式(符号)和内容(理据)相统一的特性,内容(理据)可能会因时过境迁而发生变化,因而一种语言乃至话语体系客观上会出现需要维护和优化的要求。道德实践智慧话语体系的建构,相对于伦理道德、实践哲学以及智慧的语源与知识背景而言需要维护和优化。

(一)以合乎道德国情和民族性格为标准

任何语言都是在特定的社会群体中形成的,具有民族性和地域性的特点,这种特点使得语言在一个由多民族构成的特定国度里总是具有国情的特性。道德语言在这方面显得尤其突出。

黑格尔说："民族的宗教、民族的整体、民族的伦理、民族的立法、民族的风格，甚至民族的科学、艺术——都具有民族精神的标记。"[①]他所说的"民族的伦理"的"民族精神的标记"，无疑首先就是道德语言的标记。恩格斯基于历史唯物主义的方法论原理直接指出："善恶观念从一个民族到另一个民族、从一个时代到另一个时代变更得这样厉害，以致它们常常是互相直接矛盾的。"[②]他所说的"变更"和"矛盾"，自然首先是指道德语言的差异。这就是道德的国情特性，它在一国的道德发展和进步的过程中，"总是作为心理现象和价值观念广泛地存在于国民的心理活动中，形成'难以逆转'的'价值取向惯性'，总是作为国民的道德人格和行为方式呈现一种'难移'的'民族个性'，总是作为社会评价方式在舆论环境上表现出强大的'民族习惯势力'。"[③]这就是道德的民族性特点，它使得一国的道德通常称为该国的民族性格。

毫无疑问，道德实践智慧话语体系的维护和优化，必须要以道德国情和民族性格为标准。在开放的国际环境中，一国道德实践智慧话语体系的维护和优化，自然不可避免地要吸收别国别民族道德实践智慧中的优良成分，但这种吸收应当立足于本国本民族的道德实践智慧话语。泰戈尔说：在民族之间，"你能向别人借来知识，但是你不能借来性格。"[④]这样看问题，其实也是一种道德实践意义上的智慧。

（二）实行传统话语与现实话语相结合

道德语言，在任何一个国家和民族都是一种源远流长的传统文化，以广泛渗透的实践方式存在于社会生活各个领域，其间包含道德实践智慧的元素。相对于特定的现实社会而言，传统道德文化总是优良与腐朽兼陈。因此，在特定的时代里维护和优化道德实践智慧的话语体系，必须实行传统话语与现代话语相结合。这是一种传承和创新的过程。

---

① [德]黑格尔：《历史哲学》，王造时译，上海：三联书店1956年版，第104—105页。

② 《马克思恩格斯文集》第9卷，北京：人民出版社2009年版，第98页。

③ 钱广荣：《中国道德国情论纲》，合肥：安徽人民出版社2002年版，第17页。

④ [印]泰戈尔：《民族主义》，谭仁侠译，北京：商务印书馆1982年版，第29页。

传承的实质是批判地继承。批判那些不适合现实社会发展与进步要求的道德语言，继承可以为现实社会所使用的道德语言。批判不是简单的舍弃传统形式，而是辩证地扬弃，吸收其合理的内涵。一些传统道德语言形式即使必须丢弃，但对其实质内涵融入要实行辩证地扬弃，如对忠君这种传统道德话语，其实质内涵的合理元素是忠于国家，应当为今天所采用。吸收传统道德语言合理内涵，旨在使之与现实社会新的道德用语之语义贯通起来，因此要创新。在这种意义上看，实行传统道德话语与现实道德话语相结合的传承与创新，本是相通的。

当今人类社会，人们在道德生活中不断使用新的道德话语，包括网络话语中的道德新词语，它们多能生动地表达道德实践的智慧元素。这种情势，为实行道德实践智慧传统话语与现实话语相结合，提供了现代契机。

（三）在道德实践智慧之实践中维护和优化

道德实践智慧话语体系的维护和优化，乃至整个道德实践智慧体系的理论建构，主要途径应是道德实践。因为，唯有道德实践才能说明其智慧体系的话语是否可行和有效。在这里，实践是检验真理的唯一标准这一历史唯物主义的真理同样是适用的。道德哲学家和道德实践智慧的建构者，可以基于自己对"实践理性"的理解提出各种各样的道德实践智慧，但如果不是立足于道德实践的客观要求，那么，"实践智慧"其实不过是一种"学问"而已。

当然，这样说不是要贬低，更不是要否认敢于"实践理性"的理论思维和建构对于道德实践的重要，而只是要强调这种思维和建构应当基于道德实践的实际过程，将其看成是道德实践整个过程的一个必要环节。

就当代中国而论，在道德实践中维护和优化道德实践智慧的话语体系，还应当与弘扬社会主义核心价值观的实践结合起来，在两种实践中贯通和谐、民主、法治、自由、平等、公正等价值原则的实质内涵。为此，有必要开展相关的语言学的专题研究。通过细致的专题理论研究，维护和优化道德实践智慧话语体系。

结语：基于科学范式建构道德实践智慧体系

科学范式在逻辑与历史相统一的意义上所揭示的科学发展与进步的一种普遍规律，可以反过来作为指导和制约学科建设和发展的一般原则。虽然，道德实践智慧目前尚无明确的学科定位，但其跨学科的范式特性恰恰是其理论建构的优势所在。

在道德实践智慧理论体系建构的过程中，需要始终聚焦"科学共同体"及其"共同拥有"的思维方式、理论框架、研究方法和话语体系这个基本特性和关键环节，如是，也就抓住了道德实践智慧科学范式的"牛鼻子"。

就理论框架建构的客观要求来看，建构道德实践智慧的理论体系是一项系统的理论建设工程，应从道德作为人生存的一种基本智慧起步，继而揭示道德智慧与伦理关系之间的理论和实践逻辑、道德生活的实践本质、道德实践智慧体系的形而上学基础，再分析和说明道德实践智慧的社会样态和个体要素，最后探讨和交代道德实践智慧之践行即大众化的基本理路问题。

第一章　道德作为一种生存智慧

　　早在有历史记录之前人类就已经存在 250 多万年，与其他动物为伍，靠采集和狩猎为生。有历史记载以来，不论是个体还是民族或国家，人类的生存方式都有文明与野蛮的差别。文明生存方式的显著标志是尊重和遵从基本的道德准则，野蛮生存方式则反之，蔑视和践踏基本的道德准则。当代中国社会道德领域出现的突出问题，是一些人野蛮生存方式的表现。这使得传承中华民族传统美德，成为应对道德领域突出问题的一项最为重要的精神文明建设工程。

　　然而一个不争的事实是：传统伦理道德文明在许多方面显得有些乏力，给人尤其是年轻人的感觉是风光了数千年的中华传统美德似乎已经疲惫了，再倡导与人为善和大公无私之类的道德已经不合时宜。这种道德认知的误区，正是否定人类传统文明的后现代主义伦理思潮在中国得以广泛传播的社会土壤，也为历史上的"道德无用论"的现代传播提供了一种活生生的明证。于是，那些心地善良的人们又在被刺伤的心灵上增添了一种"道德困惑"：道德领域突出问题多是违背人生常识的"低级错误"，为什么会如此甚嚣尘上？这里提出发人深思的问题是：生存文明关涉的道德应当是怎样的道德？进一步来思考，这个问题的实质就是：道德究竟是什么？它是从哪里来的？人为什么要重视和遵从道德？社会和人应当重视和遵从什么样的道德？又应当如何重视和遵从？自古以来，研究道德问题的伦理思想和道德学说真是浩如烟海，源远流长。世界各民族尤其是我们"礼仪之邦"的中华民族，一直很少公开、明白无误地在生存文明智慧的意义上言说自己的伦理思想和道德主张。不能不说，这同样是一种源远流长的缺陷。

实际上，人之所以要讲道德，首先就在于道德是一种生存文明的智慧，与每个人的生存息息相关，因而也维系着每个社会的稳定和发展。道德作为一种生存智慧，其实多不是以"正册"文本著述的方式传承下来的，而是多以习俗和传说的"另册"方式记载和流传下来，不过"正册"也有尊重习俗性的重要性的记载。如在中国，较早的"正册"文字记载有"入境而问禁，入国而问俗，入门而问讳"①，强调人生在世要注意了解和尊重他方风俗习惯。而大量的习俗和传说都是没有文字记载的，它们多是流传下来的民俗民风，是真正的生存智慧。

人类有史以来的生存智慧丰富多彩，道德是其中最基本也是最普遍、最重要的构成要素。道德作为一种生存智慧，与其他智慧有着许多不同的特点，其中最重要的就是广泛渗透的生成方式。它广泛渗透在其他生存智慧之中，参与人生存和发展所有的社会活动过程，以真正的文化软实力发挥其对于社会和人根本性的巨大功能和意义。这是因为，任何生命个体在自己的人生旅途中都能感觉到须臾离不开道德的参与，道德的价值和意义就在求生存和求发展的人生过程之中。但是，道德作为一种生存智慧似乎又说不清道不明，有待人们去发现、梳理和说明。认识和把握道德作为一种生存智慧本身是一种智慧，也需要一种智慧。这种智慧是一种文明发展的历史过程，只有进行时，没有完成时。

治理国家社会要"讲道德"，"做人"也要"讲道德"，但国家和社会不是因由道德而诞生的，而是道德因由国家和社会之需而诞生的。同样之理，人不是为了"讲道德"才来到世上的。亚当和夏娃因"不讲道德"而被惩罚到尘世，从而开始人类生存和繁衍之旅，不过是一种神话。实际情况是，道德本是人类为了生存而被创造出来的智慧，一种最简单、最普遍

①《礼记·曲礼上》。

因而也是最重要的智慧。道德作为一种生存智慧，是人类为适应生存和繁衍需要而不断创造和创新、积累下来的最可宝贵的精神财富，归根到底属于广大民众。所谓"讲道德"，在终极关怀的意义上本是广大民众的精神需求。

历史上，由于社会变革带来的新旧道德观念和行为方式的矛盾与冲突，人类不止一次遭遇道德领域突出问题，其突出表现就是多属于违背"家喻户晓""人人皆知"的道德准则却又"明知故犯"的"低级错误"，危害性归结到一点就是威胁到广大民众的生存，也危及国家和民族的命运。这就逼迫着我们在谈论道德的价值问题时，首先不得不将其视为一种生存智慧。从而使得揭示和叙述道德作为一种生存文明的智慧，自然而然地成为当今人类应对道德领域突出问题的一个基本的理论和实践话题。

第一节　智慧及其道德价值

智慧即"智"，在人类文明史上是一个特别耀眼的词，与其他词语搭配所产生的亮光闪烁在社会生活的各个领域，也渗透在诸多学科包括自然科学学科的著述之中。研读人文社会科学的许多学科的著述，特别是像黑格尔、康德的哲学和老庄哲学，离开对"智""智慧"的理解，几乎进不了他们建构的科学殿堂，更谈不上领其要义，悟其真谛。这是因为，智或智慧在他们的著述里多是隐藏在字里行间或字行背后的精义，虽然那里的智慧所指多不是实践智慧。

一、智慧的语义考证

汉代哲学家贾谊在《治安策》中说："凡人之智，能见已然，不能见将然。"他认为，所谓智慧以及看一个人是否有智慧，只能看其实际表现，不能预测。看道德智慧，自然也应如此。道德智慧是什么？"做人"——"讲道德"为什么也要讲智慧？也就是说，智慧何以会与道德智慧关联，从而需要将道德作为一种生存智慧？这些过去长期被人们忽视的问题，在今天面对道德领域突出问题的生存环境里，是需要加以仔细考察和说明的。

说明"智"或智慧及其道德意义，还得从咬文嚼字开始，考察"智"的本义、类型及其形成与发展。

（一）智慧的本义

从语言学来考察，"智"的本义是"知"，即知道、知晓的意思，引申义为聪明、明智。古人说："知者不惑"[1]，"智，知也，无所不知也"[2]，"智者，知也，独见其闻，不惑于事，见微知著也"[3]。后一句的意思是说，聪明的人，是善于察觉的人，对周围的所见所闻有自己独到的见解，不被假象所迷惑，在细小的环节中能看见（悟出）大的道理。在这里，古人强调的是"智"或智慧的真谛在于"悟"，一种思维方面的认知能力。

智慧作为一种"悟性"和"洞察力"，亦即所谓"睿智"，属于认识论范畴。作为一般词语概念，指的是"辨析判断、发明创造的能力"，既是认识论意义上的"洞察力"和判断能力，也是实践论意义上的动手能力。其实，这样来理解智即智慧的本义是不够的，还需要对智或智慧做进一步的考察。

（二）智慧的类型

立足于人作为实践的能动的主体视角，我们将智慧在总体上划分为三种不同的基本类型：

一是认识事物的能力及其成果之真知灼见的知识和理论。这种智慧属于认识论范畴，作为能力是动脑能力，反映知识和理论所含真理性的水准。

---

① 《论语·子罕》。
② 刘熙：《释名》卷四。
③ 班固：《白虎通义·性情》。

二是依据知识理论而行动和动手的能力及成果。可以分解为两个部分，即把握知识与理论的理解能力，运用知识与理论的实践能力。在这里，从把握到运用的过程本身，也存在一种能力与所及结果的智慧问题。

三是将前三者贯通、整合起来的能力及结果。这种"智慧"，也就是人们平常所说的综合能力，属于形而上学的思辨范畴。把握这种智慧的人，是真正的"智者"。他们不一定是某个领域的学问家或工程师，也不一定是统揽全局的领导者，但是他们才智过人，善于把握机遇和创造，因而为其时代做出突出的贡献，也为自己赢得最佳的生存境遇和人生发展。

如果立足于智慧之力所及的结果来划分，还可以将智慧划分为其他一些不同的类型，如生产经营智慧、政治领导智慧、道德建设智慧；哲学智慧、法学智慧、伦理学智慧、经济学智慧、政治学智慧；等等。

有人根据诸多不同类型的智慧认为，所谓智慧"主要不是指人具有非凡的心智能力，比如，出色的记忆、感悟、运算、制作、模仿、复制甚至创作的能力，而是指一个人总为一个整体的生存状态保持理性的自我约束，遵守制度的纪律要求，拥有明确的人生目标，养成良好的生活习惯，掌握科学的学习方法，运用专业技能和人生经验，乐观参与社会、服务社会、领导社会。"①这种概括虽然显得有些繁琐，但确也较为准确和全面地表述了智慧的内涵。

（三）智慧与聪明

智慧与聪明语义相近，都与人的认识和实践能力相关，然而认识和实践的结果却不一定一样，因为两者内涵有着重要的不同。

智慧与聪明的关联表现在，智慧多是就认识和实践活动的能力及真知灼见的成果和实际功效而言的，有智慧的人多是真正的"智者"和"强者"。聪明，一般是特指理解能力和行动能力强，即所谓"智商"高，并不包含认识和把握真理的真知灼见。聪明的人往往仅是站在个人功利的立场上看待面对的人生问题。人获得智慧多与其聪明相关，在许多情况下聪

---

① 张国清：《智慧与正义》，杭州：浙江大学出版社2012年版，第1页。

明能够深刻影响智慧的形成和功效，不聪明的人是很难获得智慧的；但聪明的人却不一定就能够获得智慧，也不一定能够正确理解和把握智慧。

概言之，智慧与聪明的分界在于，前者是尊重规律和规则的能力及其所及的成果。因此，有智慧的人多是尊重社会和他者的人，人生发展和价值实现多与社会和他者处于和谐的佳境之中。后者则不一定，作为记忆力和理解力则只有一种。不讲智慧而只看重聪明的人，多实则是"小聪明"抑或愚蠢，这样的人有时会让自己陷入"聪明反被聪明误"的人生窘境，甚至落得"搬起石头砸自己的脚"的下场。

智慧与正义形影相随，推崇智慧的人多富有正义感，聪明的人则不一定。人世间有正义感的人很多，但行正义之实的人则不一定多。有智慧的人，一般都是愿意行正义之实的人。

聪明如果离开对于真知灼见的真理的认知和把握，离开行正义之实，就成了"小聪明"。人生之途离不开"小聪明"，但不可仅仅依赖"小聪明"获得人生发展和价值实现。在读书学习活动中，聪明的人多能够接受真知灼见，但他们不一定有智慧，面对需要运用书本知识和理论解决实际问题时，可能会束手无策，或只是一些夸夸其谈的"书呆子"，而持有某种或某些智慧的人不一定聪明。从质性分析来看，智慧与聪明之内涵的实质差别可概括为，前者为人生提供的都是正能量，后者则不一定，有时提供的是正能量，有时则不然。

一个崇尚智慧的社会，必定是一个充满生机和发展潜力的智慧的社会，一个崇尚智慧和具有智慧的人，必定处在人生发展的良态境遇之中。

二、智慧的形成与发展

不论是在个体还是类群的意义上，人都非生而聪明，更非生而为智者。作为一种文明生存方式和生存文明，智慧的形成和发展有一个过程。

（一）智慧萌生于人类诞生的"第一推动力"

智慧作为一种"发明创造的能力"，萌生于类人猿从树上降到地下以适应发生改变的环境的被动性选择。这种与存在直接相关的生存需求，在初始意义上是被迫无奈的，不仅是被动的，而且具有本能的特性，并不是什么智慧使然。但是，它却是一种历史性的突变，萌生智慧的"第一推动力"。虽然，当初逼迫类人猿转换环境的举动，实际上还不是什么"发明创造的能力"，然而如果没有这种被动适应环境的"第一推动力"，人类至今可能还待在荒野或树上。

实际上，人类智慧的形成至今依然保留着被动接受"第一推动力"影响的特性。突出的表现就是，人类在自己的文明生存方式的进取中破坏着自己生存和繁衍的自然环境，转而受到来自环境对生存和繁衍的威胁，于是不得不被动地提出生态伦理的生存话题。在日常社会活动中，人们作出的所谓"急中生智"的选择，也是受"第一推动力"影响的智慧表现。"不撞南墙不回头"固然显得有些愚蠢，但若是撞南墙即回头，却不失之为一种智慧。

在以色列学者尤瓦尔·赫拉利看来，人类发展史上起决定作用的是"农业革命"。这种"第一推动力"所产生的生存智慧，这就是由流动采集向定居农业的转变，其构成就是以小麦和山羊被驯化为农作物和家畜为标志，大约始于距今9000年前。他戏称这种催生生存智慧的"农业革命是史上最大的一桩骗局"。因为，起初的农业很辛苦，所得收获还不如采集填肚子来得容易，来得快[1]。正是这种来自"第一推动力"的"欺骗"，促使人类不断创新和发展农业，不断获得新的生存智慧。历史地看，总结被智慧"欺骗"而获得新的智慧，正是人类生存过程的理性之旅。人类的生存过程，本来就是一个发现和创新生存智慧的过程。

总而言之，乐于和善于被动地接受"第一推动力"的选择，是人类促

---

[1] [以]尤瓦尔·赫拉利：《人类简史——从动物到上帝》，林俊宏译，北京：中信出版社2014年版，第77—78页。

发和运用生存智慧的必然之举，不论是社群还是个体都是这样。

（二）智慧的道德意蕴

人类诞生以来，尽管如同"猴子"那样被动适应生存环境的特性一直保留着，在有些方面有过之而无不及，发生某些"兔子也吃窝边草"的蜕变，但"发明创造的能力"却渐渐地由本能而演变成为真正属于人的"本性"。它集中体现在要求"客体的存在、作用以及它们的变化对于一定主体需要及其发展的某种适合、接近或一致"[①]。正是不断增长着的智慧——"发明创造的能力"，才使人类渐渐地从野蛮走向文明，由愚昧走向睿智。

在经历漫长的"民神杂糅，不可方物"[②]的愚昧时期，人渐渐地需要和学会用"辨析判断、发明创造的能力"关注和处置自己与他人的利害关系，智慧也就同时渐渐地具备道德的意义了。亦即如同尤瓦尔·赫拉利在其《人类简史——从动物到上帝》中所描绘的那样：人成为"一种社会性的动物"，明白"社会合作是我们得以生存的关键。对于个人来说，光是（如同青猴那样只会发出'小心，有老鹰'、'小心，有狮子'的警示叫声）知道狮子和野牛的下落还不够。更重要的，是要知道自己部落里谁讨厌谁，谁跟谁交往，谁很诚实，谁又是骗子。"[③]

当私有制度出现使得这些利害关系具有阶级的性质，需要动用国家的力量才能处置之后，道德也就同时具有社会意识形态性质了。

（三）智慧演化为阶级社会的道德

在阶级社会中，智慧作为道德范畴一开始就带有阶级的特性，总是隶属于特定的阶级。故而，恩格斯在《反杜林论》中说到道德与社会经济关系的关系时，明确指出："社会直到现在是在阶级对立中运动的，所以道

---

① 李德顺：《价值论》，北京：中国人民大学出版社1987年版，第11页。

② 徐元诰著，王树民、沈长云点校：《国语集解》（修订版），北京：中华书局2002年版，第515页。

③［以］尤瓦尔·赫拉利：《人类简史——从动物到上帝》，林俊宏译，北京：中信出版社2014年版，第23—24页。

德始终是阶级的道德"①。

中国西汉初年，为统治者提出"罢黜百家，独尊儒术"谏议的董仲舒，把封建道德的教条归纳为"三纲五常"，其中"五常"便有"智"即智慧。

智慧作为阶级社会中的道德范畴，就其阶级属性来看，既有属于统治阶级及士阶层的智慧，多为政治智慧和伦理智慧，也有被统治阶级的智慧。后者多为劳动者的生存智慧，并不具备鲜明的社会意识形态特征。就智慧的实质内涵来看，既指反映阶级道德的知识和标准与规则，也指认识和践行这种道德知识和标准与规则的能力。

历史地看，智慧作为阶级社会的道德范畴和生存智慧，渗透并表现在统治阶级和被统治阶级的道德认知与实际行动之中的道德智慧，现代国家应当视其为一份宝贵的精神遗产，认真加以传承。

三、智慧的道德价值

智慧的道德意义，总的来说是引导人们将发现和发明的能力及其成果运用到调整人和社会的各种利害之中，并恰当地做出善与恶的判断和善的选择。因此，智慧的道德意义可以一言以蔽之：有助于人和社会形成和提升对于善之价值的认识和实践能力，按照知善规律和向善规则谋求各自的生存和发展。

（一）认知和把握生存过程与意义

人的生存过程及其意义获得，有赖于在善的意义上认知和把握其自在的规律及由此推演的规则，这就是智慧的道德价值真谛所在。如此认识道德价值，是与人能够自觉地把智慧运用到道德需求的实际生活中直接相关的。

"人"在劳动中创造人自身与创造人必需的伦理与道德，本应是同一

---

①《马克思恩格斯文集》第9卷，北京：人民出版社2009年版，第99页。

种过程。

不难想见，在远古的渔猎"劳动"中，经验每天都在提醒"人"们需要彼此之间有一种"有谋而合"的配合，以获得一致行动所必需的"人心所向"的力量。这种需要大概就是最早的伦理要求及其道德价值，哪怕它的形式极为简单和粗犷，也是必需的。终于，在某时或某一情况下，会有"人"伴随肢体动作脱口发出诸如"吆""呵"之类的呼喊或呼唤。这是一种具有后来被称为"道德意识"的智慧创举。它的"启蒙意义"在于：向肢体方向发展便有了后来的舞蹈，向声音方向发展便有了后来的音乐，以至于被后人关联伦理的"乐"（故而才有"乐者，通伦理者也"①一说），而向文字的方向发展便有了后来的诗歌。推动这种演化活动及其成果形成过程的主观动因，就是智慧在起作用。

当人类走进文明发展阶段之后，"有谋而合"的智慧，就会渐渐地为"不谋而合"的"心心相印"和"同心同德"所替代，演化成为一种"心智"，即"人心所向"的智力。这样的智慧，其道德价值就更是不言而喻了。

（二）支持以德治国的伦理主张

智慧支持道德为立国之本的政治伦理主张。历史上的所谓德治，实则是一种政治伦理的最高智慧。孔子"述而不作"的"为政以德，譬如北辰居其所而众星共之"②、"其身正，不令而行；其身不正，虽令不从"③、"道之以政，齐之以刑，民免而无耻；道之以德，齐之以礼，有耻且格"④等，荀子说的"君者，舟也；庶人者，水也。水则载舟，水则覆舟，此之谓也。故君人者，欲安，则莫若勤政爱民矣"⑤等，都是典型的政治伦理主张。它们其实都不仅仅是政治道德的教条，而是以德治国的政治智慧。

① 《礼记·乐记》。
② 《论语·为政》。
③ 《论语·子路》。
④ 《论语·为政》。
⑤ 《荀子·王制》。

历史证明，不讲道德的国家和社会势必会世风日下、人欲横流，走向没落和崩溃。故而，中国古人说："礼、义、廉、耻，国之四维；四维不张，国乃灭亡。"[1]此处的"维"，具有保持、保全之义，强调的是道德作为一种治国的智慧维系着国家的兴衰存亡。

1905年，美国历史学家 H·亚当斯曾做这样的预测："一百年以后，也许是五十年以后，在人类的思想上将要出现一个彻底的转折。那时，作为理论或先验论原理的法则将消失，而让位于力量，道德将由警察代替。"[2]中国有学者也曾断言："21世纪，人类将进入一个没有道德的时代"——"道德真空时代"，即"人类的旧道德已经死亡，而新道德却远未诞生的状态。"[3]这种预测和断语的反科学性，已经并将继续为道德及道德智慧的存在价值所证明。

（三）促使道德演化为一种生存智慧

智慧所具备的道德价值，必然会使得道德最终演化为人的一种生存智慧，同时成为特定国家的一种立国智慧。人的生存和国家的立国依赖各种智慧，道德智慧是其中不可或缺的一种。

一个人会劳动，并通过劳动获得生存必需的物质生活资料，因而能够生存——活着。这里的"会劳动"，是在特定的劳动关系中进行的，除了劳动技能，还要有劳动品行。如果说，劳动技能可以是纯粹个人的，那么劳动品行则无论如何不可能是纯粹个人的，它需要在劳动关系的交往中形成。能否意识到劳动关系中交往关系的重要性以及能否把握这种关系，属于道德的智慧范畴。对人的消费，同样应作这样的理解。消费活动是在其构成的特定的消费关系中进行的，与道德的关联更为明显，缺失应有的智慧，就可能会陷入"食而不知其味"或"寝食难安"的道德困境。现代社会，人们的劳动和消费关系更为复杂，智慧作为道德范畴的价值显得更为

---

[1]《管子·牧民》。

[2] 转引自［英］J·D·贝尔纳：《科学的社会功能》，陈体芳译，北京：商务印书馆1982年版，第2页。

[3] 黎鸣：《中国人为什么这么"愚蠢"》，北京：华龄出版社2003年版，第155页。

重要。

道德作为一种生存智慧，对现代国家的生存和发展的影响更为深刻。有人认为，现代国家厉行法治，实行依法治国，道德的作用是有限的。但不论是从理论还是从事实的逻辑来分析，法治建设和依法治国中人的作用都是关键，而人能否发挥关键作用，在根本上取决于其道德水准，这种水准无疑既包括"讲道德"的意识和精神，也包括"讲道德"的能力和水平。人类道德文明发展史表明，人若无视道德作为一种生存智慧必将衰落，国若无视道德作为一种立国之本的智慧必将衰亡。

四、道德作为生存智慧的内在逻辑

道德作为生存智慧的内在逻辑，就是要把自爱与爱他统一起来。其中，自爱是立足点和出发点，爱他是对自爱的升华和超越。对此，传统的伦理学特别是利他主义伦理学从来不做这样的解释，尽管道德生活的实际情况本来就是这样，或本应是这样的。

（一）自爱与爱他

所谓自爱，简言之指的就是珍爱自己的生命存在和人生发展需要的心理状态。自爱之心人皆有之，它是生命个体生存的必须方式，也是生命个体求人生发展的动力之源。

每个人并不是为了爱他而来到世上的，在人生之旅中选择爱他的动机和举措一般也并不是与己毫无关系。为了自己而活着是人之常情，人生之常态。

公元前5世纪末期，苏格拉底在雅典开始了他的哲学活动，把此前关注自然的哲学目光转向关注人自身。他从德尔菲神庙的古谕"人，要认识你自己"那里得到启发，提出了"认识你自己"这个古老的人生哲学命题。一个人只有在正确认识自己的情况下，才有可能正确认识自己与他者的逻辑关系。马克思指出："对于各个个人来说，出发点总是他们自己，当然是在一定历史条件和关系中的个人，而不是思想家们所理解的'纯粹的'个人。"①

美国著名社会心理学家、第三代心理学的开创者亚伯拉罕·马斯洛（1908—1970）创建的需要层次论，把人的需要划分为五个层次：（1）生理上的需要，包括饥、渴、衣、住、性等方面的需要；（2）安全上的需要，包括要求保障自身安全、摆脱事业和丧失财产威胁、避免职业病的侵袭、接触严酷的监督等方面的需要；（3）感情上的需要，包括被关心、友爱与爱情、有机会爱别人等方面的需要；（4）尊重的需要，表现为对有社会地位、自己的能力和成就得到社会的承认等方面的需要；（5）自我实现的需要，主要表现为对实现个人理想与抱负、努力展现自己潜力的追求。他同时认为，这五个方面的需要存在一种由低级到高级的层级递进的逻辑关系，低一级是高一级的基础，高一级的层次需要是低一级的激励因素，人在获得低一级层次需要之后一般就会继而追求高一级层次的需要。

马斯洛建构需要层次理论，关涉心理学、伦理学、社会学等多学科的方法，而其立足点和基本方法，就是重视人的自爱之"爱心"。它给人们的有益启示是：一个没有自爱需求、不懂得真正自爱的人，一般是不大可能去爱别人的。一个真实、真诚爱别人的人，他首先就是一个重视和懂得自爱的人。反之，他的爱人就可能是盲目的、盲从的，缺乏自觉理性的基础和导引。

中国古人所说的"哀莫大于心死"，说的其实正是自爱的道德和人生意义。很难想象，一个不能爱惜自己生命存在和人生发展需要的人，他会主动积极地去创造人生价值，以乐观的心态和姿态面对他人（包括社会集体），所谓按照社会道德准则做"道德人"也就无从谈起。

自爱——为了自己活着并不是抽象的观念和意愿，而是实际的行动——展现在实际的行动关系中，与他者或社会集体发生这样那样的利益关系。正因如此，每个人为自己而活着不能仅以自己的方式实现，必须在道德上把爱己与爱他统一起来，这就决定了"讲道德"必须作为生存智慧

① 《马克思恩格斯全集》第3卷，北京：人民出版社1960年版，第86页。

的第一要素。孟子说："爱人者，人恒爱之；敬人者，人恒敬之。"①

就是说，自爱的道德价值存在一个评判的尺度或标准问题。这个尺度和标准不是自设的，而是得到他者包括社会的认同和认可的。一个真正懂得自爱的人，总是要关注自己"在其他人眼中所呈现的样子，亦即人们对他的看法。他人的看法又可以分为名誉、地位和名声。"②由此而论，自爱的人同时爱他具有某种必然性，它并不完全取决于道德教育。

现实生活中，既不自爱也不爱他的人或许是有的，但毫不自爱、纯粹持自爱或爱他立场的人其实是没有的。纯粹爱他的"高大全"者，多是出于某种偏执的社会目的而经由道德评价和宣传打造出来的。实际差别的情况是：有的人热衷于"自爱"，有的人视"爱他"更为重要。不自爱的人一般是不会主动去爱他的，他们"讲道德"往往是出于个人的某种不良动机，因此人们一般不愿意接受这样的人的道德援助。一个社会也不必这样提倡"讲道德"，否则就难免会诱发虚伪做作的作风和道德形式主义。

（二）自爱与自私的分界

自爱与自私一字之差，内涵却有本质的不同。自爱在伦理学视野里有善或恶之分，在心理视野里有健康与否之别。自爱可能诱发自恋或虚荣心，以至于诱导出自私的心态和行为，但自爱并不等于自私。

自爱，本质上是对自我应有尊严和价值的肯定，是一种关于人的价值和人生价值的理性自知，不论这种自知是否合乎理性或在多大程度上合乎理性，它是一种实在的心理状态。对自己的尊严与价值、财富与地位、名誉与荣誉、自由与信奉等的肯定和重视，一般都属于自爱的范畴。19世纪末，美国传教士阿瑟·史密斯（中文名明恩溥）认为"面子"是"人类共有之物"，而"爱讲面子"是中国人的"特性"，它是理解中国人伦理道德方面"一系列复杂问题的关键所在。"③他所说的"面子"，就是人的尊严，

① 《孟子·离娄下》。
② ［德］阿·叔本华：《人生的智慧》，韦启昌译，上海：上海人民出版社2005年版，第4页。
③ ［美］阿瑟·史密斯：《中国人的特性》，匡雁鹏译，北京：光明日报出版社1998年版，第8、9页。

所谓"爱讲面子"正是自爱的一种表现。他同时指出，中国人"爱面子"，常含有掩饰不足甚至过失的成分，即所谓文过饰非，恰恰是一种虚荣心在作怪。在心理学看来，虚荣心是一种不健康的、抑或可以成为自恋——变态的自爱方式。

自私，属于道德范畴，指的是在对待个人与他者包括社会集体利益关系上的以个人利益为立足点和出发点的道德意识和态度。英国人查理德·道金斯的《自私的基因》①，因其"我们生来是自私的"核心断语，而被中国出版商称之为"20世纪最经典的著作之一"。众所周知，基因即遗传因子，是具有遗传效应的 DNA 片段。自私作为道德范畴是后天的，是没有受到应有道德教育的结果，不是遗传的。所谓"我们生来是自私的"，说的其实是人的自然本性，将此伦理化和社会化是违背道德发生的逻辑的。

自爱与自私都以利益关系为基础和调整对象。差别在于，自爱以维护和谋取个人本当或正当利益，同时不损害他者包括社会集体的利益为原则；自私以维护和谋取个人利益为唯一目的和原则，因而把自爱与爱他对立起来并排斥爱他，为此甚至不惜损害他者包括社会集体的利益。概言之，自爱是生命个体的一种生存智慧，自私则是不道德的生存选择，实则是生存智慧上的伦理迷失。如果说自私是一种自爱，那也是一种不道德的自爱方式。

在中国，进一步分辨自爱与自私的学理界限，有必要对"私"作伦理文化的历史考察。中国历史上的"私"有五种涵义。一是"私下"，即"背地里"或"一人独处"，如孔子夸他的得意弟子颜回说"退而省其私"②。意思是说，颜回虽然当着老师的面不发表不同意见，但是他回去以后还是能够独自钻研的。二是"私人"身份，《论语·乡党》描述孔子一人出使他国的神态时写道："私觌，愉愉如也。"用今天的话说就是一个人"偷着乐的样子"。三是"私欲"，即过分的个人欲望，如朱熹说的"饮

---

① ［英］查理德·道金斯：《自私的基因》，卢云中等译，北京：中信出版社 2012 年版。
② 《论语·为政》。

食者，天理也；要求美味，人欲也。"①四是"私利"，即个人利益，是相对于"公利"而言的。五是"私心"，即所谓"自私"，相对"公心""公平""公正"而言。《礼记·礼运》在阐述"大道之行也，天下为公"时所说的"不以天下之大私其子孙"的"私"，指的就是"私心"。

（三）自爱之心的呵护和优化

呵护和优化自爱之心，是道德作为生存智慧之内在逻辑的关键所在。维护，就是要肯定和彰显自爱的合理性；优化，就是要促使和保障自爱与爱他的一致性，使之体现人的社会本性。

《中国青年》1980年第5期曾经发表"潘晓"给编辑部的一封信《人生的路呵，怎么越走越窄》。在编辑部加按语发动讨论的情况下，全国青年包括一些年长者热情参与其中，讨论信中提出的带"私"字的两个人生命题，一是"人的本性是自私的"，二是"人都是主观为自己，客观为他人"。那场跨时近一年的讨论，最终没有形成趋于一致的意见，原因就在于当时的人们不能分清自爱与自私的学理界限，把自爱都当成自私了。

弗里德里希·包尔生（1846—1908）在批评那种把"为自己"的"利己心"等同于利己主义的认识方法时说："我相信，这一理论是违反事实的"，"个人的自我保存冲动无疑在生活中扮演了一个极其重要的角色，并且经常牺牲他人利益来维护自己。但是没有一个人是这个意义上的个人主义者——即完全独占式地只关心他自己的祸福，而完全不管别人的幸福。"②

不论是从逻辑上来看还是从道德生活实际情况来看，自爱之心的优化即把自爱与爱他统一起来都是完全应该的，也是可以实现的。这种逻辑符合社会和人道德发展进步的客观规律和要求，也是自古以来社会道德风尚和人的道德品质常态。中国传统儒学奠基者孔子推崇"仁者爱人"，并不

---

①《朱子语类》卷十三。

② [德]弗里德里希·包尔生：《伦理学体系》，何怀宏、廖申白译，北京：中国社会科学出版社1988年版，第208页。

反对自爱。所谓"己欲立而立人，己欲达而达人""己所不欲，勿施于人"，其实都是主张要在自爱的立足点上把自爱与爱他在认识和行动上一致起来。它是道德作为一种生存智慧的个体基础，其内含"实践理性"的历史价值和现实意义，在当今社会，应得到充分的解释和充分的展现。

第二节　道德演化为生存智慧的诸种条件

从上文的简要考察中可以看出，智慧演化为道德范畴并促使道德成为一种生存智慧，经历了一种历史发展过程。在历史唯物主义视野里，这个过程受到多方面的社会历史条件的深刻影响。

一、真实反映一定社会的现实基础

马克思在《〈政治经济学批判〉序言》中指出："人们在自己生活的社会生产中发生一定的、必然的、不以他们的意志为转移的关系，即同他们的物质生产力的一定发展阶段相适合的生产关系。这些生产关系的总和构成社会的经济结构，即有法律的和政治的上层建筑竖立其上并有一定的社会意识形式与之相适应的现实基础。物质生活的生产方式制约着整个社会生活、政治生活和精神生活的过程。"①智慧演化为一种生存智慧的基础性条件，正是一定社会这样的"现实基础"。

（一）根源于生产和交换的经济活动

道德作为一种生存智慧，根源于一定社会生产和交换的经济活动。恩格斯在说到道德形成的经济根源时指出："人们自觉地或不自觉地，归根到底总是从他们阶级地位所依据的实际关系——从他们进行生产和交换的

①《马克思恩格斯文集》第2卷，北京：人民出版社2009年版，第591页。

经济关系中，获得自己的伦理观念。"①而"每一既定社会的经济关系首先表现为利益。"②恩格斯这里揭示的道德与经济的关系，既是理论逻辑意义上的阐述，更是现实的实践逻辑意义上的推演，故而采用了"首先表现为利益"的逻辑话语。就是说，在一定社会中，道德真实反映社会的"现实基础"，首先需要将其置于生产和交换的经济活动的基础之上来认知和把握。

这里需要注意的是，所谓"自觉地或不自觉地"，就是直接的最初意义上的，带有"自然而然"之必然性质的演化趋势。就是说，"伦理观念"并不就是完整意义上的道德，更不是一定社会着力倡导和推行的道德观念和行为准则，而只是生产经营活动直接相关的道德经验。因此，不应依据形式逻辑或线性逻辑，由此推论出社会实行什么样的经济关系就应推行什么样的道德的结论。尽管如此，它却是与人的生存智慧直接相关的"道德"。换言之，人们在生产和交换活动中发生利益关系的经济活动中，在不得不"自发"地学着如何进行生产和交换之智慧的同时，也就在其间"自觉地或不自觉地"学着如何与"生产和交换关系"中的他者相处的能力和经验。这就是智慧在初始或根源意义上演化道德范畴的经济根源和生成逻辑。

由此推论，不同的生产和交换关系及其现实的实践活动，在初始条件的意义上必然会"自然而然"使得其"伦理观念"演化的道德范畴带有历史的标记。原始社会只有生产，没有交换，人们"自觉地或不自觉地"形成的道德之"伦理观念"是对于利益共同付出和拥有。小农经济社会实行自力更生和自给自足，与之相适应的道德之"伦理观念"是"各人自扫门前雪，休管他人瓦上霜"的利益观念。市场经济条件下的生产和交换，人们"自觉地或不自觉地"崇尚的道德之"伦理观念"，是利益抢位和先占利益的本领。这些不同历史时代的"伦理观念"，都是带有历史标记的生存智慧。

---

① 《马克思恩格斯文集》第9卷，北京：人民出版社2009年版，第99页。
② 《马克思恩格斯文集》第3卷，北京：人民出版社2009年版，第320页。

（二）集中体现政治制度的客观要求

人类自从进入阶级社会以来，国家的政治制度作为一种上层建筑一直"集中"反映经济及其他上层建筑的客观要求。在这里，道德以观念上层建筑的意识形态反映政治制度的客观要求。从国家治理的客观需要来看，不论统治阶级是否自愿，一般都会被要求参与政治生活，这就使得政治智慧成为人们生存素质的一种必备素质。尽管，这种"政治头脑"对不同的人有不同的要求，在不同的社会或同一种社会的不同时期有着不同的内涵。但是，作为人的一种政治伦理和道德意义上的生存智慧，是不可或缺的。列宁在批评托洛茨基和布哈林关于政治与经济"有同等的价值"这种折中主义立场时，强调指出："政治与经济相比不能不占首位"，因为"政治是经济的集中表现"，"一个阶级如果不从政治上正确地看问题，就不能维持它的统治，因而也就不能完成它的生产任务。"[①]

在特定的历史时代，或许会有一些"没有政治头脑"或"不问政治"的人。但是，这样的人要么是不懂政治，因而缺失政治伦理和道德上的生存智慧，要么恰恰正是持有某种政治伦理和道德上的"生存智慧"而故作的生存样态。

（三）与其他的观念上层建筑相向而行

在一定的社会里，道德是观念的上层建筑体系的一个重要组成部分，这就要求道德在价值取向上必须与其他形态的观念上层建筑相向而行。也唯有如此，道德才能作为一种生存智慧对人和社会的发展进步发挥巨大的积极影响。

生产和经营活动是人类最基本也是最重要的人生活动，由此形成的能力和经验，我们可称为初始状态的生存智慧——道德智慧。这种智慧在"某一民族的政治、法律、道德、宗教、形而上学等的语言中的精神生产"

[①]《列宁专题文集·论辩证唯物主义与历史唯物主义》，北京：人民出版社2009年版，第302—303页。

的过程中，就会演化、提升为特殊的社会意识形态，从而被一定社会的统治者视为治国理政的道德智慧。它与作为生存智慧的道德存在重要的差别，却没有本质的不同，这种差别主要表现在后者是关涉国家和民族整体的生存智慧。

道德作为一种生存智慧必须与其他观念上层建筑相向而行这一生成条件，要求一定社会的道德与其他观念的上层建筑处在相互依存、相得益彰的生态环境之中。

总而言之，是否如上所述来理解和把握道德演化为生存智慧的"现实基础"，是坚持历史唯物主义方法论原理的基本要求。马克思恩格斯在《德意志意识形态》中批评以往唯心史观的根本缺陷时指出："迄今为止的一切历史观不是完全忽视了历史的这一现实基础，就是把它仅仅看成与历史过程没有任何联系的附带因素。"①

二、受人的社会本性制约

智慧在演化为道德范畴并促使道德最终成为一种生存智慧的过程中，必然会受到人的社会本质特性制约。人接受这种制约的自觉程度，受其社会本性发展水平的影响。思想史上，从"斯芬克斯之谜"的神话传说到五花八门的哲学思辨，再到马克思主义科学的人性本质观的升华，实质内涵反映的都是人的社会本性发展不同历史阶段的水平。

（一）马克思主义之前的人性论

智慧演化为道德范畴，促使道德成为一种生存智慧即所谓道德智慧，起于何时无从考证，也没有必要仔细加以问究。但是，有一点是必须明确的：它是人性的伟大胜利。

人性和人的本质的理论轴心，是要在根本上回答人是什么和何以为人的问题。马克思主义诞生以前，有许多这方面的伦理思想和道德学说流

①《马克思恩格斯文集》第1卷，北京：人民出版社2009年版，第545页。

派。它们的建构方法都偏离了唯物史观的视野，脱离了人作为现实的实践的社会存在物的基本事实，从而也就使得道德淡化以至于失却了作为一种生存智慧的特定要求。

中西方哲人解读人性的立足点不同。西方哲人立足于人与生俱来的"本性"，意见大体有三种。一是认为人是来自于自然的感性动物，因此"趋乐避苦"是人的本性。快乐主义和享乐主义伦理思想就是从这个逻辑起点引申出来的。二是认为人是源于自由的理性动物。理性主义伦理思想家多是持这种看法的代表人物。三是认为人是超越自然的神性的人，宗教神学的代表人物大多持这种人性观。中国古代哲人多立足于"人之初"，用关于善或恶的道德话语来解读人性，实则同样都偏离了人的"社会本性"。

历史上也有一些大师级的思想家在唯物史观创立之前触摸到了人性的本质问题。叔本华在《人生的智慧》第一章开篇借用亚里士多德的"三分法"指出，人与人即"凡人"生命个体之间的"根本差别"在于人的三个方面的"个性"特征：一是人的健康、力量、外貌气质、道德品格、精神智力及潜在发展；二是身外之物，如财产和地位等；三是在其他人心目中呈现的样子，也就是由他人看法编织的名誉和声誉等。[①]他所说的人的"个性"或人性是否合乎实际自然可以谈论，但是他在"凡人"之"个性"的意义上言说人，立足点是人的"现实性"。这与唯物史观的人性观是不是根本对立的，或存在某些相似之处，似乎是一个值得探讨的问题。

（二）马克思主义的人性观

马克思关于"人"的概念有三种含义，即德文的 Mensch（人）、person（人、个人）与 lndividuum（个体）。Mensch（人）是用来与物相区分的，即康德提出的人是目的而不是手段的"人"。人与物不同的是具有神圣的"人性"（Mcnscheit），因而具有"人"的尊严和价值（Würde），即"人格"（persönliehkeit），这样的"人"就是"个人"（penrson）。黑格尔用

[①]［德］阿·叔本华：《人生的智慧》，韦启昌译，上海：上海人民出版社2005年版，第4页。

"个体"替代了"个人"。他认为"个人"尽管是单个的、自由的"原子"，是抽象的概念，但已经包含各种差别，因而是具体人的概念。他作此区分的目的在于说明市民身份（bourgeois）不同于公民身份（citoycn），市民"以个体为目的"，追求私人利益，公民"以普遍性为目的"，参与政治意志的形成。①

马克思对"人"的理解并未纠缠于"人""个人""个体"这类抽象概念的分辨和言说，也没有拘泥于市民社会和政治国家的分野，而是在历史与逻辑相统一的视野里抓住了"个体"与"社会"之间存在的真实关系，从而摆脱了关于"人"的抽象概念的争论，揭示了人的社会本质。他在《德意志意识形态》中指出"有生命的人的个体存在"是任何人类历史成为历史的第一个前提，在《关于费尔巴哈的提纲》中指出"人的本质不是单个人所固有的抽象物，在其现实性上它是一切社会关系的总和。"②

就是说，理解和把握人的本质，不可以把人看成"单个人所固有的实在物"的"人"，即人是有生命的"个体"，也不可以把人看成"单个人的抽象物"。所以，在唯物史观视野里谈论人性或"人的本质"及由此推论出的道德问题，既要看到人是一种"现实性"的存在物，也要看到是一种"社会关系"的具体存在物。

实际上，马克思在这里所言说的是看人之社会本性的方法，而不是解释人之社会本性之本身。以为马克思是把人的社会本性归结为"现实"的、"一切社会关系的总和"或干脆简略为"一切社会关系的总和"，其实是不准确的。因为，这样的"人"并不存在，虽然没有被"抽象"为"抽象物"，却被"泛化"为"空洞物"了。"空洞物"的人虽然规避了"单个人所固有"的弊端，却失落了"现实性"和实践性的本性。如此来讨论人的社会本性问题，是毫无意义的，并不符合唯物史观人性观和辩证唯物主义方法论的本义。

①参见李文堂：《马克思关于"人"的概念》，中共中央党校马克思主义理论教研部、中国马克思主义研究基金会编：《马克思主义关于人的学说》，北京：人民出版社2011年版，第15—20页。

②《马克思恩格斯文集》第1卷，北京：人民出版社2009年版，第505页。

认识事物的本质要遵循由个别到一般、具体到抽象的过程，而要运用关于事物本质的认识去理解事物，进而改造和改变事物，为自己谋幸福，则须个别、具体地看实物所内含的一般、抽象的本质，否则关于事物本质的认识就成了毫无"质料"的"形式哲学"或"哲学形式"了。

就是说，遵循唯物史观的方法论原则来理解人的社会本性，不应把"人"看成是一般人的"抽象物"，而应当把"人"看成是"单个人所固有的实在物"，亦即将人理解为鲜活的生命个体①。因为，唯有"单个人所固有的实在物"，才具有"现实性"，在其普遍联系的生存方式上体现"一切社会关系的总和"的本质特性。由此看来，人的社会性与个性在逻辑上不应当被解读为存在本质性的差别。唯物史观的这种人的本性或本质观，真实地反映了人的生存状态。它反对在与社会相对立的意义上谈论人的个性，也不主张在与个性相对立的意义上谈论人的社会性。

正因如此，马克思恩格斯指出："在任何情况下，个人总是'从自己出发的'，但由于从他们彼此不需要发生任何联系这个意义上来说他们不是唯一的，由于他们的需要即他们的本性，以及他们求得满足的方式，把他们联系起来（两性关系、交换、分工），所以他们必然要发生相互关系。但由于他们相互间不是作为纯粹的我，而是作为处于生产力和需要的一定发展阶段上的个人而发生交往的，同时由于这种交往又决定着生产和需要，所以正是个人相互间的这种私人的个人的关系、他们作为个人的相互关系，创立了——并且每天都在重新创立着——现存的关系。"②

马克思恩格斯说："思想、观念、意识的生产最初是直接与人们的物质活动，与人们的物质交往，与现实生活的语言交织在一起的。人们的想象、思维、精神交往在这里还是人们物质行动的直接产物。表现在某一民族的政治、法律、道德、宗教、形而上学等的语言中的精神生产也是这样。人们是自己的观念、思想等等的生产者，但这里所说的人们是现实

---

① 亦如辩证唯物主义世界万事万物统一于物质，我们却不能用"物质"来解读一切物质性的具体事物的道理一样。假如有人问：你身上穿的什么？早餐吃的什么？你告诉他：都是"物质"。人家会以为你的精神出问题了。

② 《马克思恩格斯全集》第3卷，北京：人民出版社1960年版，第514—515页。

的、从事活动的人们，他们受自己的生产力和与之相适应的交往的一定发展——直到交往的最遥远的形态——所制约。意识［das Bewußtsein］在任何时候都只能是被意识到了的存在［das bewußtsein］，而人们的存在就是他们的现实生活过程。"①

马克思恩格斯在分析这一问题时进一步指出："凡是有某种关系而存在的地方，这种关系都是为我而存在的；动物不对什么东西发生'关系'，而且根本没有'关系'；对于动物来说，它对他物的关系不是作为关系而存在的。因而，意识一开始就是社会的产物，而且只要人们存在着，它就仍然是这种产物。"②

（三）受人性制约的关键要素

理解道德作为一种人生智慧受人的社会本性制约这种逻辑关系，应抓住三个关键。其一，"现实性"意义上的"一切社会关系的总和"的实质内涵和普遍形式不是抽象的，它是现实的利害关系。人，只是在这种现实的利害关系"总和"中才会意识到自己作为"人"而存在。其二，这种意识首先是道德意识或具有道德意义的意识，因为道德是以利益关系为基础和价值祈求目标的。其三，萌生这种道德意识以及据此处置利害关系，就是一种基于人的社会本性的"辨析判断"的能力，亦即道德智慧。

由此推论，道德演化的生存智慧最初多属于"单个人所固有的实在物"，即属于生命个体而不是群体和国家。属于群体、民族和国家的生存智慧，多是阶级和国家出现以后的现象。重视道德作为一种人生智慧，是人类自古以来的共同关注，只不过由于被统治阶级的偏见等种种复杂原因所遮蔽，历史上长期没有受到应有的重视而已。

道德作为人的生存智慧，在人面对特定的道德选择时大体有两种表现形式。一是因由"智"而选择作为的方向和方式，这种选择的道德性自不待说，即使是选择作为的结果并非唯独是善，甚至适得其反，人们也会认

---

① 《马克思恩格斯文集》第1卷，北京：人民出版社2009年版，第524—525页。
② 《马克思恩格斯选集》第1卷，北京：人民出版社2009年版，第533页。

为"情有可原"给予肯定性的评价。二是因由"智"而选择不作为或视而不见，或紧急避险。对此，人们一般都会给予否定性的道德评价，虽然进行这种评价的人遇上类似情境时也可能会同样选择不作为。后一种情况，在不能肯定和重视道德作为一种智慧的社会里是司空见惯的。在这种情况下，"讲道德"就易于诱发或引发伪善和虚伪的不良社会风气，道德也因此而沦为"讲道德"的说辞而不一定是生存的智慧。

三、优良个性的策动

马克思恩格斯在阐述人性论时，基于人的存在是社会存在与个体存在相统一这一逻辑前提，强调"全部人类历史的第一个前提无疑是有生命的个人的存在。"①这一科学的理论立场其实也是在说，生命个体的个性走向成熟是人的社会本性发展进步的逻辑前提，也是道德作为人的一种生存智慧的重要的生成条件。因此，考察道德演化为生存智慧的社会历史条件，不能不分析和说明优良个性的影响和策动。

当然，个体优良个性并不是与生俱来的，它在人的本质特性制约道德演化为生存智慧中形成，同时又策动道德演化生存智慧。就是说，在道德演化生存智慧的过程中，这两者本是处在一种互动的状态中，我们只是为了认识的"方便"在思维活动中将其在相对独立的意义上抽象出来。

（一）个性及其类型

人们平常所说的个性，可以有两种理解。一是相对于另一个体的他者而言，指的是个别人的个性，如"这人个性太强"。二是相对于社会性的个体而言，即一般个体的个性。前一种意义的个性，是无法下定义的。因此，给个性下一个确切的定义，只能相对于社会性的个性而言，所谓个性指的仅是"个体特有的特质及行为倾向的统一体，又称人格。"②

①《马克思恩格斯文集》第1卷，北京：人民出版社2009年版，第519页。
②《中国大百科全书》第3卷，北京：中国大百科全书出版社2011年版，第116页。

个性作为特定的人格概念主要属于心理学研究的范畴。传统道德哲学和伦理学并不研究个性，伦理学关涉的人格指的是个体道德品质的理想状态，故而又称其为道德理想。道德理想尽管与心理学的人格概念有着不同的含义，但是两者之间有着千丝万缕的联系。在一定的意义上可以说，心理学的人格不过是用心理学的方法表达伦理学的理想人格而已。

个性与道德作为一种生存智慧直接相关，直接影响人的道德选择和价值实现，研究道德作为一种生存智慧乃至研究整个道德实践智慧，不能不研究个性。这种研究无疑需要涉及伦理学和心理学等学科的方法。

个性的类型，依其特质来划分，大体可以划分为健康与否两种基本类型。依其社会属性来划分，大体可以划分为理性与非理性两种基本类型。划分的标准，从道德选择和价值实现来看，有利于生命个体视道德为一种生存智慧，因而也有助于国家和社会的稳定、发展与繁荣。

（二）优良个性的实质内涵

优良个性是理性自觉的个性，是以个体独特方式表达社会需求的个性，实质内涵是与人的本质特性相关联的责任意识。每个人在现实的实践的意义上都被社会赋予特定的责任和任务。这种个性与共性的逻辑，如同世界上找不出同样的两片树叶，但每片树叶都具有树叶的共性特征的道理一样。

马克思说："作为确定的人，现实的人，你就有规定，就有使命，就有任务，至于你是否意识到这一点，那都是无所谓的。这个任务是由于你的需要及其与现存世界的联系而产生的。"[1]就是说，每个人作为活生生的生命个体存在，都必须把对社会负责与对自己负责统一起来，这就是优良个性的实质内涵。

把对社会负责与对自己负责统一起来的逻辑前提就是要对自己负责，从对自己负责做起。对他者（包括社会集体）负责，不能成为对自己不负责的理由。生活中的大量事实证明，一个人不能对自己负责，往往也就缺

①《马克思恩格斯全集》第3卷，北京：人民出版社1960年版，第328—329页。

乏对他者负责的责任心，也担当不起对他者负责的责任；而不能对他者负责的人也多是不愿和不能对自己负责的人。所谓"毫不利己，专门利人"的高尚品德，并不排斥对自己负责的优良个性。

对自己负责有两种情况。一种是将对自己负责与对他者（包括社会集体）负责一致起来，并且多因立足于后者而对自己负责。另一种则相反，仅是对自己负责，对他者负责的意识淡薄。后一种多是自私自利的人，其中有一些人推崇个人主义和利己主义的人生价值观。因此，不能把对自己负责、重视自己成才、成长、成功、成就的人，简单地等同个人主义者。

在一定的意义上，可以将优良个性的责任意识理解为良心，亦即正义感和同情心。孟子说："虽存乎人者，岂无仁义之心哉？其所以放其良心者，亦犹斧斤之于木也，旦旦而伐之，可以为美乎。"①朱熹注曰："良心者，本然之善心。即所谓仁义之心也。"②强调良心是与生俱来的最基本的"仁义之心"，即所谓"本然"的"善心"。在道德实践中，优良个性的责任意识或良心，通常变为正义感和同情心。

（三）优良个性的策动方式

策动，谋划鼓动之义，强调计谋和谋略即智慧在行动中的作用和意义。社会道德准则演化为指导人们道德实践的生存智慧，离不开个体的自我谋划和鼓动，在这里，优良个性所起的策动作用是不言而喻的。这种策动的基本方式是个体与他人的相处和交往。

交往是唯物史观确立的基石之一，也是马克思恩格斯著述中的一个重要概念。马克思恩格斯在《德意志意识形态》中指出："人们是自己的观念、思想等等的生产者，但这里所说的人们是现实的、从事活动的人们，他们受自己的生产力和与之相适应的交往的一定发展——一直到交往的最遥远的形态——所制约。"③

①《孟子·告子上》。
② 朱熹：《四书五经·孟子集注》，北京：中国书店出版社1984年版，第88页。
③《马克思恩格斯文集》第1卷，北京：人民出版社2009年版，第524—525页。

不难理解，将社会道德准则演化为一种生存智慧的"观念、思想"的"生产"，需要依赖人们之间的相处和交往的活动。在这种过程中，仅是知道社会道德准则是不够的，重要的是要以自己独特的个体方式表达人的社会本性，也就是要凭借优良的个性调节与他人相处和交往的活动中的各种利益关系，从而策动社会道德转化为个体的生存智慧。唯有如此，人们才能真正领悟到社会道德的力量。人们正是基于优良个性的策动，才让自己在人际相处和交往中将道德演化为一种与自己的生存息息相关的智慧。

优良个性在交往中策动道德演化为生存智慧，大致有两种具体情况。一是物质方式的交往，与物质的利益关系直接相关，一般遵循"礼尚往来"的智慧规则。二是精神方式的交往，亦即信息符号、知识、情感方面的交流、沟通和理解，推崇"君子之交淡如水"的原则。

第三节　道德作为生存智慧的经验形态

经验，经历、体验之谓。生活在经验世界又以经验的方式应对经验世界，这是人们最基本、最普遍的生存智慧，这样的经验智慧无疑应包含道德经验的智慧。

道德作为生存智慧有很多形态，其中最基本也是最重要的形态就是道德经验。

一、道德经验及其类型

所谓道德经验，指的是人们在社会生产和生活过程中需要用道德准则调节彼此利益关系而形成的经验，通常表现为人们的道德思维定式和行为习惯。道德经验作为一种生存智慧，有其形成的特殊规律和道德价值。

（一）道德经验的形成与意义

人的任何经验都是在直接或间接的经历和体验过程中获得的，道德经验的形成过程自然也是这样。所谓间接的经历和体验一般也是别人的直接经历和体验。如一些人看到摔倒的老人不能选择见义勇为是因为怕被"碰瓷"，就是媒体传播的别人的亲身经历和体验，它就是间接获得的道德经验。道德经验作为生存智慧不是与生俱来的，也不是由康德所说的"先验"（transzendental）所决定的，样本也不是阅读道德文本或接受道德教育而"内化"的产物。近代经验主义哲学大师培根认为经验是一切认识的唯一来源，主张理论思维应当立足于经验事实，但他所说的"经验事实"本身并不属于道德经验的范畴。

道德经验形成的客观基础是利益关系，是人们在处置利益关系问题上经历、体验"向善"和"避恶"的过程而获得的经验。它是道德作为生存智慧的主要形态，指的是人们在具体利益关系（包括精神利益）境遇中既可维护或获取自己本当、正当和应当的利益，又能表明自己是"道德人"的经验。

道德经验的形成固然与人受到的道德教育有关，但不可因此而脱离人的生活环境所给予的经历和体验。从根本上看，道德经验源于人的道德生活经历和体验，即来源于人对自己与生活环境的自觉把握。列宁在研读黑格尔《逻辑学》的过程中，发表了许多自己关于唯物辩证法的见解，"发现在自己面前真实存在着的对象就是不以主观意见（设定）为转移的现存的现实。（这是纯粹的唯物主义！）人的意志、人的实践，本身之所以会妨碍达到自己的目的……就是由于把自己和认识分割开来，由于不承认外部现实是真实存在着的东西（是客观真理）。必须把认识和实践结合起来。"[①]这无疑是真知灼见。

在道德经验的世界里，人们所构成的利益关系是双重的。一是人我关系，二是自我关系。在处置人我关系的经历中，主体把利益关系对方当

---

① 列宁：《哲学笔记》，北京：人民出版社1993年版，第185页。

"人"看，体验到"将心比心"是一条重要的道德原则。在处置自我关系的经历中，主体既关注自己当下的"得"，也顾及自己今后可能的"失"，究竟该如何抉择一般都会在作了比较之后作出，不会贸然依据"书上说的"作出抉择或进行选择。中国伦理思想史上的"人性善"说，其实就是总结这种双重利益关系的道德经验的产物。西方伦理思想史上把"趋善避恶"看成是人的本性的学说，其实也是源于对这种道德经验的总结。

哲学史上争论经验的本质多是围绕经验的客观性和真理性问题展开的，讨论道德经验不可沿袭此路径，因为一切道德价值关系的轴心是作为主体的人而不是作为人的对象的物。道德经验是主体在直接"经历"和"体验"利害得失的过程中产生的，本质内涵是"趋利避害"或"求善避恶"，属于典型的道德价值选择的范畴，体现的是人作为价值主体存在的本质特性。

人总是作为主体而存在的。对这一命题，即使是那些极力反对"人类中心主义"和主张"自然内在价值"的人也不予否认。但是，一旦涉及理解"何为主体"或"究竟应当在什么意义上理解主体"的问题时，人们就见仁见智了。

主体只能是一个价值概念，应当在价值论而不是在认识论、实践论的意义上来理解"人总是作为主体而存在的"这一命题。所谓认识主体和实践主体等都是在价值主体主导下演绎出来的。虽然，人对价值的理解和追求离不开人对事物的客观性和真理性的认识和把握，甚至离不开对诸如"自然内在价值"的追问和承认，但在逻辑起点和终极目标上，人，首先是"单个人所固有的实在物"，只是为了满足自身的需要和实现既定的目标才去认识和把握事物的客观性和真理性，价值理解和冲动永远是人类不懈不倦地认识和把握客观世界的真正动因。实际上，关于人作为价值主体存在的思想，体现了近现代以来西方经验论哲学的基本特性，其片面性仅在于没看到或不重视"趋利"与"避害"，忽视道德经验对于人类的生存意义。

（二）道德经验的特点与价值

道德经验的特点，集中表现为大众化和生活化。在现实生活世界，更多的人并不能说出什么是道德、人生在世为什么要讲道德的道理，但却能够在不损害他者利益的基础上求得自己的生存和发展，甚至在冥冥之中按照社会道德要求立身处世。道德经验拥有最多的"道德人"。

罗尔斯借用休谟和康德的共同见解指出，讨论道德形而上学问题有一个理论前提，不能认为"只有极少数人能够具有道德知识，所有人或绝大多数人必须通过如此这般的奖惩才能去做正确的事情。"①这种看法是值得研究伦理与道德的人们重视的，讨论道德作为生存智慧的经验形态问题，无疑也必须持有这样的认知前提。为此，应当摒弃那种认为唯有读道德书才能掌握道德知识的片面见解。一个目不识丁的村妇，成年劳碌、生活贫苦，为何从未想到过偷盗，其实是道德经验使然。她自动就从长辈那里知道，偷盗是不道德的，损害他者也毁誉自己。

有一个所谓的"段子"说：有一位农村姑娘误加入一个博士微信群。有博士提问：一滴水从很高很高的地方自由落体下来，砸到人，人会不会被砸伤？或砸死？群里一下子就热闹起来，各种公式，各种假设，各种阻力、重力和加速度的计算，足足讨论了近一个小时。这时，她默默地只问了一句：你们没有淋过雨吗？群里突然死一般的寂静。然后，她就被踢出群了。她为此大为感慨：有文化真可怕。

这个"故事"或许是杜撰的，为的是"搞笑"，然而却说明了一个深刻的道理：人生旅途中的经验是一种生存智慧，在许多情况下绝对有用；而理论的意义是相对的，在有些情况下甚至没用，或根本不需要用。毫无疑问，这个道理同样适用于我们对道德经验的理解和把握。

在社会实际生活中，能够做正确的事情和正确做事的人，所遵循的道德准则一般都是经验形态的道德。道学家和道德教育工作者多视这种人生态度为教育培养出来的结果。但同时也应看到，这种结果通常是所谓道德

---

① ［美］约翰·罗尔斯：《道德哲学史讲义》，张国清译，上海：三联书店2003年版，第16页。

行为习惯表现出来的，与道德经验不是同等含义的概念，更不应因此而否认其间的道德经验成分及其作为一种生存智慧的意义。

道德哲学和伦理学，从来不承认道德经验，其知识和理论体系极少出现道德经验的概念，倒是社会生活和人生活动把道德哲学和伦理学叙述的一些"实践理性"生活化、经验化。虽然，中国传统伦理思想和道德主张本质上是经验的，诸如"君子有三畏：畏天命、畏大人、畏圣人之言""己所不欲，勿施于人""己欲立而立人，己欲达而达人"等思想主张本质上是关涉道德经验的表述形式，却从不明说这些就是道德经验。

实际情况是，只要尊重历史就不难理解，道德文明发展史并不是道德文本记述的思想墨迹史，而是由各种道德力量编织和整合的"自然历史过程"，其中基本的道德力量和价值，就是道德经验。

（三）道德经验的类型

道德经验因生成和调整的利益关系不同而有三种不同的基本类型。

一是生产经营类型的道德经验。这种道德经验与生产经营活动中发生的利益关系直接相关，是生产经营者在生产经营活动中"自觉地或不自觉地"萌生和积累而成的。它在生产经验活动中自发形成，人们身处什么样的生产经营活动，就会"自觉地或不自觉地"形成什么样的生产经验型的道德经验。这种过程正如马克思恩格斯指出的那样："思想、观念、意识的生产最初是直接与人们的物质活动，与人们的物质交往，与现实生活的语言交织在一起的。人们的想象、思维、精神交往在这里还是人们物质行动的直接产物。"[1]对这种道德经验的认知，需要把握两个学理界限：一是如上所说，它带有"自发"的必然性的性质，一个社会实行什么样的生产和交换关系，其生产和交换领域就会普遍存在什么样的与生产和交换活动直接相适应的道德经验。二是这种类型的道德经验并不就是一定社会倡导和推行的道德价值准则和行为规范。因为，这样的道德价值准则和行为规范作为观念的上层建筑，是与一定社会的政治和法制等物质的上层建筑相

---

[1]《马克思恩格斯文集》第1卷,北京:人民出版社2009年版,第524页。

适应的，而政治和法制对经济的反映历来都不可能是"不自觉"的。

在自然经济社会里，小生产者的生产和交换关系特别是交换关系都很简单，以"自力更生""自给自足"以及"鸡蛋换咸盐"为基本内容，形成的道德经验就是"各人自扫门前雪，休管他人瓦上霜"。诸如艰苦奋斗、吃苦耐劳等传统美德，多是小农经济社会形成的生产型的道德经验。它适应的是小生产者自保、自立式的生存方式，并不符合封建国家推行的"大一统"的伦理纲常要求。

二是生活消费型的道德经验。生产是为了消费。在任何社会里，所有的人都要消费，因此也都需要掌握相应的消费型道德经验。在这种意义上可以说，生活消费型的道德经验是最具有普遍意义的道德，作为一种人生智慧尤为重要。

生活消费关系内涵的"思想关系"多为"心照不宣"的伦理关系，最能体现伦理的"人情味"，也最能体现伦理和谐和秩序的本质要求。人们依据一定的"生活观念"处置生活消费中的利益关系，也就形成和积累着关于生活和消费的道德经验，维护生活和消费活动的合道德状态，丰富着生活和消费活动的伦理内涵。中国人至今推崇的勤俭持家、知足常乐这些传统美德，就是历史上形成的生活消费类型的道德经验。

现代社会的生活观念和消费方式与传统社会大不一样。不是为了充饥而吃，不是为了保暖而穿的消费越来越多，消费的方式也多不是"一个锅里摸勺子"的传统模式，陌生人相聚的消费司空见惯。因此，消费的伦理关系也在随之发生变化，而适应现代社会的生活和消费之伦理关系的道德经验尚没有真正形成。现代社会道德领域"道德失范"的突出问题，不少都是生活消费方面的道德问题，或是与生活消费活动直接相关的问题，如大吃大喝、铺张浪费等。这种情况表明，总结、创建和倡导与现代生活消费相适应的生活消费型的道德经验，需要引起高度重视。作为一种人生智慧，现代社会的生活消费应当以能够满足生活需要、有助于身心健康为原则，总结和推行崇尚节用和文明的消费道德。

三是为人处世的道德经验。为人处世需要智慧是不言而喻的。一个人，不可能在与他者隔离的情境下生存和发展，不论是否自觉都要为人处世。居家要处邻居，上学要处同学，工作要处同事，旅行要处同伴，如此等等。处置这些人际关系的道德智慧，虽然与接受一定的道德教育不无关系，但多数情况下还是源自"无师自通"——"自觉地或不自觉地"处置这些关系的实际经历和体验，属于道德经验范畴。

为人处世需要与他人相处与交往。一般说来，相处与交往之间的关键是交往，因为相处是在交往的过程中体现出来的，不过是交往的"静态形式"而已。在自然经济的传统社会，小生产者们的公共生活空间十分有限，可谓"开门相望，老死不相往来"，有限的交往多不是为了生产和交换、生活和消费，而是为了休闲或满足某种精神需要，带有"纯粹"的精神交往的性质，如搭台唱戏、走亲访友、市井串客等。所以，在中国传统社会，人们相处和交往方面的道德经验多是注重礼节、礼尚往来意义上的。现代以来，情况有了很大的改变，人们不仅相处渐少而交往渐多，而且交往多是与生产和经营活动乃至消费活动有关，在许多情况下生产经营活动乃至消费活动就是在交往中进行的，脱离生产和消费活动的纯粹的精神交往活动已经越来越少。这使得现代以来人们的交往观念及其道德经验，更多地带有功利的色彩，不像传统社会那样"纯粹"了。

为人处世的道德经验大体上可以从两个方面来考察：一是为人处世的态度，二是为人处世的方式。归根到底，为人处世的道德经验还是通过"处事"的方式体现出来的，为人处世实则是为人处事。中国人为人处世，自古以来注重相互尊重、礼尚往来。一般属于"庶民"的道德经验。"庶民"没有资格，而且一般也不愿与"上流社会"的人相处和交往，除非后者主动加入，蒲松龄《聊斋志异》中的《范进中举》为此描绘了一幅精妙的图画。

上述三种道德经验作为人生智慧，有着内在的逻辑联系。由生产（经营）而至生活类型道德经验，再至交往型道德经验，存在一种逻辑递进关系。一般说来，具备了生产经营道德经验的人，就能懂得和遵循生活消费方面的道德经验，在人际相处和交往中就会是一个"道德人"。

（四）道德经验与风俗习惯

风俗又称民俗，是一个民族长期形成的风尚、习俗和习惯的总称。一个民族的风俗，通常反映在民间的信仰、谚语、祷词以及口传文学、传统游戏、手工艺等等之中。习惯，虽是一种风俗，但作为一种科学范畴则特指道德行为包括道德经验行为的定势。风俗习惯历来存在文明与愚昧的差别，作为一种生存智慧的道德经验，只能属于道德文明范畴。

人类早期的道德经验多是风俗习惯的形态，以民间传说的方式流传至今的，除了人际伦理以外，还广涉人与鬼、神、动物之间的拟人化的"伦理关系"，后者形成的道德意识亦即所谓"对自然界的一种意识"。如狗对人忠诚，善跑善咬，能做人力不能及的事情，世界上许多民族中都视狗为自己的忠实朋友，有"敬狗"的习俗。中国人所重视的"祭灶""清明"的节气等，也多是为了经验的意义上表达人神、人鬼之间"伦理关系"的习俗。中国有一些习俗则是直接表达人们之间应有伦理关系的道德经验。如在中国洛阳一带的农村，至今依然流行盖房要在门楼插上两面小红旗的习俗，那是为了记载此前一位技术高超的张木匠，知错改错、警示后人莫误解雇主、做损人亏心事的道德故事。①

回溯人类的道德文明史可以发现，带有道德经验特色的优良传统，都是与各种各样的民族习俗和传说密切相关的。故而，中国历朝历代的治政者无不强调"移风易俗"的作用。汉代王吉（？—前48年）在给汉昭帝《上疏》中说道："春秋所以大一统者，六和同风，九州共贯也。"②汉代贾山在《至言》中说："风行俗成，万世之基定。"③在这里，风俗习惯作为道德经验的一种生存智慧，得到生动而又深刻的展示，今天看来依然散发着浓郁的古文明芳香。

当今人类社会，以风俗习惯的形态存在的道德经验呈现日趋减少的趋

---

① 参见吉星：《中国民俗传说故事》，北京：中国民间文艺出版社1985年版，第503—504页。

② 《汉书·王吉传》（卷四十二）。

③ 《汉书·贾山传》（卷五十一）。

势。这一方面说明人类伦理思维和道德生活正走在现代化的进程之中，另一方面也说明，作为一种生存智慧的道德经验已呈衰落之势，后一种情况是令人担忧的。它提出的问题是：面对当今道德领域的突出问题，如何创新道德经验并促其以风俗习惯的形态走进社会生活的各个领域，促使道德实现大众化和生活化，以深刻影响人们的生存和发展，促进现代社会的全面发展和进步。不能不说，这是思想道德建设领域一个重大的现实课题。

二、中华民族传统道德经验举要

世界各民族在自己生存衍繁的过程中，都积累了丰富的道德经验。然而，它们多未曾被以"正册"的方式加以记载，有限的记载也多是以非正统的"另册"流传下来，属于所谓俗文化范畴。

中华民族传统道德经验十分丰富，记录和流传的情况与西方不大一样。黑格尔（1770—1831）根据1687年巴黎出版的"中国哲学家或中国的学问"的讲解本①讲中国哲学时，认为孔子"述而不作"的《论语》是道德经验的汇集，他说："我们看到孔子和他的弟子们的谈话（按即'论语'——译者注），里面所讲的是一种常识道德，这种常识道德我们在哪里都找得到，在哪一个民族都找得到，可能还要好一些，这是毫无出色之点的东西。孔子只是一个世纪的世间智者，在他那里思辨的哲学是一点也没有的——只有一些善良的、老练的、道德的教训，从里面我们不能获得什么特殊的东西。"②

与此同时，中华民族传统道德经验也有许多是经由"另册"记录和流传的。较有影响的，当以汉代应劭（？153—196）编撰的《风俗通义》③、明代（亦有说清代，佚名）编撰的《增广贤文》（陈才俊主编：《增广贤文

---

① 据传系比利时人柏应理用拉丁文编撰。（参见姜林祥：《儒学在国外的传播与影响》，济南：齐鲁书社2004年版，第211页。）

② ［德］黑格尔：《哲学史讲演录》，贺麟、王太庆译.北京：商务印书馆1959年版，第119页。

③ 应劭：《风俗通义》，王利器校注：《风俗通义校注》，中华书局1981年版。

全集》，海潮出版社 2011 年版）①等为代表。收录了大量的中华民族传统道德经验，多是值得今人认真学习和汲取的。下面，举其要者作一简要归类叙述。

（一）推崇良心和诚实守信

中国人自古以来推崇良心的普遍性及其道德价值，民间一直流行"人心都是肉做的"普世价值观，重视诚实守信的做人做事原则。

在处世的信仰和信念方面，笃信"人有善念，天必佑之""善有善报，恶有恶报，不是不报，时候未到"，因而特别鄙视"忘恩负义"的人，视其为"禽兽之徒"。在看待义与利的关系问题上，推崇重义轻利，强调"君子爱财，取之有道"。在具体与人相处交往方面，注重恪守"一言既出，驷马难追""平日不做亏心事，半夜敲门心不惊"的做人原则。

（二）勤俭持家和善事父母

这是小农经济社会里最为典型的道德经验。勤即勤快，主要是就田地耕作而言的；俭即节俭，就是主张居家过日子要节约。过日子自力更生、自给自足的生产和消费方式，必然铸就人们"一家之计在于和，一生之计在于勤""守家二字，勤与俭""传家二字，耕与读"的勤俭持家之道，并衍生出"狗不嫌家贫，子不嫌母丑""百善孝为先，子孝父心宽"等家庭美德，以及"知足常足，终身不辱""知止常止，终身不耻"的人生态度。

"善事父母"，语出先秦的《尔雅·释训》的"善事父母曰孝"和《亢仓子·训道篇》的"孝者善事父母也"，既是中华民族的一种传统的家庭美德，也是一种推崇家庭美德的生存智慧。在小农经济社会里，父母是家庭生产和生活的导师，恩泽后代，仰仗和孝敬父母自然而然就成了一种生存智慧。

---

① 《增广贤文》，为记录道德经验的语录，很有哲理性。书名最早见于明代万历年间的戏曲《牡丹亭》，据此可推知此书最迟写成于万历年间，后来经过明、清两代文人的不断增补，才成为如今版式，其作者无从考证，只知道清代同治年间儒生周希陶曾进行过修订。

（三）注重和谐的处世之道

和，是中国传统哲学和伦理思想的核心范畴，在道德实践上演化为"天时不如地利，地利不如人和"的处人处事之道，是几乎家喻户晓的道德经验。"天时不如地利，地利不如人和"语出《孟子·公孙丑下》，也反映在《增广贤文》等民俗文化的文本中，并衍生出许多与重视和谐相关的处人处事之道。

注重以和为贵。如笃信"善与人交，久而能敬""近水知鱼性，近山识鸟音""路遥知马力，日久见人心""美不美，故乡水；亲不亲，故乡人""谁人背后无人说，哪个人前不说人""远水难救近火，远亲不如近邻""人不走不亲，水不打不浑""近朱者赤，近墨者黑""知己知彼，将心比心""客来主不顾，自是无良宾""相逢好似初相识，到老终无怨恨心"。

注重严于律己。如"宁可人负我，切莫我负人""打人莫伤脸，骂人莫揭短""静坐常思己过，闲谈莫论人非""来说是非者，便是是非人""聪明反被聪明误""害人之心不可有，防人之心不可无"。

推崇简便行事。"水至清则无鱼，人至察则无徒""爱而知其恶，憎而知其善""忍得一时之气，免得百日之忧""千里送鹅毛，礼轻情意重"等。在文化人和士阶层当中，注重和谐的处世之道还特别强调"君子之交淡以成，小人之交甘以坏"。

（四）重视励志和把握命运

这是书香门第重视的一种道德经验。它是"读书人"在追求功名利禄的人生过程中形成的、多为自勉自律式的道德经验。如"光阴似箭，日月如梭""人无远虑，必有近忧""少时不努力，老大徒伤悲""一生之计在于勤""一年之计在于春，一日之计在于晨""路遥知马力，日久见人心""玩人丧德，玩物丧志""满招损，谦受益""牡丹花好空入目，枣花虽小结实成""书到用时方恨少，事非经过不知难""有田不种仓廪虚，有书不读子孙愚""不学无术，读书便佳""读书须用意，一字值千金""长江后浪推前浪，一代更比一代强"。与此相关的则强调谦虚好学的重要，如"三人行，必有我师；择其善者而从之，其不善者而改之""一个篱笆三个桩，一个好汉三个帮""当局者迷，旁观者清"，等等。

不难看出，以上所述多是作为生存智慧并不都是道德经验，但都是关于如何做人的大实话，也是大白话，其道德含义是十分明显的。这种历史文化现象从一种独特的角度表明，道德文本"正册"阐述的道德实践理性，只要能够走进广大民众的实际生活，就能显示其知识和理论的价值。

三、轻视道德经验的诸因反思

总的来看，为了促使道德经验成为一种生存智慧，分析轻视道德经验社会历史原因，并有针对性地提出建构道德经验的理路，是必要的。

（一）阶级差别与对立

这是历史上轻视道德经验的根本原因。在阶级差别与对立的社会里，国家和社会治理的模式是实行阶级统治。统治阶级占有着生产资料，掌握着国家政权，对被统治阶级实行经济上的剥削和政治上的压迫。马克思恩格斯在《德意志意识形态》中指出："统治阶级的思想在每一时代都是占统治地位的思想。这就是说，一个阶级是社会上占统治地位的物质力量，同时也是社会上占统治地位的精神力量。支配着物质生产资料的阶级，同时也支配着精神生产资料，因此，那些没有精神生产资料的人的思想，一般地是隶属于这个阶级的。"[1]又说："既然他们作为一个阶级进行统治，并且决定着某一历史时代的整个面貌，那么，不言而喻，他们在这个历史时代的一切领域中也会这样做"[2]。毫无疑问，这里说的"一切领域"自然包含道德领域，它同样体现阶级对立与对抗的占统治地位的精神力量，

①《马克思恩格斯文集》第1卷，北京：人民出版社2009年版，第550页。
②《马克思恩格斯文集》第1卷，北京：人民出版社2009年版，第551页。

而这种力量无疑是会轻视以至于鄙视主要属于广大民众的道德经验的。道德上的"统治阶级的思想"衍化为道德经验或与道德经验有关，本质上是统治阶级基于巩固统治的需要而推动道德教化的结果。

在中国伦理思想史上，智是"五常"（仁义礼智信）之一，是董仲舒在《举贤良对策》提出来的。他说："夫仁、谊（义）、礼、智、信五常之道，王者所当修饬也。"此处的"智"，所指是关于封建社会的伦理纲常的知识以及对这些知识的认识和理解能力，实质意义在于知仁、知义、知礼、知信，包括知智本身，明确地将作为道德范畴的智慧作为一种治国之道，亦即实行阶级统治的思想道德观念方面的工具和手段。就是说，在中国历史上"智"成为道德范畴所张扬的智慧，本质上体现的是阶级差别与对立，是为地主阶级统治广大农民阶级和其他体力劳动者服务的。

不难推断，在这种伦理思维和道德观念建构的语境中，"自觉地或不自觉地"形成于小农经济基础上的"各人自扫门前雪，休管他人瓦上霜"这种小生产者的道德经验，在道德实践中实际上处于一种"自相矛盾"的两难之中。一方面，因无碍于封建国家和社会的安宁与稳定而得到统治者的默许，赢得应有的道德价值地位。故而，在中国几千年的封建社会里，农民的小私有观念一直没有受到统治者直接、公开的批评。另一方面，又因无助于封建国家和社会的统一和建设而受到统治者的冷落，致使其不能进入"士君子"关涉道德文字文化的著述之中，以至于在今天的中国人看来，小生产者"自保自立"式的道德经验，尚是一种沉积在历史河床上有待澄明和开发的精神遗产。

同样之理，所谓"为政以德"的主张，以及与此直接相关的"为政以德，譬如北辰居其所而众星共之""民为贵，君为轻，社稷次之"之类的说明性文字，也不过是"国家生存"意义上的治国之"智"——统治之术或策略而已，不应将此解读为"民本思想"，更不可与近现代以来推崇的"以人为本"的政治伦理同日而语。历史上，道德作为人生智慧，其实有两个立点和意义向度，即社会本位和个体本位。前者是黎民百姓奉行的道德经验，后者是统治者推行的道德意识形态，在阶级社会占据着主导地位。这种历史分野，是道德经验长期被轻视、忽视、鄙视的根本原因所在。这在封建社会是必要的，必需的。但是，在今天，则是要反思、加以分辨的。

现代国家和社会，从全人类的视角看，虽然多存在阶级差别与对立，实行阶级统治，但与封建社会已经有着诸多的不同，有些方面甚至有根本的不同，这种变化在社会主义国家表现得尤其明显。因此，社会主义国家应当高度重视道德经验作为一种生存智慧，在"以人为本"治国理念的指导下，把作为道德意识形态的"治国智慧"与作为道德经验的人生智慧结合起来，全面发挥道德的智慧功能。

（二）极度高扬人性善论

这是伦理文化方面的原因。如上所说，人性善论的弊端是掩饰人性本真的特性。人性之"性"，在中国的古籍《诗》《书》已可见到，但是作为关乎人性观念和理论的人性论，至春秋战国时期才被正式提出来，其根本原因是当时的社会大动荡大变革促使"人"的意识普遍觉醒。

春秋战国是奴隶制向封建制过渡时期。在社会大动荡、大分化、大变革中奴隶作为"人"的人格地位逐渐显现出来，新兴地主阶级的"人"与正在没落的奴隶主贵族同样或类似的"人"的地位和人格趋向平等。与此同时，人们的思想显得很活跃，传统的"天人关系"的"人"开始具有独立性，关于与"天"对立的"人"的思想不断涌现，诸如"神聪明正直而壹者也，依人而行"[1]"鬼神非人实亲，惟德是依"[2]"阴阳之事，非吉凶所生也，吉凶由人"[3]"祸福无门，惟人所召"[4]之类的思想，可屡见相关的文化典籍中。

在中国，用理论思维方式明确提出人性问题的第一人是孔子，其

---

[1]《左传·庄公三十二年》。

[2]《左传·僖公五年》。

[3]《左传·僖公十六年》。

[4]《左传·襄公二十三年》。

"性相近也，习相远也"①是中国伦理思想史上第一个人性论命题，奠定了儒学伦理思想和道德主张的理论基石。然而，孔子言及人性的见解并不多，正如他的学生所说的那样："夫子之言行与天道，不可得而闻也。"②"性相近，习相远"之人性论观点，对于儒学伦理思想及道德主张的此后发展，又只是将不同人的人性做了"相近"的比较，并未触及不同人的人性的共同的本真状态，故而实际上并未真正起到奠基的作用。孟子提出的"人性本善"论、荀子提出的"人性本恶"论、世硕提出的"人性有善有恶"论，包括西汉董仲舒提出的"性三品"论、扬雄提出的"人性善恶相混"等，实则都是对孔子"性相近，习相远"之人性论的反叛。这种反叛，使得中国伦理思想史上的人性论内涵丰富却实际上没有一种一以贯之的主导思想。虽然曾有《三字经》关于"人之初，性本善"的文本承接，但并没有真正起到广为传播的作用。

相比较之下，告子提出的"人性本无善恶"更接近人性的本真状态。然而，他在与孟子的争论中并未占上风，其人性论思想在中国人性论思想史上也并未真正占上一席，对后世伦理思想和道德主张的发展没有产生过明显的影响。真正留下许多影响的倒是董仲舒提出的"性三品"论。

董仲舒的"性三品"论将人性分为三种类型，即"圣人之性""斗筲之性""中民之性"。"圣人之性"为上品之性，有仁无贪；"斗筲之性"是下品之性，有贪无仁、有恶无善；唯"中民之性"有贪有仁、可恶可善，方可称为"性"，即他所说的"名性"——"名性不以上，不以下，以其中名之"③。所谓"斗筲之性"，就是被统治者的本性。在董仲舒看来，"民之号，取之瞑也"④，认为老百姓都是内心暗实、知性愚钝的"下民"。可见，董仲舒"性三品"论的理论品质和意义向度，是为新型的封建专制制度和新兴地主阶级登上政治舞台，同时也为统治阶级压制"斗筲之性"的"下民"寻找人性论的依据。不过也应看到，在伦理道德上，"性三品"

① 《论语·阳货》。
② 《论语·公冶长》。
③ 《春秋繁露·深察名号》。
④ 《春秋繁露·深察名号》。

论所表达的对"中民之性"之"人性"的意见，隐含着对普通劳动者之道德经验的某种承认。

概言之，中国历史上形形色色的"人性论"所论的人性，其实多不是本真状态的人性，没有反映人性的"本色"，而是被后天因素（包括学说主张）"染色"了的"人性"。这些因素既有接受道德教育的良性影响，也有接受不良环境和人的恶性影响。由此看来，除了告子提出的"人性无善无恶"论以外，中国历史上的人性论多具有伪命题的性质。

如果说人性在其"现实性"的实践意义上是道德经验形成的逻辑基础，那么历史上形形色色的人性论则是误读和曲解人性，根本否认道德经验作为一种生存智慧的理论前提。因为有了遮蔽本真状态的形形色色的人性论，形成于"现实性和力量"基础上的道德经验自然就容易被遮蔽瓦解了。

试图走出传统人性论的误区，给人性本真一个新的解释，是一些现代学者颇感兴趣的话题。有的学者把人性划分为"自然关系属性""社会关系属性""思维关系属性"三个层次，又据此将人性划分为三种层级，即："偏于恶"的"生物性"，"善恶交错"的"社会性"，"偏于善"的"精神性"①。这种用道德化的语言来重释人性，离开了人性的本真状态，甚至离开得更远，是对传统人性论的一种倒退，同样没有在合乎人性逻辑的意义上赋予道德经验以"实践理性"。

（三）片面解读道德的意识形态属性

意识形态是阶级社会里与经济形态相对应的特有的精神现象。它是系统、自觉、直接地反映社会经济形态及"竖立其上"的政治制度的思想观念体系，多为社会意识形式中构成观念上层建筑的部分。

人类进入阶级社会之后，社会道德要求的一些方面由一般意义上的生存智慧逐渐被"提升"为一种特殊的社会意识形态，道德随之演变成为替剥削阶级实行统治的辩护工具。作为特殊社会意识形态的道德，多是统治

---

① 参见黎鸣：《中国人为什么这么"愚蠢"》，北京：华龄出版社2003年版，第9页。

者集团身边的士阶层——思想家"通过意识、但是通过虚假的意识完成的过程"①创造出来的。虽然，推动这种创造活动的"真正动力始终是他所不知道的"②，但是将被统治者——芸芸众生在自己劳动生产中"自觉地或不自觉地"形成的道德经验遮蔽了。道德经验因此而被淹没在社会道德生活海洋的最底层，沉积在历史长河的河床上，难能冠冕堂皇地以文字文化的形式记录、传承下来。正因如此，恩格斯当年在说到道德的意识形态属性时指出："一切以往的道德论归根到底都是当时的社会经济状况的产物。而社会直到现在是在阶级对立中运动的，所以道德始终是阶级的道德；它或者为统治阶级的统治和利益辩护，或者当被压迫阶级变得足够强大时，代表被压迫者对这个统治的反抗和他们的未来利益。"③在中国伦理思想和道德学说史上，《论语》的主臬和价值取向，第一次与小生产者"自保、自立"式的道德经验"相左"，试图扭转小生产者"自私自利"的"伦理观念"，体现了道德的意识形态属性和功能。然而，值得注意的是，孔子并没有脱离社会生产和生活的现实，完全否认小生产者立足于"自己"积累的道德经验，虽然，他也说到"天""天命""天道"，却并没有将其道德说教的教条真正提升到形而上学的"天上"。

以"天""天命""天道"，说"人""人命""人道"的形而上学工程，是封建制社会确立之后出现的伦理文化现象，这是中国传统伦理思想和道德主张的一大特色。从此以后，伦理学的形而上学思辨与道德主张的意识形态属性，逐渐实现了完美的结合。其突出表现就是把尘世的道德要求抬高到天上，如将"三纲五常"的"地理"转换成"天理"，以提升现实社会道德要求的权威性；将今世艰难的生存归因于对往世作孽的救赎。这种形而上学，不是诉诸道德的实践理性，而是附会于封建国家的专制统治，无视和压制芸芸众生的道德经验。

近现代以来，国家已经不是"家天下"，道德的社会意识形态属性在

①《马克思恩格斯文集》第10卷,北京:人民出版社2009年版,第657页。
②《马克思恩格斯文集》第10卷,北京:人民出版社2009年版,第657页。
③《马克思恩格斯文集》第9卷,北京:人民出版社2009年版,第99—100页。

自由和民主等观念的洗礼之中，已经发生重大的变化，但其意识形态的属性并没有发生根本性的变化。因此，扎根于"生产和交换的经济关系"基础之上的道德经验，同样没有得到国家和社会的"治者"的应有重视。这种情况在实行人民群众当家作主的社会主义国家同样存在。这就体现出一个重大的现实问题：一切以往的道德经验作为最广大劳动者的道德，在"被压迫阶级变得足够强大时"乃至成为国家的主人之后，可否随之上升为特殊社会意识形态的道德，这是社会主义社会在道德理论建设方面必须面对的一个重大的历史性学术话题。

中国共产党作为中国特色社会主义国家的执政党，代表广大人民群众的根本利益，这种广泛代表性无疑应当包含直接孕育社会生产和社会生活的道德经验。如何在恪守道德的意识形态属性的情况下充分肯定和高扬道德经验的价值与意义，并在社会主义核心价值观的统领之下，在道德理论和实践中将两者有机地贯通起来，我们还要做很多艰难的探索，任重而道远。

结语：道德作为生存智慧的理论研究需要拓展

提出道德作为一种生存智慧这个前人未曾涉足的话题，是基于当今人类社会包括中国社会改革和发展进程中出现的道德领域突出问题，多是侵犯和威胁人们生存的"低级错误"。目的是为后面进一步逐层展开道德实践智慧的研究，作一种学理上的逻辑铺垫。

道德实践智慧不同于道德智慧，后者是20世纪90年代末提出来的。那期间，中国改革开放进程在取得辉煌成就包括人们思想道德观念的巨大进步的同时，开始出现诸多社会问题，包括道德领域出现的、用传统道德理论知识"说不清道不明"的突出问题。2001至2003年间，《哲学动态》还曾为此开辟专栏，引导关注伦理与道德智慧问题的讨论。此后，关涉道德智慧问题的研究论文时而见诸期刊，从而使得道德智慧问题成为一个值得拓展和进行深入探讨的特殊领域。道德实践智慧的理论建构问题，正是在这样的科学背景下提出来的。

在学界，道德智慧如今已经不再是一个陌生的词语，但其内涵究竟应当是怎样的，学界却没有给予应有的关注，人们对它的认识是模糊的，连所谓见仁见智的水准也尚未达到，因此还不能作为一个独立的学科概念来使用。至于道德实践智慧，人们的认知水准甚至连初级水平也没有达到。不过，所谓道德实践智慧，顾名思义应是理解和把握道德实践及其规律的真知灼见，也是一种关于道德智慧的知识和理论体系。由此看来，道德实践智慧可视为一种道德智慧，一种最重要的道德智慧。二者的区别仅在于：道德智慧是立足于理解和把握道德现象世界整体的视野，道德实践智慧是立足于理解和把握道德实践的规律的视角。

因此，可以说，道德作为一种生存智慧是一种介乎道德智慧与道德实践智慧之间的智慧要素。由此拓展开去，我们首先就要在学理上揭示道德智慧与伦理共同体维护的逻辑关系。

第二章　道德智慧与伦理共同体维护

立足于生命个体的生活经历和道德经验考察，可以初步看出道德本质上是人的一种生存智慧。但是，不能因此而简单地将道德和道德智慧归结为个体的生存资本，而忽视了道德的社会本质及其与伦理的内在逻辑关系。

马克思恩格斯在《德意志意识形态》中谈到个人经验的重要性及其与社会的逻辑关系时指出："经验的观察在任何情况下都应当根据经验来揭示社会结构和政治结构同生产的联系，而不应当带有任何神秘和思辨的色彩。社会结构和国家总是从一定的个人的生活过程中产生的。但是，这里所说的个人不是他们自己或别人想象中的那种个人，而是现实中的个人，也就是说，这些个人是从事活动的，进行物质生产的，因而是在一定的物质的、不受他们任意支配的界限、前提和条件下活动着的"，因此，"思想、观念、意识的生产最初是直接与人们的物质活动，与人们的物质交往，与现实生活的语言交织在一起。人们的想象、思维、精神交往在这里还是人们物质行动的直接产物"，"人们是自己的观念、思想等等的生产者"①。依据马克思恩格斯这种唯物史观的认识路径，应当将道德作为一种生存智慧的理论思维向前推进和扩展，视社会提倡和个体遵从的全部道德为一种道德智慧。

①《马克思恩格斯文集》第1卷，北京：人民出版社2009年版，第524页。

如此来定位和研究道德的价值和意义，相对于传统伦理学的许多既成结论来说是具有某种颠覆性的。因为传统伦理学，不论是中国的还是西方的都基本不直接讨论所谓道德智慧问题，基本主张就是：讲道德就得基于善心或善良意志，选择有利于他者的善良行为，而不可以计较善心和善行的后果究竟是否为善果还是恶果。

从学理上看，将道德作为一种生存智慧的思想观念向前推进，扩展到全部道德即社会之道和个人之德本身，需要从考辨道德与伦理的学理关系起步，阐明伦理的必然性与道德自由之间的逻辑关系，进而探讨道德智慧对于维护和优化伦理的意义，建构道德作为一种智慧与伦理精神共同体的理论与实践逻辑。

第一节　道德与伦理的学理考辨

在中国思想理论界和日常生活中，关于伦理与道德的基本学理逻辑，人们一直持着"伦理就是道德"的主流性看法。21世纪以来，这种约定俗成、流传甚广的看法受到挑战，引发一些受人关注的讨论。挑战者认为，伦理与道德是两个不同的概念，反映和说明的对象是两种不同的社会精神领域①。这种挑战性的不同看法，至今尚没有在学界形成共识或趋向一致，但可以肯定地说，它将会越来越受到广泛的关注，因为它触及伦理与道德之间真实存在的内在逻辑关系，关涉道德哲学和伦理学的不同对象和使命这个带有根本性的学科属性问题，同时也为推进道德智慧特别是道德实践智慧问题的研究，提供了一种基本学理的理论支撑。

在学理上，伦理与道德的区别和联系可以表述为：伦理是一种特殊的社会关系，道德是一种特殊的社会意识形式；伦理是伴随一定社会的经济

---

① 参见韩升的《伦理与道德之辨正》（《伦理学研究》2006年第1期）、王仕杰的《"伦理"与"道德"辨析》（伦理学研究）2007年第6期）、钱广荣的《"伦理就是道德"质疑》（《学术界》2009年第6期）、《伦理学的对象问题审思》（《道德与文明》2015年第2期,中国人民大学书报资料中心《伦理学》2015年第6期）和《维护和优化伦理精神共同体》（《光明日报》理论版2015年8月12日）等。

关系及"竖立其上"的整个上层建筑而形成的,是一种"自然而然"和"人为使然"的必然性的社会存在和人们的精神共同体;道德是因由维护和优化伦理关系之需,被一定社会的人们创建起来的智慧体系。人生或许可以在特定的情境下离开道德,但绝对不可离开伦理的精神生活共同体。

一、道德是一种特殊的社会意识形态

社会意识形态是社会精神生活现象的总和,其主流和主导方面是反映一定社会的经济和政治直接相联系的观念、观点、概念的总和,包括政治法律思想、道德、文学艺术、宗教、哲学和其他社会科学等意识形式。道德作为社会意识形态的重要组成部分,是一种特殊的社会意识形态。

把握道德的意识形态特性,需要从语言分析的角度入手。

(一)"道"与"德"的语言学考证

道德,在中国是由"道"与"德"两个词演变而来。

"道",字形上从"首"从"足",语义为"人在走路",与"行"字相通,意即可行者为道。后来,逐渐引申为三种涵义:一是道路,如《诗经·小雅》说的"周道如砥,其直如矢";二是外在于人、不可言说的自然神秘力量,如老子说的"道可道,非常道"的"道"[①];三是社会准则和规范,即所谓社会之道的"道",如孔子说的"志于道,据于德"[②]的"道"。可见,道的初始涵义,并非就是后来道德的"道",即所谓"社会之道"。

"德",属于个体道德范畴,最早见于甲骨卜辞,铜器铭文和战国刻辞为"悳"[③]。从字形上看,有直行而前视,并与"心"相关的意思,与有所"得"相通,故而《广雅·释诂三》有"德,得也"的说法。意思是指

---

① 《老子·四十二章》。

② 《论语·述而》。

③ 高明:《古文字类编》,北京:中华书局1980年版,第118页。

个体"得"社会之"道"于心的"德性"。最早，《尚书·周书》有"明德慎罚"，《礼记·乐记》所说的"礼乐皆得谓之有德，德者得也"（意为：一个人如果认识和理解了礼乐制度包含道德的社会准则和规范，依礼乐制度行事，就是一个有"德性"的人）。后来朱熹在《四书章句集注·论语注》中注释孔子所说的"据于德"的"德"时，明确指出："德者得也，得其道于心，而不失之谓也。"通俗地说，在古人看来，"德"就是对"道"发生认知和体验之后的"心得"，用现代汉语来说就是一个人"得道"之后的品德状态。

（二）贯通"道"与"德"的历史记忆

在中国伦理思想和道德学说史上，将"道"与"德"连贯起来使用"道德"这一概念来描述道德现象世界，是一次了不起的语言学创造。其意义，不亚于原始社会某"人"向同类发出的"哎嗬""耶许"之类的呐喊——因为正是这种呐喊及其相伴的肢体动作，向着不同方向的发展而合乎逻辑地出现"通伦理"之"乐"的"道德语言"，以及诗歌和舞蹈等。[①]

"道德"概念的使用，表明人们已经具备在社会与个体相关联的意义上，理解和把握道德的自觉性。这种自觉性形成的深层原因是社会变革的客观要求，"道"与"德"联用为"道德"的语言学现象，发生在春秋战国的社会大动荡变革时期。

第一个将"道"与"德（得）"联系起来使用"道德"概念，并赋予"道德"以后来道德意义的人是荀子。他说："礼者，法之大分，类之纲纪也，故学至乎礼而止矣。夫是之谓道德之极。"[②]意思是说，在一个社会里，如果人们能够知晓和遵循"礼"（包含道德在内的社会规则），依礼行事，那就可以说是最好的道德（风尚）了。学界也有人说第一位将"道"与"德"合起来使用"道德"概念的人是老子，因为他有一部《道德经》。作为一种史学意义上的不同意见，这种看法是值得注意的，但同时也应看

---

① 参见钱广荣：《道德文化建设之"文以载道"视野探微》，《道德与文明》2013年第1期。
② 《荀子·劝学》。

到，老子的"道德"与荀子"道德"所指的对象不尽相同，并不是相同或相近涵义的道德。荀子的道德主要是指与治国理政相匹配的"礼仪"制度和规则——"社会之道"，以及由此"内化"而成的个体品德——"个人之德"。

（三）中国古人"道德"观的当代意义

今天看来，中国古人对"道"与"德"及其相互关系——"道德"的认知，对于我们理解和把握"社会之道"和"个人之德"及其逻辑关系是富有启发意义的。

其一，古人所说的道德，主要是指称"个人之德"，即所谓的人的德性，一般并不指称"社会之道"，即今人所说的社会道德——社会倡导的道德价值标准和行为规范，强调个体德性和德行在道德现象世界中的重要性。其二，个体的道德品质，在先天意义上受制于"天命"，即所谓"之谓性"[1]，而在后天意义上则是"德（得）道"的产物，这种"得"的过程用今天的话来说就是"内化"。"天性"是个体德性形成的前提条件，"得"后天"社会之道"的"内化"才是关键所在。中国古人关于"道德"观的这种理解范式，在经验的意义上描述了人的道德品质形成和发展的客观规律，值得我们研究和传承。个体道德品质的"德"，是"得"社会之道即"道"而形成的，一个人的道德品质不可能与生俱来，也不可能后天自发形成。其三，强调"个人之德"即个体道德品质的稳定性，即朱熹说的"不失之谓"。

以上三点，是先哲留给我们的一种重要的道德认知智慧。任何生命个体的优良品德都不可能自发形成，离开社会的道德教育及与之相伴的个人"内化"式修身，所谓个体优良道德品质的培育与形成就成了无稽之谈，而人的优良道德品质的可贵之处，恰恰在于其坚持性和一贯性。正如毛泽东当年在庆祝吴玉章六十寿辰时所写的祝寿词所说的那样："一个人做点

---

[1]《礼记·中庸》。

好事并不难，难的是一辈子做好事，不做坏事"①。

（四）道德的社会意识形式属性

道德，不论是"社会之道"还是"个人之德"，都是一种特殊的社会意识形态，在阶级社会和有阶级存在的社会里其主体和主导方面具有意识形态特性。

马克思在《〈政治经济学批判〉序言》中说到经济基础和上层建筑包括观念的市场竞争的关系时指出："生产关系的总和构成社会的经济结构，即有法律的和政治的上层建筑竖立其上并有一定的社会意识形式与之相适应的现实基础。"②这里所说的社会意识形式，自然包含道德时代社会意识形式。人类进入阶级社会后，道德社会意识形式具有意识形态性质，统治阶级及其士阶层长期用先验论的方式解读他们推行和倡导的社会道德标准，以此掩饰社会道德的阶级性和意识形态属性。这种状况到了马克思恩格斯创建了历史唯物主义的道德论之后，才被纠正过来。

恩格斯在批评杜林抽象的绝对主义的道德观时，基于唯物史观的方法论原理指出：由于"人们自觉地或不自觉地，归根到底总是从他们阶级地位所依据的实际关系中——从他们进行生产和交换的经济关系中，获得自己的伦理观念。"③又由于"一切以往的道德归根到底都是当时的社会经济状况的产物。而社会直到现在是在阶级对立中运动的，所以道德始终是阶级的道德"④，所以"封建贵族、资产阶级和无产阶级都各有自己的特殊的道德"。不仅如此，还由于阶级也是一种民族范畴，带有民族的特色，在不同的国度里，同一个阶级它们关涉伦理的思维方式和道德价值观念也有所不同，甚至有重要的不同，故而还存在民族的差别。

道德的阶级和民族的特性，必然使道德成为一种特殊的社会意识形式，具有意识形态的属性，同时又具有国情特色，成为"统治阶级的思

---

① 《毛泽东文集》第2卷,北京:人民出版社1991年版,261页。
② 《马克思恩格斯文集》第2卷,北京:人民出版社2009年版,第591页。
③ 《马克思恩格斯文集》第9卷,北京:人民出版社2009年版,第99页。
④ 《马克思恩格斯文集》第9卷,北京:人民出版社2009年版,第99—100页。

想"①和民族精神的重要组成部分。马克思恩格斯在《共产党宣言》中指出：在阶级社会里，"任何一个时代的统治思想始终都不过是统治阶级的思想。"恩格斯指出："善恶观念从一个民族到另一个民族、从一个时代到另一个时代变更得这样厉害，以致它们常常是互相直接矛盾的。"②正因如此，人类有史以来道德一直具有意识形态的功能，充当培育治世之才、维护或批判现实的经济和政治的文化软实力。

二、伦理是一种特殊的"思想的社会关系"

伦理之"理"是什么理？说明这个问题就涉及伦理的学理问题。为此，需要基于语言学的视角，来考察伦理的语义及其演绎的基本情况。

（一）"伦"与"理"及"伦理"的语言学考证

伦理作为一个独特的语词概念，是由"伦"与"理"演变、结合而成的。"伦"与"理"在先秦早期文本里就已出现，如《诗经·小雅·正月》中有"维号斯言，有伦有脊"之"伦"③，《论语·微子》里有"谓柳下惠、少连'言中伦，行中虑，其斯而已矣'"之"伦"④，《孟子·滕文公上》中有"教以人伦"之"伦"⑤，等等。综观之，"伦"有分（类）、（次）序、辈（分）等多种意思，基本的意思是"辈分""类别""秩序"。"理"的语言学本意有二：一是指蕴玉之石，二是指根据玉石的纹路"治（加工）玉"。《战国策》记载："玉之未理者为璞，剖而治之，乃得其鳃

---

① 《马克思恩格斯文集》第2卷，北京：人民出版社2009年版，第51页。

② 《马克思恩格斯文集》第9卷，北京：人民出版社2009年版，第98页。

③ 全句为："谓天盖高，不敢不局；谓地盖厚，不敢不蹐。惟号斯言，有伦有脊。哀今之人，胡为虺蜴！"大意是说：不可说天不高空，但我们走路还是不得不弯着腰；不可说地不厚实，但我们走路还是不得不小心谨慎。太真实了，我们这样说是有道理的。可怜啊，我们成天像是被怪兽所困。

④ 意思是说：(孔子)柳下惠、少连是"降低了自己的志向、污辱了自己的身份，但言谈合乎法度，行为经过思虑，仅此而已。"

⑤ 全句为："人之有道也，饱食、暖衣、逸居而无教，则近于禽兽。圣人有忧之，使契为司徒，教以人伦：父子有亲，君臣有义，夫妇有别，长幼有序，朋友有信。"系中国关于五伦之说及其道德要求的最早出处。

理。"许慎在《说文解字》中解释道："伦，从人，辈也，明道也；理，从玉，治玉也。"意思是说，伦理是一种用"道""治理"的人与人之间的辈分关系，从而与道德关联起来。

（二）"伦理"的涵义及标识用语

在中国，"伦"与"理"连用成"伦理"一词，最早出现在《礼记·乐记》中的"乐者，通伦理者也。"[①]这表明，在中国，伦理的初始含义指的是政治意义上的一种典章制度，反映的是一种等级事实的政治关系，在"思想的社会关系"观念上即所谓政治伦理，当时并不具有后来人伦伦理的明确含义。这是人类伦理思想史早期曾经出现过的一种共同现象。亚里士多德的《尼各马科伦理学》谈到不少政治伦理问题，如他认为政治、法律和道德是相通的，都推崇善和正义。而他的《政治学》又涉论诸多伦理学的问题，在他看来，每个人都是生活在社会中的，人是社会的动物；而社会总是存在统治者和被统治者的区别。人区别于其他动物，就在于人有理性，能够分辨善恶与正义。

"伦理"概念的初始涵义与政治、法律存在某些相通的现象，一方面说明它们具有"思想的社会关系"的同质性，另一方面也说明先哲当时对于伦理问题的认知水准。

在历史唯物主义视野里，伦理是伴随一定社会的经济关系及"竖立其上"的政治、法律等关系而形成的"思想的社会关系"。马克思恩格斯曾将复杂的全部社会关系划分"物质"和"思想"两种基本类型，后来列宁又进一步明确指出："思想的社会关系不过是物质的社会关系的上层建筑"[②]。伦理就是一种特殊形态的"思想的社会关系"，它由经济、政治、法制等各种社会关系所决定，同时又对这些"物质的社会关系"具有巨大的反作用。伦理之"理"，实质内涵是一定的社会历史观和人生价值观，

---

① 全句为："乐者，通伦理者也。是故知声而不知音者，禽兽是也；知音而不知乐，众庶者也。唯君子为能知乐，是故审声以知音，审音以知乐，审乐以知政，而治道备矣。"

② 《列宁专题文集·论辩证唯物主义和历史唯物主义》，北京：人民出版社2009年版，第171页。

指的就是不同"辈分"和"类别"的人们在同一种"理"即社会历史观和价值观上相知共识、和谐相处。

伦理作为一种特殊的"思想的社会关系",因决定其"物质的社会关系"的类型不同而呈现不同的形态,如经济伦理、政治伦理、司法伦理、军事伦理等;也因决定其"物质的社会关系"的领域不同而呈现不同的形态,如家庭伦理、公共伦理、职业伦理、教育伦理等。

任何社会的伦理,不论属于哪一种形态,都主张不同"辈分"和"类别"的人们之间在同一种"理"上相知共识、和谐相处,这就是伦理和谐。

中国人常用"心照不宣"和"心心相印"、"同心同德"和"齐心协力"等话语来表达社会和人们相互之间合乎伦理和谐的实存状况,这是表达合乎伦理状态的标识性用语。同时,也惯用"风气"的俗语来表达不同的伦理关系的实际状态,如"家风""民风""行风""政风""党风"等。称优良的风气为"风尚",不良的风气为"歪风"。所谓"风",不过是"心照不宣"和"心心相印"、"同心同德"和"齐心协力"的外在表现而已,人们也都能感悟到它的存在。据此,我们完全有理由把"心照不宣"和"心心相印"、"同心同德"和"齐心协力",作为常态伦理关系之和谐的标识用语。若是再作分解,"同心同德"和"齐心协力"多为职业活动中伦理和谐的标识用语。

换言之,人们在运用"心照不宣""心心相印""同心同德""齐心合力"或者它们的反义词"以邻为壑""勾心斗角""面和心不和"等词语言说社会现象时,应当有正在评论某种特定伦理关系的自觉。推广表达伦理和谐的表示用语,有助于人们在观察和把握伦理问题上使用共同语言,运用何种社会方式特别是道德建设维护和梳理各种伦理关系。

除了发生战争和社会急剧变革时期,社会和谐——和谐的社会关系与和平的社会环境,是人们生存和发展的必要条件,也是每个人不可缺失的人生常态,而一切社会和谐的核心都是伦理和谐。维护和优化伦理和谐,是社会和人生追求的永恒主题。

不过，与道德作为一种特殊的社会意识形式一样，伦理作为一种特殊的"思想的社会关系"也是历史范畴。同样一种形态的伦理，在不同的社会里或同一社会的不同时代都会有所不同，甚至有根本的不同。如政治伦理，在阶级社会里带有阶级对立和对抗的性质，统治者与被统治者之间多呈现出"面和心不和"，因此政治伦理所能发挥的和谐的状态是有限的，统治阶级维护其统治所依靠的主要是政治和法制的强制力量，而不是伦理和谐的思想力量。

社会主义在整体上消灭了阶级，为全面构建伦理和谐、促进社会和人的文明进步，提供了前所未有的社会物质条件。

（三）道德与伦理的学理逻辑

伦理与道德的学理逻辑，即道德与伦理的区别与联系，可简要表述为：伦理是特殊的"思想的社会关系"形态；道德是特殊的社会意识形式和价值形态，是一定时代的人们为维护他们的伦理关系而创建的；伦理为体，道德为用；伦理是本，道德是末。

人类文明发展史表明，并非所有的道德在所有的情况下，都能够以"末"的社会姿态出现，担当为伦理所"用"的使命。事实恰恰相反，在许多特定的历史时期，道德不愿担当"末"的角色，为伦理所"用"，还会"喧宾夺主"，被国家和社会的统治者搞得热热闹闹，充分地表现自己存在的价值，实际上却难以满足维护和梳理的伦理关系需求。其表现就是：社会上的道德教育和建设显得很繁荣，而人们的"思想关系"却不大融洽，而这些实际存在的"思想问题"却又多被当作"道德问题"来看待，于是便试图通过增强道德宣传和道德教育的"力度"来加以解决，结果不仅难以真正解决问题，反而会使得道德建设的投入与其应有的产出效果不符，反差越来越大，社会上渐渐弥漫起对于道德价值的信念和道德建设缺乏信心的低迷情绪。每当道德处于这种尴尬境地时，人们所要反思的不应当是让道德更强势，而应当检讨是否应以社会和人的智慧方式出现，担当为伦理所"用"的角色。

道德对于伦理的"用"与"末"的逻辑功能，是通过转化为智慧的途径实现的。这种转化的实质，是要使社会提倡的道德富含真理和"实践理性"的内涵，引导人们形成构建"心照不宣"和"心心相印"、"同心同德"和"齐心协力"的和谐关系的自觉意识，以及与此相适应的建构方法和能力。须知，也唯有在这种情况下，认知道德与伦理之间的区别与联系的学理关系才具有实际意义，在道德实践的过程中演绎为事实。

道德以智慧的形式与伦理建构起应有的逻辑关系，在中国最早可见于《孟子·滕文公上》提出的"五伦"及其道德主张："父子有亲，君臣有义，夫妇有别，长幼有序，朋友有信。"这里的"亲""义""别""序""信"，与"五伦"关系对应，实则就是以道德智慧而不是具体的道德教条出现的。何谓"亲""义""别""序""信"？理解和想象道德要求的空间留给了人们，这就是道德智慧。

一个社会如何使自己提倡的道德具有智慧内涵，并适时将道德转化为维护伦理的方法和能力，本身也是一种智慧，应列为道德智慧研究的对象和范围，逐步展开探讨。

第二节　伦理作为一种精神共同体

在学理上考察了道德与伦理的逻辑关系，围绕道德作为一种特殊的社会意识形式、伦理作为一种特殊的社会关系，阐明相关的基本学理问题之后，有必要提出伦理作为一种精神共同体的学术话题，将探讨两者逻辑关系的研究推向深入。

一、精神与精神生活的社会属性

精神作为哲学范畴，与物质相对应，指的是由社会存在决定的人的意识活动及其内容与成果。作为伦理学范畴，在人是指道德心态即心灵秩序和道德态度即行为倾向，在社会则指价值认同、凝聚力和亲和力。

（一）精神及其实质内涵

精神，历来是属人的，大体上可以划分为两种基本类型。一种指的是人们平常所说的人的精神；另一种是用来指称特定的集体的精神状态，小而言之指一个单位的精神状态，大而言之一般是指一个民族或一个时代的精神状态，即所谓民族精神和时代精神。

不论是哪一种类型的精神，其实质内涵是一定的人生价值观和伦理道德观。它反映一个人的人生姿态、生活方式、生存状态，一个民族的性格，一个国家的文化软实力。精神品质和状态的差距，在文化和思想价值观上造成人与人、国家与国家、民族与民族之间生存状态的差距，不同时代发展水平和文明程度的差距。

重视精神文明和伦理道德建设，是人类在谋求生存和发展进步的历史进程中形成的源远流长的传统。

（二）精神生活的内涵与特点

精神，总是以特定的生活方式存续的，或总是与特定的生活方式相伴而表现出来的，因而是一种生活，即精神生活。精神生活有广义与狭义之分。广义的精神生活包含精神生产、精神追求和精神享受三大领域，狭义的精神生活专指精神追求和精神享受，包含人生理想与信念、道德评价与修养、爱情婚姻、文艺欣赏、休闲娱乐等。

精神生活的内涵，大体可以从精神享受和精神追求两个方向进行分析和理解。

精神享受，亦即人们常说的精神消费。它是人们借助自己创造的精神财富梳理和慰藉心灵的心理过程，借助的形式多为文本或文艺的文化形式，如文艺欣赏、休闲娱乐、外出旅游等。这些被借助的文化形式本身也是精神财富。在社会评价上，可以通过人们精神享受的状态，直接看出一个社会文明与进步的程度。

精神追求，一般是指人在思想观念和价值取向方面对人生理想与信念、道德评价与修养、爱情婚姻的追求。在这些精神生活追求中，人生理想与信念的追求是最重要的精神生活，决定着人的道德评价与修养，也影响着人的爱情与婚姻的质量。人生理想与信念的最高形式是信仰。信仰有科学与否之别。科学的信仰使人超凡脱俗，引导人追求崇高的人生价值，自古以来代表着人类精神生活追求文明进步的发展方向。

精神享受与精神追求，对于精神生活而言犹如鸟之两翼、车之两轮，缺一不可。在实际的人生过程中使两者内在地相一致，会使得人生丰富充实，绚丽多彩。

精神生活最重要的特点是时代性和超越性。时代性，反映一定时代和特定的人的思想价值观的文明与进步程度。一个时代精神生活普遍积极健康，表明这个时代正处于文明进步的常态之中，反之则不是。一个人讲究精神生活的品位和质量，表明这个人正处于追求人生发展和进步之中，反之亦不是。精神生活的超越性特点，首先表现在对物质生活的超越。精神生活追求不同于物质生活追求，是显而易见的。其次表现在对未来精神生活的超越。在一定意义上可以说，这种超越是精神生活的真谛所在。没有对于未来精神生活的超越性追求，就没有特定时代的精神生活。精神生活，本质上是超越的。

精神生活的时代性和超越性特点是相对的，不是绝对的。一定时代的精神生活的时代性，相对于以往时代来说也是一种超越性。今天具有超越时代特点的精神生活，相对于将来的精神生活来说则内含着某种时代性。

（三）精神生活的共同体属性

精神和精神生活，不论其内涵是怎样的，以何种方式进行，都是属于社会的。没有特定的社会内涵和不以特定的社会方式满足精神生活的需求，是不可思议的。这决定着精神生活必然是一种共同体方式的生活。

诚然，一个人可以用"自得其乐"和"孤芳自赏"的方式满足自己的精神生活需求，其所"赏"的对象和"乐"在其中的内容，无不包含与他者和社会进行"心心相印"或"心灵沟通"的实际内容。如果不是这样，所谓"自得其乐"和"孤芳自赏"就可能恰恰表明其正处于"精神空虚"的状态，不过是"自我陶醉"而已。这是因为，精神生活的共同体是属于共同体所有成员的，任何人在思想感情上都不会认同和忍受有悖或有损于共同体的个性自由。

二、伦理是一种精神生活共同体

共同体是一种内含相互依存关系的社会生活实体，结构上包含物质生活、精神生活以及连接二者的交往生活三种基本形态。精神生活的实质内涵是体现和建构作为"思想的社会关系"的伦理生活，这决定了伦理是一种精神生活共同体。

（一）精神生活中的伦理关系

伦理作为一种"思想的社会关系"，其"理"的实质内涵是一定的社会历史观和人生价值观，与一般精神生活的内涵是相通的。其特殊的意义在于使得不同"辈分"和"类别"的人们，能够遵从同一种"理"相知共识、和谐相处，构成"心照不宣"和"心心相印"、"同心同德"和"齐心协力"的"思想关系"，决定和导引着精神生活共同体"心往一处想"的价值认同和取向。在这种意义上可以说，伦理关系是精神生活中的核心，对精神生活起着主导的作用，体现精神生活的质量。

在精神生活中，不论是精神享受还是精神追求，其"为什么追求（享受）""追求（享受）什么"和"怎样追求（享受）"，都是在特定的"思想关系"——伦理精神共同体中展开的。伦理精神共同体的状态反映人的生活方式和生存状态，也反映一个民族的性格和一个国家的文化软实力。

实际情况表明，精神享受中那些可以用来梳理和慰藉心灵的精神财富，实则都离不开特定伦理的"思想关系"。比如休闲娱乐、外出旅游途中与他者"搞不好关系"，就可能很扫兴，以至于感到没意思，体会不到

战，创造人生价值。如果说，人类至今的物质生活仍然离不开家园，那么精神生活则更需要通过精神家园来满足。

（一）政治伦理的精神家园功能

政治伦理作为国家政治活动中的"思想的社会关系"，反映具备不同政治身份、担当不同政治角色的人们之间的伦理认知。这种伦理认知，一般都与人们对政治制度的认同相联系，而影响这种联系的则是执政者治国理政的方针抉择，以及其实际的政治品质和作风。

常态的政治伦理，在"心照不宣"和"心心相印"、"同心同德"和"齐心协力"的意义上给人以"大家庭"之精神家园的归属感，它是爱国主义和民族精神的策源地。在一个国度里，如果政治伦理不正常，社会上就会出现人心涣散、民族精神缺失的颓败景况，在思想观念层面影响社会稳定和民族团结，甚至动摇国家的统一。

（二）职业伦理的精神家园功能

在职业活动中，职业者之间，包括职业部门的领导与普通员工之间"同心同德"和"齐心协力"的伦理关系之重要，理论上没有必要作细致的分析和阐述。

职业伦理是一个领域广泛、种类繁多的伦理类型，最常见的是经济伦理，包含生产伦理和商业伦理两种基本形态。由于生产和交换关系的核心是利益关系，反映这种"物质的社会关系"存在排斥精神生活的自发倾向，所以经济伦理的精神家园功能一般都不明显。

（三）公共伦理的精神家园功能

社会公共伦理，有两种理解向度。一是泛指一般的社会公共生活中的"思想关系"，二是特指有明确目的和组织形式的社会公共生活中发生的"思想关系"。

在日常生活中，人们离开家庭、学校、职业场所，一般就自然而然地进入"路上"的公共生活领域，与同行者发生实际关系的同时也发生"怎么走路"的"思想关系"，如果彼此"心照不宣""心心相印"，相安无事，就会感到心情愉悦，有一种"精神家园"的感觉，反之则不是。有着明确目的和组织形式的社会公共生活的"思想关系"及其重要性是不言而喻的。乘火车或飞机出行旅游，作为"同路人"如果能够"心照不宣""心心相印"，那种精神家园的感觉就会很明显，增添旅游的乐趣。为什么有的旅客在飞机上违背公德会招致普遍批评，就因为他的行为"不可理喻"，没有给人以精神家园的感觉。

随着社会经济的快速发展，人们的社会公共生活空间在迅速扩展，为交通旅游业的发展创造了巨大的商机。在这种情势下，如何用精神家园的思维方式来构建诸如火车、飞机上的临时伦理共同体，是一个值得探讨的学术话题。发挥这些公共生活的伦理共同体，有助于促进社会和人的文明进步，培育中华民族的时代精神。

关于公共伦理的精神家园功能，还有网络伦理问题。网络是一个虚拟社会，其公共生活与实际社会的公共生活有着根本性的不同，很多场合不存在"心照不宣"和"心心相印"、"同心同德"和"齐心协力"的"思想关系"，即使存在也多不具有现实伦理的性质。因此，在网络世界，公共伦理及其功能的情况是相当复杂的，亟待探讨和创新。

（四）中国传统家庭伦理面临的当代转型

历史上，中国是一个一家一户搞饭吃的小农经济社会，形成了注重以"善事父母"和"六亲和睦"为核心的优良家庭伦理和家风传统。这种传统在改革开放和城镇化进程中受到前所未有的冲击，出现懈怠善事父母和善育子女、邻里伦理失和等问题。这些问题的实质是传统优良家庭伦理和家风如何，实行与时俱进的自我变革和创新，以跟上整个时代发展进步。这也表明，中国正面临需要创建新的家庭伦理和家风的历史机遇。

创新的内容，一是新型的家庭伦理观念，把"善事父母""善待子女""善待社会"三者有机地结合起来。二是家庭法治观念，赋予"血浓于水"

的传统家庭伦理关系以现代法治精神。三是倡导相互提携、共谋发展的新的婚姻伦理观。四是赋予家庭以"加油站"和"监测站"的功能。过去，人们常说家庭是人成长的摇篮，说的是优良家风对于人一生的奠基意义。当代中国家庭伦理和家风建设，还应当在确保其具备"奠基"的同时，创生其"加油站"和"监测站"的后续保障功能，从而使得现代家庭的伦理影响家庭成员的一生旅程。

创新的基本理路，首先应当正确认识传统家庭伦理和家风面临的挑战。其次，在道德批判中澄明和传承传统优良家风中那些具有永恒价值因素的合理成分。如"善事父母"，本是被传统优良家风视为家庭美德的核心，也应是经过创新的优良家庭伦理和家风的核心要求，在建设新型优良家风的过程中应加以传承。最后，将新型优良家庭伦理和家风的创建纳入社会治理的总体布局。

维护伦理精神共同体，是每个社会思想道德和精神文明建设的主题。参与其中的社会建设工程关涉经济、政治、法制和其他文化要素，不唯独是道德。道德建设的真谛在于"得人心"，它对于经济、政治和法制等生活的功能和作用是经由维护和梳理伦理的"思想关系"实现的。正因如此，自古以来国家和社会的管理者们都十分重视伦理精神共同体的建设，力图建造一种人们共享的精神家园，尽管并不是所有统治者都持有这样的理性自觉，他们所用的"精神质料"也不一样。

四、道德维护伦理共同体的基本方式

道德维护伦理精神共同体有其特殊的方式，在区分伦理与道德学理界限、厘清二者逻辑关系的前提下，认识和把握这种特殊方式是很有必要的。这里有一系列的重要问题需要探讨。

（一）道德维护伦理共同体的历史反思

历史上，由于长期存在"伦理就是道德"的学理误读，不能分清道德与伦理的界限以及二者的内在逻辑关系，所以道德发挥其维护伦理精神共同体功能的方式，一般是"直奔主题"，并不重视将道德转化为道德智慧，因而道德的作用其实是有限的。这是道德在我国封建社会何以会被政治化、刑法化以至于一度沦为"吃人礼教"的根本原因，也是近现代资本主义社会何以要用"新教伦理"解读资本主义精神、用完备法制规约人们行为而并不特别推崇道德作用的主要原因。

传统道德"直奔主题"的维护方式，忽视了道德维护伦理共同体需要经由转化道德智慧的中间过程，势必会使得道德维护伦理共同体的实际构成走向形式主义和教条主义，从而盛行道德教化，轻视启发受教育者"据于德"的方法和自觉性，削弱道德维护的实际效果。西方社会之所以并不重视道德维护伦理的社会功能，相反多把关涉道德维护现实伦理关系的问题，推到哲学思辨或宗教引导的领域，原因或许也在于此。

人类有史以来的道德维护伦理的历史经验，值得今人认真梳理和总结，在新的历史条件下实行创新，这将大有作为。

（二）道德维护伦理共同体的当代创新机遇

道德之于维护伦理精神共同体的方式和社会作用，在实行社会主义市场经济和民主法制建设的当代中国，真正获得创新发展的条件，关键是要看如何认识和把握道德智慧发挥维护和优化伦理的功能。中国实行改革开放以来，经济和政治等方面的"物质的社会关系"发生着深刻的变化，作为"思想的社会关系"之伦理关系也在发生着相应的变化，加上道德领域突出问题的消极影响，使得加强维护和优化伦理精神共同体的精神文明建设显得尤其重要。

道德作为一种智慧应以自我创新的姿态担当维护伦理精神共同体的社会责任和历史使命。道德建设的实质是通过人与人、人与社会之间的"心灵沟通"，梳理、维护和优化经济、政治、法制和社会公共生活等领域内伦理的"思想的社会关系"，从而发挥道德的社会作用。不这样看，道德就容易成为图解社会生产和社会生活的标签，变成形式主义的东西或表面文章，抑或沦为不良分子伪装门面的说辞，久之反而会损伤人们对于道德功能的信念和道德建设的信心。可以说，在当代中国，道德建设的根本宗旨和主要任务是在维护传统伦理精神共同体的前提下，为创建社会主义新型的伦理精神共同体作出自己应有的贡献。为此，要在理论和实践上创建和倡导与中华民族传统美德相承接、与社会主义市场经济相适应、与社会主义民主法制相衔接的道德智慧体系。

第三节　伦理的必然性与道德自由

运用自由与必然的辩证关系原理，分析和说明伦理的必然性与道德自由的逻辑关系，有助于明确伦理尺度对于道德自由的规定性，将伦理作为一种精神共同体的探讨，推进到道德智慧与伦理共同体维护的研究领域。

一、伦理的必然性及其社会形态

伦理的必然性问题，是一个具有原创意义的创新话题。研究道德智慧与伦理共同体维护的逻辑关系，要运用历史唯物主义的方法论原理，分析和阐明伦理的必然性及其基本形态，具有重要的理论和实践意义。

（一）伦理的两种必然性

伦理作为一种由各种"物质的社会关系"决定的"思想的社会关系"这一规律，注定伦理关系的形成具有客观必然性。在这种意义上可以说，人们身处什么样的"物质的社会关系"之中，就会相应地处于什么样的伦理关系之中。这样理解，是合乎历史唯物主义方法论原则的。然而，仅仅这样看显然又是不够的，因为它只看到经济基础决定上层建筑的一面，没有看到"竖立其（经济基础）上"的政治和法制等"物质的社会关系"对于伦理作为"思想的社会关系"形成的决定作用，忽视了政治伦理与法制伦理的必然性存在。

亚里士多德在说到事物的必然性时指出："必然性有两种：一种出于事物的自然或自然的倾向；一种是与事物自然倾向相反的强制力量。因而，一块石头向上或向下运动都是出于必然，但不是出于同一种必然。"后一种必然性不同于前一种必然性，它不是"自然而然"，而是"人为使然"，缘于人"为了某一目的"或"为了某种目的"①。这种古典式的必然观，对于我们认识伦理形成的必然性问题是有帮助的。

在一定的社会里，伦理形成之"自然而然"的必然性不以人们的主观意志为转移，也可以说不以国家和社会（治者）的主观意志为转移。一个社会实行什么样的经济制度，采用什么样的方式进行生产和交换，就必然会在归根到底的意义上普遍形成怎样的伦理关系，同时也就决定着这个社会的人们在怎样的伦理关系中构筑他们"心照不宣""心心相印""同心同德""齐心协力"的"心灵关系"。如实行市场经济的生产和交换关系，就会"自然而然"地在生产经营者之间形成重视关于公平拥有资源和市场的"心灵关系"，在全社会营造一种崇尚公平的"思想的社会关系"的伦理氛围。

除了这种"自然而然"的必然性之外，还有一种"人为使然"的伦理必然性也是相对于经济关系的"物质的社会关系"而言的，它是"竖立其上"的政治和法制的"物质的社会关系"提出的必然性要求。

（二）伦理的社会形态

由上可知，任何一个社会伦理关系都可以在"自然而然"和"人为使然"两种必然性的层面上加以考察。据此，大体上可以将社会伦理划分为三种基本形态。

第一种形态，可称其为"基础伦理"。恩格斯在分析伦理关系与经济关系的关系时所说的"伦理观念"，就是伴随生产和交换这种"物质的社

①［古希腊］亚里士多德：《工具论》，余纪元等译，北京：中国人民大学出版社2003年版，第328页。

会关系"而形成的"思想的社会关系",一种"自然而然"形成的伦理形态,其形成的必然性是毋庸置疑的,可称其为"基础伦理",这是第一种基本形态。

第二种形态,可称其为"上层伦理"。这就是列宁所说的"不过是物质的社会关系的上层建筑"的"思想的社会关系",可称其为"上层伦理"。它不是"自然而然"形成的,而是一定社会"为了某种目的"的"人为使然",本质上属于观念的上层建筑范畴,具有意识形态性质。"上层伦理"相对于"基础伦理"的伦理形态而言,体现的是国家意志和社会共同理性,是一种"纠偏"或"补充"伦理观念之"基础伦理"形态的"强制力量"。

第三种形态,可称其为"公共伦理"。它是"基础伦理"与"上层伦理"在社会公共生活领域相遇,发生相互碰撞和交互作用而发生融合的结果。正因如此,"公共伦理"一直充当着一个社会伦理状况的晴雨表,人们常用"社会风尚"来给予评论。

三种社会伦理形态构成一个社会伦理关系的整体结构。其中,居于主体地位、发挥主导作用的是"上层伦理"的精神共同体,它经由执政集团成员的共同体意识和行为方式表现出来,具有升华和引领"基础伦理"和"公共伦理"的功能,在整体上决定着人们精神生活的社会属性和发展进步的逻辑方向。

以中国封建社会的整体结构为例。第一种形态的伦理是在小农经济基础上形成的"各人自扫门前雪,休管他人瓦上霜"的小生产者的"伦理观念",它作为一种"思想的社会关系",是中国封建社会的人们,特别是农民恪守和遵从的生产与生活的伦理原则,并由此而形成自力更生和安分守己的民风和乡风,在底线伦理的意义上,维护了中国封建社会的基本稳定,这是它的历史价值所在。同时,也使得自私自利、以邻为壑的小私有观念根深蒂固,这是它消极的一面。第二种形态是"推己及人"和"为政以德"的儒家伦理诉求的"思想的社会关系"。儒家伦理是"竖立"于小农经济基础之上的封建政治和法制(刑制)的产物,它超越了小生产者的

"各人自扫门前雪，休管他人瓦上霜"的"伦理观念"的局限性，体现的是"大一统"的国家意志和社会共同理性的"强制力量"，具有"纠偏"和"补充"小私有观念之局限性的功能，适应了封建国家以高度集权的专制政治统摄普遍分散的小农经济之社会结构的客观要求，属于封建国家的社会意识形态。它在"思想的社会关系"层面上充当着整个社会最重要的文化软实力，主导着中国封建社会的伦理关系和道德生活，是中华民族历史上虽屡遭战乱和外敌入侵却聚而不散的巨大的精神力量之所在。儒家伦理的学说主张，在西汉初年封建帝制确立之后被统治者推崇到"独尊"的主导地位，与其体现"大一统"的封建国家意志和社会共同理性具有某种"强制力量"，直接相关。第三种形态，可称其为世俗礼仪伦理，广泛地存在于人们相处和交往的公共生活场所，它曾使中华民族成为举世称道的"礼仪之邦"。不难看出，三种不同形态伦理形成的必然性和社会机理是不一样的，认识和理解上不应混为一谈。

在任何一个社会，相对于"物质的社会关系"而言，伦理作为一种特殊的"思想的社会关系"的实存形态具有"模糊"和"隐蔽"的特性，人们"看不见"它的真实面貌，只能借助抽象和思辨才能感知、感悟它的必然性的真实存在。也许正因如此，伦理关系存在的必然性和真实性及其巨大的精神力量因素的重要性，往往被人们所忽视。

（三）家庭伦理与人际伦理

在一定的社会里，除了上述三种形而上学形态的社会伦理之外，值得关注的还有"形而下"的家庭伦理与人际伦理。相比较于形而上学的伦理形态，它们不是那么"模糊"和"隐蔽"，显得具体一些，多具有"可视"性，在一般情况下可以"一眼看出"。其间，人际伦理因其具备普遍的社会关联性而受到现代社会的特别重视。

家庭伦理是以血缘关系为基础、以亲缘关系为轴心的伦理。一家人朝夕相处，更易理解和体味"心照不宣""心心相印""同心同德"的伦理关系。有血缘关系的不同辈分家庭成员之间的伦理关系，作为家庭伦理的基础最为重要，体现家庭伦理的实际状态和文明程度。如今人们一般认为夫妻是现代社会家庭关系的核心，因而将夫妻的感情关系——伦理关系视为家庭伦理的核心。但是，不能因此而轻视以至忽视血缘性的伦理关系在家庭伦理中的奠基意义。

人际伦理，可以从狭义和广义两个角度来认识和理解。狭义上理解，是相对于各种伦理包括家庭伦理而言的，特指人与人在职业活动、社会公共生活、家庭生活之外直接相处和交往的过程中发生的伦理关系。广义上理解，是指在所有社会生活领域包括家庭生活中直接发生的人与人之间的伦理关系。实际上，狭义的人际伦理只是一种假设，并不存在。因为，任何一种或一次人际相处和交往，都不可能离开职业活动、社会公共生活和家庭生活的具体事实。

家庭伦理与人际伦理有着千丝万缕的联系，二者相互影响，相得益彰。会处置家庭关系的人，一般也善于处理人际关系，反之亦是。当然，这也不是绝对的。有的人家庭伦理不正常，而在社会上的人际关系却很好，与之相反的情况也不是不存在。

家庭伦理与人际伦理这种相互影响、相得益彰的关系，同样存在于二者与社会伦理的关系之中，因此，在这两种伦理建设中，既要看到这种联系的必然性和重要性，也应具体情况具体分析，实行区别对待。

二、道德自由及其伦理尺度

受到"伦理就是道德"这种学理误读的影响，过去的道德哲学和伦理学从不谈论道德自由问题，因而也就没有问津过是否存在需要制约道德自由的伦理尺度问题。道德自由及其伦理尺度，是一个具有原创性质的学术话题。

（一）道德的自由本性与意志决定论

道德反映社会和人对美好生活的追求，这使得道德与主观意志相关

联，本性崇尚自由。这种自由在理论阐释上易与意志决定论联姻，直至被后者俘获。

叔本华指出，自由的真谛在于"消除""一切障碍可能具有的性质"。他认为这样的自由"可以分为三种完全不同的类型：自然的自由、智力的自由和道德的自由"。在他看来，自然自由就是自在的自由，如"自由的天空""自由的空气""自由的田野"，乃至"自由的眺望"等。智力自由就是亚里士多德说的思维自由。所谓道德自由，"实际上就是自由的意志决定"，亦即所谓"想要的自由"，而不是"和能够相联系起来而加以考虑的自由"①。叔本华对道德自由的阐释，揭示了道德作为一种特殊的社会意识形态和个人理想的"自由"本性，是对其前人意志决定论的道德自由观的承接。叔本华的道德自由观给予我们的启发在于它揭示了道德可以借助所谓智力自由即思维或意志自由，把自己装扮得可以"消除""一切障碍可能具有的性质"的特性，从而堂而皇之以意志决定论的姿态出现。

实际上，一定社会提出和倡导道德价值标准和行为规则，人们"讲道德"和争做"道德人"，都不能如此随心所欲。道德之于社会和人，使命和功能是维护各种形态的伦理关系，其自由表现不能是绝对的、不受限制的。因为世界上没有任何绝对的自由。每一种自由都会受到必然性的限制和约束，对道德自由也应作如是观。恩格斯在批评杜林道德理论上的"永恒真理"和抽象的"平等"观之后，主张要用自由与必然这对唯物辩证法的范畴看待道德的自由问题。他说："不谈所谓自由意志、人的责任能力、必然和自由的关系等问题，就不能很好地议论道德和法的问题。"②这是理解和把握一切自由的科学方法论原理。

人类道德和精神文明发展至今，像柏拉图设计的"理想国"、《礼记·礼运》描绘的那种绝对自由的"天下为公"和"大同世界"，不过是被用来"鼓舞人心"的"道德乌托邦"的道德说辞而已。它们所表达的要么是

①［德］叔本华：《伦理学的两个基本问题》，任立、孟庆时译，北京：商务印书馆1996年版，第37页。

②《马克思恩格斯文集》第9卷，北京：人民出版社2009年版，第119页。

不满现实不公的人们对原始共产主义的美好回溯，要么是现实社会的人们基于公平的进步而对未来"绝对公平"的遥远向往和浪漫追求。

诚然，社会和人不能没有道德理想和意志自由。没有道德理想和意志自由，就会失去前进的方向和面对现实的勇气，所谓道德发展进步也就无从谈起。但是，社会用以主导人们道德生活的价值标准和行为规则，本质上必须合乎道德实践的规律和要求，因为"全部社会生活在本质上是实践的"①。这就要求，社会提出和倡导的道德，必须首先是可行的，其次才是"应当"的，而且不能仅仅是"应当"的。也就是说，是人们可以做到和应该做到的，或通过努力是能够做到的。一个人要"讲道德"和"做道德人"，不能没有理想和意志的自由，但既要"讲"也要"做"，就要能够"做"得到。否则，就可能不过是"讲讲"而已，或者仅以"讲讲"而已来装潢门面。

人生在世，每个人都可以在思想中展开"自由想象"的翅膀，想干什么就干什么，想怎么干就怎么干，但在实践中却无论如何也不能这样做，因为实践有自己的规律，不可能随心所欲。

（二）道德自由的伦理尺度

在辩证唯物主义看来，"自由不在于幻想中摆脱自然规律而独立，而在于认识这些规律，从而能够有计划地使自然规律为一定的目的服务。"②就是说，自由是对必然的认识和把握。

不论是理想自由还是意志自由，道德自由都应被理解为对伦理之必然性的两种形态的认识和把握，即通过道德之"得人心"的社会作用而维护和梳理伦理的"思想的社会关系"，建设人们的精神家园。因此道德自由既不可不及伦理必然性之求，也不应超越伦理必然性之需。这就提出关于道德自由的伦理尺度问题。

所谓伦理尺度，简言之就是指伦理的必然性对道德自由度的规定和限

①《马克思恩格斯文集》第1卷,北京:人民出版社2009年版,第501页。
②《马克思恩格斯文集》第9卷,北京:人民出版社2009年版,第120页。

制。科学认知伦理尺度关键是要把握伦理尺度的理解阈限，也就是"在什么意义上理解和把握伦理尺度"的问题。每一个社会都必然存在作为"思想的社会关系"的伦理关系，这类社会关系是否和谐、处于常态、合乎社会发展进步的客观要求，关键是要提出和把握合理的伦理尺度，运用伦理尺度来规定和引导道德自由。

（三）伦理尺度的理解阈限

概念的理解阈限直接关涉对其内涵的界说，是一切科学研究活动的逻辑起点，人们在这个带有根本性的问题上如果存在分歧，就不可能进行任何有益于科学研究的对话。2012年汶川大地震后，学界曾一度围绕"范跑跑该不该跑"的问题争论不休。一种意见认为不该跑，因为关爱和保护学生是人民教师的天职，教师在危险袭来时逃命无可非议，但不该丢下自己的学生只顾自己逃命；另一种意见认为，人都怕死，"范跑跑"是人，遭遇危险时逃命无可厚非。"范跑跑"本人也说："那些学生如果是我女儿，遭遇地震时我就不会跑。"争论最终谁也说服不了谁，不了了之，其原因就在于人们对"范跑跑"这个概念的理解不一样，没有统一理解的阈限。

伦理尺度是历史的和民族的范畴，内涵和形式是历史与现实的统一，绝对性与相对性的统一。在不同的社会里，由于受"物质的社会关系"的决定性影响，伦理作为一种特殊的"思想的社会关系"有所不同，伦理尺度也不会一样。虽然，不同社会的伦理关系都以"心照不宣"和"心心相印"、"同心同德"和"齐心协力"的状态而存在，但"心"的内涵和"心"之所系是不一样的。如在中国封建社会，伦理之"心"的实质内涵就是直接或间接地与"家国一体"的专制制度的政治伦理相关联。它使得"修身、齐家、治国、平天下"的思想深入人心，人们"心照不宣"和"心心相印"、"同心同德"和"齐心协力"之"心"所系都为"保家卫国"和"忠君报国"，以及在家国之外公共生活领域内的和睦相处和礼尚往来，由此而形成了以爱国主义为核心的中华民族精神传统，使得中华民族成为举世闻名的"礼仪之邦"。在中华民族几千年的生息和繁衍的过程中，这种"思想关系"一直充当着统治者提出道德价值标准和行为准则，推动全社会道德教化最重要的伦理尺度。时至当代，中国这种传统伦理尺度实际上仍然起着评判人的道德品质的价值标准作用。

西方资本主义社会与中国传统的伦理尺度一直不一样。这是因为，它们自古以来的"物质的社会关系"是以商品经济和市场经济为基础的，"竖立其上"的上层建筑的"物质的社会关系"长期实行政教合一和民主与法制。近代以来，特别推崇"新教伦理"意义上的"资本主义精神"和个性自由。社会公共伦理领域注重"心照不宣"和"心心相印"，却又同时并不强调"同心同德"和"齐心协力"。

当代中国，我们在经济基础和上层建筑领域，借鉴了西方资本主义一些有益的成分，而在思想文化和价值观领域却多传承中华民族优秀传统，实行与时俱进的变革和创新，提出和倡导社会主义核心价值观。在此主导下，伦理尺度所遵循的"心照不宣"和"心心相印"、"同心同德"和"齐心协力"，被赋予社会主义民主、平等、公正等时代内涵。

总的看来，人类社会发展至今，用以规约和评价道德文明的伦理尺度在内涵和形态上是存在差别的，但其对于"心"的要求却是一致的。这是伦理尺度的绝对性表现之所在。道德自由只有置于被这样理解的伦理尺度的规定之内，才能真正发挥社会功能，表现其存在的价值。

三、伦理尺度的分类及道德功利主义问题

可以依据道德生活的领域不同，将道德自由之伦理尺度划分为不同类型并加以解读，以加深对伦理尺度的理解和把握，正确认识所谓道德功利主义的问题。

（一）社会道德自由的伦理尺度

社会道德自由的伦理尺度，是指社会在何种意义上和以何种方式提出和倡导道德价值标准和行为规则。

　　一定社会理解和把握这种伦理尺度，首先，要厘清伦理的"思想的社会关系"的现状，在此过程中实行关于伦理理论的传承和创新，从理论上说明现实社会的发展进步客观上究竟需要什么样的伦理关系。这种理论工作，需要以分辨伦理与道德的学理界限为前提。历史地看，这项极为重要的理论工作由于受到"伦理就是道德"这种混淆学理界限观念的影响，一直没有得到社会应有的重视，致使人们不能分辨相关文本记述中的伦理描绘和道德主张。如《论语·为政》中的"为政以德，譬如北辰居其所而众星共之"的记述，显然是在叙述政治伦理的常态，并不是在伸张"为政以德"的道德主张，就没有被人们所注意。其次，要弄明白维护和梳理伦理关系客观上需要提出什么样的道德要求，防止提出的道德价值与行为规则因"文不对题"而在提倡中失去自由。在把握这个问题上，既要靠近伦理尺度，也要遵循道德发展进步自身的规律。最后，要通过道德教育和建设使当时代的伦理尺度成为全社会的共识。一定社会提倡的道德价值标准和行为规则的伦理尺度，只有通过大众化途径转变为全社会的共识，才能发挥其规约道德自由的实际价值。这对一贯重视道德教育和建设的当代中国来说，是一项新的社会建设工程，需要用创新的姿态面对。

　　就是说，遵循伦理尺度的阈限，一个社会提出和倡导的道德要既能说明和适应伴随生产和交换关系"自然而然"形成的"基础伦理"的必然要求，也能说明和适应"纠偏"或"补充"伦理观念的"上层伦理"的必然要求，并能够培育"公共伦理"，在这样的情况下才能真正获得这样的自由，展现道德维护伦理的"思想的社会关系"的社会功能和作用。适应"基础伦理"必然性要求的道德自由，可称其为道德的基本自由；适应"上层伦理"的必然性要求，可称其为道德的理想自由。前者体现现实社会生活对道德水准的实际需要，后者体现现实社会祈愿道德进步的逻辑方向，两种道德自由相互依存、相得益彰，大体上构成一定社会道德自由的整体风貌。"公共伦理"维护所需要的道德自由，受着前两种道德自由包括家庭和人际道德自由的深刻影响。后者的道德自由如果缺乏伦理尺度的引导和约束，所谓道德自由也就无从谈起。就是说，一个社会的公共关系和道德风尚，受到公共生活领域之外的道德自由与否的深刻影响，培育维护公共伦理的道德自由精神，着力点不在其自身。当一个社会的公共生活领域伦理关系失调而又"自由"地盛行形式主义和表面文章时，社会所要反思的着眼点不在公共生活本身。

一定社会推崇和倡导自己的道德价值准则和行为规则，还应注意到不同伦理形态的不同伦理尺度，不可混淆不同伦理形态之伦理尺度对道德自由提出的不同要求。不能轻视和忽视基本自由的道德价值，以理想自由代替基本自由，要求人们凡事都要做到"高大全"。当然，也不可以用基本自由替代理想自由，因为后者在任何社会所要维护的伦理，都关涉社会根本制度的"心灵秩序"和"人心所向"，给予整个社会的伦理优化和道德建设以合乎逻辑的进步方向。若是理想自由缺位，所谓基本自由也就难以发挥作用，伦理关系的维护也就会随之出现"人心涣散"的混乱局面。正确的选择应是坚持两种道德自由并举，坚守理想自由的主导地位，充分发挥理想自由对于人们精神生活的引领作用。

（二）个体道德自由的伦理尺度

个体道德自由是就道德选择自由而言的，属于意志自由范畴，本质上是认知和践行社会提出和倡导的道德价值标准和行为规则，赢得或恪守"道德人"资格的自由。

毫无疑问，一个人要按照社会道德要求"讲道德"和做"道德人"，就要诚心诚意，不能表里不一，做做样子。然而，仅仅如此是否就能够获得道德自由呢？事实证明不一定。一个人面临道德选择能否获得这样的自由，情况通常是比较复杂的。

究竟应当如何理解和把握这个问题，至今可供凭借和参考的思想理论资源很少，而且多限于动机论，总体倾向是推崇社会道德要求和善良动机的至上性，主张一个人面临特定的伦理情境没有选择不讲道德的自由。然而，从维护和梳理伦理之必然性的客观要求和实际效果的伦理尺度来看，如同没有选择不讲道德的自由一样，人们面临特定的伦理情境其实也没有

随心所欲选择"讲道德"的自由。

因为，在个体道德选择自由的问题上，社会道德的要求和人的善良动机只具有相对的优先性，不具有绝对的至上性。既然被称为道德选择的自由，那么，当人们面临特定的伦理情境，需要高扬道德选择的自由精神时，就不能不假思索地付诸行动，而要旋即考量于人于己的利弊得失，优先考虑如何讲道德——把善心与善果统一起来，实行意志自由与实践理性的有机结合。也就是说，个体道德选择的自由，应把"要讲道德"与"怎样讲道德"有机地结合起来。这在一般情况下是完全可以做到的。也只有在这种情况下，才可能真正获得"讲道德"和做"道德人"的自由。毫无疑问，一个人面临特定的伦理情境需要选择"讲道德"时要义无反顾，但这并不是主张和倡导要不假思索、莽撞行事。

以见义勇为例。施救溺水者的道德意志自由，如果出现溺水者被救而见义勇为者折损或者两者俱损的情况，就需要审查其自由选择的科学性和道德意义了。不论出现哪一种情况，彰显施救者见义勇为的道德选择价值是必要的，也是必须的。但是，不应因此而忽视总结见义勇为缺效以至于无效的教训；更不应担心这样做会"冲淡"见义勇为道德选择的价值。在理解和把握个体道德选择自由的问题上，除了赞许善心，还需审查善果，真正倡导动机与效果相统一的科学的道德评价观。如此把善心与善果统一起来，才能真正获得道德自由，引导人们在乐于"讲道德"的同时，注意善于"讲道德"，做真正的"道德人"。不言而喻，"做事"要尊重规律、讲究"怎么做"即追求"做事"的效果，"做人"是否也存在和需要尊重规律、基于"善心"而追求"善果"呢？回答应当是肯定的。

如此看来，个体道德意志自由的本质应被理解为人们相互之间的一种道义责任，在"换位思考"的意义上体现"心照不宣"和"心心相印"、"同心同德"和"齐心协力"的伦理精神。这也就是孔子说的"己所不欲，勿施于人""己欲立而立人，己欲达而达人"。不过，这里应当指出的是，如同见义勇为一样，个体道德选择在一些特殊情况下难能体现这种相互性，甚至出现"好心办坏事"的道德悖论现象。当这种情况出现时，社会仍然会褒奖"好心人",这是给予"失去道德自由"的"好心人"一种伦理的精神补偿,十分必要。但须知,社会这样做并不是在默许"办坏事",更不是赞同以至鼓励只要出于"善心"就可以"办坏事",不计"讲道德"和做"道德人"的善果。不作如是观,就可能使"讲道德"难以"得人心",获得广泛的社会认同,不利于建构和维护"心照不宣"和"心心相印"、"同心同德"和"齐心协力"的伦理关系。

因此,在个体道德选择自由的问题上,应倡导把"要讲道德"和"怎样讲道德"尽可能一致起来的道德自由观,真正体现道德自由的伦理尺度,才能更加有助于维护伦理的"思想的社会关系"。

(三)如何看待道德功利主义

或许有人会说,如此计较"讲道德"的利害得失,会引导人们走向"道德功利主义"。提出这种担心问题的实质是:"讲道德"与"计功利"是不是对立的?一个人作出有利于他者和社会集体的道德选择,同时考虑自己的得失抑或本来就是从个人得失考虑出发,是不是不应当的疑惑就是错误的?回答应是否定的。诚然,如果每个人作出道德选择都能不考虑个人的得失,真的能够建构一种纯粹的"我为人人,人人为我"社会风尚,那当然好。但是,这其实充其量不过是一种纯粹的"形式哲学"的逻辑假设。自古以来的社会生活都在证明,社会道德提倡如果要求人们不计较"成本",不仅会使其"得人心"的作用十分有限,而且还可能会诱发伪善和虚伪的不良风气。

道德哲学和伦理思想史上,唯意志论和绝对主义以社会为本位向人们发布"绝对命令",利己主义和自由主义以个人为本位向社会提出单极要求,它们关涉道德理性和意志的自由主张其实都是缺失"实践理性"的。因为,它们的理论立场都不是为了维护和梳理一定社会的伦理关系,不过是要用各自的道德主张来宣示其主张的"自由权利"而已。

如前所说,伦理作为一种"思想的社会关系"崇尚的是"心照不宣"和"心心相印"、"同心同德"和"齐心协力"的社会和谐,包括人的心灵和谐以及所谓"心灵秩序"。这决定它不需要在确立社会和人孰为本位的前提下选择适合自己的自由尺度。社会和人都需要伦理和谐，如果用伦理必然性要求的尺度来审度道德自由，或许也就不难解读思想史上那些令人纠结、争论不已的道德意见。

第四节　维护伦理的道德智慧建构

在阐明伦理尺度的基本涵义，厘清社会和个体道德自由与伦理尺度的逻辑关系的基础上，进而在伦理尺度的规定和限定之下探讨道德智慧及其维护和优化伦理精神共同体的问题，是一件十分有意义的工作。

一、道德智慧及其意义

在中国，重视运用道德智慧及其意义，古已有之。中国历史上"司马光砸缸"的道德故事，彰显的就是道德智慧，其寓意是要告诉人们救人需要讲究方式和能力。作为一个独特的概念，智慧被摄入特定学科的视野，则是21世纪初提出来的。《哲学动态》在2002—2003年间曾开展过伦理道德与智慧问题的专栏讨论。今天，虽然伦理学并没有赋予道德智慧以应有的学理地位，但人们对此已经并不感到陌生。

（一）道德智慧的理解阈限

讨论道德智慧问题，是基于这样一种基本的事实：智慧是影响社会和人道德价值实现的重要因素，社会提出和倡导的道德价值标准是否合乎智慧要求，人"讲道德"是否同时"讲智慧"，其结果都是不一样的。因此，谈论道德智慧的目的，是要把人们早已心领神会的道德生活实践中的"实践理性"——做"好人"与做"好事"之逻辑揭示和阐发出来，促使"讲道德"的"好人"同时也是"讲道德"的智者。

早在古希腊，苏格拉底就提出"美德即智慧"的著名命题，强调优良道德品质对于"讲道德"和"做道德人"的智慧意义，拥有美德的人也就是拥有智慧的人。然而，在中西方伦理思想史上却从来没有提出过道德智慧概念。从实际情况看，不少人对它的理解并不合乎道德智慧概念的本义。他们认为，道德智慧就是"智慧的道德"或"智慧道德"，把道德智慧这一命题的实质内涵给了智慧。这是不正确的。它背离了道德智慧的内在涵义和特质，也违背了道德智慧问题研究的初衷。"智慧的道德"与"智慧作为道德范畴"即道德智慧，是两个不同的命题。

中国古代，"智"是"五常"（仁义礼智信）基本社会道德的要求之一。这种"智"，有知识和智慧两种含义。所谓知识指的是道德知识，智慧则可被理解为认识和运用其他道德要求的悟性和能力，这是中国相关学界的共识。理解和把握道德智慧的相关理论问题，或许要从分析中国古人提出的"五常"之"智"起步，但这不是要研究古代之"智"的道德意义，而是要把"智"当作一种道德范畴，即所谓道德智慧来研究。

概言之，理解道德智慧不可离开研究智慧包括传统的"智"，但这只是为了说明智慧的道德意义，从而把握"智慧作为道德范畴"这个切入点，研究和提出道德智慧范畴，这是研究道德智慧的意图和立意所在。

（二）道德智慧的内涵界说

究竟什么是道德智慧或在何种意义上来理解道德智慧？它对于维护伦理进而发挥道德的功能和价值究竟有什么意义？这类涉及道德智慧内涵界说的研究，目前尚是一块有待开垦或耕作的撂荒地。

有人曾从社会和人两个向度，在"民众的""普世的"的意义上将道德智慧界说为一种促使道德价值实现的机制及由此营造的舆论氛围，一种正确认识、理解和把握利益关系境遇因而有助于道德价值实现的能力[①]。这种意见对于我们系统探讨道德智慧的内涵及其意义很有启发，但其立足点是个体，忽视了社会，因而存在的片面性是显而易见的。

---

① 参见钱广荣:《道德悖论现象研究》,芜湖:安徽师范大学出版社2013年版,第26页。

理解和把握道德智慧应持两个角度。一是一定社会依据洞察社会道德客观需求科学提出和倡导道德价值标准与行为准则的真知灼见，二是人们依据社会道德要求正确选择自己道德行为的方法和能力，它是社会"倡道德"和个体"讲道德"的有机统一体。由此看来，所谓道德智慧，指的就是社会和个人认知和把握道德现象世界、推动道德发展进步的方法和能力。

（三）道德智慧维护伦理的价值

从逻辑上来推论，社会生活领域每一种"做事"都需要能力和方法，这是不言而喻的，那么"做人"自然也是需要方法和能力的。道德本身并不是维护伦理共同体的方法和能力，只有在转化为智慧的情况下才会成为这样的方法和能力。

事实也表明，不论是"社会之道"还是"个人之德"，道德只有在转化道德智慧或内含应有的道德智慧要素的情况下，才能保障和增强社会"倡道德"和个体"讲道德"的实际效果，在伦理尺度的限定和导引下充分发挥道德对于社会和个人发展进步的应有功能和作用。

这种功能和作用，除了有助于充分实现道德价值之外，还会因其实际功效而增强人们对于社会"倡道德"的认同和"讲道德"的信心，促使人们形成崇尚科学的社会氛围。就是说，"做人"的成功会促使人们更加讲究"做事"的方法和能力。"做人"与"做事"都讲究方法和能力，是一个成熟社会和人拥有和走向文明进步的标志。一个崇尚和追求文明进步的现代社会，不可能无视道德智慧。

任何社会的"倡道德"，任何人的"讲道德"，都需要遵循伦理尺度的规定和限定。而要如此，除了将道德转化为智慧别无选择。这正是道德智慧维护伦理的价值所在。在这种意义上可以说，没有道德智慧就难能有伦理尺度，难以在伦理尺度的规约之下发挥功能和作用。这正是道德智慧维护伦理的价值真谛所在。

二、道德智慧建构的多维视角

伦理尺度对于道德自由的规定性，决定人们要发挥道德维护和梳理伦理的功能，展示其应有的价值，就必须赋予道德理论和知识以真理和实践理性的内涵，同时创建适应于维护和优化伦理之实际过程的机理，将道德转化为智慧。

（一）共同体视角

社会与人处在同一种共同体之中，用共同体的思维方式处置社会与人遇到的一切问题，应是道德智慧建构的基本视角。

人类进入阶级社会以来，以往的时代都是在阶级对立和对抗中走过来的，道德发展进步的情况也是这样。恩格斯在说到这种历史现象时指出："社会直到现在还是在阶级对立中运动的，所以道德始终是阶级的道德；它或者为统治阶级的统治和利益辩护，或者当被压迫阶级变得足够强大时，代表被压迫者对这个统治的反抗和他们的未来利益。"①恩格斯同时还指出，在阶级社会里，道德不仅仅是阶级范畴，也是历史的和民族的范畴："善恶观念从一个民族到另一个民族、从一个时代到另一个时代变更得这样厉害，以致它们常常是互相直接矛盾的。"②

历史上，以往通用的价值思维的价值观基础是"社会本位"或"个体本位"，从根本上来说，它们都是阶级对立和对抗社会的产物，都属于历史范畴。在封建专制社会和资本主义上升时期，对社会和人的发展进步都曾展现过重要的历史价值，同时也暴露出其历史局限性，对此都不应置疑。资产阶级曾试图以"以人为本"的人本主义价值观来调和"社会本位"或"个体本位"的对立，但事实证明，这种调和在垄断私有制造就的阶级对立的资本主义社会是难以奏效的，在一些存在根深蒂固的种族主义

---

① 《马克思恩格斯文集》第9卷，北京：人民出版社2009年版，第99—100页。
② 《马克思恩格斯文集》第9卷，北京：人民出版社2009年版，第98页。

的资本主义国家，"以人为本"的虚伪本质和虚弱功用更是暴露无遗。当代西方一些有识之士，正试图用诸如"社群主义"和"正义论"的价值思维方式应对资本主义社会的深刻矛盾，这种价值思维取向是否为一种向"共同体"思维方式转移的迹象，值得关注。

社会主义社会在整体和根本制度上消灭了阶级的对立和对抗，为在应然和实然相统一的意义上构建社会生活共同体创造了根本的历史条件。但也应同时看到，在社会主义初级阶段，阶层或带有阶级性质的差别依然存在，由此形成的"思想的社会关系"上的失衡感在特定的条件下可能会成为诱发对立或对抗的观念因素，因此强调用共同体的思维方式面对我们要处置的问题，进而推动社会和人的进步是十分必要的。不能用"官方"与"民间"的两端分体式的思维来设计和安排。

我们同处于一个地球，同处于一个家园，应当成为我们设计和安排一切社会建设工程的立足点、出发点，前进口令与号角。对道德建设问题，无疑也应作如是观。

（二）真理观视角

要赋予道德理论特别是关于道德哲学和伦理学的道德理论以真理的内涵。真正的真理，不论是绝对真理还是相对真理，由于都是关于事物发展规律和本质与现象的揭示，所以都是智慧。故而，张岱年在其《中华的智慧》中开篇便指出："智慧即对于真理的认识"[1]。

道德理论的真理作为一种道德智慧，是在传承道德理论历史的基础上，对现实社会发展客观上所需要的道德所作的理论说明，因此，必须能够真实反映人类社会历史发展的客观规律和一定社会发展进步对于道德的现实的客观要求。真理性是一切道德理论的生命力所在，也是提出和指导社会道德建设的理论依据，保障道德在总体上转化为智慧的前提条件。

因此，一定社会道德理论的建构，都必须遵循历史唯物主义的方法论原则，视道德理论为历史范畴，在传承以往道德理论的基础上实行适应当

---

① 张岱年：《中华的智慧》，上海：上海人民出版社1989年版，第1页。

时代社会发展客观要求的理论创新。这主要是因为，伦理作为一种特殊的"思想的社会关系"，也是历史范畴，在不同社会和时代有不同的内涵，人们"心照不宣"和"心心相印"、"同心同德"和"齐心协力"的"心"与"力"，即社会历史观和人生价值观不同。当代中国道德理论，应当具备和能够彰显社会主义的平等观和公正观的真理内涵。

马克思主义诞生以前的道德理论，在建构方法上由于不能自觉运用历史唯物主义，不能历史地、实践地、具体地认识和把握社会道德现象，看不到道德的历史发展和整个历史发展一样，也是一种"自然历史过程"，因而多带有先验主义、主观主义和绝对主义的倾向。它们所包含的真理多是相对的、有限的，缺乏道德智慧的内涵，或许这也是道德智慧这一概念在以往的道德理论中一直缺位的一个学科意义上的原因。在西方道德哲学和伦理思想发展史上，自亚里士多德《尼各马科伦理学》，至德国古典哲学代表人物康德、黑格尔和费尔巴哈的道德理论著述，精彩纷呈，给人类道德理论宝库留下许多瑰宝，然而，他们建构的道德理论所包含的真理成分同样是有限的。因此，试图全面借助亚里士多德建构的德性主义和康德的道德哲学，来说明和批判当代人类社会道德领域出现的突出问题，建构反映当代中国社会改革和发展的客观规律、指导全社会道德发展进步的道德理论，是幼稚的想法。

建构能够适应和指导当代中国社会改革发展和道德进步的道德理论，需要在历史唯物主义的方法论原则的指导下，从实际出发，立足于当代中国的社会实际和道德国情，借鉴西方道德理论的有益成分。这样建构的道德理论才会富含真理的成分，成为关于道德的理论智慧。

（三）实践观视角

当今中国的道德著述前所未有的多，道德问题却比较突出，形成了人人在讲道德、研究道德而道德问题又比比皆是的局面，究其原因与我们缺乏道德智慧观念，又没有真正站在道德实践的立场研究和倡导道德智慧不无关系。因此，赋予社会提出和倡导的道德价值标准和行为规则以实践理性的内涵，是很有必要的。

实践理性，本是康德在《实践理性批判》中提出的核心范畴和论述主题。何谓"实践理性"？康德在这本影响广泛的著述中并没有给出清晰明确的界说。不过，依照康德的叙述思路和意见来看，他的所谓"实践理性"就是选择和践行社会道德规则的"绝对命令"，实则是个体选择道德行为的自由意志，故而他称"关于自由规律的学问为伦理学。"[①]在康德那里，"实践理性"是"先验"的，先在的，本质上并不是来自道德生活实践的"理性"，而恰恰是排斥实践和经验的。他在《道德形而上学原理》的"前言"里，强调要保持实践理性的"纯洁性"，反对那种"习惯于把经验和理性以自己也莫名其妙的比例混合起来加以兜售的人们"的做法[②]。因为，"道德哲学是完全以其纯粹部分为依据的。在应用于人的时候，它一点也不须借用关于人的知识（人学），而是把他当作有理性的东西，先天地赋予其规律。"[③]不难理解，用"绝对命令"的方式要求人们遵从社会提出和倡导的道德价值标准和行为规则，无疑也就取消了人们对社会道德是否或在多大程度上内含实践理性进行考问的必要性。这种意见是不可取的。

我国封建社会倡导的道德，是以孔孟创建的儒学为主导的道德学说，围绕"仁"即"爱人"的核心建构起来的道德价值标准和行为规则体系，其包含的相对真理成分是适应以高度集权的专制政治统摄（集中）普遍分散的小农经济的社会结构和发展的客观要求，赋予社会道德标准和行为规则以实践理性的内涵。

要使社会提出和倡导的道德价值标准和行为规则具有实践理性的智慧内涵，前提条件自然是道德理论要富含真理性，合乎道德智慧的要求。历史地看，社会提倡的道德价值标准和行为规则所含的道德智慧体现了当时代盛行的道德理论智慧，但二者相互脱节的情况也并不鲜见。

---

① ［德］伊曼努尔·康德：《道德形而上学原理》，苗力田译，上海：世纪出版集团2012年版，第1页。
② ［德］伊曼努尔·康德：《道德形而上学原理》，苗力田译，上海：世纪出版集团2012年版，第2页。
③ ［德］伊曼努尔·康德：《道德形而上学原理》，苗力田译，上海：世纪出版集团2012年版，第3页。

仍以康德的道德理论为例。他的"三大批判"尤其是《实践理性批判》提出的先验理性和"绝对命令"，规避了资本主义社会客观上需要的平等和公正的道德智慧，充其量只是抽象的道德原则。资本主义私有制造成的实际上的不平等和不公正以及奢靡的生活方式的现实，若要在"实践理性"上加以说明和提出规制，不是凭借什么先验的道德原则和"绝对命令"就能够奏效的。

西方近现代道德哲学和伦理学存在的这种根本性的缺陷，是招致后现代主义哲学风起云涌地兴起的原因所在。后现代主义哲学的各种流派的论域都涉及道德问题，他们运用"逆向思维分析方法，以拒斥形而上学、反对基础主义和本质主义的形式，否定了近现代哲学中的唯物主义的传统，而继承了它的唯心主义传统"，从另一极端"否定一切真理性认识的存在""世界观上是以推崇主观性、内在性、相对性为特征的唯心主义与形而上学"[1]。罗尔斯的《正义论》出版之后在资本主义社会引起巨大反响，并影响到中国学界，究其原因，与他针对资本主义社会实际上存在的非正义问题，相应地提出他的正义原则，纠正此前西方哲学脱离社会现实空谈抽象的道德原则有关。

社会主义核心价值观，内含中国社会应当提倡的道德价值标准和行为规则，其内含实践理性的道德智慧，显而易见。不过，值得注意的是，与此相关联的道德理论的真理智慧，还没有真正建构起来，这样的道德理论智慧的建构工作，甚至还没有引起相关学界的关注。不少学者仍然热衷转述和移植西方的道德理论，希冀用西方的智慧解决中国道德领域的突出问题。事实将会最终证明，这种方法论路径本身就不是一种智慧的选择。如上所说，解决中国道德问题的理论建构还是要站在中国的立场上，这也是借用西方文明有益成分的立场，是一种道德理论建构的智慧。

然而，值得人们深思的问题是，一个大力倡导道德的社会不见得就能赢得所设想的有助于社会发展进步的社会道德风尚；一个真诚"讲道德"的人不一定就能成为"道德人"，实现自己所期望的生存和发展的人生价

---

[1] 赵光武、黄书进编：《后现代主义哲学述评》（导论），北京：西苑出版社2000年版，第1—5页。

值。究其原因，就是没有在"思想的社会关系"上形成"心照不宣"和"心心相印"、"同心同德"和"齐心协力"的伦理状态，而之所以如此又与没有把维护伦理的道德转变为相应的方法与能力直接相关。在这里，道德实际上只是充当了一种关联伦理维护而并未起到实质作用的标记或符号。

结语：拓展道德智慧研究的逻辑方向

道德智慧与伦理精神共同体的维护，是当代人类社会实践和道德生活实际中提出的一个理论和学术话题，对此展开探讨的工作才刚开始。本章从辨析伦理与道德的学理逻辑关系起步，集中说明了伦理作为一种特殊的精神共同体的全新话题，进而考察伦理形成的必然性及其与道德自由的辩证统一关系，最后探讨了道德智慧建构的基本问题，强调道德智慧对于维护伦理精神共同体的科学属性和历史使命。

中国语文出版社2016年版九年制义务教育的语文教材，将原版的《南京大屠杀》换成《死里逃生》，不仅描写了南京大屠杀的惨无人道，而且刻画了一位普通中国妇女李秀英，在日本鬼子的暴行面前智勇双全、勇敢反抗的事迹，感人至深，反映了伟大的中国人民抗击外来侵略的坚强决心和英勇无畏的精神。这种修订正是关于道德智慧的一种有益探讨。

所有这些探讨，都只能说是初步的，有的地方其实还只是提出了问题，都是研究道德实践智慧问题的必要理论前提，不过是为将道德实践智慧问题研究逐步推进到道德实践领域作些必要的铺垫。

这样的推进工作，需要在关联社会生活中的道德生活的平台上，抓住道德生活的实践本质进而提出道德实践智慧的学术话题。

第三章　道德生活及其实践本质

　　在社会生活和人文社会科学研究中，道德生活这一概念使用率很高，却没有作为一个特定范畴摄入伦理学或其他相关学科的视野。道德实践作为一个新近提出的概念，情况更是如此。这就使得道德生活及其实践本质的理论研究至今是一块撂荒地。不能不说，这是关于伦理道德问题研究领域的一大缺憾。

　　何谓实践？中国学界一般认为实践就是社会实践，指的是"社会的、历史的、有目的、有意识的物质感性活动，是客观过程的高级形式"[1]。其意实则就是指物质生产的社会实践，既没有包含探索主客观世界奥秘的科学研究活动，也把一切文化活动包括道德生活排斥在外，这种理解显然过于狭隘。20世纪末以来，哲学界关于实践哲学和实践智慧的著述并不鲜见，而关于道德实践及其智慧的文字却很难见到。这无疑也是一种缺陷。可幸的是，伦理学界有前辈在自己的著述中提出了"道德实践"的概念，如罗国杰在其主编的《中国传统道德》（德行卷）序言中说到中国传统道德的局限性时，就是用"道德实践"的概念，指出："道德是随着社会的发展而发展的。每一个时代的道德，包括那些被历史上称之为道德楷模们的道德思想和道德实践，都不可避免地有其时代的局限性"[2]。虽然，他

---

[1]《中国大百科全书》第6卷,北京:中国大百科全书出版社2011年版,第612页。

[2] 罗国杰主编:《中国传统道德》(德行卷)重排本,北京:中国人民大学出版社2012年版,第3页。

未曾对道德实践这一概念作任何解释，但其学理意义是值得重视的。

当今人类社会生活中道德领域出现的突出问题，促使人们不得不重视在社会生活的历史画卷上审视道德生活及其实践的本质特性问题。

道德是一种精神生活，也是精神生活领域内的一种实践。道德作为一种特殊的社会意识形态的价值不在于其自身，而在于如何以生活和实践的方式维护和优化伦理精神共同体，并由此影响其他社会生活和实践。这种影响的程度和深度，是衡量和评判道德价值的基本尺度，也是道德作为一种实践智慧的内在逻辑根据。

第一节　社会生活中的道德生活

社会生活，作为哲学伦理学的对象并无确切的涵义，可以理解为人参与的一切社会活动，包括劳动创造和消费享用等一切领域的活动，既有物质的也有精神的。道德生活是社会生活中的一种独特的领域，一般将此归于精神生活领域。

研究和阐发社会生活中的道德生活，揭示其实践本质，有助于为理解和把握道德实践奠定基本学理基础。

一、社会生活

社会生活是多学科的研究对象。不同学科关注社会生活的视角不同，方法也不同，建构的理论框架和话语体系也有所不同，甚至有根本的不同。尽管如此，他们对社会生活的实践本质的认识和把握应当是相同的。

（一）社会生活的基本类型

立足于实践考察社会生活，可以按照形式、内涵和功能的不同划分为物质生活、精神生活、教育生活、管理生活、公共生活等基本类型。

物质生活类型，包括物质生产和生活资料的生产、交换与消费等活动。精神生活类型，包括精神生产和生活资料的生产与消费等活动。教育生活类型，是一种特殊的社会生活类型，属于培育和塑造适应型人格的社会生活范畴。管理生活类型，大而言之是指治国理政的活动，小而言之是指各行各业的管理活动。公共生活类型，一般是指公共服务的职业生活，在现代社会即所谓第三产业。

在一定的社会里，各种社会生活类型之间既彼此相关、交叉重叠，又各有其特定的社会功能，由此而构成社会生活的整体图景。其中，物质生活是全部社会生活的基础和第一前提，因为为了生活，人们首先就需要吃喝住穿以及与此相关的其他东西。精神生活充当全部社会生活的内在逻辑张力，不仅是人与一般动物的本质区别之所在，也是有史以来不同民族和国家存在文明和开化程度差别的根本原因所在。其他类型的社会生活，都受到精神生活的深刻影响。

（二）全部社会生活在本质上是实践的

在哲学史上，实践的概念最早是亚里士多德提出来的。在他那里，实践是伦理意义上的，特指人们相处和交往的伦理活动。到了马克思，实践概念的内涵从伦理交往活动扩展到了生产劳动，被视为生产劳动最重要的实践活动，整个实践活动的基础，构成不同社会实践之间逻辑关联的纽带，实践因而被阐释为社会和人的存在方式。正是在这种意义上，马克思在《关于费尔巴哈的提纲》中明确指出："从前的一切唯物主义——包括费尔巴哈的唯物主义——的主要缺点是：对对象、现实、感性，只是从客体的或者直观的形式去理解，而不是把它们当做人的感性活动，当做实践去理解，不是从主体方面去理解"①，进而，他言简意赅地说："社会生活在本质上是实践的。"②同时，马克思又指出："凡是把理论诱入神秘主义的神秘东西，都能在人的实践中以及对这种实践的理解中得到合理的解

①《马克思恩格斯文集》第1卷,北京：人民出版社2009年版,第503页。
②《马克思恩格斯文集》第1卷,北京：人民出版社2009年版,第505页。

决。"①社会生活的实践本质，决定了人们必须用实践本体论和实践第一的观点认识和把握一切社会生活和社会现象，把实践看作是人类社会存在与发展变化的唯一基础和根据。

马克思的实践概念，是唯物辩证法的科学实践观，既与过去唯心主义长期执着的纯粹理性划清了界限，也超越了以费尔巴哈为代表的旧唯物主义所执着的纯粹感性。1888年，恩格斯在准备出版《路德维希·费尔巴哈和德国古典哲学的终结》时，发现了马克思先前写的关于费尔巴哈的十一条提纲，认为"它作为包含着新世界观的天才萌芽的第一个文献，是非常宝贵的"②，并作为《路德维希·费尔巴哈和德国古典哲学的终结》的"附录"一并出版。马克思的《关于费尔巴哈的十一条提纲》被发现及恩格斯安排其问世，是马克思主义发展史上的一个重大事件。

然而，马克思这一关于历史唯物主义方法论原则的重大科学发现，在提出和被阐释的19世纪中叶及此后相当的历史时期内，并未引起人们的关注。不能不说，这是马克思主义之后关于马克思主义哲学研究的一个根本缺陷。这种缺陷在中国的突出表现就是，建构马克思主义哲学教科书的体系时，忽视了马克思的实践本体论，不能从实践作为人的存在和生存的根本方式去解读存在论的意义。这就使得马克思主义哲学成为应付考试的哲学，而不是观察、思考和把握人类生活世界的社会历史观和方法论。

本质，相对于现象而言，指的是事物各个基本要素之间的内在联系，即事物的根本特性。所谓"全部社会生活本质上是实践的"，指的就是构成全部社会生活各个要素之间的内在联系，亦即社会生活的根本特性。我们可以从以下几个方面来理解和把握唯物史观这个著名论断。

首先，从物质生产资料和生活资料的生产实践来看，物质生产和生活资料的生产实践是构成全部社会关系的物质基础，而全部社会关系都是在社会实践的过程中建构的。其次，从实践活动与社会生活的实际内容来看，实践是每一种社会生活的实质内涵。如物质生活的实质内涵是生产和

①《马克思恩格斯文集》第1卷，北京：人民出版社2009年版，第505—506页。
②《马克思恩格斯文集》第4卷，北京：人民出版社2009年版，第266页。

经营的实践活动，精神生活的实质内涵是人们广泛参与文化建设的实践活动。政治生活的实质内涵是人们广泛参与的各种各样关于国家和社会管理的实践活动，如此等等。最后，从社会生活的改善和进步来看，各种各样的实践是社会生活发展进步的根本动力。人类有史以来的社会生活一直处于不断改善和发展进步的状态之中，其间的根本推动力不是别的，而是各种各样、丰富多彩的实践，包括推翻旧的社会制度的阶级斗争实践。

理解和把握"全部社会生活在本质上是实践的"这一唯物史观的基本观点，旨趣不是为了别的，只在于确立"实践第一"或"实践优先"、实践是检验真理的唯一标准的观念和方法。毛泽东在《实践论》中指出，马克思主义哲学辩证唯物论有两个最显著的特点：一个是它的阶级性，二是它的实践性，后者"强调理论对于实践的依赖关系，理论的基础是实践，又转过来为实践服务。判定认识或理论之是否真理，不是依主观上觉得如何而定，而是依客观上社会实践的结果如何而定。真理的标准只能是社会的实践。实践的观点是辩证唯物论的认识论之第一的和基本的观点"①。

（三）反映社会生活之理论的真理性问题

在传统认识论视域，真理问题是全部认识论的核心问题。全部社会生活的实践本质，决定反映社会生活之理论的真理性问题，不是一个单纯的认识论问题，同时也是一个实践论问题，一个包括实践的存在论问题。离开实践，谈论理论的真理性问题实则是无稽之谈，但是，也不能因此而走向经验论的真理观。

20世纪80年代初以后，中国哲学为呼唤和适应改革开放大潮兴起及其时代精神，曾先后提出"实践是检验真理的标准""可持续性发展""科学发展观"三个重大的时代性的哲学命题。它们提出的背景和实质内涵，都是当代中国改革开放和发展社会主义市场经济的伟大实践，故而引起国家的高度关注，引发全社会的热烈响应，出现家喻户晓的空前盛况。

关于真理标准问题的讨论，当时其掀起的思想革新浪潮冲刷了理论至

①《毛泽东选集》第1卷,北京：人民出版社1991年版,第284页。

上性和真理绝对主义的传统陋见。这场影响广泛和深远的大讨论，科学背景和理论基石就是"全部社会生活在本质上是实践"这个唯物史观的基本观点。

社会生活的实践本质，要求我们要确立实践是检验真理的标准的观念，用实践的观念理解和把握一切社会生活。费尔巴哈认为，黑格尔把自然和社会看成是"绝对观念"的外化，因此他所主张的思维与存在的同一实际上是思维与思维的同一，决定思维真理性的标准只能是"理念"本身，而"这个标准是不能决定思维中的真理也就是实际上的真理的"①。马克思就此指出费尔巴哈及此前旧的哲学在标准问题上的根本缺陷就在于没有看到一切社会生活在本质上是实践的，提出了唯物史观的真理标准："人的思维是否具有客观的真理性，这不是一个理论的问题，而是一个实践的问题。人应该在实践中证明自己思维的真理性"。②

实践是一种辩证发展的过程，因此实践作为检验真理的唯一标准也是一种具体的历史范畴。适应于一地一时之实践的真理，面临时过境迁的实践，是否还具有适应性，同样需要接受实践的检验。不难想见，这样的检验在初始阶段带有实验、实践的性质。理解和把握"实践是检验真理的唯一标准"这一唯物史观的科学命题，需要确立辩证发展的观念。

进一步思考和说明这个问题，就要涉及如何理解和把握理论与实践的实践逻辑关系的问题。理论与实践是什么样的关系？人们对此的探讨和说明长期拘泥于理论与实践的二元关系模式，恪守理论来源于实践又反过来指导实践，并在实践中得到丰富和发展的解读范式。

仔细想一想，这里存在一个问题：理论是如何"反过来指导实践"的呢？换言之，"来源于实践"的理论与"反过来指导实践"的理论是同一种理论么？正确的回答应当是：不是或不可能是同一种理论。因为，提供"来源"的实践和需要"指导"的实践，肯定不是同一种实践，后者是已经发生变化和发展了的实践。如马克思主义关于科学社会主义的理论，就

①《费尔巴哈哲学著作选集》上卷，北京：商务印书馆1984年版，第179页。
②《马克思恩格斯文集》第1卷，北京：人民出版社2009年版，第500页。

其与实践的关系来看，来源于19世纪欧洲的无产阶级革命实践，用这样的理论来指导中国的社会主义革命和建设的实践，显然是不合适的，因为它们不是同一种意义上的实践。

不难看出，用二元论的解读范式理解理论与实践的关系，掩盖了理论在"反过来指导实践"的问题上必须要经过的一个转化环节。这个转化环节的真谛，就是将理论的真理性转化为理论智慧。

从理论真理的属性来分析，真理之于实践的"来源"关系属于认识论范畴，是历时关系，而不是现时关系。需要真理进行"指导"的关系属于实践论范畴，而这样的实践总是现时的或当下的实践，不同于已经成为历时的那种实践。因此，在实践论的意义上理解和把握真理与实践的关系，应是一种现时性的关系。这就要求，必须将在历时关系中获得的真理性理论转化为智慧。就是说，可以用于指导实践的理论真理，实质内涵是关于实践的智慧，即实践智慧。不经过这样的转化，任何真理都是不能直接用来指导实践的。这种转化的实质，就是把真理转化为可以用来指导实践的智慧和方法。没有这种转化，真理作为历时的科学认识其实只是尺子和工具。这是真理观上一切教条主义的认识论根源。

同样之理，作为检验实践的唯一标准的真理，也应有"来源于实践"和"指导实践"的两种理解，后者则应被视作"来源于实践"的真理转化而成的实践智慧。任何一种转化都是一种创造或再创造的过程。这决定了关于实践智慧的理解和把握，是一种特殊的科学研究领域。

由此看来，在看待理论与实践的关系问题上，需要将理论（研究及其成果）看成是实践过程的一个环节，一种实践有机体的组成部分。然而，长期以来，哲学和伦理学都轻视以至忽视从纷繁复杂的实践中引出关于实践的智慧理论。20世纪下半叶开始，随着人类社会生活与实践的不断拓展和深入，实践中显露出的道德问题日渐突出，关于实践的纯粹理论纷纷捉襟见肘，这种状况开始转变，实践哲学和实践智慧的学术话题应运而生。中国哲学界一些关注中国社会改革发展前途和命运的仁人志士，在新的历史条件下跟进世界范围内出现的"非形式逻辑"兴起和"哲学的实践转向"潮流，重释马克思主义哲学的实践观及其与中国现代化实践相结合的研究，渐而蔚然成风。有的著述甚至将实践哲学和实践智慧的视界回溯到古希腊，追问"实践智慧的概念史"①。

二、道德生活

道德是一种社会生活，属于社会生活中的精神生活范畴，有着许多不同于一般精神生活的特性和功能，值得人们探讨。

（一）道德是一种社会生活

道德无处不在、无时不有地广泛渗透在社会生活各个领域之中，凡是有人群的地方都存在道德问题。这一存在论意义上的特性，决定道德必然是以社会生活的方式而存在的，这就是道德生活。如果离开社会生活，道德就成了名副其实的"社会意识形态"，除了这种抽象形式其他什么都不是。

道德作为一种社会生活，也是以广泛渗透的方式存在于其他社会生活之中的，人们只能在相对独立的意义上理解它的真实存在。因此，道德作为一种社会生活的存在方式，要求人们立足于社会生活理解和把握道德，认知任何一种社会生活都不可离开道德。理解和把握道德生活还需要与其他精神生活关联起来。除了关联伦理关系的精神共同体生活之外，还应当关联文艺欣赏和休闲娱乐等精神生活。

由此看来，所谓道德生活，是一种特殊的社会生活，指的是人们按照一定的社会道德标准和行为准则安排自己的行动，感悟道德人的尊严与价值的心理体验。这种心理体验主要涉及良心感、责任感、尊严感、荣誉感、幸福感等，其间关键是主体对于良心、责任、尊严、荣誉、幸福等的

---

① 如徐长福的《走向实践智慧——探寻实践哲学的新进路》（社会科学文献出版社2008年版）、王南湜的《辩证法：从理论逻辑到实践智慧》（武汉大学出版社2011年版）、刘宇的《实践智慧的概念史研究》（重庆出版社2013年版）等。

自我体验。正因如此，道德生活在任何时代都是一种先进的文明生活，一种优质的精神生活，崇尚道德生活者一般都是注重道德修身、品质高尚的人。

（二）道德生活的功利问题

在中外伦理思想史上，道德与功利多被看成是相互对立的。在中国古代，孔子主张的"君子喻于义，小人喻于利"成为重义轻利传统义利观的原典，在小农经济社会传播了几千年。在西方社会，虽然受资本主义尤其是垄断资本主义影响，功利主义伦理思想连绵不绝，现实社会中的人们视功利为人生第一要义，却从未受到过真正的重视。由此而形成人类道德文明史上一直存在的一桩学案：道德与功利究竟是什么关系？崇奉辩证法的人们如是说：两者是辩证统一的关系。然而，这种回答只能给人一种形式逻辑上的满足感，面临道德生活和道德实践的实际就会感到它其实是似是而非的。

这样，就存在伦理学理论与现实社会道德生活之间的一种旷日已久的矛盾：自古以来的国家和社会都高度重视道德生活建设，表彰那些崇尚道德价值追求的道德人，有的还同时给予荣誉和地位，委以领导和治理国家与社会的重任。这些道德人，因注重道德生活而获得了实实在在的个人好处。就是说，在现实社会，道德生活的功利问题实际上是因被重视而存在的，不应回避。

因此，不应当把道德生活抽象化，用纯粹的精神生活来看待道德生活。道德生活中的名与利，是辩证统一的关系。道德生活不能没有名，也不能没有利；当然，也不能仅是名，不能仅是利。人生在世，关注名、利、权、势之类功利问题，是人之常情，人生常态，是社会发展进步的客观要求和动力所在。中国古人说"哀莫大于心死"，意思是说人世间最可悲的是没有进取心。这种进取心理应包含道德生活中对于功利的追求。不难想见，人们的道德生活如果普遍与功利无关，或被社会解释、宣传为与功利无关，这个社会的道德生活的发展方向要么重视道德生活的道德人越来越少，要么是借"道德生活"之名捞取个人好处的伪君子越来越多，道德生活因此而成为沽名钓誉的手段。

（三）道德生活的精神实质

重视道德生活中的功利，不可以将道德生活归于功利，将此功利化，因为道德生活的实质是精神价值。

从逻辑上来分析，人与动物的根本差别在于精神需求，而精神需求的核心是满足道德生活需要。人们在道德生活中所获取的不论是名还是利，实质内涵都是精神价值。这种价值集中表现在主体感到"活得像个人一样"，获得"做人"的尊严，由此而产生学习和劳动的进取心和积极性，以及关于道德价值本身的信念和道德建设的信心。

事实也表明，一个人因受到来自他方道德上的关心和帮助，或者因主动帮助他者而受到道德评价的肯定，都会感到做人的尊严和价值，如果因此受到物质性的奖励，就更会觉得"脸上有光"。获得这些精神价值，是道德生活的真谛所在，也是衡量道德生活质量的标准所在。

不过，能否在道德生活中获得这种精神满足，也是因人而异的，不可一概而论。在这里，关键要持有正确的尊严感和荣誉心。因此，培育正确的尊严感和荣誉心，是确保和提升道德生活质量的基础工程。这样的基础工程，应当从人接受道德教育之初开始。

（四）科学认知道德生活文明史

关于道德文明发展史，一直存在将道德著述史误读为道德生活和道德文明史的现象。其突出表现是视道德著述史的起点为道德文明史的源头，将道德著述史等同于人类社会道德生活史和文明发展史的实际过程。关于著述史的源头，西方的主流认知是定位在前苏格拉底时期，中国的主流认知是定位在西周早期；而关于道德文明史源头的认知，中西方的道德著述史多没有直接涉论，人们只能从经济、政治特别是法制等学科的史学著述中触摸一二。

造成这种迷误的原因，从学理上来看可能与遵循一般史学的研究范式有关，即用关于道德的文字记载的史实说话。而实际上，考察道德文明史的源头只能借助抽象的逻辑推理，将此视为与人类同步诞生的道德生活。也就是说，在文字记载之前，道德作为·种生活早就存在了，而且还存在不同民族和国家的差别。有学者指出："人类早在原始氏族社会就有了道德——原始社会道德。从关于原始社会的神话、传说和出土文物可见，在我国原始社会的氏族血缘共同体内部，就奉行'天下为公、选贤与能'与平等互助、'讲信修睦'的朴素道德风尚。"①

文字著述史之所以不能等同于道德文明史，是因为文本记述不都是为了"做"，也不希冀都是为了做，不过多是为了希望做即所谓"应当"。这一方面是因为社会存在阶级差别，统治阶级希望和要求被统治阶级做到的，自己不一定都能做到，甚至根本就不想自己做到。另一方面是理论和学说主张的超前性和先导性使然。在阶级社会中，一切关于道德的理论和学说主张都是以"应当"为价值取向，但是，由于受到阶级剥削和压迫的现实条件以及人的道德认知能力的限制，所谓"应当"从来都不可能真正完全实现。这就使得历史上作为"统治阶级的思想"组成部分的道德理论和学说主张，其实从来没有完全"统治"它们的时代。

基于逻辑推理来看，道德作为一种生活是与人类诞生同步的。人类的诞生过程就是人类社会的诞生过程，同时也就是人类道德生活方式的形成过程。就是说，人类诞生伊始就是"道德人"，只不过那种"道德人"是愚昧的、野蛮的，与后来文明"道德人"有所不同甚至有本质的不同而已。道德本是一种历史范畴，其文明程度随着历史进程而不断发生变化。这种变化反映在道德生活中，就是其内涵的"精神价值"量不一样，越来越"精神"。

由此看来，仅仅凭借道德文字记载言说道德文明史的源头，并不合乎道德文明发展史的真实过程，在这个问题上一切的伦理思想史著述都应当反思和革新。

---

① 朱贻庭主编：《中国传统伦理思想史》，上海：华东师范大学出版社2009年版，第1页。

科学认知道德文明发展史，自然会涉及道德文明的传承问题。据上所述，这种传承应当从两方面来理解和把握。一是道德著述史的文化传承，二是道德生活文明发展史的传承。后者，今人已经无法"看到"，所以其传承是不能离开道德著述史的，这就提出了一个问题：如何利用道德著述史。

总的来说，要以道德著述史为基本依据或线索，参照其他著述文本，如经济的、政治的、法制的文本，文学艺术作品，甚至包括一些民间传说和神话故事等。在此前提下，进行合乎道德生活实际的逻辑推理。在中国历史上，文本记述的许多道德标准和行动规则，在实际的道德生活中往往变了样。如爱国主义精神在一些情况下与狭隘的民族主义混为一谈，注重和谐和仁义往往表现为哥们义气乃至与黑社会性质的帮会相提并论等。因此，传承传统道德人格，不可仅以道德文本为依据，也不可简单地以实际道德生活中的表现为标识。

概言之，在道德实践铺就的历史画卷上，道德发展史受到两种因素制约，一是道德文本表达的社会意识形式，二是"许多单个的意志"。其真实的轨迹，就如同恩格斯所描绘的那样，是"平行四边形"的"对角线"。

恩格斯在1890年写给约瑟夫·布洛赫的信中说到唯物史观的两个重要结论："历史是这样创造的：最终的结果总是从许多单个的意志的相互冲突中产生出来的，而其中每一个意志，又是由于许多特殊的生活条件，才成为它所成为的那样。这样就有无数互相交错的力量，有无数个力的平行四边形，由此就产生出一个合力，即历史结果，而这个结果又可以看做一个作为整体的、不自觉地和不自主地起着作用的力量的产物。"[1]不难理解，从道德上看这"无数互相交错的力量"，包含有无数善与恶"互相交错的力量"。

---

①《马克思恩格斯文集》第10卷,北京：人民出版社2009年版,第592页。

三、道德生活的基本方式

一切类型的社会生活都是以特定的基本方式进行的，道德生活亦是如此。所谓道德生活方式，是指一国一民族的人们在参与道德生活方面具有共同特征的心理体验和行为方式。

在历史唯物主义视野里，道德生活方式在归根到底的意义上受到一定国家和民族的道德生活传统及现实的社会经济结构的深刻影响。

（一）享受型的道德生活方式

享受型的道德生活方式，指的是人们居于优良的社会道德风尚环境或在得到来自他方的道义支持而体悟做人的尊严与价值的心理体验。

这种道德生活的重要意义在于彰显健全和优良的道德人格的价值。客观地看，任何人都需要来自社会和他者的爱护、关心和帮助，因而主观上都会期待这种需要。正因如此，乐于享受这种需要所带来的愉悦和幸福感，以及感恩情怀，是道德人格健全和优良的表现。没有这种需要，或虽然这种需要得到满足却持无所谓的心态和态度，都是没有具备健全和优良道德人格的表现。从这种角度来看，不会享受道德生活，是滋生消极悲观、悲观厌世等不良社会情绪的人格原因。

在这个问题上，特别值得注意的是要建构享受和感恩的逻辑关系。一般说来，会享受道德生活的人会由此自然而然生发感恩情怀。但是，这也不是绝对的，享受到来自社会和他者的爱护、关心和帮助，也感到快乐和幸福，却没有随之生发感恩情怀的忘恩负义之徒，自古以来并非鲜见。这样的人，不仅给自己带来坏名声，也给"讲道德"带来"坏名声"。

建构享受和感恩之间的逻辑关系，一靠道德教育，二靠制度约束。前者要义在于讲清道理和道义，后者要义在于纠正无视良知的缺损人格，伸张社会正义。

（二）给予型的道德生活

这种类型的道德生活方式，就是人们习惯上说的道德选择和价值实现，实则是以他者和社会为本位的思维方式的产物。讲道德就是讲给予，讲利他，讲奉献，不能讲接受、利己、占有，否则就是不道德的，至少是"不好的"，或者认为接受、利己和占有都不能归于道德范畴。

给予与占有、利他与利己是对立的吗？回答应当是否定的。从道德生活的实际情况看，崇尚给予型道德生活方式的人，一般也都包含着某种"利己"或"占有"的动机，即享受给予和利他所带来的精神快乐，所谓"乐于助人"和"助人为乐"之"乐"，就是这种意思。事实表明，出于某种精神需求方面的"利己"和"占有"的考虑，多是人们道德行为选择的出发点。西方伦理思想史的快乐论主张，与此有关。1980年《中国青年》杂志第5期曾刊载一篇《人生的路呵，怎么越走越窄》的读者来信，因其提出"人的本质都是自私的""人人都是主观为自己，客观为他人"两个核心命题与传统道德观念不一样，而引发了全国一场大讨论。其间，支持两个核心命题的人提出"雷锋精神自私论"的观点①，受到反对方的批评，那些批评在当时并不能让人们信服。

雷锋的道德生活很丰富。他是一位乐于助人的道德高尚者，也是一位善于享受助人为乐带来幸福感的人格完美者。他做了好事多用日记表达自己的愉悦心情，以此自得其乐，抒发自己作为一名翻身得解放的苦孩子对中国共产党和社会主义国家的感恩情怀。后人向雷锋学习，不仅要学习他乐于助人的高贵品质，也要学习他善于"占有"和享受助人为乐的人格修养。

毛泽东在《纪念白求恩》一文中，赞扬"白求恩同志毫不利己专门利人的精神"，号召共产党员和革命军人要向白求恩学习，做"一个高尚的人，一个纯粹的人，一个有道德的人，一个脱离了低级趣味的人，一个有

---

① "精神自私"这一命题不合语言逻辑。因为，自私作为道德范畴，是相对于损害他人的利益而言的，一个人重视自己的给予型道德生活一般只会给人带来益处，而不可能会损害到他人的利益。

益于人民的人"①。毛泽东在这里所说的"毫不利己专门利人""高尚""纯粹""脱离了低级趣味",显然都是在重视道德生活和人格修养的意义上说的,并不是主张不可以"占有"道德生活的愉悦和幸福感。

一个社会不应在给予与享受道德生活相对立的意义上,倡导奉献和利他型的道德生活。一个人在遵循社会道德标准和践行道德规则,做了奉献和利他的善事之后,应继而感受"讲道德"和做"道德人"的快乐和幸福,真正拥有道德生活的主人翁地位。在此种情况下,如果掩饰自己的快乐和幸福感就是不必要的,否则,还可能是有害的。

(三)评价型的道德生活方式

在道德评价领域,评价是非善恶是一种重要的道德生活方式。不论是何种形式的道德评价,参与者都视其为一种道德生活。道德评价作为一种道德生活方式,既不同于伦理学研究的学术评价,也不同于国家和社会作为评价主体的舆论评价,后两者属于正式评价,不属于道德生活的评价范畴。学术评价属于理论研究范畴,注重道德的真理性及其评价方式问题。舆论评价的主体是社会,旨在维护社会倡导的道德准则的影响力和道德榜样的威信,彰显社会道德的正能量,构建适宜社会和人发展进步的舆论环境,其评价方式多为大众传媒。

作为一种道德生活方式的道德评价,主体是民众,评价的内容和方式较为复杂。就评价的功能而言,大体上可以划分为正面评价和负面评价两种不同的情况。

正面评价,依据的标准多是现实社会提倡和由史而来的道德准则,采用的方式多为跟进大众传媒的舆论导向,或者是在一些正式场合发表道德评论,如学校关于思想道德教育和教学的课堂。如今,在思想道德教育领域,有能力和经验的教师尤其是大学教师,多能够注意坚持问题导向,擅长结合道德生活的实际开展道德评论式的教育和教学。正面评价的道德生活,有助于彰显是非观、善恶意识和正义感,培育主体和对象优良的道德

①《毛泽东选集》第2卷,北京:人民出版社1991年版,第659—660页。

品质，促进人们扬善抑恶，形成良好的社会道德风尚，为培育优良的道德品质营造适宜的道德环境。在这种意义上可以说，正面评价型的道德生活，是社会和人道德发展进步最为重要的正义力量。

负面评价，在现代社会的情况相当复杂。评价的道德标准既有现实的也有历史的，既有本国的也有外国的。评价的对象多关涉国家和社会管理，既有张扬光明面的绩效，也有鞭笞阴暗面的问题。评价的方式除了街谈巷议、茶余饭后的传统方式以外，更多是网络舆论。

网络这个虚拟社会的道德评价与现实社会的评价不同，情况十分复杂。评价的标准各行其是，评价的动机和目的不少只是为了发泄个人情绪，作为一种评价型的道德生活所产生的负面影响不言而喻。如何切实引导网络评价，遏制网络评价的负面影响，是现代社会需要认真面对和深入探究的一个重大学术话题。

上述评价型的道德生活方式也可以划分为两种基本类型，即享受型的道德生活和实践型的道德生活。不论是哪一种道德生活，本质上都是实践的。享受型的道德生活是因为他者的道德实践而获益，实践型的道德生活本身就是一种实践，并因此而满足他者对于道德生活的需求。

第二节　道德生活中的道德实践

依据"全部社会生活在本质上是实践的"这一唯物史观的科学论断，可以合乎逻辑地推论出全部道德生活本质上也是实践的。因此，立足于实践来理解和把握道德生活，并在将道德生活与道德实践作学理考察的前提下，系统研究道德实践的基本问题，是认识和把握道德现象世界最为重要的方法论原则。

一、道德生活与道德实践的学理考辨

道德作为一种特殊的意识形态和价值形态，充其量仅是道德生活的指南，并不是道德生活本身，更不可等同于道德实践。但是，道德生活与道德实践都是从关涉道德意识形态和价值标准、从主体的善良动机开始的。列宁认为，"善"应当被理解为实践的、对现实的要求，因为"实践高于（理论的）认识，因为它不仅具有普遍性的品格，而且具有直接现实性的品格"①。道德生活及其领域不是自发生成的，而是道德实践使然。理解道德生活，最重要的是要把握它的实践本质。道德生活与道德实践是整体与部分的关系，既有着本质的联系，又存在多方面的不同；既不可绝对对立起来，也不可混为一谈。

因此，需要在学理上对道德生活与道德实践的逻辑关系加以考辨。

（一）精神价值同质

道德生活与道德实践都是社会生活和社会实践的重要组成部分，谈论社会生活不可离开道德生活，谈论社会实践不应当避开道德实践。道德生活与道德实践都属于思想道德和精神文明建设的实践范畴。

从抚慰人的心灵秩序、激发人对于社会和人生的热情和丰富人的精神生活来看，道德生活与道德实践都能够优化社会舆情环境，有助于促进社会和人的发展进步，并无本质的不同。不仅如此，道德生活和道德实践的活动方式也大体相同，都属于精神活动范畴。因此，我们只能在相对的意义上区分道德生活与道德实践之间的学理界限。若要生硬地将两者区分开来，甚至对立起来，既无必要，也不可能做得到。

（二）主体角色与视角不同

立足于道德生活的角度来看，道德实践也是一种道德生活，但两者的

---

① 列宁：《哲学笔记》，北京：人民出版社1993年版，第183页。

主体角色与视角是不一样的。在道德生活中，主体的角色是人，视角是双向的，既是接受——享受道德生活的主体，也是给予——利他道德生活的主体。在道德实践中，主体的角色是多样的，而主体的视角却是单向的。主体角色既可能是人，也可能是社会和集体，还可能是国家。不论道德实践的主体角色为何，主体角色的视角都是单向的，所担当的都只是给予——利他的道德义务和责任主体。

在一个道德生活正常、健康的社会里，"道德人"作为特定的道德实践主体，其角色和视角通常是互换的。在此时此地的境遇中充当给予——利他的道德义务和责任主体及其相应的主体视角的"道德人"，在彼时彼地的情况下就可能成为道德生活的"受体"——享受他者主体践行给予型道德实践带来的精神愉悦。也就是说，建构道德生活和道德实践的逻辑理性，真谛在于不同主体之间要遵循自觉互换主体的角色和视角。

（三）评价用语与标准不同

检验道德生活水准的用语是质量的高与低，或文明与愚昧与否；标准是主体的情绪体验，包括心灵感受及其秩序反映，属于精神价值范畴。在道德生活中，人们多不计较物质财富的多寡，只要能够感到愉悦和幸福就行。

检验道德实践水准的用语是善与恶，标准既看动机也看效果，亦即是否真正和在多大程度上有助于促进社会和人的发展进步，一般不仅计较精神价值，同时也计较其是否给予他者实际的好处，让他者获得好处，包括物质利益。在以给予为基本特性的道德实践中，人们一般并不停留在"口惠"上，也反对"口惠"，虽然"口惠"在道德生活中也是他者的必要的精神需求。

混淆道德生活与道德实践的评价用语和标准，以至于无视道德实践的实际效果，会遮蔽道德实践的功能和应有价值，致使人们以消极态度应付社会组织和开展的道德实践，却又往往抱怨社会道德风尚不能满足其精神需求。

（四）学科归属有别

道德生活与道德实践的学科归属问题，学界目前没有定论。道德生活，虽然为很多学科有所涉论，但却都没有给予明确的学理界说，属于一个没有明确涵义的新名词，关于这一点前面已经有所涉及。至于道德实践，它还是一个刚被提出来的新概念，其学科归属问题还有待探讨。

尽管如此，我们还是可以依据道德生活与道德实践关涉的领域以及研究方法，大体界定它们不同的学科归属。道德生活，大体上可以归于社会学和伦理学，据此建构其范畴体系。道德实践则只能属于实践哲学，据此来建构自己的范畴体系。实践哲学能否作为一个独特的哲学学科，还有待这一领域哲学研究的发展前景。但是有一点可以肯定，实践哲学如果能够自觉地将道德实践引进自己的学术视野，逐渐成为一门独特的哲学类学科，是完全有可能的。

二、道德实践及其类型

所谓道德实践，是相对于生产实践、阶级斗争、科学技术实践、政治和司法实践而言的，指的是基于建构和谐社会的客观要求，运用相关的道德价值标准和行为规则调整各种伦理关系的精神文明建设活动。

道德实践是人类社会实践最普遍、最基本的实践，其类型可以按照实践主体及内容、途径与方法的不同，大体上划分为国家以德治国、社会道德建设和个体道德选择三种。

（一）国家以德治国

以德治国的主体是国家，是由国家组织和推进的道德实践。关于以德治国，世界各国虽然说法不一样，但是都视其为基本的治国方略，这在一贯强调法治的西方资本主义国家也没有例外。

以德治国作为国家层面上的道德实践，指的是以国家的主流意识形态为指导，以社会道德进步原则为核心，以营造和培育适合社会建设发展实际需要的社会风尚和优良道德品质为目标的道德建设活动。它的基本特点是宏观指导式的，多以颁布国家文化战略布局的方式出现，实则是关于全社会道德实践的指导思想和策略，通常与经济和政治建设的大政方针相向而行。近现代以来，世界文明国度多实行以德治国与法制建设结伴而行的国策，强调把以德治国与依法治国结合起来。

中国有着以德治国的悠久传统，早在西周初年就提出"君权神授""敬德保民"和"德主刑辅"的治国方略。秦以后，以孔孟儒学为代表的"仁学"伦理文化、推崇以"仁者爱人"和"为政以德"的道德原则及其由此推演的道德体系，以德治国思想成为中国传统社会实行以德治国的主要理论依据和主导原则。

在当代中国，以德治国是江泽民 2001 年 1 月在全国宣传部长会议上提出来的，强调要实施"把依法治国与以德治国紧密结合起来"的治国方略。作为国家层面的道德实践，以德治国应是以培育和践行社会主义核心价值观为基本落脚点的道德实践类型。

（二）社会道德建设

道德建设主体是社会，是以社会为立足点、由社会组织和开展的道德实践活动。1996 年 10 月 10 日，中共十四届六中全会就思想道德和文化建设方面的问题，作出了《中共中央关于加强社会主义精神文明建设的若干重要问题的决议》，强调指出"社会主义思想道德集中体现精神文明建设的性质和方向，对社会政治经济的发展具有巨大的能动作用"，同时明确指出社会主义道德建设的目标和任务是"坚持爱国主义、集体主义、社会主义教育，加强社会公德、职业道德、家庭美德建设，引导人们树立建设有中国特色社会主义的共同理想和正确的世界观、人生观和价值观。"此后，中国共产党依据社会改革和发展的客观要求和趋势，不断深化和丰富社会主义思想道德建设的目标、任务和内容。2006 年 10 月中共十六届六中全会通过《中共中央关于构建社会主义和谐社会若干重大问题的决定》，提出"马克思主义指导思想、中国特色社会主义共同理想、以爱国主义为核心的民族精神和以改革创新为核心的时代精神、社会主义荣辱观"的社会主义核心价值体系。2012年，中共十八大又提出"大力弘扬民族精神和时代精神，深入开展爱国主义、集体主义、社会主义教育，丰富人民精神世界，增强人民精神力量。倡导富强、民主、文明、和谐，倡导自由、平等、公正、法治，倡导爱国、敬业、诚信、友善，积极培育社会主义核心价值观"。

如今，道德建设已经成为人们耳熟能详的概念和社会建设工程。但是，如何认知道德建设与以德治国的关系，并促使其实现大众化，还有待探讨。道德建设的主皋在于促进社会与人的发展进步，就其途径和形式而言，大体上有家庭和学校的道德教育、社会组织的道德评价，以及社会基层群众性的基础文明建设活动。

道德建设作为社会层面的道德实践，一般是依照以德治国的方针安排的，是把以德治国的国家意志转变为社会普遍理性的实践活动，这是二者内在的实践逻辑关系。因此，在社会认知上，既不可将二者截然分开，也不可将二者混为一谈。社会道德实践大体上可以划分为道德倡导、道德教育、道德评价、道德实验。

道德倡导，作为一种社会道德实践，一般都有明确的目的和目标、任务和内容，主要是通过传媒实施的，并由特定的社会机构来组织。

道德教育，是指一定社会为了人们能自觉践行道德义务，具备合乎其发展和进步需要的道德品质，有组织有计划地对人们施加系列影响的社会活动。作为一种社会道德实践活动，人们通常理解的道德教育主要包括家庭、学校和职业岗位三大领域。三个领域的道德教育又各有其特定的目标、任务和内容。家庭道德教育之所以归于社会道德实践范畴，是因为其立足点是社会，不仅教育的人是"社会的人"，而且用以教育的内容也是社会的。在"实践本质"的意义上深刻地影响着家庭道德生活。

道德评价，指的是生活在一定社会环境中的人们，直接依据一定的道德标准，通过社会舆论或个人的心理活动，对他人或自己的行为进行善恶判断并标明褒贬态度的道德活动。道德评价的对象，也包括本身并不属于道德选择的行为，如关涉经济和政治的大政方针和许多具体活动，因其结果通常会显现"对谁有利"的善或恶的价值倾向，故而也被作为道德评价的对象。正因如此，在现代民主国家，人人都是道德评价者，都可以对经济、政治、法制作出或善或恶的道德评价，虽然他们不是这些策划和组织实施这些社会实践活动的专家和领导者。

道德实验，是一种特殊的社会道德实践类型，指的是一定社会按照既定的方案和计划，有组织有目的地开展道德实践活动，并从中总结成功的经验或失败的教训，用以指导全局性的道德建设。现行的道德哲学和伦理学著述中都没有这样的概念，也没有专门的研究和设置。然而，实际上每个社会都在自觉不自觉地组织这样的实验。将道德实验作为一种特殊的社会道德实践类型，开展专门的研究和实际的安排，本身就是一件很有意义的道德实践活动。

（三）个体道德选择

道德选择属于个体道德生活范畴。狭义的道德选择指的是人们对自己的道德行为作出决断，或在面临多种选择可能的情况下择取其一的。广义的理解，道德选择包括人们为应对道德实践过程中的情况变化，对自己行为方向和方式所作的适时调整。

道德选择，是人的自觉能动的实践本性在道德实践中的表现。道德价值实现依赖主体自觉选择道德行为，并积极付诸实际行动。因此，道德选择是体现和评判人的实践本性的最可靠标志。道德生活的实际情况表明，一个能够自觉、主动选择道德行为并付诸实际行动的人，都是人性发展水平比较高的人，他在劳动和生产等其他社会实践活动中也会是一个自觉、积极主动的人。

讨论个体道德实践，首先需要确立一个学理前提，这就是有没有个体道德实践或在何种意义上理解个体道德实践的问题。人们过去谈论的一切实践，都是"社会"意义上的，"实践"与"社会实践"是同义语。由此推论，个体实践只能是个体行动或行为，所谓个体道德实践的命题并不能成立。这种根深蒂固的看法，应当摒弃。如果按照"纯粹主体"的现实来划分，这样的推论似乎无可厚非。然而，个体作为主体，不可能是"纯粹"个体的，本质上必然是社会的，此即所谓"人是社会的人"。个体的道德行为或行动所受支配的思想和道德观念，在"动机"和"目的"的意义上必然会带有丰富的社会内涵，不论其是否自觉。个体的行动或行为不可能是独立的，其发生和演绎的过程必然在社会之中，与社会保持千丝万缕的联系。在社会生活中，试图凭借一个人的善心去实施某种善举，在一些情况下不仅难以收获善果，相反可能还会"事与愿违"，甚至适得其反。因此，在个体道德实践的意义上谈论个体的道德行为或行动，才比较合乎其学理要求。

在任何一个社会，道德选择都是最基本也是最重要的道德实践。一方面，道德生活中的大量实践，都是个体在面临特定的伦理情境时所作出选择、付诸实施的；而在此后的实际行动过程中往往也会碰到需要作出行为调整的抉择。另一方面，就社会组织开展的道德建设活动而言，归根结底都需要经由个体的道德选择来实现，而一般来说，任何一项社会道德建设活动，都会给个体留有这样的选择余地。综合这两个方面的实际情况来看，在这种意义上可以说，整个道德实践的过程和规律都会受到个体道德选择的根本性制约。所以，道德选择是道德实践的基础。

道德选择受四种基本要素的影响。一是国家实施的以德治国的大政方针，二是社会组织开展的道德建设，三是个体的道德素养，四是道德选择的具体环境。其中，关键要素是个体的道德素养。

素养与人们平常所说的素质不同。一般意义上的素质属于结构概念，指的是人的认知结构和自觉意识。素养则不同，它是整合素质结构各要素而形成的认知和行动的思维理性和行动能力。素质，可以用来应对各种认知考试，却不一定可以用来解决实际问题。对道德素质更应该作如是观，因为道德实践的根本宗旨在于能够解决面临的道义上的实际问题。

诚然，个体道德选择，主体要知道其所在时代的社会道德建设倡导的道德价值准则和行为规则，也要明白道德选择所面对的具体环境的复杂性。但更重要的是，要能够将这些认知转化为有效的道德行动。这显然不是凭道德知识考试的优良成绩或夸夸其谈的道德誓言就能够做到的，在许多情况下要依靠道德选择主体的道德素养。凡是面临道德选择，有的人能够习惯性地选择合乎道德要求的行动，有的人则做不到或者只是做了"表面文章"，出现这种差别的原因就在于道德素养不同。

依据个体身份和角色不同，个体道德实践可以划分为家庭成员、学生、执业者、公共生活参与者、公务员等不同类型。这些，又可以依据具体的不同身份和角色，分别划分为不同的个体道德实践，如家庭成员有长辈与晚辈之别，学生有小学生、中学生、大学生之别，执业者可以划分为生产者、经营者、公务员等不同类型，如此等等。这些不同的个体，在各自的共同体中都有各自需要的和必需的道德生活，安排和践行不同的道德实践。这种划分的意义在于，要求不同类型的个体在道德实践上要各行其是、各得其所，不可产生角色混淆或混同。如不可用公务员的道德实践标准来要求一般公民，不可要求中小学生像大学生那样履行道德义务和责任，在家庭道德生活中不可要求晚辈像长辈那样"做人"等，反之亦是。

道德实践的上述三种类型，我们只能在相对独立的意义上作出区分。在实际的社会道德实践中，三者并无严格的界限。体现和贯彻以德治国指导方针的社会道德建设，归根到底都需要落实在个体的道德选择上，而个体道德实践虽是以自主的方式进行，本质上却不能离开国家意志和社会理性。

三、道德实践的广泛渗透方式

如同自然界一切"自在之物"一样，人类在社会历史领域内的所有实践活动是一种遵循特定逻辑建构起来的有机整体。马克思在揭示经济基础和上层建筑包括社会意识形态之间的逻辑关系时指出："人们在自己生活的社会生产中发生一定的、必然的、不以他们的意志为转移的关系，即同他们的物质生产力的一定发展阶段相适合的生产关系。这些生产关系的总和构成社会的经济结构，即有法律的和政治的上层建筑竖立其上并有一定的社会意识形式与之相适应的现实基础。"①在这里，马克思考察的立足点和出发点是"生活的""生产中"的"现实基础"。这实际上也就同时告诉我们，将道德实践置于全部"生活的""生产中"之"现实基础"的社会实践过程，是考察和把握道德实践方式应当遵循的方法论原则。

道德实践与其他社会实践一样，也有自己的特殊方式。它是以一种广泛渗透的方式推进的，广泛地渗透在其他社会实践和社会生活之中，无处不在、无时不有。马克思说："社会——不管其形式如何——是什么呢？是人们交互活动的产物"②。这里的"交互活动"无疑会包含精神性的道德活动，抑或首先就是道德活动，至少可以说其祈求的核心就是道德活动。

（一）广泛渗透在生产经营活动之中

总的来看，道德实践以渗透方式存在于生产经营活动中，首先表现在生产经营理念与道德实践的立足点和出发点的一致性。生产经营活动视消费者为上帝，充分体现了道德实践的人文关怀和与人为善的宗旨。这种一致性在近现代以来的市场经济生产和经营活动中表现得尤其突出。价值规律这只"看不见的手"，因其实际上"握着"消费者的"手"而能够"看得见"。在这种意义上可以说，社会主义市场经济是培育真心实意为人民服务之道德精神的土壤。

其次，就经营活动规律的要求而言，自古以来人们一直恪守公平、公正原则。从小农经济社会遵奉童叟无欺，到近现代以来市场经济推崇的等价交换，既是经营领域的经济活动规则，也是其道德实践的原则。推而广之，一定社会所倡导和推行的伦理与政治的公平公正观念及其实践原则，

①《马克思恩格斯文集》第2卷,北京:人民出版社2009年版,第591页。

②这是马克思在给帕维尔·瓦西里耶维奇·安年科夫的信(1846年12月28日)中说的。这封信很长,旨在批评普鲁东的《贫困的哲学》的唯心史观。(参见《马克思恩格斯文集》第10卷,北京:人民出版社2009年版,第39—53页。)

在归根到底的意义上都源自经济活动及渗透其中的道德实践所派生的"伦理观念"。经济活动本身是不可能创造"伦理观念"的，经济活动中的道德实践才是促使人们自觉或不自觉地生发"伦理观念"的内在机制。所以，恩格斯所说："人们自觉地或不自觉地，归根到底总是从他们阶级地位所依据的实际关系中——从他们进行生产和交换的经济关系中，获得自己的伦理观念。"①经济活动之所以能够充当"竖立其上"的整个上层建筑的物质基础，奥秘在于渗透在其中的道德实践。

不过，应当看到，推动和制约这样的道德实践的意识因素，并不是人们与生俱来的，而是体认和感悟经济活动规律和应有规则的结果。

最后，从生产经营活动的实际过程来看，道德实践的价值标准与行为规则，一般都与执行职业活动的操作规程结伴而行，高度吻合，有些还相互重叠，具有同质的意义。因此，一般说来，在职业活动中，从业人员遵守了操作规程和规则也就践履了职业道德的标准和规则，反之亦是。

（二）广泛渗透在教育活动之中

人类的教育实践活动，起源于向善的道德出发点，一开始便在目的和目标、内容和方法上被赋予道德价值的内涵，从而使得整个教育实践活动都包容和渗透着道德实践的意蕴。

从各种教育实践活动的目的和目标来看，一切教育活动，包括家庭教育、学校教育和一般的社会教育，出发点都是为了培养有用人才，使人终身受益，并有助于社会的发展和进步。这种目的和目标使得教育实践活动是人类自古以来最大的善事。

从内容和方法来看，在教育实践活动目的和目标的导引下，不论是关于"做事"还是"做人"的知识和学问，都是合乎真善美要求的，合乎善的要求此即所谓"书中有道德"，能够让受教育者在接受知识和理论的过程中潜移默化地受到道德熏陶，从而"知书达理"。尽管这种要求是一种历史范畴，难免会带有历史的局限性和阶级的偏见，但是向善的实践取向

①《马克思恩格斯文集》第9卷，北京：人民出版社2009年版，第99页。

是不应置疑的。教育实践活动中的具体方法一般也具有道德实践的价值，用什么样的方法教育人，就会在潜移默化中促使受教育者成为什么样的人。如教育者的教育方法如果能够让受教育者感触到教育者关爱的情怀，那么就会有助于促使受教育者形成关爱他人和乐于助人的道德品质。

从教育实践活动的实践过程来看，它所包含的教书育人的道德实践是人所皆知的事实，也是学校教育的普遍要求，此即所谓教书育人。它有两层含义。其一，教育者可以充分利用"书中有道德"的有利条件，在传授知识和解读理论过程中"借题发挥"，对受教育者实施道德教育。其二，教育者的人格影响。在教育实践的过程中，教育者的道德人格至关重要，它会以"以身作则"和"为人师表"的方式，对受教育者产生直接的影响。大量事实表明，一个人的道德品质在形成过程中，被两种人打上的"道德烙印"最多，也最深刻，一是父母，二是教师。教师的影响，主要是教书育人。

总之，教育实践活动广泛渗透道德实践，是一种普遍现象和规律，借助教育实践展现意义和价值，是道德实践的一种重要方式。

（三）广泛渗透在管理活动之中

管理，是一个涵义丰富的现代概念，有广义与狭义之分。广义的管理，泛指国家和社会层面所有的管理和治理活动，属于公权行使范畴。狭义的管理，特指执政党和政府的主管部门、企业生产和经营活动中的管理活动，包含实施具体的职业操作规程。近现代以来，管理一般也被称为领导，强调管理的引领和引导作用。

管理活动中的道德实践方式，主要借助管理理念、管理过程和管理效果展现出来。管理理念，亦即管理的权力观。任何管理活动都要行使权力，而行使权力总是与一定的目的相联系，这就是管理理念。有史以来，任何管理理念总是或多或少、或直接或间接地同是否向善于国家和民众相关，从而就使得管理活动在逻辑起点上就具有道德实践的价值意蕴。对管理过程进行道德干预，是管理实践活动中的一种普遍现象，它使得管理过

（二）社会公共生活中的"碰瓷"现象

"碰瓷"，已经成为当代中国社会公共生活领域内被人们热议的一个不道德话题，成为道德评价和学术研究的一个热点问题。然而，却一直处于似乎"说不清，道不明"的状况。

"碰瓷"，本属于北京方言，泛指一种敲诈勒索的不道德行为。其语来自古玩行业的一句"行话"：摆卖古董的不法之徒常常别有用心地把易碎裂的瓷器的摊位摆放在路中央，专等路人不小心碰坏，他们便可以借机讹诈。

社会公共生活中的"碰瓷"现象，大概有两种。一种是以"碰瓷"敲诈谋利，有的不法之徒甚至将这种"碰瓷"敲诈作为谋利的手段，实质职业化。另一种是特指嫁祸于人，敲诈见义勇为和助人为乐的"道德人"。对于"道德人"来说，这类"碰瓷"现象造成的结果，就是典型的道德悖论。从常见于大众传媒的报道来看，这类"碰瓷"现象所产生的道德悖论问题，有一种伦理情境模式：在公共生活场所，甲出现需要救助的"险情"，乙见义勇为施救；甲因此"脱险"或"解困"；然而，却把造成"险情"的责任推给了乙；于是乙不得不"自食苦果"。换言之，"道德人"因"讲道德"而被要求承担"讲道德"之前的责任。这种"碰瓷"对于"讲道德"的"道德人"来说，无疑是一种精神伤害。

2006年11月20日，南京老太太徐寿兰在公交车站摔倒，彭宇见义勇为，上前搀扶老人并将其送到医院诊治，还联系其家人前来照应。随后，老太太咬定是彭宇将她撞倒，并向彭宇索赔，由此而演化出几乎国人皆知的南京彭宇案[①]。见义勇为者反被诬陷为肇事者，面对这种恩将仇报的恶行，"见义不为"近乎不仅是可以原谅的，甚至是可以赞许的。对此，在道德评价上横加指责并无多少道理，难能令人信服。在这个问题上，需要引起我们理论反思和警觉的是："碰瓷"现象给很多人带来的是"反面教训"。

---

①《南京"彭宇案"或翻案？》，《广州日报》2011年10月25日。

程总是与现有道德实践相伴、相向而行。孔子说的"道之以政，齐之以刑，民免而无耻；道之以德，齐之以礼，有耻且格。"[①]他强调政治上的治理和管理，要伴之以道德教化的实践活动。管理者队伍中出现的贪污腐败和行贿受贿的问题，在任何国家都是既违背道德，也违反法律的问题。究其根本原因，与在国家和社会治理的实践过程中没有广泛渗透相应的道德实践有关。

（四）广泛渗透在公共生活之中

在传统意义上，社会公共生活不能属于社会实践范畴，这无可厚非。但应该看到，它本质上是实践的。社会公共生活的条件离不开物质生产实践活动创造的财富，即使是"广场舞"也需要"广场"，需要适合的管理实践活动与之配套。从内涵来看，公共生活是精神生活，核心是遵循一定的道德准则追求一种特殊的"思想的社会关系"的伦理生活。这就决定了公共生活参与者唯有让自己成为"道德人"，同时成为道德实践的行动主体，才能真正获得社会公共生活的参与权和满足感，由此而赋予社会公共生活以道德实践的特质。因此，那种置身社会公共生活之中，却缺乏道德实践意识，不能用"道德人"的标准来认知和把握自我的人，是难能感悟到参与公共生活的乐趣的。

现代社会普遍实行市场经济和民主政治建设，不断地拓宽人们生存和发展的空间，对于社会公德的要求也随之越来越普遍和严格。用道德实践的理性来理解和把握社会公共生活，是现代社会和现代人文明进步的客观要求，也是基本标志。

四、道德实践的功能

道德实践的功能可以一言以蔽之：实践正义。这种功能往往因道德实践的广泛渗透方式而被人们所忽视，或只是被理解为"道德的功能"，抽

---

① 《论语·为政》。

走道德实践这个主题词。因此，有必要对道德实践的功能进行具体的梳理和阐发。

讨论道德实践功能问题，首先要明确两个学理性的问题。一是功能并不就是价值或作用。人类认识世界的理论成果都具有相应的某种功能，但它只是一种"势"或潜在的意义或可能价值，唯有在被发现、认知、"激活"并加以利用的情况下，才可能成为事实的价值和作用。二是道德实践功能这一命题不同于以往伦理学所谈论的道德功能的命题。道德作为一种特殊的意识形态和价值准则形态，本身是不具备所谓功能的，只有在成为道德实践之知识要素的情况下才有可能。

（一）凝聚和导向功能

道德实践运用特定的道德价值标准和行为规则维护和优化其伦理的"思想的社会关系"，促使人们"心照不宣"和"心心相印"、"同心同德"和"齐心协力"地"想到一起"，引导人们推动实践活动顺利开展，这就是道德实践的凝聚和导向功能。如果没有这种导向功能，就会出现人心涣散、貌合神离，甚至离心离德、一盘散沙的情况。具体来看，道德实践的凝聚和导向功能集中表现在三个方面。

一是目标的凝聚和导向。每一种社会实践都有既定目标，实现目标依靠合乎实践规律的规则要求，其间就包括渗透其中的道德实践规则。道德实践的目标导向，能够通过道德价值标准和行动规则的干预，阻遏分心分神和离心离德的态度和行为，引导人们向着既定目标奋进。

二是舆论的聚焦和导向。所谓舆论聚焦和导向，指的是通过集中制造道德舆论，形成一定的舆论氛围，让实践主体获得是非和爱憎分明的道义认知，自觉或不自觉地用相关道德准则指导自己的行为。

三是自主凝聚和导向。人的自主意识和能力是行为选择的心理基础和策动力，它是在社会实践和社会生活中逐渐凝聚形成的。道德选择贵在自主和自觉，它在知性意义上来源于道德教育的实践，同时也直接受到以主体身份参与道德实践的深刻影响，因为道德实践聚焦在"做道德人"上，引导人学会做道德人。"做道德人"是成为"道德人"的真谛所在。

道德实践所具备的自主凝聚和导向功能，与人在道德选择方面形成自觉自主意识和能力是一种互动的过程。

（二）调节与整合功能

在其他社会实践中，人由于受到主客观不良因素的干扰，有时会出现心态失衡、情绪失控、行动失调的情况，影响实践活动的应有节奏、方向和效果。在这种情况出现的时候，渗透在其他社会实践中的道德实践之调节功能就会彰显出来，充当"调节器"，发挥调节和人的心态和步态的作用。调节旨在整合，在特定道德准则的指引下形成合乎道义的整体力量，由此而形成道德实践的一种特殊功能。

以往的伦理学在叙述道德的功能和作用时，都会说到道德的"调节器"功能和作用，这很必要，但同时存在两种学理上的缺陷。其一，多不是在道德实践的意义上说的，或者没有强调只有在道德实践的意义上道德才具有这样的功能。实际上，道德作为一种特殊的社会意识形态、价值标准和行为规则，本身是不具有任何功能和作用的，它只有在被付诸实践、以道德实践的方式存在于其他社会实践中的情况下，才可能彰显和发挥"调节器"的功能和作用。其二，没有关涉整合、交代调节与整合之间的辩证逻辑关系。

（三）批判与鞭策功能

批判，本义是指对错误的思想、言论或理论进行系统分析并加以否定的过程，属于意识形态范畴。道德实践中的批判，也是批评，旨在指出人的行为违背道德要求的错误和缺点，维护一定社会倡导的道德价值标准和行为规则，一般不属于意识形态工作。鞭策，鞭打、驱赶、驱使之义。道德实践的鞭策也是一种批判，二者的差别主要是对象和方式有所不同，功能的价值取向是一致的。批判或批评主要针对模糊或错误的道德认知，鞭策主要针对缺乏自觉的道德态度。道德实践的批判与鞭策功能，是保障其他社会实践和社会生活得以正常开展的内在机制。从这一点来看，道德实践的批判功能也是一种保障功能。

在道德实践中，批判和鞭策的功能是相向而行、相辅相成的，二者有机结合才能产生最佳效应。如果只有批判而没有鞭策，就可能会形成"空话连篇""大帽子满天飞"的舆论环境，反而会在道德认知上带来新的是非问题。反之，如果只有鞭策，揪着人的不当行为不放，也可能会引起人们的反感，或者让人们感到无所适从。

（四）激励与鼓动功能

激励，激发、鼓励之义；鼓动，意指激发人的情绪，促使人行动起来。在道德实践中，激励与鼓动是相通的，功能都在"动"。差别仅在于，激励注重的是"心动"，鼓动注重的是"行动"。

道德实践的激励与鼓动功能，是由道德的价值本性决定的。道德依靠社会舆论、传统习惯和人们的内心信念展现其作为一种社会精神生活的存在价值。社会舆论包含激励和鼓动人向善的成分，既是道德实践的结构要素，又是道德实践的必要条件。道德的价值实现离不开社会舆论，两者之间犹如鱼与水的关系，离开向善的社会舆论，道德价值就失去了依托。

如果说批判与鞭策是道德实践基于"负面"之功，那么鼓动和激励则是基于"正面"之功。道德实践的激励与鼓动功能，一般以宣传的方式显示出来。这种方式的功效，人们可以从战争中的宣传队，体育竞技场上的啦啦队所产生的向善的效应，看得很清楚。

以上，我们简要考察了道德实践的四种功能。需要指出的是，这只是作相对意义的划分。实际上，这四种功能在道德实践中是共同蓄势、展现实践正义的功能的。同时我们也应当看到，这四种功能在道德实践中，并非一定就能够展现出来，因为，道德实践的过程演绎的并不是线性逻辑，而是"自在逻辑"。

第三节　道德实践中的悖论现象

人的存在是有限的，正因有限而有对于无限的追求。有限存在与无限追求的生存性状，置人于无休止的矛盾与困惑之中。人在理论思维和价值预设中，可以借助逻辑和想象消除面临的一切矛盾与困惑；然而在实践尤其是道德实践中却很难做到这一点。因为实践逻辑和理论与价值逻辑不一样，而道德实践中相遇的矛盾往往是"不合逻辑"的道德悖论，人们对其在理论思维上来认知和把握其实才刚刚开始①。

一、道德实践中"不合逻辑"的道德悖论现象

道德实践违背思维逻辑即"不合逻辑"问题，是一种司空见惯的现象，然而人们对此一直熟视无睹和视而不见，或者用诸如动机与效果总是难以真正统一之类的说辞加以敷衍和搪塞。然而，从科学解释道德实践自在规律之理论诉求来看，道德实践存在的"不合逻辑"的悖论现象，是不可以回避的。

（一）道德教育中的"不合逻辑"现象

道德教育作为一种最常见的道德实践，不论是家庭还是社会的道德教育，都是为了教导人向善和从善。然而，在有些情况下则可能事与愿违，以至于适得其反，出现"不合逻辑"的道德悖论现象。

有个以第一人称叙述的"故事"说：小时候，有一天妈妈拿来几个苹果，我心里非常想要那个又红又大的，不料弟弟抢先说了我想说的话。妈

---

① 提出并较为系统研究道德悖论现象的著述，人们大约只能看到李湘云的《道德的悖论》（九州出版社2009年版）和钱广荣的《道德悖论现象研究》（安徽师范大学出版社2013年版），专业期刊上的相关学术论文及由此而引发的一些"商榷"类文章。

妈责备弟弟说：好孩子要学会把好东西让给别人，不能只想着自己。我连忙改口说："妈妈，我要那个最小的，把那个最大的留给弟弟吧。"妈妈听了非常高兴，把那个又红又大的苹果奖励给了我。从此，我学会了说谎。

这个"故事"在家庭道德教育中实际上是普遍存在的。没有一位家长希望自己的孩子从小"学坏"，然而，人的一些"不合逻辑"的不良品质，其形成恰恰就是在家长不当的教育中形成的，而不少家长对此并无察觉。即使有所察觉，也没有引起重视。如家庭道德教育的溺爱选择在其价值实现过程中出现的道德悖论，即俗语所说的"惯子不孝""肥田收瘪稻"。溺爱的结果多适得其反，在溺爱环境里长大的受教育者的人格，极易存有缺陷。虽然有爱之所得，但也有爱之所失，所失之处就是走向爱的反面，成为恨，让父母"自作自受""自食其果"。这种前期模态演变的道德悖论现象结果，是因教育者选择道德教育的价值标准和行为方式违背了道德教育的原则要求，也违背了未成年人思想品德养成的规律使然。与溺爱相反的不当选择便是虐爱，俗语说的"棍棒底下出孝子"就属于这类。它所产生的悖论现象一般不被人们注意，人们关注的多是这种家庭道德教育"成功"即"出孝子"和"出人才"的这一面，而忽视其不能让孩子充分感受家庭温暖和父母关爱，压抑受教育者身心健康和发育成长的客观需求。

家庭道德教育中繁盛的这种道德悖论现象，在道德教育的实践中其实也是屡见不鲜的。有一个在中国几乎家喻户晓的"笑话"：一个小学生交给老师他在马路上捡到的一分钱，老师在班上表扬了学生的这种拾金不昧的可贵品质。第二天，便有好几位学生向老师交"拾到"的一分钱，有的还交上一毛钱，为的是也能够得到老师给予"拾金不昧"的表扬。这个故事说的是道德评价遇到的"尴尬"，也属于道德实践中发生的"不合逻辑"的道德悖论现象。

道德教育中的道德悖论现象表明，道德教育并不遵循"种瓜得瓜，种豆得豆"的自然规律或形式逻辑。它具有两面性，在有些情况下会违背教育者的意愿，在收获善果的同时也可能会"自食恶果"，甚至适得其反。

（三）一般社会实践中的道德悖论现象

所谓一般社会实践，是相对于道德实践的非道德选择的实践活动而言的，指的是并非直接出于择善动机、按照道德标准和行为规则而选择行为方向和方式的实践活动，如前文提及的各种各样的政治、经济建设等。这类的社会实践，其主体一般是政府和社会组织。

一般的社会实践之所以会出现"不合逻辑"的道德悖论现象，是鉴于实践的主体都是从善良动机出发的，实践过程与结果一般都有益于社会和人的发展进步，但往往也会同时出现有碍于社会和人发展进步的情况，亦即善果与恶果同在，这就是所谓"不合逻辑"的道德悖论现象。所以，也可以在某种特定意义上视其为道德实践。

在实施关注民生政策的过程中，这种"不合逻辑"的道德悖论现象表现出来就是：一方面使得广大群众因受惠而焕发生产和工作的积极性，以及感恩戴德的伦理精神和进取精神；另一方面也会使得一些群众因刻意"不劳而获"而怠于生产和工作，滋生消极等待思想和懒惰情绪。再如国家补偿和社会救助活动，组织者的善意和善举是毋庸置疑的，但如果选择和实现的标准与方式不当，就会在收到应有的公益效果的同时，出现不应有的"适得其反"的结果。①

值得注意的是，这类"不合逻辑"的道德悖论现象被发现多与道德评价直接相关，即是人们基于对社会实践的出发点和结果经由道德评价而发现的。其特点是，承担道德评价的主体多不是道德学问家或教育家，而是普通的人们，他们"发现"和评论一般社会实践中的"不合逻辑"现象，所采用的评价用语多为"好"与"坏"、"善"与"恶"之类的道德语言形式，而并非相关经济学、政治学、文化学之类的相关专业术语。

---

① 《人民日报》2012年7月15日第16版以《部分农民因拆迁一夜暴富后挥霍返贫》为题报道：前不久，一名在杭州城郊生活长大的大学生来编辑部反映说：自家所在的小村，村民们原本以种菜为生，虽谈不上富裕，但小村宁静祥和。前几年，村民们因拆迁补偿而富起来后，村里的祥和被打破了，不少人终日无所事事，有的靠打麻将度日，有的甚至染上了毒瘾，村里的各种矛盾也多了，很多人因无度挥霍而返贫。

国家发展和社会管理上的一些宏观方针和决策，本身虽或许属于无道德意识的选择，但因其内含某种"悖论基因"而在实践中会演绎出善恶同生同在的道德悖论来。如"让一部分人先富起来"宏观方针和决策就同时内含"让一部分相对贫困下去"的"悖论基因"，在推行和执行的过程中势必会发生或扩大贫富差距的"自相矛盾"来。当代中国人对贫富差距及由此引发的社会矛盾多十分关注，皆因这种自相矛盾含有道德上的善与恶的冲突。这种关注实则隐含一种历史启示：为无意选择的前期模态"解悖"，正是确立新的政策和作出新的决策、谋求新的发展的一种机遇，也是创新伦理学理论以推动道德发展进步的一次机遇。

（四）"君子国"提出的道德悖论问题

道德实践，包括非道德选择的社会实践中存在的"不合逻辑"的道德悖论现象是普遍存在的，早就引起文学艺术创作家们的关注，用他们的作品给予鲜活的描绘。18世纪李汝珍创作的《镜花缘》就是一个典型的例子。《镜花缘》中"君子国"的故事：说有一个叫唐敖的人，由于仕途受挫，便决意四海漂流，到了一个"君子国"。他在"君子国"看到了许多不同于自己现实社会中的有趣事情。如一个买主拿着货物向着卖主大声叫道："你老兄货物如此之好，价钱却这么低，叫我心中如何能安！务必请你将价钱加上去，若是你不肯，那就是不愿赏光交易了。"卖主却辩解道："出这个价，我已是觉得厚颜无耻，没想到老兄反而说价钱太低，非要我加价，岂不叫我无地自容。我是漫天要价，你应当就地还钱才对。"两人因此相持不下。买主无奈，照数付钱，拿了一半货物就走，卖主执意不让走，最后还是一位老者出来调停才解决了问题：让买主拿了八折的货物。

书中还写了两个人为付银子而争执不下的荒唐故事：付银子的一方坚持说自己的银子分量不足、成色不好，收银子的一方坚持说你的银子分量、成色都超过标准，并指责付方违背了买卖公平的交易原则。付方无奈，丢下银子就走，收方不让，紧追而去却怎么也追不上，于是便将他认为多收的银子称出来，送给了过路的乞丐。

"君子国"的"君子"如此"讲道德"，必定有一个"讲道德"的前提，这就是预设一个"小人"，或者是专门调节"君子"们之间因都要"讲道德"而产生的矛盾和冲突的"和事佬"。于是，在"君子国"里，构成"君子"们"讲道德"的生态条件，必须要有一个"小人"或"和事佬"的"配角"，而"和事佬"是不可能随机出现的，因此，"小人"就必须是普遍的。这样，"君子国"势必会存在"君子"与"小人"的两极分化，"小人"专门享用"君子"们"讲道德"的道德成果；"君子"越多，"小人"就应越多，反之亦是。如此发展下去，要么"君子国"不复存在，要么"君子国"变成"小人国"。

不论"君子国"创造动机为何，它所刻画的正是一种典型的"不合逻辑"的道德悖论模式。

上述道德实践中出现的各种"不合逻辑"的矛盾现象有一个共同特点，这就是"自相矛盾"。抓住了"自相矛盾"，也就抓住了各种道德实践领域出现的道德悖论现象的"牛鼻子"。

二、道德悖论的理解阈限及内涵界说

概念的理解阈限及其内涵界说，是一切科学研究活动的逻辑前提与起点，人们在这个带有根本性的问题上如果存在分歧就不可能进行任何有益于科学研究的对话。①

（一）悖论、逻辑悖论与道德悖论的学理界限

在为道德悖论给出一个学理解说之前，需要将其与悖论、逻辑悖论做一比较。

悖论是一种普遍存在的现象，但是人类至今却没有真正发现和揭示

---

① 比如,四川汶川地震灾害发生后,媒体和整个舆论界曾一度为"范跑跑""该跑不该跑"而争论不休,最终都不了了之。原因就在于对"范跑跑"没有一个内涵界说:作为一个大活人"动物"的"范跑跑"与作为教师的"范跑跑"、作为父亲的"范跑跑",面临地震险情发生时"该不该跑"的答案显然是不应当一样的。

它，给它以应有的学科位置，原因在于人的认识活动内含一种悖论现象：
"自己觉得最熟悉的人和事往往最不熟悉"。

悖论话题常富含哲理，很幽默"搞笑"，例如，批评家：你已经是第三次在作品中把女人比作花了，难道你不知道第一个把女人比喻为花的人是天才，第二个是庸才，第三个是蠢材这句名言吗？作家：是的，你说得很对；不过你已经是第六次这样对我说了。

又如：有位老师声称不喜欢别人奉承他。他的学生对他说自己做了一百顶高帽子要送给那些喜欢听奉承话的人，并说准备送一顶给老师，老师批评道："你怎么能够这样做呢？不知道我最讨厌别人奉承吗？"学生连忙说："是呀是呀，老师最不喜欢别人奉承。"老师听了连连点头说："这就对了"。学生出门便道："我的高帽子只剩下九十九顶了。"

以上两个例子都是悖论的典型案例，但却不是严格意义上的逻辑悖论。

逻辑悖论有其规范的逻辑程式。张建军教授认为，逻辑悖论应具备三个结构要素："公认正确的背景知识""严密无误的逻辑推导""可以建立矛盾等价式。"①

中国古籍《韩非子·难一》中所记述的语言故事——"矛盾"②，演绎的也是一种逻辑悖论。矛盾即自相矛盾，应视其为一种道德悖论。其逻辑矛盾的表达式可由三个要素构成：立足于替他者着想之善意的公认正确的背景知识、经过严密无误的逻辑推导（用无坚不摧的矛攻无尖不挡的盾，必破之；用无尖不挡的盾挡无坚不摧的矛，必挡之），得出"矛盾等价式"的结果，即承认"必摧之"就得同时承认"必挡之"，反之亦是（A=非A或非A=A）。

在悖论逻辑研究史上，有许多所谓经典的逻辑悖论，如："我说的这句话是谎话""我只给本村不给自己刮胡子的人刮胡子"等。

① 张建军：《逻辑悖论研究引论》，南京：南京大学出版社2002年版，第7页。
② 原文："楚人有鬻盾与矛者，誉之曰："吾盾之坚，莫能陷也。"又誉其矛曰："吾矛之利，于物无不陷也。"或曰："以子之矛陷子之盾，何如？"其人弗能应也。（《二十二子》，上海古籍出版社1990年版，第1162页。）

这类自相矛盾，有一些是依据"公认正确的道德背景知识""经过严密无误的逻辑推导"，得出了善恶同在的"矛盾等价式"的自相矛盾，即道德悖论。但是，我们不能因此就将道德悖论归结为逻辑悖论。

（二）道德悖论界说

道德悖论属于道德实践的矛盾范畴，其逻辑悖论的"客观事实"本质上是实践的，而不是思维的。逻辑悖论属于思维活动的矛盾范畴，本质上是"理论事实"。诚如有学者指出的那样：逻辑悖论"作为一种理论事实或理论状况的'悖论'，其实是不能涵盖（道德悖论现象）实践层面之'行'或'做'的。"[1]换言之，如果说逻辑悖论的"理论事实"或"理论状态"就是其本身和实质内涵的话，那么道德悖论的"意见事实"或"意见状态"却不是，它的实质内涵是善果与恶果的"自相矛盾"。

道德悖论的概念最早是一位非专业人士基于"道德难题"提出来的，他认为"道德悖论"是长期困扰人们的"道德难题最极端、最典型的形式"，"对道德悖论的分析或许可以为破译道德难题之谜打开一个缺口"[2]。如今，道德悖论研究已成为关注当代中国社会道德矛盾问题的一个独特领域。有的学者认为：研究道德悖论"不仅对道德哲学和逻辑哲学具有重大的理论意义，而且对我国的道德建设具有重大的实践价值。"[3]还有的学者指出："道德悖论研究若能实现其意图，将会在道德理性的基础上塑就新的伦理精神，并为其找到实实在在的立足之处，为人们的道德生活开辟出一片崭新的天地。"[4]但是，对于究竟应当如何界说道德悖论的基本内涵乃至给它下一个定义，尚是一个需要继续探讨的问题。

道德悖论属于社会和人的道德实践范畴。在唯物史观视野里，"全部社会生活在本质上是实践的"，道德作为一种社会生活本质上无疑也是实

---

[1] 王习胜：《"悖论"概念的几个层面》，《安徽师范大学学报》（人文社会科学版）2009年第4期。

[2] 祁述宏：《析道德难题》，《道德与文明》1993年第2期。

[3] 孙显元：《"道德悖论"研究的现状及走向》，《安徽师范大学学报》（人文社会科学版）2009年第6期。

[4] 王习胜：《道德悖论研究探赜》，《光明日报》（理论周刊）2009年2月26日。

践的。界说厘定道德悖论应当坚持"实践第一"的观念。这里说的道德实践，在人是道德选择和实际行动，在社会是道德评价标准的实际运用。如是，人们不难发现，界说道德悖论需要把握道德实践的两个悖性要素。一是人的道德选择和价值实现因智慧和能力未及客观要求而出现善恶结果之"自相矛盾"的价值冲突事实，二是关于这种"自相矛盾"之价值冲突事实的道德评价因人们的价值标准和方式的不同而出现"见仁见智"的意见分歧事实。所谓道德悖论，就是由"价值冲突事实"与"见仁见智事实"构成的双重矛盾统一体。

（三）道德悖论与道德选择情境

道德悖论现象作为道德行为选择和价值实现善与恶同在的客观事实，其发生之前有一种选择情境，预警可能产生道德悖论现象的结果。因此，考察道德悖论发生前的选择情境，是有助于我们认知道德悖论问题的。

一是不当选择的伦理情境。这种伦理情境表现为行为方式不当。有个寓言故事说：一只熊看到睡着了的主人脸上有只苍蝇，觉得主人肯定会是很难受的，于是一巴掌打去，结果苍蝇固然死透了，可是主人的半边脸也没了。这个寓言所"寓"之"言"说的道理，指的就是行善的方式选择不当造成的道德悖论现象。

道德实践中，因行为选择不当而造成道德悖论结果的情况并不鲜见。1985年，28岁的方俊明为救一个假装落水的顽童，跃入河中，撞上水下的石头，颈椎骨折，高位截瘫。28年后，方俊明获得武汉市政府签发的见义勇为证书，却仍然需要83岁的老母亲承担着照顾他的重任。①方俊明见义勇为造成重伤害的恶果的案例，可能是个别的，有些极端。但是，在实际的道德生活中，因见义勇为而陷落"道德窘境"的情况却并不少见。

二是两难选择的伦理情境。在中国人的话语体系中，有许多成语就是描述这类两难情境的，如"不知所措""进退两难""投鼠忌器"等。两难选择的情境有两种情况，一种是择善，另一种择佳。择善选择的两难，是

①《迟来的认定：28年后方俊明在昨天被授予见义勇为》，"湖北论坛"2013年11月1日。

相对于在选择善的同时如何规避选择恶之"难"而言的。择佳的两难，"难"在择善面临多种方案时如何选择最佳方案而言的，它总是考验着人们"做人"的道德智慧，也考验着人们"做事"的智慧。中国人在面临择佳两难选择时，传统的中庸之道对抉择通常会起决定性的作用。

三是非道德选择的伦理情境。所谓非道德选择，上文已有所涉及。它在发生道德悖论结果之前实际上也是存在伦理情境的，值得探讨和加以说明。

在学界，人们常用"道德悖境"一词来言说道德悖论与选择情境之间的逻辑关系，强调道德悖论发生之前，实践主体面对选择的心态和态度都会处在"悖态"的状态之中。故而，从分析道德悖论发生的原因和"解悖"的客观要求来看，排除"悖态"的心态和态度，是十分必要的。

三、道德悖论现象的成因

道德实践中出现道德悖论现象是在所难免的，如果对此视而不见，甚至用不恰当的评价方式加以歪曲，或加以遮蔽和粉饰，那就必然会造成一定的危害性。这种危害性，集中表现在损失道德价值实现的应有结果，挫伤人们"讲道德"的积极性，直至诱发不道德品质，让道德品质不良者有机可乘。因此，中肯分析道德悖论现象的成因，是十分必要的。

（一）道德实践的临场原因

所谓临场，指的是道德选择的情境，由此而产生"不合逻辑"的结果，是造成悖论现象的直接原因。这个直接原因就是道德选择及此后的价值实现过程存在意义判断脱离事实判断的问题。

意义判断是基于主体的向善心理，生发于主体关于行为选择的道德价值判断，觉得自己的选择是合乎社会道德要求意义的，于是付诸行动了。这样的行动及道德行为是否能够实现主体的心愿，获得应有的善果，还会受到其他一些因素的影响，其中一个重要因素就是事实判断。

所谓事实判断，也就是是与非、真与假的判断，其功用在于使主体的向善心愿付诸有效的实际行动，从而实现应有的道德价值。缺乏事实判断或实施判断不能合乎事实，则不能实现道德实践的应有价值。道德实践出现"不合逻辑"的道德悖论现象，多与这种临场原因直接相关。

事实判断面对的事实有两种情况，一是需要作出道德选择的伦理情境，是真的还是假的，二是选择何种行为方式才可能是有效的。方俊明见义勇为行为在两种事实判断上都出现失误，故而出现的道德悖论问题也较为典型。它从反面告诫了一切真心实意"讲道德"的"道德人"，面临道德选择时一定要注意存在事实判断的问题，尽可能把意义判断和事实判断统一起来，哪怕这种判断是"一瞬间"的思维活动。

进一步分析，意义判断脱离事实判断这一直接原因，也是没有把向善、求善、行善统一起来，主体缺乏道德素养——道德品质结构缺乏道德能力，不知、不会"怎样讲道德"。任何道德实践的价值选择和实现过程，都是把"要讲道德""讲什么道德"和"怎样讲道德"统一起来的过程。如果说"要讲道德"属于道德实践的意义论范畴，"讲什么道德"属于道德实践的知识论范畴，"怎样讲道德"属于道德实践的智慧论或经验论范畴，那么，把意义判断与事实判断结合起来的真谛，也就是在道德实践的整个过程中要把关于道德的价值论、知识论和经验论统一起来。如果不能实现这种统一，道德实践就难免会出现"不合逻辑"的道德悖论现象。

（二）道德悖论的历史文化原因

道德悖论形成的历史文化原因，亦即传统道德实践文化的原因。在一定的社会里，道德实践过程中的道德悖论问题，在追根溯源的意义看，总是与道德实践文化传统相关的。在道德实践普遍存在道德悖论问题的国度里，更应当重视从道德实践文化的历史角度来分析和认识道德悖论现象发生的原因。

历史唯物主义道德观诞生之前，人类道德实践文化大体上有两种传统样态。一是经验主义的道德实践文化，另一种是德性主义的道德实践文化。两种道德实践文化的立论前提都是人性论，都围绕"为什么要讲道德""讲什么道德"和"怎样讲道德"推崇各自的道德主张，但演绎的实践逻辑是不一样的。

一般而言，西方社会道德实践文化传统的主导方面是经验主义，中国道德实践文化传统的主导方面是德性主义。

经验主义的道德逻辑程式大体是：人之所以要讲道德，是因为人的本性是恶的。西方经验主义道德实践文化的代表人物，当推欧洲启蒙运动时期的杰出人物——英国哲学家马斯·霍布斯（1588—1679）。他认为，人在自然状态下都是为自己的，这是人的自然权利，由此而论人性本质上都是自私的，人与人之间的关系必然处于敌对状态的战争状态。这样就会导致相互伤害，因此人必须放弃自己的一部分权利，以"契约"的方式交给第三方——国家，契约既是法律的，也是道德的，其功用都在于人的自私权利得到合法化。霍布斯主要是在《利维坦》中叙述经验主义的道德实践观，其立足点是现实社会的伦理关系和道德实践的经验。这使得他的伦理学说一反古希腊亚里士多德开创的德性主义传统，既不同于后来边沁、密尔等人的功利主义或合理利己主义，也不同于休谟、康德等人张扬的"纯粹理性"和"实践理性"。

在"自然本性"意义上尊重人对于个人利益的要求，并在此前提下证明尊重社会道德和法律规则的必要性和重要性，试图建立尊重个人与尊重国家相一致的道德认知和实践逻辑，正是经验主义道德实践文化的合理性所在。

中国传统道德实践文化，先秦时期曾有以荀子为代表的所谓"性恶"说，明清之际曾有李贽的"人必有私"[①]说和顾炎武的人皆"独私其一人一性"[②]说，但都并未占主流，在道德实践中也一直未被允许占主导地位。占主流和主导地位的，是孔孟儒学的"性善"论的德性主义。

德性主义在道德实践上的逻辑大体是：人之所以要讲道德，是因为人

---

① 《李贽文集》第3卷，北京：社会科学文献出版社2000年版，第626页。
② 《顾亭林诗文集》，北京：中华书局1983年版，第14页。

生来就是善的，此即所谓"人之初，性本善。"讲什么道德？讲"将心比心""推己及人""己所不欲，勿施于人"①、"己欲立而立人，己欲达而达人"②、"君子成人之美，不成人之恶"③等；"己"与"人"都是"人"，"官"与"民"也都是"人"，虽然人有君子与小人之别，但"人皆有不忍人之心"④。怎样讲道德？"推己及人""将心比心"：你能将心比心，他也能将心比心，就是"我为人人，人人为我"了，于是天下为公。

不难看出，德性主义道德实践文化逻辑建构的立足点，不是现实的道德实践，而是立足于抽象的人性推论。由于它无视人性在与生俱来的意义上本无善与恶的差别这一基本事实，无视任何现实社会中的人，都首先必须关心自己才能安身立命，进而关注社会和国家这种道德实践的基本逻辑。德性主义道德文化，在逻辑前提下给定了道德实践一个虚假的命题，这就难免会使得道德实践文化创设价值选择和实现的生态条件，既适宜于向善者，也适宜于向恶者。它在中国道德文明发展史上，一方面支撑和培育了真诚与守信，另一方面又诱发和助长了虚伪与伪善；一方面培育了无数爱国济民的仁人志士，另一方面也包装了数不清的欺世盗名的伪君子。

由此看来，在当代社会的道德生活和道德实践中，出现屡见不鲜的道德悖论现象，是不足为奇的。

（三）道德悖论的现实文化原因

立足于现实的道德实践文化来分析道德悖论形成的原因，总的来看是没有立足于当代中国道德国情，适时创立适应社会改革和发展所带来的伦理关系和道德意识变化及其提出的客观要求。

传统的德性主义道德实践文化，存在不能尊重人的个人正当利益需求的缺陷。而每个人为了自身的生存和发展不可能不关心自己，这根本不是什么"天性"和"人性"，而是人生经验使然。所以，在实际生活的道德

---

① 《论语·颜渊》。
② 《论语·雍也》。
③ 《论语·颜渊》。
④ 《孟子·公孙丑上》。

实践中，有人甚至会表现出"拔一毛以利天下而不为也"的荒唐事。在封建专制社会，这种不能尊重人的正当利益需求的道德实践存在的缺陷，被"道德政治化"和"道德法律化"的道德教化和治理强权弥补了，也被天命观、天道观和宋明理学的形而上学道德本体论遮掩了。然而，当改革开放在解放思想后，人关注自身利益的"天性"或"人性"之"恶"会被释放出来，从而使得如何面对伴随社会改革而生的"恶"的挑战、建构新的道德实践文化的当代任务，被提到了人们的面前。毋庸讳言，我们对此的思想觉醒和理论自觉是不够的，步履显得有些蹒跚。这正是出现大量道德悖论现象的现实原因。

实际上，从伦理道德上看，中国共产党领导中国社会改革和发展获得巨大成就、得到广大人民群众真心实意拥护的基本经验，正是充分肯定和尊重人对个人利益的正当关心。在道德实践文化不能跟进的情况下，这一方面激发和调动了广大人民群众生产和工作的积极性，有助于推动社会和人的发展与进步；另一方面，也会诱发和释放人对于不当的个人利益的追求，由此而引发一些消极因素，妨碍社会和人的发展与进步。积极性需要引导，消极性需要遏制，两个方面都离不开道德实践文化的重构。

四、释解道德悖论的基本理路

揭示道德实践中"不合逻辑"之"自在逻辑"的道德悖论及其成因，不是为了渲染道德实践的"恶果"，散布社会不信任情绪，阻吓人们讲道德，而是为了指出不识道德悖论"庐山真面目"的危害性，释解道德悖论问题。

这是因为，一个社会不可能长期陷落在"奇异的循环"的"怪圈"里，也不可能长期依靠形式主义的"道德繁荣"来调节社会生活，满足人的精神需求。研究道德悖论问题，有助于人们正确认识道德实践的规律和特点，阐明当代中国社会改革与发展过程中出现的道德问题，科学开展道德教育与道德评价。

（一）基于"自在逻辑"把握道德悖论问题

道德实践作为一种社会实践有其自身的规律，道德悖论作为道德实践中发生的"不合逻辑"的"自相矛盾"，也应当有其形成的规律。在这个问题上，法国当代哲学家皮埃尔·布迪厄在其《实践感》中围绕"不是逻辑的逻辑"和"自在逻辑"发表的诸多看法，是颇具启发意义的。

皮埃尔·布迪厄称实践过程中出现的"不合逻辑"的现象为"不是逻辑的逻辑"，它是实践的"自在逻辑"。他指出："必须承认，实践有一种逻辑，一种不是逻辑的逻辑，这样才不至于过多地要求实践给出它所不能给出的逻辑，从而避免强行向实践索取某种不连贯性，或把一种牵强的连贯性强加给它。"[①] "实践逻辑是自在逻辑，既无有意识的反思又无逻辑的控制。实践逻辑概念是一种逻辑项矛盾（contradiction dans les termes），它无视逻辑的逻辑。这种自相矛盾的逻辑是任何实践的逻辑，更确切地说，是任何实践感的逻辑"。[②] 不言而喻，布迪厄在这里所说的逻辑问题包括道德实践的逻辑。

布迪厄指出，人们在认识理论与实践的逻辑关系时常犯一种错误，这就是："理论谬误在于把对实践的理论看法当作与实践的实践关系，更确切地说，是把人们为实践解释实践而构建的模型当作实践的根由。"[③] "行为人一旦思考其实践活动并因此而处于一个几近理论的境地时，就会失去任何表达其实践本质，尤其是于实践的实际关系之本质的可能性，因为学术性提问往往会使他对自身的实践采取一种不再是行为的，但也不是科学的观点，促使他在解释其实践活动时使用这样一种实践理论，这种实践理论迎合了观察者因其自身处境而偏爱的法律、伦理或语法条文主义。"[④]

历史地看，人类应对道德实践之"不是逻辑的逻辑"的传统，多是意志决定论或主观独断论。其学术形态五花八门，总体倾向就是不顾道德实

---

① ［法］皮埃尔·布迪厄：《实践感》，蒋梓骅译，南京：译林出版社2003年版，第133页。
② ［法］皮埃尔·布迪厄：《实践感》，蒋梓骅译，南京：译林出版社2003年版，第143页。
③ ［法］皮埃尔·布迪厄：《实践感》，蒋梓骅译，南京：译林出版社2003年版，第125页。
④ ［法］皮埃尔·布迪厄：《实践感》，蒋梓骅译，南京：译林出版社2003年版，第141—142页。

践的"自在逻辑"，或者是学者凭借个人兴趣推演道德的理论逻辑，或者是治者凭借自己"加强"的主观愿望绘制的道德进步蓝图。事实证明，仅仅如此是不够的，在有的历史时代特别是社会处于变革时期，甚至很难奏效。轻视以至于忽视道德实践的"自在规律"，脱离道德生活实际做道德文章，发布关于道德"应当"的指令，不可能真正释解"不合逻辑"的道德悖论现象。

基于"自在逻辑"把握道德悖论问题，关键是要把道德理论研究及其成果与道德生活实践看成是同一种过程，道德理论不过是道德实践过程的一个特殊环节，道德生活实践不过是关于道德理论的动作说明。持这种认识，在道德理论面临需要创新的社会处于变革时期，释解道德生活普遍出现"不合逻辑"的道德悖论现象，人们需要反思的首先应是道德理论是否反映了道德实践的"自在逻辑"，而不是"加强"道德教育和道德评价。若说"加强"，也是需要通过"改进"来"加强"。改进的实质，是以科学的态度对待道德实践的"不是逻辑的逻辑"，揭示一定社会道德实践的"自在逻辑"，促使道德理论研究及其成果实现与时俱进的发展和进步。

（二）培育和倡导辩证逻辑的思维方式

从根本上来说，释解道德悖论不能只是依赖少数逻辑学家的理论兴趣，而在于培育广大社会成员的辩证思维方式，能够运用辩证逻辑的科学思维方式，认识社会生活中发生"不合逻辑"的道德悖论现象的"自在逻辑"。

在唯物辩证法的视野里，释解道德悖论现象的理路，说到底是要用两点论的方法认知和把握事物发展的客观规律，对各种实践包括道德实践的客观发展过程，也应作如是观。由此看，一种道德实践的结果出现善果与恶果同在的"自相矛盾"现象，本来就是不足为奇的，在道德评价上给予指出，实则是尊重事物发展客观规律的表现。

培育和倡导辩证逻辑的思维方式，要从普及辩证逻辑的知识开始，逐渐纠正传统思维方式存在的非此即彼的弊端。中国历史上长期的封建专制统治，形成了人们非善即恶的道德选择和评论习惯。面对具体的道德选择情境和行为过程及其可能出现善果与恶果同在的悖论现象，不注意运用辩证逻辑的方法，作实事求是的具体分析。

普及辩证逻辑的知识，培育和倡导辩证逻辑的思维方式，重点对象应是青少年，因此从基础教育开始抓起。这将会是一项长期的任务。与此同时，也要注意发挥大众传媒在培育和倡导辩证思维方式中的积极作用，如表彰和宣传因见义勇为而造成"不合逻辑"后果的道德榜样，在号召人们向道德榜样学习的同时，也要引导人们获取有益的道德经验。①

（三）建立以公平为核心的道德调节机制

公平，即平等和公正，多学科范畴，在传统意义上指的是人们之间在社会、政治、经济、法律、文化等方面处于同等的地位，享有相同的权利。

公平观念和要求是在社会分化为阶级差别之后出现的，不同的阶级社会有不同的公平观，以及体现和保障公平的社会机制。因此，公平也是阶级的历史的范畴。平等和公正不是绝对的，不是平均、等同，而是相对的，有条件的，实则指的是平等和公正的人权、人格和人生发展的机会。

历史上，很少有人在伦理与道德的意义上谈论公平问题，公平观念未曾作为特定范畴真正进入道德学问家的学术视野，也未在社会生活的道德实践中获得共识。这种情况，在口口声声讲平等和公正的资本主义社会，同样存在。道德实践中发生道德悖论现象，本身并不是什么平等和公正问题，但是如何释解和看待，就涉及公平与否的问题了。试想，一个人真心实意"讲道德"，在出现善果的同时却也出现了不愿看到的恶果，甚至上

---

① 2009 年 10 月 24 日，长江大学三名大学生为救两名落水儿童而献出年轻生命，被授予"全国舍己救人优秀大学生"荣誉称号，一度成为各种媒体号召人们向道德模范学习的宣传热点，这无疑是必须的。但同时也应当看到，这种见义勇为本身是一种道德悖论，不可与黄继光、董存瑞等烈士的英雄壮举相提并论。两个儿童获救是善果，两家皆大欢喜，而三位大学生献身对于国家、家庭和自己而言都是无可挽回的巨大损失，不能不说这不是恶果。如果媒体宣传乃至日常道德教育忽视引导人们总结这种恶果形成的原因，在向英雄学习的同时从中获得经验，那其实是在说见义勇为是不可以顾及自身、讲究"勇为"的方法和智慧的。

当受骗，让自己陷落"讲道德的尴尬"。在这种情况下，如果社会评价没有相应的补偿机制，就失之于公平了，本身就是违背道义的。久而久之，不仅这个人不会再真心实意讲道德，还会影响别人讲道德。

在当代社会，注重公平，将公平观念引进道德实践领域，是文明进步的一个重要标志。一些现代国家制定和实行相关法规，保障公民在社会公共生活领域履行"讲道德"义务之后应获得的权利，惩戒诸如"碰瓷"之类的不道德行为，以不让真正讲道德的人"吃亏"，所体现的实际上就是一种伦理道德上的公平观。

与此同时，还应当建立相关的伦理制度，与此类"道德法律化"的社会治理工程建设相向而行，建构以平等和公平价值为核心的道德调节机制，给予释解道德悖论问题以社会制度保障。

结语：道德实践呼唤道德实践智慧

在西方哲学史上，伊曼努尔·康德哲学最具影响力的是他的道德哲学，而他的道德哲学的标识性范畴则是"实践理性"。自20世纪80年代以来，中国伦理学界一些研究康德道德哲学的人言必称"实践理性"，似乎只有"实践理性"能够遏制改革开放进程中出现的道德突出问题。事实证明，由于其"实践理性"并不是立足于社会实践尤其是道德实践，没有揭示道德实践的"自在逻辑"的规律，不能真正指导人们的道德实践，纠正当代中国道德领域出现的突出问题，故而和者甚寡。"实践理性"作为一种道德实践智慧随着"康德热"降温而淡出人们的学术视野，并不足为怪。历史地看，揭示和把握道德实践之"自在逻辑"的道德实践智慧一直缺场。

在崇尚民主和自由理性的现代社会，道德生活作为一种特殊的精神生活的实践本质，以及道德实践的特殊规律的"不合逻辑"的"自在逻辑"，特别是其"自相矛盾"的道德悖论问题，由于种种原因而充分地暴露出来。这对于社会和人发展进步的复杂影响，尤其是消极面的影响，受到执政者和全社会的高度重视，也逐渐引起学界的关注。国家和社会管理机构为从理论上研究分析问题的症结所在，提出解决问题的方案，每年设置的哲学社会科学基金项目，都列入专题，投入大量的基金，关于道德建设和实践研究的成果可谓层出不穷，然而，关涉道德实践智慧的成果却凤毛麟角。因此，有计划地开展道德实践智慧研究、建构道德实践智慧势在必行。

第四章 道德实践智慧的形而上学基础

　　道德实践智慧的形而上学基础是人类社会生活共同体。对此，前人同样鲜有涉足，可供借鉴的学术资源甚少，探讨工作面临的困难是不言而喻的。然而，各种社会实践活动所包含道德实践，是社会生活共同体发生历史演变的一种极为重要的内在推动力。作为道德实践智慧的形而上学基础，是人类社会生活共同体一个绕不开、跳不过的坎，必须面对。

　　人在劳动中创造自身的过程的同时，也创造了自己赖以生存和发展、谁也离不开谁的社会生活共同体。它是不以任何一个成员是否意识到、是否承认和尊重为转移的必然性的客观存在。社会生活共同体的具体的现实形态，可以按照其内涵和规模划分为不同的类型，大而言之有一国一民族乃至国际区域性、全人类的社会生活共同体，小而言之有一个社区乃至一个单位和部门的社会生活共同体，甚至于一个家庭也可被视作为一种社会生活共同体。不论是哪一种类型，都包含利益共同体、精神共同体和管理共同体三个基本的结构层次，客观上都受到道德实践智慧的深刻影响，同时也要求道德实践智慧与之相适应。

第一节 人类探寻社会生活共同体的思想历程

人类文明表明，历史从哪里开始，思想进程也就从哪里开始。人类探寻社会生活共同体的思想之旅，逻辑起点可以追溯到先秦时期和古希腊的柏拉图时代。马克思主义诞生之前，这些探寻的思想之旅有三个特点，一是言说的对象是社会生活共同体的具体形态，即具体的"在者"；二是关涉共同体整体前途的话语都是缺乏现实依据、脱离社会发展规律的空想，名副其实的"无"；三是言说的话语原则多是伦理道德意义上的。马克思恩格斯基于他们创立的历史唯物主义社会历史观，遵循人类社会发展客观规律，揭示和描述了人类社会生活共同体历史发展的实际轨迹和共产主义社会的美好前景。

一、社会生活共同体的整体之"无"

社会生活共同体是什么？这是一个很难回答和说清楚的问题。在现实生活中，任何人都不能看到社会生活共同体的整体状态，也难能借助实证的方法证明它的实际存在。但是，人们却多能感悟到它整体性的客观存在。这种感悟，就如同德国哲学家海德格尔回答"为什么在者在而无反倒不在"的自我设问那样，唯有借助形而上学的思辨，超越它具体的现实"在者"而通达它整体的"无"，才能理解和把握它。

（一）马克思主义诞生以前西方社会的共同体思想

西方社会的共同体思想，源于古希腊的"城邦共同体"思想，集中反映在柏拉图的《理想国》和亚里士多德的《政治学》中。

《理想国》又称《国家篇》，系一部对话录，成于约公元前374年，亦即柏拉图脱离他的老师苏格拉底、初步创立自己哲学体系的时期。《理想国》内容丰富，涉及政治学、伦理学、艺术学、知识学等多种学科，而其中心议题和主张则是"城邦正义"，亦即城邦共同体的政治正义和伦理正义，以及与之相关的利益正义和"灵魂正义"原则。所谓"灵魂正义"，指"正义的人不许可自己灵魂里的各个部分相互干涉，起别的部分的作用。他应当安排好真正自己的事情，首先达到自己主宰自己，自身内秩序井然，对自己友善。"①用今天的话来说，也就是安守本分、各司其职，因而要心灵有序，善待自己。不难理解，柏拉图的"灵魂正义"思想和主张，是基于建构和维护城邦共同体的实际需要提出来的，其通俗的逻辑理性在今天仍然值得重视。

亚里士多德的《政治学》中的城邦共同体思想，强调共同体的法律和正义的力量，认为唯有法律和正义才能把不同的个体联系在一起。与此同时，亚里士多德又指出允许城邦共同体内存在多样化和异质性是必要的。他说：一个城邦一旦达到了这种程度的整齐划一便不再是一个城邦了，这是很显然的。因为城邦的本性是多样化，若以倾向于整齐划一为度，那么家庭将变得比城邦更加一致，而个人又变得比家庭更加一致。因为作为"一"来说，家庭比城邦更甚，个人比家庭更甚。所以，即使我们能够达到这种一致性也不一定去做，因为这正是城邦毁灭的原因②。这种共同体思想的真理性智慧，如同亚里士多德所说的那样，其实是可以用经验给予证明的："一件事物为愈多的人所共有，则人们对它的关心便愈少。"③在这里，重要的是共同体与其成员之间的目的的共同性。

在西方社会共同体思想发展史上，霍布斯的《利维坦》阐发的"契约共同体"思想，开辟了一个新的纪元。他强调人的"自然权利"，将"天赋权利"而不是"法"和"至善"视为建构共同体的基础政治哲学基础，在思想和理论思维层面推动古希腊"城邦共同体"思想向资本主义的"国

---

①［古希腊］柏拉图：《理想国》，郭斌和、张竹明译，北京：商务印书馆1986年版，第172页。

②［古希腊］亚里士多德：《政治学》，颜一、秦典华译，北京：中国人民大学出版社2003年版，第30页。

③［古希腊］亚里士多德：《政治学》，颜一、秦典华译，北京：中国人民大学出版社2003年版，第33页。

家共同体",即所谓"契约共同体"转向。这种共同体思想的逻辑理性在于:人生而享有"为自己"的平等权利,因而"人对人是狼",在自然状态下人与人必然处于"战争状态",势必会导致人人难得"为自己",这在逻辑上是一种悖论。因此,从维护人的"自然权利"出发,必须要制定社会契约,建构起国家共同体,亦即"契约共同体"。由此可见,维护国家共同体既要"靠人们的激情,另一方面要靠人们的理性"①。霍布斯基于"社会契约"论之政治哲学建构起来的共同体思想,对西方社会的文明进步影响深远。

总的来看,马克思主义诞生之前,西方社会的共同体思想创生和发展的轴心和逻辑走向是如何认知和处置个人与国家的关系,使之处于一种相安无事的"共同体"状态。

(二) 中国古代的"大同"共同体思想

中国古代共同体思想最具影响力的是"大同"思想。《礼记·礼运》曰:"大道之行也,天下为公,选贤与能,讲信修睦。故人不独亲其亲,不独子其子,使老有所终,壮有所用,幼有所长,矜、寡、孤、独、废疾者皆有所养,男有分,女有归。货恶其弃于地也,不必藏于己;力恶其不出于身也,不必为己。是故谋闭而不兴,盗窃乱贼而不作,故外户而不闭,是谓大同。"意思是说:在大道施行的时候,天下是人们所共有的,把品德高尚的人、能干的人选拔出来,(人人)讲求诚信,培养和睦。因此人们不仅仅以自己的亲人为亲人所赡养,不仅仅抚育自己的子女,使老年人能安享晚年,使壮年人能为社会效力,使孩子健康成长,而且使老而无妻的人、老而无夫的人、幼而无父的人、老而无子的人、残疾人都有人供养。男子有职务,女子有归宿。对于财货,人们憎恶把它扔在地上的现象,却不一定要自己私藏;人们都愿意为公众之事竭尽全力,而不一定为自己谋私利。因此奸邪之谋就不会发生,盗窃、造反和害人的事情不发生,家家户户大门都不用关了,这就是大同社会。

---

① [英]霍布斯:《利维坦》,黎思复、黎廷弼译,北京:商务印书馆1985年版,第96页。

不难看出,"大同"的共同体思想,核心强调的是人与人、个体与社会和谐相处的伦理关系和优良的道德风尚。但在封建专制社会,这种道德理想是脱离实际的空想。

(三) 马克思共同体思想的要义

恩格斯在其著述中很少论及社会生活共同体问题,涉论共同体问题的思想基本上是马克思阐发的。马克思的共同体思想是马克思主义人类社会发展理论的重要组成部分,是马克思运用他与恩格斯共同创立的唯物史观科学原理考察人类社会历史的结果。理解和把握马克思的共同体思想需要抓住三个关键点。

其一,共同体是具体的历史范畴。马克思的共同体思想继承了此前西方社会立足个人与社会整体的视角言说共同体的传统,但抛弃了抽象谈论共同体的唯心史观羁绊,坚持将共同体研究扎根在现实的实践的基础之上。在唯物史观看来,人与社会不是抽象的,是"现实的人"和"现实的社会",因此,个体与社会构成的共同体,不是抽象的,而是具体的、现实的、历史的。

其二,研究共同体问题的立足点和出发点是为了"现实的人"的自由全面的发展。为此,要与此前的共同体方法划清界限,"首先应当避免重新把'社会'当做抽象的东西同个体对立起来。个体是社会存在物。"①因为"人是特殊的个体,并且正是人的特殊性使人成为个体,成为现实的、单个的社会存在物,同样,人也是总体,是观念的总体,是被思考和被感知的社会的自为的主体存在,正如人在现实中既作为对社会存在的直观和现实享受而存在,又作为人的生命表现的总体而存在一样。"②与此同时,必须要充分注意到个体对于共同体的依赖关系。马克思在《资本论》第一版序言中说:"我的观点是把经济的社会形态的发展理解为一种自然史的过程。不管个人在主观上怎样超脱各种关系,他在社会意义上总是这些关

①《马克思恩格斯文集》第1卷,北京:人民出版社2009年版,第188页。
②《马克思恩格斯文集》第1卷,北京:人民出版社2009年版,第188页。

系的产物。"①

其三，不可以把共同体与社会混为一谈。在马克思那里，共同体与社会是被作了区分的。共同体是社会在现实的实践的意义上的生命体，社会不过是共同体这种生命体的"形态"而已。人们可以在思维中抽象地谈论个人与社会的关系，将此完全地哲学化，却不能抽象地谈论个体与个体的关系，因为后一种关系本质上是实践的、现实的。正因如此，马克思说："只有在共同体中，个人才能获得全面发展其才能的手段，也就是说，只有在共同体中才可能有个人自由。"②将共同体与社会作这种区分的方法，影响到马克思之后的学者对共同体的研究工作。如"马克思之后的裴迪南·腾尼斯对共同体与社会做出了有意义的界分，腾尼斯认为：'关系本身即结合，或者被理解为现实的和有机的生命——这就是共同体的本质，或者被理解为思想的和机械的形态——这就是社会的概念。'"③

有必要注意的是，马克思的共同体思想作为马克思主义社会历史发展理论的重要组成部分，并不关注共同体的命运或命运共同体。马克思只是在社会发展愿景和目标的意义上揭示和描绘了共同体的前途或前景——共产主义共同体。运用唯物史观的方法论原理来研究和认知命运共同体，尚是一个有待开发和耕作的领域。

二、社会生活共同体的构成

关于人类诞生与社会生活共同体的构成，史上有各种各样的学说。不论是哪一种说法，有一点是共同的：人类诞生之后，生命个体便相互依存、休戚与共，以命运共同体的方式生存和繁衍，这是从野蛮走向文明的连绵不绝的"自然历史过程"。人们看不到命运共同体的整体面貌，也难以用实证的方法加以证明，却能通过把握社会发展规律感悟和理解它的真

---

①《马克思恩格斯文集》第5卷,北京:人民出版社2009年版,第10页。

②《马克思恩格斯文集》第1卷,北京:人民出版社2009年版,第571页。

③ 邵发军:《马克思的共同体思想研究》,北京:知识产权出版社2014年版,第65页。

实存在。

（一）关于社会生活共同体构成的神话传说

在人类伦理思想和道德学说史上，从神话传说到哲学的道德思考历程，表明人类对自身生存的认识一开始就是社会生活共同体的方式。故而，中西方民族从远古时代开始，就有许多迷人的神话传说一直流传至今。关于人类诞生的古代神话传说，在西方世界最为典型的是《圣经》的"创始"说。在中国，最具影响的神话传说是"女娲造人"。

"创始"说是《圣经》整个教义的逻辑起点。亚当与夏娃因偷食禁果、违背上帝的意愿而被责罚到凡尘，开始自食其力、繁衍后代的人生之旅，在艰难困苦的搏击中创造着芸芸众生的人类。

中国"女娲造人"的神话故事，可见于多种古籍的记载。大意是说：盘古开辟了天地之后，天上有了太阳、月亮、星星，地上有了山川草木、花鸟虫鱼，可就是没有人。不知道在什么时候出现了一个非常美丽、善良的女神，她的名字叫女娲。她神通广大，擅长变化。有一天，她蓦然觉得这世界上各种各样的东西都有了，却单单没有像自己一样的"人"，于是就顺手从池塘边抓起一团黄泥，揉捏成一个像自己一样的娃娃。未曾料到，这娃娃触地就活了起来，欢蹦乱跳，开口直喊："妈妈！"她很开心，捏了许多，于是人类就诞生了。女娲也因此被中华儿女尊奉为创世神和始母神。后来，逢天翻地覆、水火肆虐的灾害，女娲又为人类排忧解难，安顿民生。女娲的肠子继而化为十个神人，他们住在栗广之野和山野孝道之间。①

中西方社会关于人类诞生的神话传说，多带有悲壮和英雄史诗的浪漫

---

① 如《风俗通义》记载道："俗说天地开辟，未有人民，女娲抟黄土作人。剧务，力不暇供，乃引绳于泥，举以为人。"《淮南子·览冥训》记载道："往古之时，四极废，九州裂，天不兼覆，地不周载，火爁焱而不灭，水浩洋而不息，猛兽食颛民，鸷鸟攫老弱。于是女娲炼五色石以补苍天，断鳌足以立四极，杀黑龙以济冀州，积芦灰以止淫水。"（《二十二子》，上海古籍出版社1986年版，第1232页。）《山海经·大荒西经》之《女娲之肠（腹）》记载道："有神十人，名曰女娲之肠，化为神，处栗广之野。横道而处。"（《山海经》，杨帆、邱效瑾注释，安徽人民出版社1999年版，第415页。）

色彩，表明人类是在同险恶环境的斗争中诞生和把握自己命运的。正因为如此，这些神话传说虽然没有科学依据，却至今依然散发着它们的艺术伦理的魅力。

（二）社会生活共同体的构成始于"人"的自我创造

在历史唯物主义看来，人类既不是上帝创造的，也不是女娲"捏"出来的，而是自然长期发展的产物。

亘古初启，类人猿为适应环境变化不得不从树上下到地上，在不得不"学会劳动"以谋求生存的漫长过程中创造了人，也同时"自然而然"地创造了每个人赖以生存和繁衍、谁也离不开谁的人类社会命运共同体。就是说，人是被"人"集体创造出来的，这一创造的破天荒壮举，同时也就创造了人类命运共同体。

这一逻辑过程，今人其实难能通过实证材料加以确证，只能从诸如"蓝天猿人""山顶洞人"等考古发现那里猜测、推导出来。但是，它的意义在于推翻了关于人类诞生的种种不科学的神话传说，证明人及其命运共同体是"人"自己创造的。

（三）社会生活共同体构成的逻辑

在历史唯物主义视野里，社会生活共同体的构成逻辑，可以从其构成的社会"现实基础"、不同共同体之间、共同体与其成员之间的逻辑关系三个角度来进行理解和把握。

马克思在《〈政治经济学批判〉序言》中指出："人们在自己生活的社会生产中发生一定的、必然的、不以他们的意志为转移的关系，即同他们的物质生产力的一定发展阶段相适应的生产关系。这些生产关系的总和构成社会的经济结构，即有法律的和政治的上层建筑竖立其上并有一定的社会意识形式与之相适应的现实基础。"①历史地看，任何社会生活共同体的构成都在归根到底的意义上取决于这样的"现实基础"。

---

①《马克思恩格斯文集》第2卷，北京：人民出版社2009年版，第591页。

这种构成逻辑，既可以通过原始社会的共同生产和共同消费、共同拥戴图腾和拥戴酋长的共同体方式一目了然，也不难从此后阶级社会的共同体方式看得出来。它使得各种社会生活共同体不可避免地成为历史范畴，并带有国情和民族性格的特色。如濒海或环海国家、内陆国家或岛国的命运共同体构成，不论是内涵还是形态都存在明显差别。其间，最值得关注的是精神共同体和管理共同体上存在的国情民族性格上的差别。而精神共同体方面最值得关注的是伦理关系和道德观念上的国情特色和民族性格。实际上，自然环境差异造成的命运共同体的差别，伴随命运共同体构成和发展的全过程，如山地、内陆、濒海、环海的民族和国家命运共同体之间，至今依然存在的差别那样。

也正因如此，历史上有的民族国家的社会生活共同体的构成，存在违背别的国家和民族社会生活共同体构成逻辑的偏差。其极端表现形式就是迷信和强力推行殖民主义和军国主义的霸权政治，这种不合逻辑的构成观念曾给人类社会带来深重的灾难。"二战"悲剧给予人类的一个重要教训和启示，就是评判一国一民族共同体的文明与开化程度，要以其对待别国别民族共同体的态度为水准。

共同体与个体合乎逻辑的理性关系，是社会生活共同体构成的内在逻辑。一个人的命运和前途与其所在的共同体的命运和前途总是息息相关，个人谋求生存和发展的方式不可违背共同体的规则。正是在这种意义上，马克思恩格斯在《德意志意识形态》中，基于"个人隶属于一定阶级"及其反映在"头脑"里的"一般观念"——个体本位主义价值观的历史事实，评判性地指出："只有在共同体中，个人才能获得全面发展其才能的手段，也就是说，只有在共同体中才可能有个人自由。"[1]认同和尊重命运共同体的构成逻辑，与共同体同呼吸共命运，借助共同体的逻辑力量谋求个人的生存和发展，是共同体成员应当具备的德性与智慧。

这样说，显然不是要否认共同体对于其成员的依存关系，而是强调这种依存关系不是抽象的，其构成逻辑恰恰取决于个体的"共同体素质"。

①《马克思恩格斯文集》第1卷,北京:人民出版社2009年版,第571页。

不难想见，社会生活共同体的成员如果普遍缺乏这种素质，共同体也就陷落名存实亡的厄运。

三、社会生活共同体的主要形态

原始人类共同体分化解体之后，命运共同体是在阶级对立和对抗的基础上构成的，并在阶级斗争和革命的过程中改变着内涵和形态。阶级社会中的命运共同体情况比较复杂，可以大体上划分为专制社会、资本主义社会和社会主义社会不同的发展阶段和形态。资本主义社会命运共同体的情况同样是比较复杂的，不应当因为制度的社会属性而混为一谈。

（一）原始社会生活共同体

原始社会命运共同体，是人类命运生活共同体的最初形态。其现实生活共同体的形态本身，也曾经历一个从人兽难分到"民神杂糅，不可方物"①，再到民神有别而至于相分的共同体。这种以蒙昧为基本特征的命运共同体，历经数十万年的演变终将人类引入文明发展的历史长河。

在整个原始共产主义社会，人们对命运共同体的客观存在并不能自知自觉，那是真正的"跟着感觉走"，用经验决定和处置一切。马克思在《政治经济学批判（1857—1858年手稿）》的《资本主义以前的各种形式》中指出："一旦人类终于定居下来，这种原始共同体就将随种种外界的，即气候的、地理的、物理的等等条件，以及他们的特殊的自然性质——他们的部落性质——等等，而或多或少地发生变化。自然形成的部落共同体，或者也可以说群体——血缘、语言、习惯等等的共同性"，是原始社会命运共同体构成的先决条件，"客观条件的第一个前提"。

在原始社会"自然共同体"中，不仅处置关于物质利益的劳动与分配是这样，氏族成员之间的精神交流及由此建构的"思想的社会关系"也是这样。在原始社会早期，命运共同体中的所谓管理共同体并不存在，共同

---

① 徐元诰撰，王树民、沈长云点校：《国语集解》（修订版），北京：中华书局2002年版，第515页。

体一切大事由出类拔萃的酋长主宰，或由极少数优秀分子"碰头会"来决定和实施。原始共产主义社会命运共同体，是不分你我他、真正同呼吸共命运的社会。

正因如此，原始共产主义社会分化解体、进入阶级对立和对抗的文明发展阶段之后，人们还不时用"空想"的方式，追忆它散发古朴芳香的平等和公正，以至于误认为那才是地道的"普世价值"。

（二）专制社会生活共同体

专制社会包含奴隶专制和封建专制社会两种，命运共同体的基本形态虽然因受土地所有制这个"第一个前提"制约，命运共同体依然带有"自然共同体"的特性，但因受高度集权的专制政治统摄普遍分散的小农经济之社会结构的根本性制约，命运共同体具有"家天下"的形态特征。这种"家天下"的特征，到了封建专制社会更为明显，此即所谓"普天之下莫非王土，率土之滨莫非王臣"。

奴隶专制社会的命运共同体，只有奴隶主和奴隶两类人。在奴隶社会早期的"家天下"中，奴隶没有基本的人身权利，可以被当作商品自由买卖，当作礼品送人，甚至随意杀掉，自然也就不能享有共同体庇护的权益。封建专制社会的命运共同体，除了地主与农民两类人，还有手工业者等大量的所谓"自由民"，"家天下"的成员要复杂得多。这是奴隶制与封建制两种专制社会命运共同体的主要差别所在。

在人类发展进步的"自然历史过程"中，阶级对立和对抗是不可逾越的阶段。正因如此，"家天下"的实际状态及其"人民性"水准，才显露出命运共同体的特别意义，"大一统"和"为政以德，譬如北辰居其所而众星共之"的政治伦理观念和道德说教、"天下兴亡匹夫有责"和"保家卫国"的爱国护国精神，才显露出特别的历史价值。虽然，它们不可避免地存在阶级和历史的局限性，但是其所体现的共同体意义，今人是不应当加以诋毁和否认的，不论是站在哪一个阶级立场上，都应当采取这种历史唯物主义的态度。

（三）资本主义社会生活共同体

资本私有制相对于土地私有制而言是一个重大的历史进步，它是资本主义社会生活共同体的物质基础，也是资本主义社会生活共同体内存在阶级差别、矛盾和对抗的根源。资本主义国家维护其社会生活共同体的基本策略，就是用宗教信仰和人道主义梳理人们的精神生活，淡化和化解不利于共同体生活的社会矛盾，用严密的法制体系规约人们违反共同体要求的行为，维护共同体的整体利益。

将专制社会共同体内在的"人的依附关系"转变为"物的依附关系"，是资本主义社会生活共同体的内在逻辑，马克思指出："一切产品和活动转化为交换价值，既要以生产中人的（历史的）一切固定的依赖关系的解体为前提，又要以生产者互相间的全面的依赖为前提。"①后一种"依赖"即所谓"物的依赖关系"，它既不是谁也离不开谁的"普遍利益关系"，也不是"一切人反对一切人的战争"的敌对关系，而是"交换价值关系"，它是"由不以任何人为转移的社会条件决定的"，在其间起决定作用的是资本与货币。从这个角度看，资本主义社会生活共同体的实质内涵是"货币—资本的抽象共同体"。

从发展的实际水平来看，资本主义国家和社会存在发达与否、文明程度参差不齐的差别。当今之世，实行资本主义制度的国家之间存在这样的差别仍然是十分明显的。因此，观察和谈论资本主义社会生活共同体，需要在逻辑前提下确立国别意识。

（四）社会主义社会生活共同体

人类命运共同体发生阶级、国家和民族的分化，其共同性长期被阶级分化形成的差别性、对立性和对抗性所遮蔽。用阶级和国家民族的差别与对立的方式看待不同的人群和社会，成为人们一切思维活动的立足点和出发点，人类命运共同体的客观存在及其"自然历史过程"被遮蔽。这是催

①《马克思恩格斯文集》第8卷,北京:人民出版社2009年版,第50页。

生脱离现实的逆向思维、超越"自然历史过程"提出和描绘诸如"理想国""大同世界"和"乌托邦"之类命运共同体空想的价值论根源。马克思主义创始人基于人类社会发展的客观规律和思想过程，揭示和阐明了人类社会发展的"自然历史过程"，指出共产主义是人类命运共同体发展进步的最终目标。中国特色社会主义在整体上消灭了阶级，为实现人类完全意义上的社会生活共同体这种无限美好的前景，提供了现实条件。

中国特色社会主义作为共产主义社会的初级阶段，与以往社会的根本不同在于在整体上消灭了阶级的差别和对抗，抹去了长期遮蔽人类社会生活共同体的历史浮尘，让社会生活共同体的客观存在重新显露了出来，从而为实现人类命运共同体无限美好的最终目标——共产主义社会生活共同体提供了现实条件和示范机遇。进入 21 世纪中国共产党及其领导下的中国特色社会主义社会，责无旁贷地承担起推进人类命运共同体"自然历史过程"这一光荣而重大的历史使命。

第二节　社会生活共同体的利益基础

人类有史以来，不论是哪一种类型的社会生活共同体，都是以利益共同体为基础的。利益的共同性和相关性是社会生活共同体可能存在的逻辑依据，也是社会生活共同体得以存在的现实前提。人们不可能无缘无故"结盟"，只是因彼此之间存在相关的利益才走到一起，由此而产生命运与前途的共同性的。不同地区、民族和国家建构某种命运共同体，不论是经济的、政治的还是军事的，抑或三者兼而有之的，都是因为彼此之间存在需要认同和用共同实践的方式来把握的现实利益，以及由此而衍生的共存共荣的共同体。

一、利益共同体及其功能

在社会生活共同体中，利益共同体由各种不同的利益构成，其实质内涵是不同利益的构成关系。在不同国家和民族之间，利益共同体的实际形态表现为你中有我，我中有你。这表明，所谓利益共同体，就是依照特定的逻辑关系构成的不同形态的利益关系结合体。

（一）利益及其基本形态

利益，通俗地说就是实际的好处、益处。它是具体的而不是抽象的事实，故而人们常用看得见摸得着的财物即所谓既得利益（物质的或精神的），来指称利益。按照不同的分类方法，可以将利益共同体中的利益具体地划分为各种不同的基本形态。

按照内涵划分，利益可以划分为物质利益和精神利益两种基本形态。物质利益是指人们对物质生产和生活资料的需求、满足和占有形式及事实。精神利益所指，学界并没有公认的看法。许多人只认可利益的物质形态，并不赞成将精神作为特殊的利益范畴。然而实际上，某些精神元素因其充当精神生活的必要条件，也是可以被当作利益即精神利益来看待的，如人的尊严和价值——包括名誉、名声和荣誉等。这里顺便指出，物质利益与精神利益的"物质"与"精神"，不同于作为哲学范畴的物质与精神，后者是具有本体论和认识论意义的哲学范畴，无所谓"好处"或"益处"。

物质利益是精神利益的基础，人的尊严与价值总是直接或间接地与其物质利益的获取方式和实际状态相关。一般说来，在利益共同体中，人与人之间、个体与社会集体之间的利益关系是怎样的，他们的精神利益就会是怎样的。

利益，按照追求和占有利益的主体来划分有个人利益和集体利益两种基本形态。集体利益又因其主体的不同而可以划分多种不同的形态：一个具体单位或部门的利益，一个地区或辖区的利益，一个民族和国家的利益，直至全人类的利益。国家作为利益共同体的主体，其利益包含国家的主权，包括领土、领空和领海，因其关涉民族和国家的尊严，通常被国家宣称为"核心利益"，具有不可侵犯的神圣性质。这种现象说明，国家作为利益共同体，其主体地位是不可动摇的。

（二）利益共同体的实质内涵

利益是社会关系范畴。不论是物质利益还是精神利益本质上都是社会关系。社会关系存在的事实使得不同利益之间存在共同性和相关性，从而使得利益共同体的构成成为社会生活共同体的一种可能和事实。

利益共同体的构成，并不是各种不同利益的叠加之和，也不是简单地寻找各种不同利益的"共同点"。就是说，利益共同体的结构不是一种数学模型，它的质量及其在命运共同体中所发挥的功能并不取决于不同主体占有利益的多寡，而是取决于其成员对于共同体之共同性的理解、认同和把握。因此，利益共同体构成的奥秘在于其成员对于所在共同体之共同性的认知和认同，并在此前提下实际把握与操纵的实践智慧，包括道德实践智慧。这决定了利益共同体必然会在基础的意义上影响命运共同体发展和进步的趋势。不难理解，强调利益的社会关系实质及利益共同体内部各利益主体的共同性和相关性，不是要否认具体利益形态的相对独立性。

利益也是历史范畴。在不同形态的社会里人们的利益诉求是不同的，实际的利益关系也不同，因而利益共同体的逻辑结构也不一样。人类有史以来的利益共同体，按照社会形态划分，大体上出现过四种利益共同体，即原始社会利益共同体、专制社会利益共同体、资本主义社会利益共同体和社会主义社会利益共同体。

原始社会的利益共同体是按照绝对平均主义构建起来的利益关系结合体。资本主义社会的利益共同体，是按照生产资料私有制包括垄断私有制及由此决定的政治和伦理原则建构起来的利益关系结合体。社会主义整体上消灭了阶级，在生产资料以公有制为主体和主导的基础上提出了社会主义民主法制和集体主义的伦理道德原则。当今人类社会的利益共同体，在世界的东方正以史无前例的历史变革和实践方式，成为举世瞩目的新事物，也同时成为当代中国学界广泛关注的一个精神领域。

（三）利益共同体的超利益特性

这是利益共同体最为重要的一个特征。追求利益的最初动因及利益的共同性和相关性，使得人们自觉或不自觉地按照一定的实践逻辑关系走到一起，同处某个特定的利益共同体之中。这就要求人们不能仅以个人利益占有者的角色充当利益共同体的成员，而要同时担当兼顾不同个人利益的"组织者"的角色，否则就难免会成为利益共同体中的"异类"——利己主义者。这就是利益共同体超利益的特性使然。

同样，处于利益共同体之中的某个特定的具体的利益共同体，也不能仅以其"集体利益"的主体角色出现在它的利益共同体之中，充当集体利益的唯一代表者，否则就难免会为本位主义或地方主义提供遮羞布，或成为它们的避难所。因为在利益共同体中维护和谋取特定的利益，必须借助利益共同体的力量，而利益共同体的力量并不只是凭借利益关系构成的。任何利益共同体的构成，其纽带要素除了伴随一定的生产和分配关系"自然而然"形成的利益关系之外，尚有更为重要的"思想的社会关系"，特别是作为精神共同体之核心要素的伦理关系。

利益共同体具有超利益的特性，要求身处利益共同体中的每一个成员，都不可以持有古语所说的"人为财死，鸟为食亡"的个人利益观。也要求作为某个特定的利益共同体的领导者和管理者，不能仅凭"为官一任，造福一方"的职责意识和观念，领导和管理自己所在的利益共同体。

利益共同体的超利益特性，在根本上影响着利益共同体的共同性，制约着利益共同体的命运。一个利益共同体如果缺损以至缺失超利益的特性，那就意味着它必然缺损或缺失共同性和相关性，诱发内部违背"心心相印"和"同心同德"的伦理共同体精神，失去其存在的现实根据。于是，争利争名、争权夺利的不良风气渐起，利益共同体的内在凝聚力弱化。如不适时纠正，势必会最终解体，或名存实亡。

因此，维护和建设利益共同体，不能仅凭利益手段，不可忘却伦理的"思想的社会关系"及其道德的精神调节方式。当然，如前所说，采用利益手段之外的道德调节旨在维护和优化伦理关系，不能避开人们的利益需求"直奔主题"，而要使之与利益手段相伴、有机结合起来。这就不可避免地要求：维护和建构利益共同体的道德教育和建设的实践活动，必须具有必要的智慧内涵。

理解和把握利益共同体的超利益特性需要注意的是，不可在反命题意义上认为，利益共同体的利益不能超越利益共同体的存在事实和占有方式。在经济全球化和市场经济的国际环境中，利益共同体中的利益特别是物质利益，不论是个人的还是集体的，都不应恪守其共同体的边界，而应当是可以流动的、变更的，可以因时因地改变其归属方式和存在事实。但是，如同"科学无国界而科学家有祖国""资本没有国界而商人有祖国"一样，利益主体不可以因利益流动和变更而改变自己的利益共同体归属关系。

（四）利益共同体的功能

利益共同体的功能，集中表现在它是社会和人发展进步的动力源，在奠基或基础的意义上制约着社会和人发展进步的逻辑走向和前途。

社会和人的生存与发展进步，一刻也不能离开利益。追求利益包括作为尊严和价值——包括名誉、名声和荣誉的精神利益，既是人投身一切社会活动的最初动因，也是推动社会和人发展进步的内在驱动力。马克思认为"人们为之奋斗的一切，都同他们的利益有关"[1]。

也正因如此，利益共同体特别是其内在的各种利益关系，成为哲学和人文社会科学体系中很多学科的研究对象，被不同学科赋予特定的涵义。如在经济学领域，利益即物质利益被赋予经济活动第一推动力的基本涵义。法理学及其分支学科如果离开权利与义务相对应意义上的利益关系，也就无"理"可讲了。在伦理学领域，利益是被作为道德赖以存在的基础

---

[1]《马克思恩格斯全集》第1卷,北京：人民出版社1995年版,第187页。

和调整的对象来看待的。在文学领域，利益特别是精神利益的矛盾与冲突，是构成文学作品之艺术逻辑的基本质料，舍此，一切艺术作品便成了索然无味的空洞形式。

利益共同体是人们谋取和获得个人利益和财富的基本方式。然而，以往一切哲学和人文社会科学的学科都不是立足于利益共同体来研究利益问题。马克思恩格斯在《德意志意识形态》中，基于"个人隶属于一定阶级"及其反映在"头脑"里的"一般观念"——个人本位主义价值观的历史事实指出："只有在共同体中，个人才能获得全面发展其才能的手段，也就是说，只有在共同体中才可能有个人自由。"[①]不难理解，马克思恩格斯在这里所说的"共同体"，首先是指利益共同体。

尊重人们对利益尤其是物质利益的需求，是历史唯物主义的一个基本观念。列宁指出："物质利益问题是马克思主义整个世界观的基础。"[②]过去，在伦理学和日常思想领域，个人与集体、个人利益与集体利益的关系是一个纠缠不清、争论不休的话题。如果从利益共同体的视域来看，也就迎刃而解了。

二、个人利益与集体利益的逻辑

个人利益与集体利益，是利益共同体两种最基本、最重要的利益形态，如何认知和把握两者的关系是利益共同体构建的永恒主题，也是道德实践智慧最基本、最重要的理论话题。

个人利益与集体利益是共同体利益的基本形态，都是利益共同体的利益，影响社会生活共同体的命运。在利益共同体中，两者的差别和对立只具有相对的意义。如此看待两种利益的关系，是讨论个人利益与集体利益的内涵及各种逻辑关系的认识论前提。

---

① 《马克思恩格斯文集》第1卷，北京：人民出版社2009年版，第570、571页。
② 《列宁全集》第27卷，北京：人民出版社1984年版，第339页。

（一）个人利益的内涵及其内在逻辑

个人利益包含物质和精神两个方面。物质的个人利益，按照叔本华在《人生的智慧》中的分类方法，指的就是"人所拥有的身外之物；亦即财产和其他占有物。"[①]表达物质利益状况可以用多与少的数量术语，精神利益的状态却不可以这样来表达。一个人的精神利益即尊严和价值——名誉、名声和荣誉等，反映他作为一个具体的人的内在本质方面，是他"向其他人所显示的样子"，"亦即人们对他的看法。他人的看法又可分为名誉、地位和名声"[②]。物质利益则不具有这样的特性。

个人利益的物质与精神两个方面的关系，是一个较为复杂的问题，因为它受到多种社会生活共同体因素尤其是精神因素的影响。一个人的物质利益作为"身外之物"，会影响他的尊严和价值。"身外之物"多的人，只要占有方式得当，合乎所在社会的法理和伦理要求，在任何社会都会"活得像个人样"，有"面子"。但是，"身外之物"少的人，在任何社会不见得就"活得不像个人样"，没有"面子"。物质利益一般是不能决定和支配人的尊严与价值的。相反，占有"身外之物"多的人，有的恰恰"活得不像个人样"，缺失"做人"的尊严和价值，因为他们不能持有正确的人生价值观，而人的尊严和价值是受其所持有的人生价值观和伦理道德观的深刻影响的。即影响和支配人的尊严和价值决定性因素，是一个人的人生价值观。

相对于利益共同体而言，个人利益不论如何"合理"，永远都是"个人"的，不可与利益共同体的整体利益相提并论、等量齐观。一般说来，个人利益在合乎法律和伦理的情况下具有"不可侵犯"的地位，但这种地位却又不能是"神圣"的。在有些特殊情况下，为了维护和建设利益共同体的整体的根本的利益，为了集体的利益特别是利益共同体的利益，牺牲个人利益历来被认为是一种高尚的行为。

---

① ［德］阿·叔本华：《人生的智慧》，韦启昌译，上海：上海人民出版社2005年版，第4页。

② ［德］阿·叔本华：《人生的智慧》，韦启昌译，上海：上海人民出版社2005年版，第4页。

为个人利益作"神圣不可侵犯"的辩解，违背了维护和建设利益共同体的客观要求，是绝对自由主义和极端利己主义的典型表现，在社会生活共同体中会被人们视为异端邪说。这是英国政治哲学家托马斯·霍布斯（1588—1679）关于"人对人是狼"的极端利己主义学说后来被改造为"合理"利己主义，直至20世纪末期盛行社群主义的一个基本原因。人类文明进步总的逻辑走向，必定是不允许脱离利益共同体的整体需要和根本要求，来发表自己关于伦理与道德的形而上学意见。

（二）集体利益的内涵及其内在逻辑

在利益共同体中，集体本是一个系统性的概念，因其内涵不同而存在"大"与"小"的差别，因此集体利益的内涵也存在"大"与"小"的差别。但是，集体和集体利益相对于共同体利益而言却总是相对的，任何集体和集体利益之外及之上或之下都会有另一种形态和意义的"集体"和"集体利益"，之上可以推论至全人类利益共同体的"集体利益"，之下亦可以推论临时组建的某种小团队的"集体利益"。正因如此，在一般情况下不可以将我们使用惯了的"集体"和"集体利益"与利益共同体和共同体利益混为一谈，而在一些特定情况下则又可以乃至必须将二者相提并论。

这种情况与个人及个人利益的内涵不一样。个人总是个人，不同的个人之间不存在"大"与"小"的差别，虽然个人利益在某些特定情境下会出现这样的差别。因此，在利益共同体中，集体和集体利益的地位与个人和个人利益的地位总是不一样的。就是说，在利益共同体看来，个人和个人利益总是绝对的客观存在，集体和集体利益则是一种相对性和绝对性相统一的客观存在。如此来理解，有助于抵制和纠正形形色色的个人主义，抵制和纠正形形色色的本位主义和地方主义，维护和建设利益共同体。

由上可知，个人利益与集体利益的关系是一个具体的逻辑范畴，需要具体分析、认识和对待，泛泛而谈二者的关系是缺乏科学依据的，在实践上也是有害的。

（三）个人利益与集体利益之逻辑的历史发展

在奴隶制和封建制这样的专制社会里，个人利益与集体利益的对应关系，也就是个人利益与共同体利益的关系，并不带有对立和对抗的特征。这种关系在原始共同体逐步解体、出现阶级的"集体"分化与对立的过程中，逐渐发生质的变化。

专制社会包括奴隶制和封建制社会，个人利益与集体利益之间对应和对立的客观关系带有显而易见的阶级特征，却又被"家"或"家天下"的利益共同体的虚幻形式所掩饰和遮蔽，只有在国家和民族的命运共同体面临被吞并或分裂的危险时，才会被人们在"命运共同体"的意义上发现它的真实存在。在中国封建专制社会里，个人与国家之间是广袤的人际交往空域，并无严格意义上的集体，因而也就不存在集体利益，没有在道德实践上需要人们认真对待的个人利益与集体利益的逻辑关系。人们只要懂得需要"人""家"与"国"的重要性就可以立身处世。

资产阶级登上政治舞台、资本主义制度建立之后，资产阶级和无产阶级成为资本主义社会利益共同体中两大对立的"集体"，由此而形成两种对立的"集体利益"。因此，在资本主义社会利益个体中，个人利益包括个人的精神利益通常与阶级的集体利益混为一体，个人利益的相对独立性十分有限，而且多"蜗居"在阶级的利益共同体之中。资本主义社会的集体利益，除了国家和民族意义上的利益共同体的集体利益，多带有"虚幻"的特质。作为其主导价值的个人主义和利己主义，在一般情况下都带有明显的阶级特色，或者为有产阶级维护资本私有作辩护，或者为无产阶级维护基本的人权而发出的呼喊。

社会主义由于整体上消灭了阶级对立和对抗，个人利益与集体利益的差别和对立，一般并不带有阶级的特性。在人民当家作主的社会主义国家，个人利益与集体利益都是利益共同体的利益。

三、维护利益共同体的道德原则

中国伦理学界一般认为，道德原则就是"道德的基本原则或根本原则。它是处理个人利益和整体利益的根本准则，是调整人们相互关系的各种规范要求的最基本的出发点和指导原则，是道德的社会本质和阶级性最直接最集中的反映。"①这个界说所关涉的"整体利益"，可以理解为利益共同体的整体利益，其道德原则观基本适合维护利益共同体的道德原则。

（一）传统个人主义与集体主义道德原则反思

纵观人类道德文明史，维护个人利益与共同体整体利益的道德原则大体有两种基本类型，这就是个人主义与集体主义。

个人主义是资本主义社会推崇和倡导的社会历史观与伦理道德观。当代德国学者P·科斯洛夫斯基在考察"资本主义的道德性"时曾发出这样的感慨："在对资本主义的哲学和政治经济学的基础所进行的研究的框架内，对资本主义的伦理学和道德所进行的道德的研究肯定是最棘手和最缺乏清晰度的。"②对此，中国学者多有同感。

个人主义作为一种伦理观念和道德原则，是一种以个人为本位，把个人利益凌驾于社会公众利益和他人利益之上的人生观与道德观，在现实社会中正在起着涣散人心、污染环境、阻碍改革开放和社会主义现代化建设健康发展的消极破坏作用，因此应当反对个人主义。同时，反对个人主义要清除"左"的思潮和本位主义、特权观念的影响，科学地倡导集体主义，把反对个人主义与维护个人正当的利益、尊严与价值统一起来，把反对个人主义作为党和政府部门反对腐败、加强廉政建设的重要内容。

集体主义不论被作何种科学的解读，它永远是属于"集体"的"主

---

① 罗国杰主编：《伦理学名词解释》，北京：人民出版社1984年版，第46—47页。

② ［德］P·科斯洛夫斯基：《资本主义的伦理学》，王彤译，北京：中国社会科学出版社1996年版，第1页。

义"。其核心主张是将个人利益与集体利益（共同体利益）一致起来。在共同体的视域内，集体主义之"集体"是一种系统的层次结构。事实证明，在道德实践中，任何一种集体都可以冠冕堂皇地利用"集体主义"为自己谋取利益，从而使得集体主义蜕化为小团体主义、本位主义、山头主义乃至"集体腐败"的道德说辞，也为抽空利益共同体的实质内涵、将社会生活共同体这个"整体性集体"虚幻化提供可乘之机。

在科学认知集体主义道德原则的问题上，需要同时批评一种泛化集体主义的错误看法。这种看法将中国封建社会厉行的孝道原则归结为"宗法集体主义"，进而认定存在一种"中国集体主义的历史"。中国几千年的封建社会，维护共同体利益的道德原则只是爱国主义政治道德原则和人际相处交往中奉行的礼尚往来、诚实守信的道德原则，而后者虽关涉社会公共生活，其道德原则却又不是市场经济条件下的社会公共生活的诚实守信的道德原则。

（二）新中国关于集体主义道德原则的纷争

新中国成立后，思想理论界关于个人与集体、个人利益与集体利益的关系曾发生过一些公开的分歧和争论。对此进行回溯和反思，总结其间的教训，有助于我们正确认知维护利益共同体的道德原则。

最早的争论，发生在20世纪50年代末期。争论的缘由是中国人民大学贸易经济系应届毕业生刘仲凡在《北京日报》上发表的《个人主义也是前进的动力》，文祥和的《有条件的个人主义并无害处》以及王非的《个人主义是人人难免的》的三篇文章，引发的"个人主义有没有积极作用"的讨论。刘仲凡在文中坦率地表白了自己毕业后的个人规划："毕业以后，先到基层商业机构工作，在五年里要精通业务，争取当科长、副经理。以后十年，钻理论，搞研究，争取当处长、厅长，二十年后，成为既有业务又有理论的经济学家，并且成为贸易界的头面人物，例如当副部长、部长助理一级干部。那时五十多岁，再干十几年，主要是总结经验，著书立说。"今天看来，刘仲凡等青年关注个人正当利益的进步思想，然而在当时"左"的思潮已经形成的情势下，被误解为个人主义，致使所谓的大讨论实则变成大批判和对进步思想的大清洗。发表"个人主义主张"的可爱青年也因此遭受不公正待遇。

"文化大革命"期间，将一切关心个人利益的想法都视为个人主义，并与修正主义挂起钩来。那期间，农民房前屋后种的"小秋收"，或如同电影《青松岭》中钱广闲时上山采摘些榛子，也会被看作个人主义和修正主义而大加鞭笞。关于集体主义道德原则的纷争，其实是社会对所谓个人主义的一边倒的批判和清算，极大地伤害了人们谋求个人生存和发展的正当权利。

"为个人主义正名"起于20世纪80年代初。它的纷争主要发生在思想领域和理论界。"为个人主义正名"的文章公开发表在报刊上，有的文章在"为个人主义正名"的同时，还认为"集体主义被少数个人或少数个人的利益集团所利用"，由此而提出"以个人主义代替集体主义"的公开主张。①

总的来看，新中国成立后关于集体主义道德原则的纷争，基本轨迹是由贬低个人和个人利益，转而走向另一个极端——公开反对集体主义。考察发生这种迷茫和失误的原因可以从多种视角展开，但直接的原因是没有看到个人与集体、个人利益与集体利益之间存在差别及某些对立不是绝对的，而是相对的。根本的原因，则是没有看到个人和集体都是命运共同体成员，个人利益与集体利益都是利益共同体的利益。

（三）社会生活共同体视域中的集体主义道德原则

马克思在《〈政治经济学批判〉序言》中指出："人们在自己生活的社会生产中发生一定的、必然的、不以他们的意志为转移的关系，即同他们的物质生产力的一定发展阶段相适应的生产关系。这些生产关系的总和构成社会的经济结构，即有法律的政治的上层建筑竖立其上并有一定的社

---

① 夏业良：《个人主义论辩》，《人文杂志》1999年第3期。

会意识形式与之相适应的现实基础。"①集体主义就是适应于社会主义经济结构及"竖立其上"的社会主义政治和法律的道德原则。

由此来看，立足于利益共同体之命运来看，集体主义本质上不是个人服从集体，更不是个人绝对服从集体，而是个人与集体相互依存、相得益彰的同呼吸共命运"共同体主义"。集体主义道德原则只具有相对意义上的道德实践价值。在绝对意义上，集体主义作为道德实践的指导原则是属于利益共同体的，本质上就是利益共同体主义的道德实践原则。

在社会生活共同体的视域中，集体主义道德原则不仅是关于个体与共同体的利益关系之基本认知原则，更是基本的实践原则。如是来理解和把握集体主义，才不失其为作为道德实践智慧的价值地位和功用。

也就是说，作为利益共同体行之有效的道德原则，集体主义只有在特别需要强调道德原则的社会主义制度属性时，用集体主义指称利益共同体的道德原则才是必要的，而在一般情况下则应在"利益共同体主义"的意义上来理解和运用利益共同体的道德实践原则，不宜动辄强调集体主义的道德原则。

第三节　社会生活共同体的精神支柱

社会生活共同体的精神支柱是其精神共同体。精神共同体与利益共同体一样，也是一种必然性的社会存在。不同的是，利益共同体的实质内涵是利益关系结合体，精神共同体是各种精神要素按照特定的逻辑，以精神纽带和精神生活的方式建构起来的。

精神共同体的核心部分是伦理的"思想的社会关系"，即前文论及的伦理精神共同体。它是精神共同体的轴心和灵魂，以内在凝聚力和亲和力的方式，制约着精神共同体之精神支柱的质量，在根本上影响社会生活共同体的命运。

---

① 《马克思恩格斯文集》第2卷，北京：人民出版社2009年版，第591页。

一、精神共同体的精神要素

精神，作为哲学范畴是相对于物质而言的，指的是反映物质的各种意识。作为社会生活共同体和精神共同体范畴则特指人的心态和态度，心态指的是人的心灵秩序，态度指的是人的行为倾向。在精神共同体中，人的心态和态度总是会受到多种精神要素的影响。历史意识、社会认同感、人生价值观、道德观念等是精神共同体中主要的精神要素。

（一）历史意识

历史意识属于人类意识范畴，是人类对自然、人类自己在时间长河中发展变化现象与本质的认识，也是人类对自己社会生活共同体及其命运特有的一种自觉意识和认识能力，也是继承历史、创造历史的实践智慧的精神基础。正是这种精神元素使得人类以命运共同体的方式，不断地由低级向高级发展、由愚昧向文明进步。在这种意义上可以说，人类之所以能够脱离自然、成为自然界的精灵，是从历史意识的萌芽开始的。一个社会生活共同体如果缺乏普遍的历史意识，终将会面临解体的厄运。

历史意识的内涵因由精神共同体的不同类型而不同。一国一民族的精神共同体的内涵多涉及经济、政治、军事、科技、伦理与道德等方面的精神元素，其中伦理与道德方面的历史意识对精神共同体的影响最为明显，也最为深远。纵观人类伦理和道德文明发展史，关于道德的历史意识尤其重要，因为它给精神共同体一代代的人们传承着道德实践智慧。

精神共同体与其历史意识的影响是一种互动过程。精神共同体的历史越是悠久，规模越大，其历史意识的内涵就越丰富，越是清晰强烈。反过来看，历史意识的内涵越是丰富、清晰和强烈，对精神共同体存续的影响就越是明显，对命运共同体的影响就越是重要。

一国一民族精神共同体中的历史意识，攸关一国一民族兴衰存亡的命运。20世纪上半叶，中华民族面临日本军国主义入侵，国共两党两军之所以能够实现合作，同仇敌忾、一致对外，最终赶走了侵略者，维护了国家和民族的统一，是中华民族有着浓厚的历史意识使然。同样，一国一民族要改变暂时分裂的局面、重现命运共同体的统一，关键因素还是要看国家和民族的认同意识，亦即精神共同体的历史意识。

（二）社会认同感

如果说，历史意识是组建精神共同体之经的精神要素，那么，社会认同感则是组建精神共同体之纬的精神要素。

社会认同感，一般指的是个体基于其与特定的群体即社会生活共同体意义关系的认识所产生的归属感。社会认同感的心理反应不仅存在于个体与共同体之间，也存在于共同体成员相互之间，通常表现为"像他那样"；既有合乎共同体命运要求的正向反应，也有违反命运共同体要求的负向反应。

社会认同的归属感作为个体的一种心态是一种精神系统，如在国家和民族的精神共同体中表现为爱国主义和民族精神，在学习和工作的具体单位或部门表现为整体意识和集体观念。社会认同感作为一种精神的正能量，小而言之就是常说的团队精神，大而言之可上溯到国家和民族精神。一个成熟的命运共同体，必然具备相应的社会认同感。一个社会生活共同体不能具备相应的社会认同感，势必会难逃自我解体或被别个共同体解体的厄运。

社会认同感是相对于个体认同感而言的。自我认同，是个体依据个人的经历经由反思所理解到的自我。这种反思过程会受到社会认同归属感的支配和影响，一个人有无关于共同体的归属感，或持有什么样的共同体归属感，一般就会产生什么样的自我认同。因此，任何一种精神共同体都会重视采取思想政治和道德教育包括心理调适等手段，培育共同体成员正向的社会认同归属感，引导他们正确认同自我。

（三）人生价值观

人生价值，是从经济学的价值范畴引申而来的，指的是人生过程对于人生发展和进步的实际意义或有用性。

人生价值观，包含人生观和关于人生的价值观两个部分。人生观，是人们对人生问题的根本看法，主要内容是对人生目的、意义的认识和对人生的态度，具体包括公私观、义利观、苦乐观、荣辱观、幸福观和生死观等。关于人生的价值观，是人们对人生的价值问题的根本看法，核心问题是"人为什么要活着"。

一般说来，一个人的人生价值观会受到其社会历史观的影响。但是，人生价值观具有相对独立性。持有科学的社会历史观的人，不一定就抱有正确的人生价值观，反之，社会历史观不科学的人，也可能会抱有正确的人生价值观。

人生价值观作为精神共同体的精神要素，内涵很丰富，也相当复杂，最高的表现形式是信念和信仰。其中，既有科学的信念和信仰，也有非科学的信念和信仰。前者基于对社会发展规律和人生价值实现祈求的科学认识，后者反之，或者基于违反社会发展规律的认识，或者只是基于对人生价值实现的某种祈求。宗教信念和信仰属于后者。其间，就人生价值实现的祈求来看，又有两种不同的情况，一种是祈求善待自己和造福他者，影响广泛久远的基督教、伊斯兰教、佛教的信念和信仰，属于这类。另一种则是名目繁多的邪教，信仰者多是出于某种自私和邪恶的价值祈求心态。

（四）伦理观

伦理观包含三个方面的精神要素。

一是对伦理关系作为一种特殊的"思想的社会关系"的认知，这是精神共同体中最为重要的精神元素。如前所述，它是一种看不见摸不着的精神家园，我们却能感悟到它的真实存在。二是伦理关系以"心照不宣"和"心心相印"、"同心同德"和"齐心协力"的方式充当着所有精神共同体的核心，在"人心所向"的意义上表现出巨大的精神能量。三是伦理关系在每一个社会里都有"自然而然"产生和"人为使然"两种基本形态，前者是伴随社会经济关系产生的，后者是经由观念意识形态的"理论加工"和道德教化而逐步形成的，二者都具有历史必然性。

（五）道德观念

一定社会道德理论和行为规则经过道德教育和建设内化为人们的自觉遵守的内心信念，便成为人们的道德观念。道德观念能够经过宣传和普及而成为社会道德心理，并经由代代相传而成为一国一民族的道德传统。人们常说的道德传统，实则是道德观念传统。

从逻辑上来分析，道德观念应是维护伦理关系最重要的心理基础。在一定社会的精神共同体中，伦理关系作为"自然而然"和"人为使然"产生的"思想的社会关系"必须与时俱进，适应社会经济关系及"竖立其上"的上层建筑包括观念的上层建筑建设的客观要求，但实际状况并非自然这样。在社会发生变革的情况下，伦理关系的"人为使然"形态并不能适时跟进整个社会的变革与发展，通常会蹒跚在社会变革与发展的后面。在这种情势下，道德观念更新就成了维护精神共同体的首选任务。

在精神共同体中，上述精神要素实际上是以相互渗透、相互依存的方式存在的，我们只是为了理解和认知的方便，在相对独立的意义上将它们分解开来。人类社会命运共同体的精神世界如同其物质生活世界一样，本来就是普遍联系的整体。

二、精神共同体中的精神生活

在社会生活共同体中，相对于物质生活而言便是精神生活。物质生活的资料是衣食住行的物品，精神生活的资料是指各种精神元素。人在精神活动中根据需要，按照一定的需求及需求方式，利用精神共同体中的精神元素便形成其精神生活。

（一）精神生活及其实质内涵

精神生活与物质生活一样是人的基本生活需要，也是精神共同体存在的基本方式，然而精神生活只是属于人的世界。有些动物或许会有某种"精神需求"，但那不过是它们的一种本能的情绪表达而已，与人的精神生活有本质的不同。

精神生活是人的自觉意识的能动的活动。马克思在《1844年经济学哲学手稿》中说到异化劳动的弊端时指出："动物和自己的生命活动是直接同一的。动物不把自己同自己的生命活动区别开来。它就是自己的生命活动。人则使自己的生命活动本身变成自己意志的和自己意识的对象。他具有有意识的生命活动。这不是人与之直接融为一体的那种规定性。有意识的生命活动把人同动物的生命活动直接区别开来。正是由于这一点，人才是类存在物。或者说，正因为人是类存在物，他才是有意识的存在物，就是说，他自己的生活对他来说是对象。仅仅由于这一点，他的活动才是自由的活动。异化劳动把这种关系颠倒过来，以致人正因为是有意识的存在物，才把自己的生命活动，自己的本质变成仅仅维持自己生存的手段。"①

精神生活有广义与狭义之分。广义的精神生活包含精神生产、精神追求和精神享受三大领域，狭义的精神生活专指精神追求和精神享受，包含人生理想与信念、道德评价与修养、爱情婚姻、文艺欣赏、休闲娱乐等。

精神生活，不论是精神追求还是精神享受都是在特定的"思想的社会关系"中进行的。精神追求关涉的"为什么追求""追求什么"和"怎样追求"，不可能离开特定的"思想的社会关系"。比如专业学习持有的理想和信念，总是在"思想"上与国家、社会、家庭和自己建立了某种联系；精神享受的"享受什么"和"怎样享受"，总是以特定的"思想的社会关系"作为展现平台，离开这种平台诸如文学艺术欣赏、旅游和休闲、QQ聊天等，就无法进行。"思想的社会关系"既是精神生活的表现形式，也是精神生活的实际内容。精神生活总是一种精神共同体的生活。

---

①《马克思恩格斯文集》第1卷,北京:人民出版社2009年版,第162页。

就是说，精神生活的实质内涵是"思想的社会关系"。从另一个角度反观之，在社会和人的命运共同体中，相对于"物质的社会关系"的"思想的社会关系"，是通过精神生活的方式建构和展现出来的，没有精神生活的建构，所谓"思想的社会关系"也就成了无稽之谈。实际上，二者是一种相互依存、相得益彰的逻辑关系。这是一个问题的两个方面。

进一步来分析，充当精神生活实质内涵的"思想的社会关系"，就是参与者的历史意识、社会认同感、人生价值观和伦理道德观；作为精神生活实质内涵的"思想的社会关系"就是由人们的历史意识、社会认同感、人生价值观和伦理道德观构建的。

精神生活，不是宣示关于精神元素的文本，文本宣示的东西转变成人们精神生活的治疗，尚存在一个建构方式的问题。

（二）精神生活的类型

一是读书求知。大体有两种具体类型，一种属于人生追求范畴，与人生理想和信念相关联，人在学校期间的读书求知、求成才属于这类。在学校期间读书求知求成才的学生，一般都不能视自己的学习生活为一种精神生活，面临升学压力的学生更是这样，总是或多或少地认为学习是一件"苦差事"，古时有"十年寒窗苦"的说法。这里有一个问题值得讨论：精神生活不一定都是令人感到愉悦的，有的可能给人带来的恰恰是痛苦，但是就人的成长成才、维护和优化命运共同体的客观需要而论，这种痛苦的经历又是必需的。而且，这种给人以"痛苦"感受的精神生活，恰恰是为此后愉悦的精神生活所做的必要铺垫。另一类读书求知与追求成才的关联不是那么直接。多是人们从丰富知识、增长见识出发的，旨在让自己充实起来、提高生活的质量。这种读书求知的过程，增长人的见识、知识和人生智慧，是一种所谓高雅的精神生活。

二是文艺欣赏。这是一种典型的精神生活，是人对文学艺术作品的持续认识和情感体验并引起自身心理共鸣的过程。在这种过程中，欣赏者通过理解艺术形象之间的联系，理解人物事件的前后联系，理解形象孕育的含义，并联系自己的人生经历和经验，对艺术作品中的形象以及艺术作品本身做出好坏优劣、美丑善恶的评价，从而给人带来精神愉悦。同时，文艺作品多能以"文以载道"的方式增加欣赏者对人生真谛的理解和感悟，给予"讲道德"和做"道德人"以道德实践智慧的启迪。

三是休闲娱乐。即过去俗语所说的"玩"。玩，有各种各样的玩法。休闲娱乐是现代社会人们最具代表性的玩法，其中又以旅游和打牌（麻将）最为盛行。在当代中国，每逢节假日，旅游大军动辄数千万直至上亿，或自驾游或乘坐高铁和飞机满地跑、满天飞，遍布全国各个风景名胜的景区。至于"斗地主""掼蛋"之类的打牌娱乐，更是平日随处可见，有些地方的电视台为此还安排了"掼蛋"辅导专题节目。

诸如此类的休闲娱乐方式，成了当代中国人精神生活共同体中一种最为时尚的精神生活。为了充分享受这种时尚带来的愉悦，休闲娱乐者们有的结伴而行，有的举家还带上小猫小狗之类的宠物。这期间出现的许多违背休闲娱乐的道德问题，如果用传统伦理学的分类方法来看都属于社会公德范畴。其中，一些道德问题并不能说明涉事者的道德人品问题，本是完全可以避免的。

四是走亲访友。在传统社会，走亲访友多是为了"礼尚往来"，寻求一种精神慰藉，是典型的精神生活类型。如今的情况有所变化，走亲之"亲"多不是过去血亲意义上的，通常也就是友。道德领域一些突出问题，包括行贿受贿这类违法犯罪问题，多发生在这个特殊的人际交往过程中。从大量案件来看，行贿受贿多发生在亲友之间。这使得这种类型的精神生活如何保持正常的伦理关系、遵循应有的道德规则，成为道德实践智慧必须关注的领域。

（三）精神生活的质量标准

人们常用文明与健康作为评判精神生活质量的标准。所谓文明与健康，简言之就是与社会文明的整体状况大体一致，与精神共同体的文明水准和要求相适应，有助于人们的身心健康。

如果说，文明健康是评判精神生活质量的一般标准，那么意识形态属性则是评判精神生活质量的最高标准。因为，精神生活各种元素的社会属性使之具有意识形态的特质。

评判精神生活的意识形态标准不是绝对的，不是任何类型的精神生活都具有明显的意识形态属性。在精神共同体中，不具有意识形态要求的精神生活，如休闲娱乐和走亲访友等，是大量存在的，它们一般并不含有意识形态的特质。但在一些特殊情况下，此类精神生活同样会显露出来的意识形态，如把自己的姓名刻在著名文化遗产上或写在著名风景点上的"精神生活"，就不是一个可以用文明与否的标准进行评判的简单问题，因为它实则是站在精神生活的对立面，鄙视人类精神共同体财富、恶意张扬个性的问题，既违背了道德，也违犯了法理。

精神生活中的意识形态属性，反映精神共同体的社会制度属性和时代特征，因而是评判精神生活质量的根本标准。一个人读什么书、欣赏什么样的文艺作品，以至于"玩"什么、"走"什么"亲"和"访"什么"友"，多直接或间接、或多或少说明他在精神生活方面与他所在的精神生活共同体是否"同呼吸、共命运"，体现他所处时代的特征，是否有助于精神共同体的建设。

有史以来，不符合一定社会意识形态属性要求的精神共同体并不鲜见。如各种各样的小团体乃至黑社会性质的团体，其精神共同体的特质都是十分鲜明的，但是其精神生活的质量却是违背精神共同体的时代要求的。

制定和把握精神生活质量标准的主体，一般是一定社会的宣传教育机构和大众传媒。它们从舆情和舆论导向的角度左右着人们精神生活的质量，影响着精神共同体的实际状态，深刻地影响着一国一民族命运共同体的前途。

（四）精神生活与物质生活的逻辑

精神生活与物质生活的关系，不是精神与物质关系的哲学范畴，不可简单地用"物质决定精神""精神对物质具有反作用"的唯物论的反映论给予解读。严格说来，精神生活和物质生活的逻辑，不是一个形而上学的思辨领域。

社会生活的实际情况表明，物质生活贫乏的人不一定就会导致精神生活贫困；反之，物质生活富裕的人不一定就会精神生活富足。事实情况往往是，有的贫穷者享有丰富的精神生活，有的富足者却"穷"得除了金钱和财富什么也没有。为什么会存在这样的反差呢？归根到底，需要到人的基本生活需要中寻找可能存在的最佳答案。

物质生活和精神生活是人的两大基本需要，缺一不可。两千多年前，中国先哲管子曾说过："仓廪实则知礼节，衣食足则知荣辱。"[1]他说的是一个谁也否定不了的简单道理，并不是要张扬什么深奥的道德发生论理论，过去的伦理学将此作为唯心史观道德发生论批评，实则是文不对题。美国心理学家马斯洛在20世纪中叶提出"需要层次论"的理论影响广泛。这种理论认为人的需要有五个由低级到高级的基本层次，即生理、安全、社交、被尊重、自我实现。一般情况下，人在满足低一级层次需要之后就会继而追求高一级的需要。这种心理学的原创理论，对于我们认知人的需要存在的某种规律，是有帮助的。但是，并不适合被用来解读命运共同体中精神生活与物质生活之关系的"原理"。因为，在命运共同体中，个体不是孤立的，关于生活需要的思维方式一般不会脱离共同体所能给予的条件，一个人在物质生活资料匮乏的情况下，往往并不按照"层次规则"放弃安全、被尊重和自我实现的精神需要，恰恰相反，往往更需要的是来自精神共同体所给予的精神需要。

三、精神共同体的伦理核心

精神共同体中的道德实践智慧问题，同样是一块未曾开垦的撂荒地。过去，学界涉及精神生活中的道德问题本来就少，涉论精神共同体中的道

---

[1]《管子·牧民》。

德实践智慧问题更少。而从实际情况看，如何发挥精神共同体的功能实则就是如何理解和把握道德实践智慧的问题，因此，研究道德实践智慧的形而上学基础，绕不过精神共同体中的道德实践智慧问题。

（一）精神共同体的凝聚功能

精神共同体，因拥有共同的历史意识和社会认同感、人生价值观、伦理关系和道德观念，而在"心照不宣"和"心心相印"、"同心同德"和"齐心协力"的意义上拥有伦理核心，从而在"人心所向"之轴心的意义上形成最大的凝聚力和亲和力，使得社会生活共同体拥有一种所向披靡的精神力量。古人云："得人心者得天下"，伦理核心在根本上影响着一国一民族共同体的命运与前途。

这种功能对于共同体中的个体而言，就是精神家园和精神支柱的慰藉和激励效应。它让共同体成员感到共同体是一个大家庭，产生安全感，同时生发作为共同体成员的自豪感和责任感。在这种意义上可以说，精神共同体是个体人生的动力之源，在根本上影响一个人的生存和发展、前途与命运。

就个体的生存和发展、前途与命运所必需的条件而论，社会生活共同体中的利益共同体可以让个体获得所必需的物质条件，但不一定能够让个体获得所必须满足的精神需求。这是精神共同体优于利益共同体之处。

（二）把握精神共同体伦理内核的方法路径

伦理作为"思想的社会关系"，人们看不到它的真实存在，只能凭借抽象思维和相应的道德实践智慧来把握。事实证明，身处命运共同体中的人们，包括那些专门从事命运共同体中公共管理的人们，往往看不到精神共同体中伦理核心的极端重要性，后者的这种疏忽是特别应当引起注意并加以纠正的。公共事务管理者们或许能够看到精神共同体中"心往一处想"对于命运共同体建设的重要性，但却看不到这种重要因素正是伦理精神共同体的核心力量在起作用。因此，他们很重视思想道德和精神文明建设，但往往只是抓表面的工作，搞得轰轰烈烈，热热闹闹，却不重视实际效果。这是在思想道德和精神文明建设领域长期存在形式主义和做表面文章之现象的认识论原因所在。在任何社会，把握精神共同体伦理核心都是"民心工程"。

概括起来看，认知精神共同体中道德实践智慧的基本路径，就是要认知道德实践在精神共同体中的地位与作用，说明精神生活与道德实践的内在逻辑关系，由此产生内在的凝聚力，维护社会生活共同体存续和发展。

（三）精神共同体伦理核心与道德实践智慧

精神共同体中的伦理核心如果缺失道德实践智慧，就可能缺乏稳定性，这样的精神共同体多是不可靠的，在特定的情况下可能会自行解散，或被外在力量解体。

道德实践智慧之于精神共同体伦理核心的建构意义，主要是方法原则意义上的。精神共同体的建设，不仅要让共同体成员知道精神共同体的重要，而且要让成员知道为什么重要、道德实践怎样才能体现这种重要性。这样，才能在"知其所以然"和"何以促其所以然"的意义上，真正发挥道德对于建构精神共同体的作用。

事实也证明，精神共同体伦理核心的形成，最为重要的是要看共同体的管理者是否相应地把握了道德实践智慧。20世纪50年代，全社会在十分强势的思想道德教育感召下，意气风发、精神昂扬，形成了"大跃进""十五年赶超英国""跑步进入共产主义"的舆论氛围。然而，这些轰轰烈烈的道德实践或带有浓烈道德祈求的实践，由于缺乏道德实践智慧的内涵，并不能形成"心照不宣"和"心心相印"、"同心同德"和"齐心协力"的伦理核心。从基于建构精神共同体伦理核心的要求来看，任何道德建设的实践活动都不能仅凭借道德和热情从事，而应当具备相应的道德实践智慧内涵。

第四节 社会生活共同体的管理中枢

社会生活共同体的管理中枢是其管理共同体。人类的生存和发展总是以社会生活共同体的方式进行的，是有意识、有组织、有管理的活动。这就使得管理活动和管理共同体的构成成为一种必然之需。安排和接受管理活动，是人具备自觉能动性之主体精神的一种表现。

在命运共同体中，管理共同体承担着将"走"到一起和"想"到一起的共同体成员"管"在一起的管理责任。不仅承担着利益主导物质生产和分配的责任，也承担着倡导道德和精神文明建设的责任。管理共同体与利益共同体和精神共同体一样，也是历史范畴，在原始社会生活共同体解体之后，多演变成国家层面上的执政共同体，并因具体的生态环境和历史条件不同而具有国情特质和民族性格的特征。

一、管理共同体方式的历史回眸

管理共同体在原始共同体解体后演化成为执政共同体。由于受到阶级统治的深刻影响，执政共同体多带有统治阶级的特性，共同体的管理方式和执政观念多比较单薄。

（一）管理（执政）共同体的历史演变

原始社会命运共同体的管理通常是家长式的，实行高度集权。这种方式一直延续到奴隶制和封建制社会，在古希腊的民主奴隶制时期也不例外。

在阶级对立和对抗的社会中，执政共同体直接代表剥削阶级的利益，力图通过其创建的意识形态建构适合其统治需要的精神共同体，同时也就在"共同命运"的意义上代表被剥削阶级的利益。

这是中国历史上执政共同体将"仁者爱人""为政以德"之类"民本"思想纳入"统治阶级的思想"的内在动因，也是执政共同体能够出现"明君名臣"之类历史人物的原因所在。由此而论，诸如"齐家、治国、平天下""先天下之忧而忧，后天下之乐而乐"之类的价值祈求和思想观念，尽管难免会带有剥削阶级集团执政的历史局限性，实际上都是命运共同体思维方式的产物。

历史地看，进入阶级社会之后，人类社会生活共同体中的执政共同体大体上经历了以家族统治为基本特征的专制型、以君主立宪和三权分立为基本特征的资本主义民主型、以人民代表大会为基本特征的社会主义民主型等不同的历史发展阶段。在应然的意义上，社会主义民主执政共同体是最先进、最合理，也是最有发展前途的执政共同体。

（二）执政共同体的极端方式

有史以来，国情和民族性格的差别使得一些国家和民族的执政共同体形成极端的方式。它们为了本国本民族的前途与命运，置别国别民族的前途与命运于不顾，穷兵黩武，创设的特殊意识形态建构他们特殊的精神共同体，恣意侵犯和奴役别国别民族，曾经并仍在给包括他们民族在内的人类命运共同体，造成深重的灾难。

一是军国主义方式。军国主义（Militarism），即指崇尚武力和军事扩张，将穷兵黩武和侵略扩张作为立国之本，将国家完全置于军事控制之下，使政治、经济、文教等各个方面均服务于扩军备战及对外战争的思想和政治制度。

军国主义充满残酷性和反动性，曾给人类带来巨大灾难。它的基本理论包括对和平的否认，坚持战争是不可避免的，甚至认为战争本身是美好和令人神往的。军国主义的行为体现为某个国家政治、经济和社会生活各个方面的军事化，以及对外奉行侵略扩张的政策。在军国主义国家，战争成为国家的主要目的。国家的生存和发展主要依靠对外掠夺和扩张。

二是霸权主义方式。霸权主义、强权政治在本质上是要把本国的利益凌驾于其他各国家的利益之上，凭借其经济军事实力对其他国家进行控制、干涉和侵略，造成世界的动荡不安，成为威胁世界和平与稳定的主要根源。其表现主要：第一，强迫别国接受和照搬自己的社会制度和意识形态；第二，利用"民主""人权"甚至"价值观"等，任意干涉别国内政；第三，凭借经济实力和军事实力，到处侵略。它们置联合国安理会于不顾，违背国家主权和领土完整不受侵犯的神圣原则，公然践踏国际关系的普遍原则，其目的是要用武力手段建立一个符合它们自己利益的国际新秩序，确立其主宰世界的地位。从人类社会历史发展的客观规律和总趋势来看，如今的民族国家最终都会解体，共同进入共产主义社会。但是，这种过程如同以往的历史发展轨迹和趋势那样，也是一种"自然历史过程"。在这种过程中，凡是试图凭借政治军事强权强行建立殖民主义的"共荣圈"或霸权主义的世界新秩序，都是逆历史规律而动，都被证明是管理中枢的错误选择。

三是宗教极端组织方式。21世纪以来，最活跃的 ISIS 或 ISIL 组织，就是由这种执政共同体把持的邪教组织。ISIS（The Islamic State of Iraq and Greater Syria）是2014年出现的恐怖组织"伊拉克和大叙利亚伊斯兰国"的缩写。其前身是2006年在伊拉克成立的"伊拉克伊斯兰国"。其目标是要消除在二战结束后，由温斯顿·丘吉尔所创建的现代中东的国家边界，并在这一地区创立一个由基地组织运作的酋长国，也称"伊拉克和黎凡特伊斯兰国"（ISIL）。2014年6月29日，该组织的领袖阿布·贝克尔·巴格达迪自称为哈里发，将政权更名为"伊斯兰国"，并宣称自身对于整个穆斯林世界（包括历史上阿拉伯帝国曾统治的地区）拥有权威地位。

军国主义、霸权主义和宗教极端组织之管理或执政共同体，都是基于本国本民族的利益共同体扩张，迷信和实行执政霸权和军事上的穷兵黩武，为此总是要创设一些特殊的精神元素来建构他们的精神共同体，痴想以一己之私谋求殖民统治或世界霸权，它们曾经和正在给人类社会生活共同体带来的只是灾难，也因此而已经或必将自取其辱。

二、中国特色社会主义执政共同体及其历史使命

在人类命运共同体的历史发展进程中，社会主义执政共同体是管理共同体的最后一种方式。它不仅担当着将本国人民"管"到一起的责任，也担当着最终彻底消灭阶级差别，将人类命运共同体推向共产主义社会的历史使命。东欧剧变后，坚持走社会主义道路的国家已经不多，中国坚持走中国特色社会主义道路，将社会主义命运共同体的远大目标定格在实现中华民族伟大复兴的中国梦上面。

（一）社会主义执政共同体的一般特征

社会主义执政共同体与阶级社会中执政共同体的根本不同在于：不是为了实现一个阶级对另一个阶级的统治，而是为了共同体的全体成员的生存、发展和幸福。马克思恩格斯早在《共产党宣言》中就宣称："全世界无产者联合起来。"后来，恩格斯在《马克思和〈新莱茵报〉（1848—1849）》中强调指出，"共产党人同其他无产阶级政党不同的地方只是：一方面，在无产者不同的民族的斗争中，共产党人强调和坚持整个无产阶级共同的不分民族的利益；另一方面，在无产阶级和资产阶级的斗争所经历的各个发展阶段上，共产党人始终代表整个运动的利益。"[①]能够真正称得上共产党的执政共同体，都必须具备这种本质特性。

（二）社会主义国家执政共同体面临的挑战和机遇

社会主义既是一种先进制度和思想理论体系，也是一种前人未曾走过的道路。它在无产阶级政党的领导下诞生，能否在这个政党作为新型执政共同体的领导下得到巩固、创新和发展，是人类社会生活共同体的执政共同体未曾经历过的挑战，也是难得的历史机遇。

迎接这种挑战，抓住这种机遇，一要创新和发展社会主义的制度、理

---

①《马克思恩格斯文集》第4卷，北京：人民出版社2009年版，第2页。

论和道路，二要解决执政过程中共同体成员出现的腐败堕落问题。东欧剧变的惨痛教训表明，这两个方面的挑战都事关无产阶级政党作为社会主义国家政治共同体的前途和命运。

迎接挑战和抓住机遇是同一种过程，需要厉行改革和创新。20世纪以来，中国社会的发展进步证明，只要坚持改革和创新，就可以维护和巩固执政共同体，推动社会主义建设事业的发展和进步，不断优化社会主义社会生活共同体。

（三）中国特色社会主义社会生活共同体的历史使命

总的来说，一方面要通过实施"四个全面"战略布局，加速实现中华民族伟大复兴的中国梦，另一方面，要勇于承担推进全人类命运共同体实现光明前途的历史责任。中共十八大以来，党和国家主要领导人在多种国内外重要场合用"命运共同体"的话语形式，将中华民族命运共同体与全人类命运共同体的发展与前途关联了起来，表达了中国特色社会主义命运共同体应有的胸怀和气魄。

面临经济全球化历史条件下如何建构命运共同体的共同挑战，社会主义中国承担着特殊的历史使命，应大有作为。一方面，要通过实施"四个全面"发展战略维护和优化建构中国特色社会主义社会命运共同体——大力推进实现中华民族伟大复兴的中国梦的历史进程。另一方面，要以社会主义命运共同体应持的宽宏胸怀和开放姿态面对国际社会，通过"一带一路"建设从利益共同体的角度强化与别国的命运共同体的联系，同时要为维护全人类命运共同体建设的客观要求而坚决开展必要的竞争。而要如此，就要确立共同体的思维方式，切实倡导和践行社会主义核心价值观，并在处置国际关系中彰显其对于建构全人类命运共同体的"世界历史意义"。

首先，在看待执政党与人民群众的关系上，要摈弃在阶级社会中形成的"官"与"民"相对立的固有思维方式。众所周知，中国共产党执政共同体与过去阶级社会里剥削阶级的统治集团有根本的不同，他们来自

"民"，代表"民"，只是为了践履自己的宗旨才如同当年毛泽东所说的那样"我们都是来自五湖四海，为了一个共同的革命目标，走到一起来了。"①所以，中国共产党执政共同体理所当然地会在总体上和根本上得到广大人民群众的拥戴。在社会主义制度下，我国执政共同体成员的身份本质上已经不是"官"，而是一种职业，他们既是为共同体服务的公职人员，也是共同体的一员，与命运共同体同呼吸共命运。因此，那种把社会主义社会命运共同体成员严格划分为"官"与"民"两种对立的人群，甚至还要刻意划分所谓"官二代"与"民二代"之间的差别，是违背我国社会主义社命运共同体建构的前提要求的。当然，这样说并不是要将"官"与"民"混为一谈，更不是主张"官"可以不为"民"履职，而是强调"官"的履职理念和方式应立足于命运共同体的建构，真心实意为共同体服务。正因如此，中国共产党高度关注民生，适时致力于调整利益共同体中不应失衡的利益关系，淡化和化解利益共同体在改革年代难以避免出现的矛盾和问题，同时坚决反对"官员"以权谋私，也并不漠视"官员"的正当和应当之个人利益。

其次，在看待个体与集体的关系问题上，要摒弃"社会本位"抑或"个体本位"的两极思维范式。严格说来，"社会本位"和"个体本位"都是阶级对立和对抗社会的产物，与共同体的思维方式和价值观是对立的。它们在封建专制社会和资本主义的上升时期，对社会和人的发展进步都曾展现过重要的历史价值，维护了人们共同的命运，与此同时也都暴露出历史局限性。资产阶级为此曾试图以"以人为本"的人本主义历史观和价值观来调和"社会为本"或"个体本位"的对立，但事实证明，这种调和的作用在垄断私有制造就的阶级对立的"现实基础"上是有限的，在一些存在根深蒂固的种族主义的资本主义国家更暴露出其虚伪本质和虚弱功用。当代西方一些有识之士，试图用诸如"社群主义"和"正义论"的价值思维方式应对和淡化资本主义社会的深刻矛盾，这种价值取向的旨趣是否可被视为一种向"共同体思维方式"转移的表征，是值得我们关注的。

①《毛泽东选集》第3卷，北京：人民出版社1991年版，第1005页。

最后，在看待不同社会的主导价值观的优与劣问题上，要确立社会主义核心价值观的自觉和自信。社会主义核心价值观，是中国共产党基于中国特色社会主义市场经济及"竖立其上"的社会主义民主政治和法制建设的客观要求，传承中华民族优秀的价值观文化，借鉴资本主义社会主导价值观的有益成分和话语形式的一大理论创新成果。列宁在研读黑格尔《逻辑学》时指出："人对事物、现象、过程等等的认识深化的无限过程，从现象到本质、从不甚深刻的本质到更深刻的本质"是"辩证法的要素"之一[①]。社会主义核心价值观中的民主、自由、平等、公正、法治等原则，具有列宁所说的"更深刻的本质"的本质特性，不仅适应当代中国命运共同体建构的客观要求，也因其科学的传承和借鉴而具有毋庸置疑的"世界历史意义"，势必会逐步产生广泛的影响。

为此，我们要自觉地积极向域外传播社会主义的民主观、法治观、自由观、平等观、公正观的先进性和科学精神，在精神共同体的层面促进当代人类命运共同体的建构。

立足于命运共同体、运用共同体的思维方式来看，管理共同体与命运共同体是同呼吸共命运的关系，宛如孔子希冀的那种"譬如北辰居其所而众星共之"的关系，"治者"和"被治者"都是"星"，处在一个"星际"之中，不过是"治者"之"星"大一些，亮一些罢了，而这是必要的和必需的，因为"治者"和"被治者"的角色不同，承担的共同体责任不同。实际上，孔子所言是自古以来一切治者及其士阶层所作的共同努力。不过，在阶级社会里，阶级剥削和压迫的统治使得这种努力多带有虚幻和虚假的特色而已。

中国共产党作为一种执政的管理共同体，与广大人民群众的关系，是真正的命运共同体的关系。中国共产党来自人民群众，人民群众选择和拥护共产党执政，共产党代表人民执政，都应被视为共同体作为。

---

① 列宁:《哲学笔记》,北京:人民出版社1993年版,第213页。

结语：基于社会生活共同体建构道德实践智慧

社会发展不论处于哪一种历史发展阶段，也不论其内在矛盾和问题如何，总是呈现一种共同体的总体状态。将道德实践智慧的形而上学基础定位在社会生活共同体，不是要否认社会客观存在的差别和矛盾以及由此引发的纷争乃至斗争，也不是要否认不同类型共同体内特定的民族及个体成员的个性差异，而是要强调所有这些个性本质上都不过是表达社会生活共同体的不同形式，不可与社会生活共同体相悖。

基于社会生活共同体来看，一切的国家和民族都不能无视别的共同体的存在，所有的生命个体都不可以不关注别的个体的生存与发展乃至前途和命运，所谓个性表达本质上也不能只是为了展现"我酷故我在"。正因如此，如何看待共同体中的个性与共性的逻辑关系，是构成社会生活共同体的永恒主题。

基于社会生活共同体建构道德实践智慧，基本的理路应是将指导和影响道德实践的理论、知识和方法有机地统一起来。因此，坚持运用历史唯物主义的方法论原理，遵循社会和人生发展的客观规律，反映维护和优化特定命运共同体的客观要求，是唯一科学合理的方法论选择。

人生在世，不论身在何处，总是生活在特定的社会生活共同体之中，参与各种各样的社会实践活动包括道德实践活动，不可避免地需要运用相应的道德实践智慧。因此，基于社会生活共同体建构道德实践智慧，是社会和人发展进步的必然选择。其中，最基本也是最重要的是社会和个体的道德实践智慧样式。

第五章 道德实践智慧的社会样态

　　立足于社会生活共同体的形而上学基础，探讨道德实践智慧的社会样态，需要始终把握一个逻辑前提，这就是社会与个人相统一的整体观念，在此前提下促使道德实践的知识、理论和方法相一致。而要如此，首先就要明确道德实践智慧的社会样态与社会道德体系的学理界限。这种界限，总的来说，前者是就社会道德实践应当具备的智慧要求而言的，后者则如同中国在2001年10月25日颁发的《公民道德建设实施纲要》提出的"爱国守法、明礼诚信、团结友善、勤俭自强、敬业奉献"那样，是社会提出和倡导的道德价值标准和行为规则体系，亦即人们通常所说的社会道德规范体系。它们如果具有道德实践智慧的特质，则应内含在道德实践智慧的社会样态之中。

　　社会道德实践的四种基本类型，即道德倡导、道德教育、道德评价、道德实验，都需要一定的道德理论及由此推演的道德价值标准和行为规则为指导，以及在此培育过程中形成的道德人格与之相适应。因此，探讨道德实践智慧的社会样态应从道德基本理论、道德准则体系、道德人格标准三个层面展开。

第一节　道德基本理论的智慧样态

道德基本理论关涉道德作为特殊的社会意识形态和价值形态的根源与本质特性及其与其他社会意识形态的逻辑关系，其智慧样态的品质是社会道德实践的逻辑起点和理性根基。一个社会建构和奉行什么样的道德基本理论，就会在逻辑起点的意义上设计和开展什么样的道德实践，提倡和推行什么样的道德准则体系，培育什么样的道德人格。因此，研究和阐发道德实践的智慧样态，首先就要遵循历史唯物主义的方法论原理，赋予道德基本理论以应有的道德实践智慧品质。

一、道德根源于一定社会的经济关系

道德是从哪里来的？社会和人为什么需要道德？这两个相互关联的问题是道德基本理论的逻辑起点。在历史唯物主义视野里，道德根源于一定社会的经济关系，是适应社会生产和交换实践活动的必然产物。

（一）历史唯物主义诞生以前的道德根源观

讨论这个问题首先需要说明的是，在道德与经济关系的逻辑关系问题上，学界长期用"起源"而不用"根源"，其所以如此，可能是认为二者是一个意思，而且起源比根源通俗易懂。这其实是一种学理性的错误。诚然，道德的起源和根源都是道德发生论意义上的概念，但是二者并不一样。"起源"是时间概念，意指时间起点——从那时发生的；而"根源"则是空间概念，意指逻辑起点——自那里发生的。在历史唯物主义看来，由于受不同的自然和社会复杂因素的影响，各国各民族道德发生的时间起点不可能是一样的，但发生的逻辑根据则必然是一样的——在归根到底的意义上都是一定社会经济关系的产物。也就是说，各种各样道德的发生必然有不同的时间起源和同样的逻辑根源，道德根源统一于道德的起源，但起源不可替代根源，否则就会抹杀道德作为特殊的社会意识形态和特定的价值形态之属性与使命。

历史地看，将根源与起源混为一谈，并以起源替代根源，正是一切历史唯心主义道德发生论个体的避难所。如基督教教义关于道德起源的学说主要是"摩西十诫"，实则是把"从那时发生"当作"自那里发生"，在道德发生论上是唯心史观的典型范例。

历史唯物主义没有诞生以前，历史上关于道德根源的哲学意见和伦理学说很多，最有影响的是天命论和人性论，与此相关联的还有一种观点，认为道德发生与人们物质生活状况有关，我们可称这种观点为足需观。

天命论认为，人世间各种各样的道德现象是天意决定的，基督教的"原罪说"是其代表。"原罪说"说的是"天上"的事情及其与世俗社会的伦理关系，它是整个基督教教义的立论根据和逻辑起点。起初，亚当和夏娃用浑然一体的眼光看世界，不能分辨自己作为"人"与其他生灵的差异，这说的其实是抽象的或概念的人。后来，他们因为偷食禁果、违背伊甸园规则而萌生了羞耻感，道德也就随之诞生了。这种道德发生的逻辑实际上是在说：道德根源于人的类意识和自我意识（连带性别意识）的觉醒，而羞耻感则是道德产生的第一个道德标志。也就是说，道德根源于"天"对世俗伦理关系和道德生活的启蒙与干预。

人性论，不论是中国的还是西方的都大体上可以划分为性善论和性恶论两种类型的学说。这一点，我们在前面分析道德实践过程中的道德悖论现象成因时，已经有所涉论。这里需要特别指出的是，基于道德根源观或发生论来看，性善论和性恶论与天命论并没有本质的不同，都属于关于道德根源观上的先验论，并不符合道德发生的客观逻辑。不过，值得特别关注的是"原罪说"，它虽然没有直接言说道德发生的根源问题，但却给人们一种暗示：道德源于治理人们不讲道德——恶的"本性"的客观需要，在道德根源论上与人性论中的性恶论其实是相通的。

足需观，即满足信仰观，反映的是满足物质生活需要对于道德发生的逻辑关系。学界过去没有足需观这种说法，虽然伦理思想史上这种观点和道德主张并不鲜见。足需观的道德根源观认为，人们的道德观念与物质生活需要获得满足存在直接的关系。在人类伦理思想和道德学说史上，几乎所有的道德哲学都规避足需观的学术话题，这使得它过去一直缺乏明确系统的文字著述，并无真正思辨的道德知识和理论形式，常见的不过是一两句"大实话"而已。在西方伦理思想史上，足需观的代表性观点是功利论，视功利或物质利益为道德发生的物质基础，也是处置道德问题的一项原则，反对把道德与功利对立起来。法国哲学家和伦理学家让·马利·居友（1854—1888），在其《无义务无制裁的道德概论》①中阐发的"生命哲学的道德动力"观点，是西方近代以来足需观的典型代表。

中国传统伦理思想史上旷日持久的义利关系之争不同于西方的功利论，争论的主皋不是言说道德的发生或根源，而是为了彰显道德价值高于功利价值。真正与道德发生或根源观有关的，是先秦管子关于"仓廪实而知礼节，衣食足而知荣辱"②的"大白话"。新中国学界曾有人将管子的这种观点归于庸俗唯物主义。这种批评的根据似乎基于唯物史观的方法论原则，其实不然。历史唯物主义道德主张道德源自一定社会的经济关系，同时又认为"每一既定社会的经济关系首先表现为利益。"③这里的利益关系，显然首先是物质利益关系，与人们的物质生活需求密切相关。由此可以在形式逻辑上合乎逻辑地推论出"仓廪实而知礼节，衣食足而知荣辱"。

实际上，诸如管子所主张的足需观，说的不是道德作为一种特殊的社会意识形态和价值形态的根源，而是人何以会遵循道德准则、做"道德人"的根据，即社会道德实践特别是其间道德建设的有效性问题，实则是一种真正基于道德实践智慧提出的观点，是值得今人关注的。当然，对此也不能绝对化而推论出其反命题，错误地认为"仓廪实"的人就一定"知礼节"，"衣食足"的人就一定"知荣辱"，因为"人心不知足"；反之，则

---

①［法］让·马利·居友：《无义务无制裁的道德概论》，余涌译，北京：中国社会科学出版社1994年版。

②《管子·牧民》。

③《马克思恩格斯文集》第3卷，北京：人民出版社2009年版，第320页。

一定不能"知礼节"和"知荣辱"，因为在有些情况下人们会把道德需求看得高于一切。人类道德文明发展史表明，"仓廪实而不知礼节，衣食足而不知荣辱""仓廪虚而知礼节，衣食乏而知荣辱"的情况，并不鲜见。在理论认知问题上，如果说，真理向前走进一步就可能会蜕变为谬误的话，那么在混淆了两个不同论域的理论问题那里，发生谬误就更是难以避免的了。

　　严格说来，足需观并不属于道德根源观范畴，因为它所说的并不是道德的发生或根源即"道德是从哪里来的"问题，而是在讲"人为什么会讲道德"、成为"道德人"的问题，但是它与道德根源观有相似之处。从根本上看，天命论和人性论所言说的道德根源观，实质还是基于"人为什么会讲道德"、成为"道德人"的学说立场。

（二）历史唯物主义的道德根源观

　　从马克思恩格斯的经典著述来看，历史唯物主义的创立就是从批评唯心史观的道德发生论起步的。唯物史观认为，道德归根到底是由一定社会的经济关系决定的。马克思在《〈黑格尔法哲学批判〉导言》中揭示宗教道德哲学观的社会根源及其维护德国现存剥削制度的本质时指出："宗教是被压迫生灵的叹息，是无情世界的情感，正像它是无精神活力的制度的精神一样。宗教是人民的鸦片。"因此，"反宗教的斗争间接地就是反对以宗教为精神抚慰的那个世界的斗争"。[①]马克思在《〈政治经济学批判〉序言》中又指出："物质生活的生产方式制约着整个社会生活、政治生活和精神生活的过程。不是人们的意识决定人们的存在，相反，是人们的社会存在决定人们的意识。"[②]这里的"意识"，无疑包含道德意识。后来，恩格斯在《反杜林论》中明确指出："人们自觉地或不自觉地，归根到底总是从他们阶级地位所依据的实际关系中——从他们进行生产和交换的经济关系中，获得自己的伦理观念。"正因如此，恩格斯进一步说："一切以往

---

①《马克思恩格斯文集》第1卷，北京：人民出版社2009年版，第4、3页。
②《马克思恩格斯文集》第2卷，北京：人民出版社2009年版，第591页。

的道德论归根到底都是当时的社会经济状况的产物。而社会直到现在是在阶级对立中运动的，所以道德始终是阶级的道德；它或者为统治阶级的统治和利益辩护，或者当被压迫阶级变得足够强大时，代表被压迫者对这个统治的反抗和他们未来的利益。"[1]

将道德发生的根源置于现实的社会经济关系基础之上，其理论的根本意义在于既摈弃了以往一切唯心主义的发生论，也贬责了活跃在马克思和恩格斯时代的以杜林为代表鼓吹的道德"永恒真理"论，从而创建了建构和解读一切道德理论的唯一科学合理的唯物史观范式，充分肯定了无产阶级和广大劳苦大众关注自身利益，开展反对资本主义剥削制度的正义性和道德意义。

应当看到，历史唯物主义作为马克思主义经典作家两大天才发现和创举之一，并非偶然事件，而是一种历史发展进步的过程，对唯物史观的道德根源观的创立自然也应作如是观。因此，理解和把握马克思主义的道德根源观，应当同时注意唯物史观诞生以前这方面的知识背景。

西方思想史上关涉道德根源和本质等问题的道德基本理论，不论是道德哲学的还是伦理学的，历来都被当成是道德真理意义上的智慧。它源于古希腊前苏格拉底时期"闲人"们对天地人生存之"奥秘"的发问和追思。这使得西方道德哲学一开始就与所谓的自然哲学相混杂，并多带有形而上学的特征。这是西方道德基本理论的传统。中国思想史上，传统哲学和伦理学多属于人生哲学范畴，所谈论的人生哲学问题也多是"做人"的道德学说和主张，讲究的是适用于治国安邦、处世立身的伦理精神和道德原则，注重的是实用和适用，并不执着于"道德是什么"和"社会和人为什么需要道德"的真理性追问。关于所谓"天道""天性""天理"的探究，实则是把人世间的问题移植到天上，关于"人道""人性""地理"或"人理"的猜想和臆说，不过是为了提升道德的世俗威信而已，并无多么玄乎的形而上学思辨，这些都是不足为奇的。

---

[1]《马克思恩格斯文集》第9卷,北京:人民出版社2009年版,第99—100页。

事①。在理解和把握道德本质的问题上，如果缺乏这种自觉意识就难免会陷入机械唯物主义的认识误区。

（一）意识形态是社会建设的一种智慧

学界一般认为，意识形态是历史唯物主义的重要范畴。它是"与经济形态相对应，系统地、自觉地、直接地反映经济形态和政治制度的思想体系，是社会意识诸形式中构成观念上层建筑的部分。在阶级社会中，意识形态集中体现一定阶级的利益和要求"②。

在任何一个社会，不论是从统治者集团（在阶级社会是统治阶级集团）的既得利益还是从其所要维护的社会生活共同体的实际需要来看，都要有一种理论和思想观念体系来主导人们的共识，没有这种共识就没有社会秩序，没有社会凝聚力，社会的发展进步也就无从谈起。意识形态就是这样的理论和思想观念体系，它是社会治理实践活动的智慧。

意识形态既是一种政治哲学范畴，也是一种伦理学范畴，还是一种社会学范畴。不论是何种范畴，意识形态都具有两种基本属性，一是认识论的属性，旨在分辨真假和事实；二是实践论属性，旨在分辨和把握"有用性"即其价值问题。两种属性之间，"有用性"的实践属性始终居于主导地位。

这就使得意识形态成为一定社会集团、阶级的政治思想、价值标准和行为规范的思想观念基础，任何一种意识形态都是具体的思想和价值观念体系，若视其为抽象的普遍形式，那就等于赋予其"虚假意识"的特性。马克思恩格斯在《共产党宣言》中指出："法律、道德、宗教在他们看来全都是资产阶级偏见，隐藏在这些偏见后面的全都是资产阶级利益。"③这是意识形态的属性和功能之所在，也是认知意识形态的真谛和意义所在。

一定社会的意识形态，就其内涵来看，整体上大体由三个部分构成。

---

① 此种差别，如同回答"鸡蛋是什么"离不开对鸡蛋与母鸡的内在逻辑关系的考察，但鸡蛋与母鸡毕竟存在本质差别的道理一样。

② 《中国大百科全书》第8卷，北京：中国大百科全书出版社2011年版，第568页。

③ 《马克思恩格斯文集》第2卷，北京：人民出版社2009年版，第42页。

（三）历史唯物主义道德根源观的实践智慧理性

唯物史观指导下的道德根源观，是整个社会道德实践智慧的基础，因为它将社会道德实践建立在现实社会物质生活条件的基础之上，在逻辑起点上赋予了社会道德实践以真实而不是虚妄的实践理性。它为社会道德实践提供了科学的指导思想前提，避免社会道德实践脱离社会发展进步的客观要求，受到主观主义或唯意志论伦理学说和道德主张的干扰。20世纪50年代中国社会曾一度受到"左"的思潮干扰，脱离社会物质生活条件的现实和人们的道德觉悟，不切实际地普及大公无私的共产主义道德，导致主观主义和形式主义的道德实践和虚妄作风一度盛行，教训是极其深刻的。

诚然，人类社会的道德文明是一种历史发展过程，对于特定的历史时代而言，以往的道德具有重要的传承价值，强调社会道德实践要扎根在现实社会物质生活的基础之上，不是要否认传统道德的现代价值，也不是要否认道德所具有的超越现实的实践理性。但是，任何关于以往道德的传承都不是要复古，而是为了丰富和发展现实社会所需要的道德，因此必须以现实社会发展进步对于道德实践的实际需要为基础和标准。

二、道德本质上是一种特殊的社会意识形态

在道德基本理论的视域里，道德本质与道德根源有着内在的逻辑关联，探讨道德本质问题不可以离开对道德根源问题的考察。但是，二者毕竟不是同一种含义的概念，关涉的也不是同一个领域。探讨道德根源问题旨在回答"道德是从哪里来的"问题，探究道德本质问题旨在揭示"道德究竟是什么"的问题。在这个学理界限的问题上，以往的道德哲学和伦理学并未作严格的区分，或者视根源与本质为同一个问题，或者将二者作为同等含义的概念，相提并论。其实，作这种学理性的区分并不是一件难

一是反映现实社会经济和政治制度的思想观念和价值原则体系，属于占主导地位的"统治阶级的思想"范畴，正如马克思恩格斯指出的那样："任何一个时代的统治思想始终都不过是统治阶级的思想。"①二是已经被消灭的旧的经济和政治制度的意识形态残余。三是反映现实经济和政治制度发展进步之逻辑方向的意识形态。这些不同意识形态之间的分歧和抗衡，是构成社会矛盾和斗争的一项重要内容。意识形态的纷争在社会精神共同体的层面深刻地影响一定社会的前途和命运。

　　生活在每个历史时代的人们，都不可能规避意识形态作为社会治理和建设的智慧对自己思想和行为的深刻影响。马克思说："在不同的财产形式上，在社会生存条件上，耸立着由各种不同的，表现独特的情感、幻想、思想方式和人生观构成的整个上层建筑"，并指出"通过传统和教育承受了这些情感和观点的个人，会以为这些情感和观点就是他的行为的真实动机和出发点"②。因此，"一个试图逃避意识形态教化的人只可能是自然存在物，而不可能是社会存在物，也就是说，掌握一种意识形态正是人们在任何特定的社会中从事任何社会实践活动的前提"③。因此，积极的态度应是自觉接受主流意识形态的导引，创造自己的人生价值。

（二）道德作为一种特殊的社会意识形态

　　道德是一定社会意识形态的有机构成部分，与其他社会意识形态一样，归根到底都是由一定社会的经济关系决定的，具有源远流长的传统，但不同于伴随一定社会生产和交换的经济关系"自然而然"形成的"伦理观念"。道德是依据"竖立"经济关系基础之上的政治和法制等上层建筑的客观要求，经过"理论加工"的意识形态结晶。因此，不可以由什么样的经济关系推论出作为特殊社会意识形态的道德。

　　这也就使得道德具有不同于其他意识形态的诸多特点。就属性来看，

①《马克思恩格斯文集》第2卷，北京：人民出版社2009年版，第51页。

②《马克思恩格斯文集》第2卷，北京：人民出版社2009年版，第498页。

③俞吾金：《意识形态论》，上海：上海人民出版社1993年版，第130页。

道德属于观念的上层建筑，一般情况下没有物质形态的上层建筑支撑或配套。经济、政治和法律的意识形态则不然，多有物质形态的上层建筑与之相伴随，在有些情况下要依靠物质形态的上层建筑才能真正发挥功能和作用，政治和法律的意识形态尤其是这样。道德发挥功能和作用的途径主要是通过直接调整和优化伦理，促使人们形成"心照不宣"和"心心相印"、"同心同德"和"齐心协力"的"思想的社会关系"，规则主要是规约性的，方式主要是社会舆论、传统习惯和人们内心的信念的引导，结果主要是社会风尚和人的心灵秩序，其他意识形态则不是这样的。它们发挥功能和作用，多不关注"思想的社会关系"如何，规则和方式多为强制性的，信奉规则面前人人平等。

概言之，道德作为一种特殊的意识形态，是由一定的社会经济关系决定的，依靠社会舆论、传统习惯和人们内心信念来评价和维系，用以调整人们相互之间和个体与社会集体之间利益关系的心态秩序和行为方式的社会价值准则，以及由此孕育而成的个体品质的总和。

（三）历史唯物主义道德本质论的实践智慧要义

道德作为一种特殊的社会意识形态，其本质特性内涵的实践智慧要素集中体现在作为观念的上层建筑参与上层建筑体系的建设，从而在人心所向的意义上适应治国安邦、促进社会发展进步的客观要求。

道德，唯有在本质上成为一种特殊的社会意识形态，才具有真正的实践理性。历史地看，每一个社会，都不可缺失"底线道德"或"普世伦理"，但同时也都不会以"底线道德"或"普世伦理"取代作为观念的上层建筑的道德。这个道理，古人早已在道德的经验理性上有所知晓。管子说："国有四维"，即"一曰礼，二曰义，三曰廉，四曰耻"，对于治国安邦来说或缺"四维"是十分危险的，"一维绝则倾，二维绝则危，三维绝则覆，四维绝则灭。"[1]他所说的礼、义、廉、耻，显然不是在"底线道德"或"普世伦理"意义上说的，而是在治国安邦、促进社会发展进步的

---

[1]《管子·牧民》。

客观要求，即道德作为一种特殊的意识形态的意义上说的。所谓"礼"，其实质涵义不是基础文明意义上的礼貌和礼节，而是国家典章制度意义上的"礼仪"或"礼制"；"义"也不是一般人际相处和交往的义气，而是"君臣有义"的"大义"；"廉"指的是廉洁，属于政治哲学或政治道德范畴；"耻"也不是一般的"羞耻"，而是在大是大非问题上知荣知辱的道德体验。

总之，道德作为一种特殊的社会意识形态，对于治国安邦和促进社会发展进步而言，是一种绝对不可或缺的大智慧。

三、道德基本理论与其他意识形态相辅相成

讨论本题首先需要明确两个学理前提：一是道德基本理论不同于更不等于道德哲学或伦理学，它只关涉道德哲学和伦理学最基本的学理问题，亦即前文提及的道德根源与本质问题。二是不可避开道德作为一种特殊的社会意识形态，来谈论道德基本理论与其他意识形态的逻辑关系，因为道德作为一种特殊的意识形态是道德基本理论的应有之义。

道德基本理论与其他社会意识形态是一种相互渗透、相互依存、相得益彰的逻辑关系，既不可肆意夸大而信奉道德万能论，也不可恣意贬低而实行道德无用论，这是道德基本理论必须具备的智慧品质。

（一）道德基本理论与哲学的逻辑关系

提到道德基本理论与哲学的逻辑关系，学界一些人会自然地想到道德哲学，将二者视为同一种样态的意识形态，这种看法其实是不正确的。

道德哲学研究的是关于道德最抽象的一般概念。在道德哲学视野里，道德可以超越特定的历史时代，特定的国家与民族，如同康德研究"实践理性"那样，将道德视为最抽象的一般概念，而道德基本理论则不然。它主要研究道德发生的根源和道德本质问题，而道德归根结底是由一定社会的经济关系决定的，本质上是适应于特定历史时代和国家民族的特殊的社

会意识形态。

因此，麦金太尔曾在《伦理学简史》中批评性地指出："人们论述道德哲学，总把这一学科的历史看成好像只有从属的和次要的意义。这种态度似乎是这样一种信念的产物：道德概念可离开它们的历史来进行考察和理解。甚至在某些哲学家的笔下，好像道德概念是一种永恒的、限定性的、不变的和确定无疑的概念，而且在它们的整个历史中，必然始终具有同样的特征。"①麦金太尔的这种批评意见其实是基于道德基本理论的唯物史观，指出了道德基本理论（抑或伦理学）与道德哲学的学理性差别。在麦金太尔看来，提出道德问题和回答道德问题并不是一回事，提出道德问题通常发生在社会变化时期，多为伦理学担当的学科使命。而回答道德问题一般是在对道德问题有了哲学思考以后，则属于道德哲学的使命。

概言之，道德基本理论与道德哲学的差别主要在于：道德基本理论的逻辑演绎应是走向伦理学，进而研究和提出一定社会的道德标准体系，以及道德建设、道德教育等相关的道德实践问题，由此而构建伦理学的理论和知识体系。也就是说，道德基本理论应是伦理学体系应有之义，也是伦理学体系的学理基础。道德哲学则不然，其逻辑演绎应是走向关涉道德现象世界的一系列抽象思维，建立道德哲学的范畴体系。

由此看来，学界一直存在着把道德哲学与伦理学相提并论的现象。有些人也曾试图从学理上将二者区分开来，但这样的学术工作一直缺乏应有的投入，尚是一块有待开垦的撂荒地。若是耕作起来，其学术价值毋庸置疑。

（二）道德基本理论与法学的逻辑关系

道德基本理论与法学是两种不同的社会理论形态。二者的逻辑关系可以依据不同对象和范围，从不同的角度加以考察和说明。道德基本理论主要是以道德维护伦理关系为对象和范围，以道德根源和本质为核心内容。法学的对象和范围却相当复杂，我们只能主要从法理学或法学基础的一般

---

① [美]阿拉斯代尔·麦金太尔：《伦理学简史》，龚群译，北京：商务印书馆2003年版，第23页。

理论的角度分析它与道德基本理论之间的逻辑关系。

从立德与立法的宗旨来看，二者都是为了维护社会基本正义，而法又是为支持道德而设置的。在人类社会文明历史演进过程中，道德先于法律而存在，法律以维护社会基本道义为使命。人类社会之初，仅有图腾崇拜和风俗习惯意义上的道德。那时的道德多是在社会生活共同体中自然而然形成的习俗，属于维护基本伦理关系的道德义务和责任范畴。随着社会的发展，人们的伦理关系因利益关系的变化而逐渐变得复杂起来，有了权益的要求和相应的维护权利要求的规则，义务和责任性的道德习俗已经不能完全适应需要，于是法律应运而生。马克思说："立法者应该把自己看做一个自然科学家。他不是在制造法律，不是在发明法律，而仅仅是在表述法律，他把精神关系的内在法律表现在有意识的现行法律中。"①就是说，法律不是凭空出现的，遵循社会伦理的精神关系和道德文明进步的客观要求，应是立法的第一要义。法学家的作为，不过是在于呼唤法律的登台，以及登台后为之做合乎正义的解读或修正而已。美国学者汤姆·L·彼彻姆在分析立法与立德的关系时认为，"法律常常以一定的道德信念为基础——这些道德信念指导法律学家制定法律——所以法律能够使道德上已经具有最大的社会重要性的东西形成条文和典章。"②

从道德实践和司法实践的逻辑关系来看，二者是职业道德与司法活动的关系。二者在这种逻辑关系中的相互依存和相得益彰，是无须多加证明的。司法活动有法可依、有法必依、执法必严、违法必究，即司法公正。大量事实证明，司法人员在自己的执业活动中能否做到司法公正，既受其执业能力包括经验的直接影响，也受其司法执业道德水准的深刻影响。在任何一个社会，司法职业道德都是职业道德体系中最基本的职业道德准则，通常与执业人员的良心或良知相关联。很难设想，一个缺乏道德良知的司法人员能够做到司法公正。

---

①《马克思恩格斯全集》第1卷,北京:人民出版社1956年版,第2页。

②［美］汤姆·L·彼彻姆:《哲学的伦理学》,雷克勤、李兰芬等译,北京:中国社会科学出版社1990年版,第17页。

从守德与守法的逻辑关系来看，二者都属于个体实践活动的范畴，其间的逻辑关系既可以用经验来证明，也可以用个体品质、态度和行为方式的内在联系来说明。社会生活中的大量事实证明，一个能够自觉遵守社会提倡的道德准则、具备良好道德品质的人，也就能够自觉恪守国家颁布的法律法规，反之亦是。孔子在对学生谈到自己一生成长过程和基本经验时说："吾十有五而志于学，三十而立，四十而不惑，五十而知天命，六十而耳顺，七十而从心所欲，不逾矩。"①其核心是强调学会自觉守法与守法对于人一生的极端重要性，是具有普遍意义的。

原始社会生活共同体分解为阶级社会之后，道德跟随法律同时演变为特殊的社会意识形态，成为治国安邦的两大相辅相成的支柱。在这种相依共存、相得益彰的过程中，道德一方面得益于法律的保护而发挥其社会功能力量，另一方面充当法律施行的最可靠的社会基础。这种逻辑关系在中国西周年代已有文字记载，如《尚书·康诰》记述周公姬旦教导年幼的成王时说：要实行"明德慎罚"的基本国策，为此还要记住殷代初年刑罚分明即所谓"殷刑有伦"②的治国经验。后来，孟子更是明确提出"徒善不足以为政，徒法不能以自行"③的治国观念。中国先哲这些看法和主张，都在伦理学和法理学的基本学理上生动地表达了立德与立法的逻辑关系。

自古以来的中外道德基本理论，一般都会涉及法学的基本问题，关于司法职业道德的研究和建设，更是受到道德基本理论研究的高度重视。相比较而言，法学在这方面做得是不够的，近现代以来兴起的实证分析法学派别更是这样。其著名的代表人物奥斯认为，"法律的存在是一回事，它的优缺点是另一回事"，极力主张道德与法律彻底分开，建设"纯粹法学"和实行"纯粹立法"，为此甚至鼓吹"恶法亦法"④。所谓"恶法"，是指缺乏或违背伦理精神和道德价值的法律，不会关注司法实践中的道德实践，更不关心守德与守法的逻辑建构问题。法学研究和建设这种脱离伦理

---

① 《论语·为政》。

② 《尚书·康诰》。

③ 《孟子·离娄上》。

④ 转引自张文显：《二十世纪西方法哲学思潮研究》，北京：法律出版社1996年版，第85页。

精神和道德要求的片面性，应当引起关注并加以纠正。

（三）道德基本理论与文学的逻辑关系

道德的向善与文学的审美这两种价值取向之间，存在"自然而然"的"天然"联系。中国古代伦理思想家和文学批评家惯以"文以载道"命题表达这种逻辑关系。唐代韩愈提出"文以明道"和"文以贯道"的主张，广涉文学与道德的关系。至宋代，周敦颐在《通书·文辞》中明确提出"文以载道"。文学借助伦理表达自己的美学理念，道德借助文学为自己"传道"，是历史上最普遍、最重要的文化现象。当代日本学者浜田正秀认为："所谓文学，就是依靠'语言'和'文字'，借助'想象力'来'表现'人们体验过的'思想'和'感情'的'艺术作品'。"[1]他所说的"人体验过的'思想'和'感情'"，所指主要就是渗透在文学作品中的道德意识形态，包括善恶观念、评价标准、行为倾向（态度与情感）等。

有学者指出，中国文学批评史上一些大家如刘勰、钟嵘等，都曾就道德与文学的逻辑关系发表过许多精到的意见，认为"文章是道的表现，道是文章的本源；古代圣人创作文章来表现道，用以治理国家，进行教化；圣人制作的各种"经"不但是后世各体文章的渊源，而且为文学作品的思想和艺术梳理了标准。"[2]

如果说哲学给人以智慧（真），伦理学给人以良知（善），文学给人以情趣（美），那么人类追求文明进步之旅就是不断追求智慧、情怀与良知相统一的过程。以文学的意识形态传播特定观点的价值观，用以教化生灵，培育风尚，是古人治国安邦的基本做法和经验，也是普遍适用的道德实践智慧。

在人类社会文明发展史的初始阶段，经验告诉人们，彼此之间需要"心心相印"和"同心同德"的"思想关系"意义的契合，并要用语言表达出来，哪怕这种契合的表达极为简单粗俗，也是必需的。于是，在一些

---

[1]［日］浜田正秀：《文艺学概论》，陈秋峰、杨国华译，北京：中国戏剧出版社1985年版，第9页。

[2] 王运熙、顾易生：《中国文学批评史》（上卷），上海：上海古籍出版社2002年版，第149页。

情况下有人会偶然发出诸如"哎唷""耶许"之类后来被称为"道德意识"的呼唤或呼喊。这是一种伟大的创造，它的"启蒙意义"在于：向肢体方向发展便有了后来的舞蹈，向声音方向发展便有了后来的音乐（故而以至于后人将"乐"与"伦理"关联起来，即所谓"乐者，通伦理者也"①），而向文字的方向发展便有了诗歌。这使得舞蹈、音乐、诗歌成为人类承载和表达道德意识的最早形式。不过，最早的表达形式，文史哲思想并没有严格的界限，多是通过浑然一体的文本来表达的。那时，关涉道德观念和行为准则的文化形式也并非伦理文本，而多是文学作品。故而，西方人叙述西方伦理思想史多是从远古的《荷马史诗》发微，宛如麦金太尔指出的那样：古希腊社会变化提出的道德问题是"反映在从荷马时期的作家经过神谱时期的文本（Theognid corpus）到智者学派的过渡时期的希腊文学之中"的②。由此观之，中国人叙述自己的伦理思想史，也应当追溯到第一部诗歌总集——《诗经》及此后的《楚辞》和《山海经》。如此来开启和建构道德与文学的历史文化逻辑，本身就应被视为基于实践和经验的一种道德智慧。

从逻辑上来分析，文学是生活的集中反映，它始终以自己独特的审美笔触，触动伦理和道德生活中人们最敏感的心灵，唤起人们向善的美感。正因如此，自古以来人们的文学创作和欣赏活动都充分地体现审美与向善的逻辑一致性，审美活动通常也是道德活动，追求善的道德活动通常经由审美活动去实现。这种文化和精神追求的逻辑，人们既可以从莎士比亚戏剧，雨果、巴尔扎克等人的小说中深刻地体验到，也可以从现当代海明威的《老人与海》、西班牙电影《深海长眠》（由西班牙、法国和意大利2004年联合制作，曾获得奥斯卡最佳外语片奖的电影）的艺术震撼力中深切地感悟到。人类艺术中包括那些璀璨的传世佳作之所以具有如此永久性的艺术感染力，无一不是得益于其所内含的感人肺腑的伦理与道德价值。

中国是一个特别重视"文以载道"的文明古国。中国文学特别是小说

---

① 《礼记·乐记》。

② ［美］阿拉斯代尔·麦金太尔：《伦理学简史》，龚群译，北京：商务印书馆2003年版，第28页。

（及其衍生的评书等民俗形式的文学作品）和戏剧是广大人民群众喜闻乐见的文化样式，实际充当了普及和传承道德价值观的主要渠道，其所"载"之"道"真正达到了家喻户晓、人人皆知的程度，连平生"没有看戏的意思和机会"的文学巨匠鲁迅，在偶然涉足京城戏场时，也为那种"连插足也难"的盛况感到惊讶①。综观中华民族道德文明发展史，中国古代文学实际上充当了传播和普及儒家伦理学说和道德主张的教科书。在这种意义上，我们甚至可以说，如果没有"文以载道"的传统，也就没有中华民族"源远流长"的道德传统，中华民族的传统道德文化或许多停留在注释伦理文本的书斋中。

总而言之，道德基本理论在以形上思辨方式回答道德的根源和本质问题、建构自在的逻辑体系的同时，也以开放的姿态与其他意识形态保持密切的逻辑联系。不仅如此，它还以开放的姿态传承历史上的道德理论财富，向异域开放，向未来开放，持有超越时空的"世界历史意识"。这些都是道德基本理论应有的智慧样态。

第二节　道德准则体系的智慧样态

道德准则是依据道德基本理论推演和提出的道德价值标准和行为规则②，在任何历史时代都是一种完整的价值体系，包含社会道德实践的智慧要素，反映特定时代的人们从道德实践角度对社会发展进步客观要求的认知方式和智慧水准。这种探讨应当从道德标准体系的建构原则、结构模型和内涵的智慧要素三个基本方面进行梳理和阐发。

---

① 钱广荣：《中国道德国情论纲》，合肥：安徽人民出版社2002年版，第149页。
② 所谓道德标准即道德价值标准，行为规则即道德行为规则。后者是依据前者推定的行为规矩和准则。本书用行为规则或道德规则替代学界习惯用语的"道德规范"，是为了强调道德行为应当体现特定道德价值标准的实践逻辑关系。

一、道德准则体系的建构原则

有史以来，社会道德标准体系的建构原则在相对独立的意义上大体可以划分为经验在前、逻辑优先、实践为上三种基本的智慧样态。分别考察它们的智慧要素，有助于认知社会道德标准体系的文明发展史及相关社会的道德标准体系。

（一）经验在前

所谓经验在前的原则，指的是依据一定的伦理关系和道德生活经验总结和提出相应的道德标准的过程。它是原始社会向奴隶社会转型期间道德准则建构普遍遵循的原则。

有位学者曾对经验在前建构原则的运用作过这样的描述：伦理行为的发生是从个体开始的，即群体中出现了超群体的在个体身上展现的高尚的行为。在源点时代的初期，这一个体的代表人物主要是民族首领、部落酋长。……个体的伦理行为逐渐转化为民众的道德良知，于是形成了富于人民性的伦理观念。一批文化人或杰出人物从理论上对伦理行为和伦理观念进行挖掘、整理、提炼、阐发，最终形成了独具特色的一家之言，即伦理学说。[1]这种描述，其实就是在说社会道德标准建构之经验在前的逻辑，但却被略去了道德标准形成的中间环节，直接跨越到"伦理学说"的创建。实际上，所谓"个体的伦理行为逐渐转化为民众的道德良知，于是形成了富于人民性的伦理观念"的过程，正是原始社会早期道德标准形成和建构的过程，其所谓"一家之言"的"伦理学说"的出现，是后来的事情。

人类对伦理道德标准和规则问题的思考，以至于提出"一家学说"的道德主张，是从人对自己生存方式之客观意义的经历和体验亦即经验开始的。学界一般认为，这种道德问题的思考，在西方社会起于古希腊的苏格

---

[1] 陈均：《经济伦理与社会变迁》，武汉：武汉出版社1996年版，第19页。

拉底（前469—前399），在中国起于春秋战国时期的孔子（前551—前479）。他们关于道德准则问题的思考和言说都不是他们自己个人智慧的产物，而是他们那个时代民族精神的结晶。这样的结晶，其实也还不是严格意义上的道德概念和道德规则。

麦金太尔在阐述"'善'的前哲学史及向哲学的转化"时指出：反映在古希腊荷马史诗中"最重要的判断是在个人事务方面，即在履行社会指派给他的社会职责方面"，"善"意为"善的"，用来"作事实性陈述"，是描述勇敢、聪明、高贵、技艺娴熟和成功等优秀品质的"述词"。因此，"'他是善的吗？'这个问题与'他是勇敢、聪明、高贵的吗'的问题是同一个问题。"那时的"善"并不是一个特定的道德概念，与"善"向道德哲学和伦理学转化后的善并不是同一种含义，"荷马运用道德述词的方式与我们的社会运用道德述词的方式是不一样的。"[1]麦金太尔在这里所说的，实则就是那个历史时期人们在道德准则建构问题上采用的是经验在先的原则，所谓"作事实性陈述"不过是"作经验性总结"而已。

原始社会解体之后，建立在阶级对立和对抗基础之上的国家随之产生。国家的统治者集团及其士阶层，对此前业已形成并在社会生活中发生作用的道德标准，给予道德哲学和伦理学意义上的梳理和解读，赋予其社会意识形态的属性，从而创建了所谓的"伦理学说"和道德主张，使之向由国家和社会公开倡导的道德价值标准和行为规则转变。

苏格拉底提出的"善生"理想，孔子提出的"仁者爱人"的道德主张及由此推演的"己所不欲，勿施于人""己欲立而立人，己欲达而达人""君子成人之美，不成人之恶"的道德准则，都属于经验在先建构的产物。或许正因为如此，这两位人类思想史上的"先知先觉"，都是凭借"述而不作"传播他们的思想的。这表明，经验在先的原则仍然被人们在自觉或不自觉地运用。这使得道德哲学和伦理学诞生以后，社会道德标准体系依然或多或少地带有直接适用于道德生活的经验论特色，致使人类社会早期

---

① [美]阿拉斯代尔·麦金太尔：《伦理学简史》，龚群译，北京：商务印书馆2003年版，第28—31页。

的道德标准具有"说教"和"思辨"的双重特质。

道德价值标准和行为规则较为彻底地脱离经验样态而作为一种特殊的社会意识形态出现，并被统治者集团自觉作为观念的上层建筑，参与国家和社会的治理是在专制社会正式确立之后。其基本特点是多与治国理政的经验相关，属于所谓政治道德准则范畴。在西方，可以追溯到推崇"人是城邦的动物"——注重道德的社会性要求的柏拉图和亚里士多德时代。在中国，可以追溯到西周初年的周公姬旦时期。据《史记·鲁周公世家》记载，周公姬旦曾劝诫年幼的成王切记上朝灭亡的教训，说：从商汤到帝乙，前朝没有一位帝王不尊奉美德，也没有一位因失去天道而不能与天相配，但是，到了商纣王，他却荒淫无耻之极，失去了天意和民心，故而被你父亲率领我们把他推翻了。①这番话，显然都是治国理政的道德经验之谈。后来，孔子提出的"仁学"体系，其立足点是"人"即所谓"仁者爱人"，内涵也多不是社会道德要求意义上的。孔子提出的"为政以德"之"德"，其义其实也是不确切的，多没有超越"仁者爱人"的阈限。真正具有社会道德要求意义上的道德准则体系，是董仲舒提出的"三纲五常"，即"君为臣纲、夫为妻纲、父为子纲"和"仁、义、礼、智、信"。在中国伦理思想史上，董仲舒是试图立足于社会道德需要，将社会道德要求规范化和系统化并给予形而上学证明的第一人。然而，他用以证明的基本根据是"天人相通""天人感应"，仍然带有笨拙的经验论的神秘色彩。

（二）逻辑优先

逻辑优先，是在关于道德价值标准和行为规则的思考向哲学转化、道德哲学和伦理学兴盛过程中逐步形成的。它在唯物史观诞生以前是中西方社会普遍采用的唯心史观的建构原则。

逻辑优先建构原则的基本特征，一是漠视甚至无视社会存在对于道德进步的决定作用，否认道德理论和价值标准的客观真理性，将道德的历史

---

① 原文为："自汤至于帝乙，无不率祀明德，帝无不配天者。在今后嗣王纣，诞淫厥佚，不顾天及民之从也。"

发展或视为一种超越时空的逻辑演绎过程，或视为一种自由意志"自我发展"的表现形式。二是赋予社会道德准则以绝对主义或浪漫主义的特质，无限夸张社会道德准则体系的作用与功能，推崇道德万能论。三是贬低道德实践智慧，否认人在道德生活世界中应有的自觉选择和自主行动的自由权利。

古希腊是西方伦理道德文明的摇篮。之后，逻辑在先的建构原则在西方社会走过了漫长的历史之旅。在实行政教合一统治的中世纪，社会道德标准体系与宗教信仰教条融为一体，推崇逻辑理性至上。直至20世纪后半叶后现代伦理思潮兴起才发生转变。这种转变的情况是相当复杂的。一方面，与整个哲学转向实践同步，反思第二次世界大战摧残人类文明所带来的灾难，直面经济全球化在给人类带来空前福祉的同时造成的"道德风险"和"道德困惑"，催促人类思考面临的各种非正义的挑战；另一方面，又肆意解构人类有史以来的道德标准和行为规则，否定数千年来那些行之有效的道德普遍原则。

中国自西汉封建统治者确立"罢黜百家，独尊儒术"的文化战略之后，社会道德标准体系的建构渐渐地转向逻辑优先的原则。孔孟创立的儒学经典因被统治者"独尊"而成为制定社会道德标准体系唯一的逻辑依据，解读孔孟之道被视为最荣耀的文化事业，熟读儒学文本并能温故而知新，成为对当时"五经博士"最重要的道德要求，也成为董仲舒身后大儒们最青睐的人生追求。至宋明理学，儒学的道德学说主张被公开放在了"天不变，道亦不变"的逻辑程式上，让人们进行解读。逻辑优先的建构原则，在封建专制统治渐渐失去生气的历史条件下演变为道德教条，直至成为"吃人的礼教"。历史上中国曾被称为"礼仪之邦"和"道德大国"，中国人亦曾因此而沾沾自喜。殊不知，对此种褒赞是需要辩证看待的。由于恪守"天不变，道亦不变"的逻辑优先原则，缺乏思辨和变革精神，中国封建社会在进入稳定发展的历史阶段之后，社会道德标准体系渐渐淡化和缺损了其原先的实践智慧内涵。

（三）实践为上

实践为上是历史唯物主义的建构原则。马克思恩格斯所创立的唯物史观，从根本上纠正了唯心史观道德论的缺陷。它将社会道德标准体系的建构置于适应现实社会的伦理关系和道德实践的基础之上，遵循道德实践的客观规律，服从道德实践的客观需要。它视道德理论与道德实践为同一过程，道德理论建构不过是社会实践和道德实践中的一个环节而已。

由此，唯物史观的道德基本理论走出了唯心史观仅诉诸抽象的道德原则和抽象人性论来论及道德的窠臼，既超越了依照经验在先逻辑建构的道德说教，又摆脱了逻辑优先设置的种种道德假说，从而使自己发展为建构真正的道德科学的方法论，体现了历史关怀与道德关怀之高度统一的理论品格，实现了道德理论建设方法的革命性变革。

唯物史观强调社会存在对道德生成和发展进步的决定作用，确认现实社会提倡的一切道德价值标准和行为规则，终须在丰富具体的社会物质生活中寻找其根本性解释和终极性说明。唯物史观将抽象的道义原则转化为人民大众的道德实践，充分肯定和激励人民群众改造不合理的社会现实的革命精神和聪明才智，变革旧道德，创造适合新道德萌生的土壤，因而，它不仅内蕴深刻的道德理论内涵，亦内蕴深厚的道德实践精神。

唯物史观认为，"人们的世界历史性的而不是地域性的存在同时已经是经验的存在了"，早在资本主义制度出现以前就已经成为一种普遍的"经验"事实①。因此，一般而言，一种道德理论及由此推演的道德标准体系总是在其本土展现历史的和地域的意义，因而具有意识形态属性的同时，又表现出某种世界历史意义，具有某种人类共享的性质。

实践为上的历史唯物主义建构原则，在毛泽东的《实践论》这篇论著中有明晰通俗的阐释。该文开宗明义地指出："马克思以前的唯物论，离开人的社会性，离开人的历史发展，去观察认识问题，因此不能了解认识

①《马克思恩格斯文集》第1卷，北京：人民出版社2009年版，第538页。

对社会实践的依赖关系，即认识对生产和阶级斗争的依赖关系"[1]。王南湜在其《辩证法：从理论逻辑到实践智慧》中认为，毛泽东的《实践论》是"指向实践智慧的认识论"[2]。这种见解是颇有见地的，对于我们建构道德实践智慧的社会样态，具有启发意义。

概言之，唯物史观关于社会道德标准体系建构之实践为上的原则，既不排斥人类道德实践的历史经验，也不排斥关于道德标准建构的理论逻辑。它尊重和服从社会实践尤其是道德实践规律和要求，包容了人类建构道德标准体系的多方面的智慧。

二、西方社会的道德准则体系述略

西方，是作为一个方位词相对于东方而言，作为一种社会制度而言则不然。在东方的西边的社会，一般称其为西方社会，在东方的东边的社会，有的也被称为西方社会。在当代中国人的话语样式中，西方社会泛指资本主义社会，而在多数情况下是特指发达的资本主义社会。

考察和说明发达资本主义国家的社会道德标准体系的历史与现状及其道德实践智慧要素，有助于传承人类的伦理道德和精神文明，促进中国特色社会主义的思想道德建设。

（一）一个需要分析和说明的问题

近代以来，中国人一直十分重视学习西方文化，包括西方伦理思想和道德观念，但很多人包括相关学界的一些人对西方社会的道德标准体系的认知还是模糊的，处于一知半解或见仁见智的状况。这是因为，中国学界长期以来热衷于他们所理解的"道德哲学"和"人生哲学"，很少有人系统分析和说明西方社会自古以来道德准则体系及其智慧样态。他们以为西

---

① 《毛泽东选集》第1卷，北京：人民出版社1991年版，第282页。

② 参见王南湜：《辩证法：从理论逻辑到实践智慧》，武汉：武汉大学出版社2011年版，第234—240页。

方人重视的只是"思想自由"而不关注"行为规矩",把"规矩"问题都交给了法律。

如果作为一种学术话题,这种认知状态或许是有益的,因为它有助于催生"自由思想"。但是,作为对西方社会具有代表性的道德标准体系样态的理解和把握,就不仅无益反而有害了。西方发达的资本主义国家在伦理道德文化建设方面早于中国跨入现代文明。当代中国在扎实推进社会主义文化强国建设的进程中,需要借鉴西方社会有益的经验,同时又要抵制和摒弃不适宜于中国道德国情的有害成分。因此,准确而又科学地认知西方社会道德准则体系是必要的。

一直以来,研究和介绍西方伦理道德文化的中国学者,多把兴趣方向和领域投放在西方人的道德哲学和伦理思想方面,尤其是关于道德现象世界的形而上学领域,越是学问高的人越是这样。他们乐于言必称柏拉图、亚里士多德、康德等西方大师提出的概念和思想,却怠于说明和介绍那些由此推演或与此相关的西方社会的道德标准体系。这表明,他们的研究工作多脱离认知中国道德国情和把握中国道德建设之需,因而让中国社会生活共同体的管理者们和大多普通人感到与己无关。这种状况是需要改变的。人类自古以来的道德哲学和伦理思想研究,根本宗旨都在于将其推演为一定高度道德价值标准和行为规则,以指导社会和人的道德实践。研究西方社会的道德哲学和伦理思想的根本目的在于理解和把握其推演道德价值标准和行为规则的体系,从中借鉴和汲取有益的智慧成分,以丰富和发展中国社会和人的道德实践智慧。20世纪末之后的一段时间内,中国哲学和伦理学界曾掀起转述康德道德哲学的热潮,在相关大学专业的课堂和研究所里,言必称康德成为一种时尚,"实践理性"和"绝对命令"等概念,几乎家喻户晓。然而,若问康德究竟提出了哪些道德价值标准和行为规则,知之者却甚寡。个中原因固然如上所说,与西方社会自身的传统有关,但是,不能不说与我们忽视当如何借用"他山之石"的方法不无关系。

西方人自古以来重视用思辨和信仰的方式,面对德性与幸福、功利与道德、人性与神性、动机与效果、事实与价值、自由与平等等人生问题，在不违背法治精神的前提下各行其是，与此同时轻视用道德规则来处置这些关系。同时，也是因为中国学界长期存在一种偏向，这就是：研究西方人的思想不是为了查看他山可用之石，只是为了观看他山之景；或者，不是为借他山之石为我砌墙之用，而是为了推倒和重砌我墙之用。一般而言，一国一民族的伦理思想和道德学说都具有"世界历史意义"，但从道德实践的角度来看，能否展现这样的意义关键要看其是怎样推演道德价值标准和行为规则的，以及道德标准体系的结构是怎样的。

在道德哲学和伦理学研究领域，中国人研究和介绍西方人道德哲学和伦理学的思辨成果，真谛应当是揭示它们与西方人实际奉行的道德标准之间的内在逻辑关联。因此，研究和介绍的根本目的不能仅仅是为了学术欣赏，而应是为了吸收人家在社会道德标准建构和伦理道德建设方面的成功经验和智慧。

（二）西方社会道德准则体系的形成与发展

西方道德标准体系的最早样态是柏拉图提出的"四元德"（亦有称"四主德"），即智慧、勇敢、公正、节制。柏拉图出身雅典奴隶主贵族之门，但他一生没有投身现实的政治。他在老师苏格拉底被处以极刑之后，离开雅典到希腊各地游历了12年，40岁时回到雅典创办阿卡德莫学园，开始把苏格拉底的教导与自己的政治理想结合起来，专心培养他所理解的真正的政治家。柏拉图80岁辞世，留下尚未完成的政治哲学巨著《法律篇》。苏格拉底在世时系统地探索了虔敬、友爱、节制、勇敢、思虑、正义等"善的"德性。"四元德"作为城邦社会理想的道德标准，是柏拉图在此基础上提出来的。在柏拉图看来，城邦的领导者应当热爱智慧（哲学），而热爱智慧的人应该当领导者；军人必须是勇敢的，而勇敢的人必须成为军人；从事农、工、商活动的人要节制，不能奢望财色。为此，城邦领导要制定相关法律，以使各类人各行其德，各守其所。这样，也就实现了公正和正义，建成了理想的城邦。

罗马帝国衰亡解体之后，西方诸民族逐步进入封建社会。在漫长的中世纪，"四元德"或"四主德"一直是西方社会奉行的基本的道德准则。其间，基督教信仰文化的诞生与普及，特别是资本主义精神随着文艺复兴和启蒙运动的兴起，形成了赞美英雄和同情弱者的伦理情怀、崇尚民主与自由的政治道德意识，成为西方先发资本主义国家主导性的社会道德价值标准和行为规则。这种历史性转型，在中世纪向近代历史转型过程中名著纷呈的文学艺术作品中得到了较为充分的反映。它们以"文以载道"的方式，传承了西方社会有益于全人类的伦理精神和道德价值观。

德国经济学家、社会学家马克斯·韦伯（1864—1920）《新教伦理与资本主义精神》的问世，在西方社会道德标准体系建构发展史上具有里程碑的意义。严格说来，这部著述既不属于道德哲学著作，也不是伦理学著作，而是关于伦理精神和道德标准创新的解释学著作。它给此前的资本主义社会流行的道德标准体系注入了新的思想内涵，因而赋予它们以新的指导和规约意义。韦伯将"资本主义的精神"定义为一种拥护追求经济利益的理想。韦伯指出，若是只考虑到个人对于私利的追求时，这样的精神并非只限于西方文化，但是这样的个人——英雄般的企业家（韦伯如此称呼他们）——并不能自行建立一个新的经济秩序（资本主义）。韦伯发现，这些个人必须拥有的共同倾向还包括了试图以最小的努力赚取最大的利润，而隐藏在这个倾向背后的观念，便是认为工作是一种罪恶，也是一种应该避免的负担，尤其是当工作超过正常的分量时。"为了达成这样的生活方式而自然吸纳了资本主义的特质，能够以此支配他人"，韦伯如此写道："这种精神必定是来自某种地方，不会是来自单独的个人，而是来自整个团体的生活方式"。

美国政治哲学家、伦理学家约翰·罗尔斯（1921—2002）《正义论》的问世，可视为西方社会道德标准体系建构发展史的当代水准。该著把正义观的规定视为社会发展的基石，认为正如真实是思想体系的第一美德一样，正义即公平是社会体制的第一美德。在这种立论前提下，广泛涉论善、自尊、美德、正义感、道德感情、自律等一系列政治和道德的理论与实践话题。由于该著所论是针对当代资本主义社会普遍存在的尖锐矛盾发表的，具有较强的现实感和实践价值，所以自1971年问世伊始，一直受到西方国家的广泛重视，被视为第二次世界大战后西方政治哲学、法学和道德哲学中最重要的著作之一，也对当代中国政治哲学和伦理学研究产生了重要影响。

总的来看，西方社会在进入中世纪以后，其道德标准体系是依照逻辑在先的原则建构的，哲学上奉行本体论和二元论的认识路线。这种情况到了20世纪后半叶，随着后现代主义哲学的兴起发生了巨大的变化。

后现代主义哲学是后现代主义思潮的理论基础。它以奉行逆向思维分析方法解构、批判、否定和超越近现代主流文化的理论基础、思维方式、价值取向为基本特征；以拒斥形而上学、反基础主义、本质主义、理性主义为己任，致力于宣扬不可统一性和通约性、不确定性、易逝性、碎片性、零散化。后现代主义哲学反映在伦理道德研究领域，就是倡导无原则无规范的道德论。进入21世纪以来，后现代主义哲学逐渐由盛转衰，但其推崇"解构"而轻视建构的思维破坏性影响却波及全球，它一方面有助于人们直面资本主义制度带来的道德危机，另一方面也给伦理学的理论研究和道德实践安排造成了消极的影响。

（三）西方社会道德准则体系及其实践智慧

从最概括和抽象的角度看，西方社会道德标准体系具有尊重整体与尊重个体相统一并以公平与正义为核心价值贯穿其中的内在特质。尊重整体，集中表现在尊重国家和社会，与民主与法治等价值准则相关联；尊重个体，集中表现在尊重他者和自己两个方面，与个性自由和平等待人等价值准则相关联。由此，西方社会道德标准体系的结构可以简要表述为：以公平正义为社会核心价值，以民主、法治、自由、平等为基本的价值标准和行为规则。

在历史唯物主义看来，这样的道德标准体系与西方的社会结构及"竖立其上"的整个上层建筑是相适应的，这正是西方社会道德标准体系的实

践智慧的根由所在，同时也是其缺失实践智慧的愚昧和野蛮特性之所在。

西方文明起于古希腊。古希腊地处地中海东部，其由半岛和群岛组成的海洋国家的地理特点，自然地理条件在发端的意义上奠定了其开放性文明样式的自然基础。开放性与重商重战重航海相关联，由此又促进了思维方式和科学技术的进步。这为西方社会进入资本主义发展阶段准备了科学和文化方面的文明条件。然而，资本私有特别是垄断资本私有的剥削制度，注定资本主义文明必然要以剥削和掠夺为基础，违背社会发展进步的总趋势，使得以公平正义为核心的社会道德准则体系具有阶级的局限性，直至带有殖民和霸权的特性。

资本主义社会的道德准则体系的样态，作为人类社会道德文明发展的一个特定阶段，一方面富含道德实践智慧，另一方面也带有明显的野蛮和愚昧的特质。

三、中国传统道德准则体系的结构及实践智慧

中国传统道德标准体系，由两个相互关联的部分构成，一是中华民族传统道德标准准则，二是中国共产党在领导中国革命过程中创建和践行的革命传统道德准则。将这两部分道德标准体系统摄起来，视为一个完整的道德标准体系，合乎中国传统道德标准体系的实际情况，也合乎当代中国社会道德发展进步的客观要求。

（一）中国传统道德准则体系的认知维度

从结构内涵来看，中国传统道德标准体系涉及的道德价值观念和行动规则极其丰富。如仁、义、礼、智、信、勇、诚、廉、耻、勤、俭、节、忠、恕、温、良、恭、让、宽、敏、惠、报恩、和谐、中庸、正直、达观、不自损、不好名利等，几乎囊括了人类有史以来所有的道德准则范畴。

从伦理关系来看，主要涉及父子、君臣、夫妇、兄弟、朋友等五个方

面，主张父子有亲、君臣有义、夫妇有别、长幼有序、朋友有信。孟子说："人之有道也，饱食、暖衣、逸居而无教，则近于禽兽。圣人有忧之，使契为司徒，教以人伦：父子有亲，君臣有义，夫妇有别，长幼有序，朋友有信。"[①]西汉初年，董仲舒提出"三纲五常"之后，又赋予五伦关系中的政治伦理关系以"纲"的形式，升华了政治道德规则。

从总体要求来看，中国传统社会道德标准体系就是西汉初年董仲舒提出的"五常"，即仁、义、礼、智、信。仁即"爱人"。樊迟请教仁为何意，孔子说："爱人。"[②]儒学伦理思想集大成者朱熹说："仁者，爱之理，心之德也。"[③]仁所主张的"爱人"有两层基本意思。一是主张把一切人当人看，不分"大人"与"小人"，也不分"贵人"与"贱人"。二是主张"爱"有差等，要分亲疏、先后和厚薄，内外有别。即《礼记·中庸》所说的"仁者，人也；亲亲为大。"义，即"宜"或"谊"。《管子·心术上》说："义者，谓各处其宜也。"礼，大体有两种含义：一是礼仪制度的总称，不仅指政治和法律制度，也指伦理制度和道德规则；二是特指人与人之间交往的礼节，包括礼仪和礼貌。智，与知相通，亦即智慧。意思主要是指知是知非、知善知恶、知可知不可，通达权变。信，即信守，诚实不欺、言行一致。

从核心价值看，中国传统道德准则体系以孔孟创建的"仁学"一以贯之，围绕"仁者爱人"展开，任何一项道德价值标准和行为规则都可以基于"仁者爱人"进行解读。可以说，"仁"是认知中国传统道德标准体系之纲。

（二）中国传统道德标准体系的基本结构

中国传统道德标准体系源远流长、内涵丰富，但多没有像当代中国这样用文字颁发的形式，而是社会道德生活中人们实际奉行和遵从的价值标

①《孟子·滕文公上》。

②《论语·学而》。

③《四书集注·学而篇》。

准和行为规则。今人可以从基本道德准则、职业道德准则、家庭道德准则、公共道德准则四个方面，对此进行总结、梳理和阐发。

基本道德准则，即全社会各种人群都须遵守和践行的道德准则。主要表现为护家爱国、诚实守信、友爱和善、谦敬宽容、明荣知耻。护家爱国，与中国封建社会长期实行家国一体的社会结构和政治统治模式直接相关。孟子将这种模式概括为"天下之本在国，国之本在家，家之本在身。"①其余四项，是受到儒学以"仁"为核心的道德准则体系长期教化的结果，反映了中华民族作为"礼仪之邦"和"道德大国"的基本风貌。

职业道德准则，是反映行业特点和特殊道德要求的道德准则。中国传统道德准则在这方面的主要表现，可以从执政、从戎、教育、经商、行医五个方面来总结和阐发。执政道德即为官道德，主要准则是以民为本和廉洁自律。从戎道德即军事和军人道德，主要要求是勇毅持节和恪守节义。教育道德即教师或执教道德，主要要求是为人师表和诲人不倦。经商道德即商业道德，基本要求是买卖公平和童叟无欺。行医道德即医生道德，崇尚以人为本和一视同仁。

家庭道德准则，在中国传统道德准则体系中分量很重，且由于与家国一体的政治统治模式直接相关联而备受统治者及其士阶层的高度重视，多有文字颁发和记载的形式，这种特点，今人可以从一些儒学经典文本和各式各样的"家训"中一览无余，概括起来主要包括善事父母、六亲和睦、勤俭持家、善待邻里等。

公共道德准则，即社会公共生活的道德行为规则。传统中国是小农经济的汪洋大海，社会公共生活多为走亲访友、休闲娱乐（如看戏、听书），空域有限，内容单调，不可与今天市场经济条件下的社会公共生活同日而语。然而，公共生活的道德准则却是十分讲究的。特别注重礼尚往来，强调人际交往中礼节、礼貌、礼物的重要性。这种注重"人情世故"的传统道德，有助于形成社会生活中的凝聚力，也易于败坏社会道德、腐化社会风气。今人对此传承应当有具体分析。一个只讲"人情世故"的社会，必

---

①《孟子·离娄上》。

定是一个堕落的社会；一个不讲"人情世故"的社会，不见得就是一个走向进步的社会。

（三）中国传统道德准则体系的实践智慧

中国传统道德标准体系的实践智慧，可以从以下几个方面来理解和把握。

首先，适应中国封建社会稳定、建设和发展的客观要求。中国封建社会延续数千年，大体上保持了"大一统"的社会生活共同体局面，其间还经历过"文景之治"那样的繁荣昌盛时期，与有着适应封建社会建设和发展客观要求的社会道德标准体系是密切相关的。这正是集中反映了中国传统道德标准体系内涵的实践智慧。在历史唯物主义看来，看一个社会推行和提倡的道德标准的实践智慧问题，归根到底要看其是否和在多大程度上适应这个社会建设和发展的客观要求。

其次，体现在其圆融特色。中国学界，过去一直存在片面强调儒学伦理文化和道德主张自汉代获得"独尊"地位的倾向，忽视了道家和佛家伦理文化和道德主张的历史地位与作用。实际上，中国传统道德准则体系具有谷儒道佛三家伦理学说主张为一炉的内在特质，此即所谓"圆融"特色。有学者认为：道教伦理文化源于母系氏族公社时期带有女性崇拜特征的原始宗教文化；儒学伦理文化发轫于夏、商、周时期，至西周原始宗教革命后形成的父权家长形成而出现雏形；佛教伦理文化自汉代传入中国后，经过"中国化的改造"而融入中国本土文化之中，自此而逐渐形成中国传统伦理道德文化"儒、道、佛三足鼎立之势"[①]。这种说法是否完全符合中国道德文化历史的实际自然可以继续讨论，但其重视道家和佛家道德文化对享受"独尊"殊荣的儒家道德文化的影响的历史观，是值得重视的。儒学推崇"入世"，道学推崇"忘世"，佛学推崇"出世"，三者反映了中国传统社会处于不同人生境遇的人们应持有的不同的人生态度，其间

---

① 参见李霞：《圆融之思——儒道佛及其关系研究》（胡孚琛序），合肥：安徽大学出版社2010年版，第3页。

的智慧无须赘述。

最后，体现层次性的差别。既有对最崇高、最完美的圣人贤达的道德要求，也有对正人君子的道德要求，而且都被记述在相关道德文本之中。除此之外，还体现在实际的道德生活中对于"芸芸众生"百姓"各人自扫门前雪，休管他人瓦上霜"的宽容。社会道德准则体现的这种差别，本身就是一种道德智慧，其实践价值是毋庸置疑的。

（四）中国革命道德准则体系的结构及其实践智慧

中国伦理学一般认为，中国革命道德，"是指中国共产党人、人民军队、一切先进分子和人民群众在中国新民主主义革命和社会主义革命与建设中所形成的优良道德。"[1]就是说，中国革命道德是中国共产党领导新民主主义革命和实行社会主义国家执政以来，向自己提出的道德准则要求。

中国共产党革命道德的实质内涵和核心价值，是以创建社会主义制度和最终实现共产主义为道德理想，以为人民服务为核心，以集体主义为基本原则。围绕这种实质内涵和主体精神，中国革命道德主张在处置公与私的利益关系上要大公无私、公而忘私、先公后私。认知和把握中国革命道德的方法论原则，是要看到它们体现的是中国共产党作为无产阶级政党的性质和承担的历史使命。同时也要看到，如同其他道德标准一样，中国革命道德也是历史范畴，在新民主主义革命和社会主义建设两个不同的历史时期有所不同，有些方面甚至有重要的不同。革命战争年代，共产党人处置利益关系需要置个人一切包括生命于度外，因此践行为人民服务强调的是"全心全意"，集体主义强调的是"集体利益高于个人利益"，倡导"毫不利己、专门利人"，做"一个纯粹的人"。在社会主义建设时期，共产党人处置利益关系，在一般情况下无须置个人一切于度外，更不需要倡导为了人民的利益而随时准备牺牲自己的生命。相反，共产党人也有正当的个人利益和需求，因此为人民服务应以提倡"真心实意"为宜，集体主义应以提倡把两种利益"统一"和"协调"起来为宜。作如是观，才是历史唯

---

[1] 罗国杰编著：《中国革命道德》，北京：中国人民大学出版社2013年版，第1页。

物主义的科学态度，也是中国革命道德恪守其共产党人本色的道德实践智慧所在。

从学理上看，科学认知和把握上述中国革命道德的准则要求及其智慧内涵，需要正确理解"公"与"私"这两个基本的道德范畴。中国革命道德言说的"公"专指"公心"和"公利"，即人民的、集体的利益；"私"特指"私心"，即偏私和"私利"，即个人利益。所谓大公无私，指的是为人民服务——为人民和集体谋利益时，不要"偏私"——以权谋私，为个人或小团体捞取好处。如此来理解和践行中国革命道德，就是毫不利己、专门利人，就是"一个纯粹的人"。

20世纪80年代，中国社会曾经发生过一个人在道德上是否可能做到大公无私的争论。一种观点是完全可以做到，并举例说历史上那些不怕死的英雄模范人物，为了国家和人民的利益，连自己的生命都愿意献出，这不是大公无私是什么？另一种观点正相反，认为任何人都不可能做到大公无私，他每月领到自己的工资难道不是拿回家吗？他不想让自己吃得好一些、穿得好一些吗？如此等等，总之人生在世，是不可能不考虑私利的。

历史地看，中国革命道德是中国传统道德在新的历史条件下合乎逻辑发展的产物，由此看，也可以将中国革命道德归入中国传统道德范畴。它们都是指导和影响当代中国社会道德实践的智慧元素。

四、中国特色社会主义道德标准体系的智慧样态

中国特色社会主义道德标准体系的实践智慧样态，总的来说必须遵循历史唯物主义的社会历史观和方法论原则，立足改革开放和中国特色社会主义现代化建设的客观现实，实现逻辑与历史的统一、理论与现实的自觉契合。中国共产党第十六次全国代表大会报告中强调指出："要建立与社会主义市场经济相适应、与社会主义法律规范相协调、与中华民族传统美德相承接的社会主义思想道德体系。"这是对中国特色社会主义道德标准体系应有结构的总体描述，凝聚了中国共产党及其领导下的广大人民群众

在改革开放历史新时期的道德实践智慧。

（一）适应社会主义市场经济

在历史唯物主义视野里，中国特色社会主义社会道德标准体系要与社会主义市场经济相适应，是遵循中国社会改革发展之规律的必然要求，也是当代中国社会道德实践智慧的总体要求。

与社会主义市场经济相适应，要能够体现"决定作用"与发挥"反作用"的统一性。在历史唯物主义视野里，一切伦理道德包括道德实践智慧都根源于一定社会的经济关系，而"伦理观念"经过"竖立其（经济关系）上"的上层建筑包括其他观念的上层建筑的意识形态"加工"之后，又对经济关系具有"反作用"。反作用是道德作为一种特殊的社会意识形态和价值智慧，在实践上发挥干预和调节社会生活及人们行为的逻辑根据所在。也就是说，"相适应"是就市场经济建设与发展的客观规律和要求而言的，"相适应"并不就是"相一致"，二者有着本质的不同。

市场经济崇尚效益优先和个性自由。在市场经济活动中，人的个性可以获得最大的张力，得到充分的表现，这是市场经济的优势，也是市场经济的缺陷所在。优势表现在能够最大限度地调动人的生产劳动积极性，充分发挥人的聪明才智，创造最佳的经济和社会效益。缺陷表现在如果缺乏必要的规制和适时的调控，思想道德素质不能适应市场经济建设的实际需要，就可能带来破坏性。就是说，市场经济运作对经济社会建设和发展的作用是双重的，对社会和人的发展与进步的影响也是双重的。一方面，要顺应市场经济发展的逻辑方向提供正能量的支撑，另一方面要遏制和消退市场经济发展的负能量。由此看来，"相适应"是思想道德建设的一个实践范畴，应从支持和引导两个角度来理解，支持内含引导，引导也是支持，二者都是适应和发展社会主义市场经济的客观要求。这就要求参与市场经济活动中的道德实践，必须具备接受"决定作用"和发挥"反作用"双重实践智慧的内涵。因此，唯有科学理解"相适应"，将其与"相一致"区分开来，促使市场经济条件下的道德准则具有支持和调控的双重智慧内涵，才能真正合乎市场经济建设和发展的客观规律和要求。

与社会主义市场经济相适应，要体现尊重个性自由意识与发挥主人翁精神的统一性。中国传统社会一直是小生产的汪洋大海，生产和生活都由人们自己安排，自力更生、自给自足和"各人自扫门前雪，休管他人瓦上霜"两种价值取向不同的"伦理观念"并行不悖。在传统社会，小生产者是绝对自由的，但这种自由缺乏国家主人翁的精神品质，并不能适应同时崇尚法制和规则的现代市场经济社会。新中国成立后，广大人民群众翻身得解放，成了新社会的主人，实行经济体制改革、大力推进市场经济体制建设，促使人们的这些传统"伦理观念"发生变化。这种变化的革命性意义在于，人们必然会自觉或不自觉地真正以"当家作主"的主人翁姿态审视社会主义制度与自己的关系，引发和强化当家做主人的主人翁意识，主动积极地关注国家和社会的建设与发展。

中国实行改革开放和推进市场经济体制建设以来的实践表明，社会主义道德标准体系必须具备体现尊重个性自由意识与发挥主人翁精神的统一性的道德实践智慧内涵。在这场史无前例的社会变革中，人们的思想道德观念所发生的变化是带有两面性的，在激发和发展人们投身社会生产和社会生活的积极性的同时，也诱发和膨胀了唯利是图、见利忘义的旧道德观念，甚至泛滥，以至于道德领域出现以"道德失范"和"诚信缺失"为主要表征的突出问题。通过加强和改进全社会思想道德建设以扼制和消解这些问题的消极影响，正是"相适应"的题中之义。正因如此，中国社会在强调尊重和维护个人的正当权益、正确看待个人利益与社会集体利益的关系的同时，又一直主张社会主义的思想道德体系必须要坚持以为人民服务为核心、以集体主义为基本原则。这些思想和理论观点，是在"相适应"的问题上运用唯物史观创新思想理论的重要成果。

社会主义市场经济是培育和弘扬为人民服务的道德价值观的经济基础。社会主义市场经济不仅需要为人民服务的精神，也有助于培育为人民服务的精神。这是因为，价值规律那只"看不见的手"促使生产经营者必须视广大消费者为"上帝"，为消费者——广大人民群众提供优质服务，才能赢得市场，获得生存和发展。这种逻辑表明，不论企业主的主观意愿是否出自真心实意为消费者服务，其驾驭市场的所作所为都必须立足于"为人民服务"。建设和发展社会主义市场经济，有助于培育人们的共同体的道德意识。

（二）协调社会主义法律规范

协调，应作相互衔接和呼应两种理解。社会主义道德规范要与社会主义法律规范相协调的主张，是就道德建设的实践逻辑而言的，思想理论创新的宗旨和立足点是在实践上充分发挥道德的社会功能。

道德与法律、道德建设与法制建设包括司法实践之间存在必然联系，都是为了维护社会正义，引导和规约人们扬善避恶，这是中外伦理学和法学界的基本共识。道德与法律作为特殊的上层建筑分属两个不同的领域，道德属于观念形态的上层建筑，依靠社会舆论和人们内心信念发挥社会功能，法律属于政治形态的上层建筑，凭借国家机器和社会强制力量发挥作用。二者既相互区别又相互联系，在发挥社会功能方面各有所长，也各有短板之处，因此需要互补、相得益彰。在改革开放和发展社会主义市场经济的社会环境中，人的个性张力能够得到充分张扬的条件。对于基于内心道德信念的张力，法律应当给予必要、适时的支持，张扬道德扬善的功能；而对缺失必要内心信念的"恶的张力"的遏制，仅靠社会舆论是不够的，必须要借助法律的"文化硬实力"。正是在这种意义上，必须强调道德的社会规范要与法律规范相协调。

中国传统伦理文化和道德主张是一种优良传统。然而，中国学界有一种根深蒂固的看法，认为中国缺少法治的本土文化，而这种缺陷又与孔子"轻法"以至反对法和"法治"是有关的。这种看法并不符合历史上的实际情况。

众所周知，孔子是一位积极的救世论的思想家。他面临当时"礼崩乐坏"的严峻挑战，以创建"仁学"伦理文化、恢复如同西周社会那样的秩序（"吾从周"①）为己任。因此，他强调"克己复礼为仁。一日克己复礼，天下归仁焉。"②从孔子为数不多的"述而不作"的言论来看，也不能说明孔子是"轻法"的。如《论语·季氏》有"天下有道，则礼乐征伐自天子出；天下无道，则礼乐征伐自诸侯出……天下有道，则政不在大夫。"这里的"政"不同于今天的政治，含有"法事""兵事"的意思。就《论语》而论，孔子直接论及法和"法制"（"刑制"）、"法治"（"刑治"）的言论确实不多，仅有5处。但每处都给予法（刑）以充分的肯定。如他将对待法（"刑"）的态度作为区别君子与小人的道德标准，说"君子怀德，小人怀土。君子怀刑，小人怀惠。"③同时，孔子并不认为道德教化是万能的，只是认为"不教（爱人）而杀"是违背仁义道德罢了。如他说"不教以孝而听其狱，是杀不辜。"④又说："圣人之治化也，必刑政相参焉。太上以德教民，而以礼齐之，其次以政焉。导民以刑，禁之刑，不刑也。化之弗变，导之弗从，伤义以败俗，于是乎用刑矣。"⑤因此，他告诫从政为国者说，"礼乐不兴，则刑罚不中；刑罚不中，则民无所措手足。"⑥

有学者指出：孔子不是一个职业法律学家，更不是一个立法家或律学家，因而其对法的关心和思考，不在提出某些具体的法制建设措施，或刑事的、或民事的、婚姻家庭的以及立法、司法的具体措施和条文，而是着重于从政治哲学、人生哲学的高度，比较德礼政刑的优劣、确立先王之法的法律价值标准、抨击严刑峻法的虐政和竭泽而渔的苛政、歌颂'直道'的司法原则，设计"无讼"和长治久安的生活蓝图和法制理想，从而为古代中国法和法文化的中国道路、中国模式奠定了基础⑦。这种见解颇有见地。

---

① 《论语·为政》。

② 《论语·颜渊》。

③ 《论语·里仁》。

④ 王肃：《孔子家语》，王国轩、王秀梅译注，北京：中华书局2009年版，第14页。

⑤ 王肃：《孔子家语》，王国轩、王秀梅译注，北京：中华书局2009年版，第245页。

⑥ 《论语·子路》。

⑦ 俞荣根：《儒家法思想通论》，南宁：广西人民出版社1998年版，第243页。

当然，从另一种角度看，孔子作为中国传统伦理道德标准体系的奠基者，虽然曾有重视法制和德法并举的主张，但从整个国家和社会的建设与管理来看，轻视法制的不良传统是存在的。没有相对完备的法制作为后盾，道德建设必定就会缺乏有力的支撑。我国提出社会主义道德规范与社会主义法律规范相协调，进而把依法治国与以德治国结合起来，无疑有助于在实践逻辑的意义上纠正历史问题，避免重蹈历史错误，确保全社会的思想道德建设保持正确的实践方向。

（三）传承中华民族传统美德

历史地看，道德作为一种特殊的社会意识形态、价值形态和人们的精神生活方式具有历史延续性，从而使得一国一民族的道德形成一种源远流长的传统。遵循道德发展进步的这种历史逻辑，承接中国传统道德和革命道德中的实践智慧成分，是中国特色社会主义道德标准体系智慧样态的应有元素。评判这种智慧元素的标准，应是可以与社会主义市场经济相适应，与社会主义法律规范相衔接，能够融入整个道德实践智慧样态之中的。

特定历史时代的道德标准体系不可能离开既在的传统，而这种传统又总是进步与落后、优良与腐朽并存的道德标准体系。传统美德是现实社会道德发展与进步的逻辑基础，也是现实社会道德教育和道德建设的基本内容，现实社会要推动道德发展与进步就不能不重视科学认识和把握传统美德的传承问题。

所谓传统美德，本质上就是可以与现实社会的"生产和交换的经济关系"及"竖立其上"的物质形态的上层建筑包括其他观念形态的上层建筑的客观要求相适应的优良的传统道德。换言之，传统美德之"美"就在于它曾是历史上的优良道德，既能与历史上的社会经济和政治等上层建筑的建设与发展相适应，又能与现实社会的经济和政治等上层建筑的建设与发展进步相适应，这是评判传统美德唯一科学的真理性标准，也是其可为现实社会承接、成为现实社会道德进步的逻辑基础的内在根据。相对于现实来说，传统美德包含可鉴赏价值与可实用价值两个部分。

"可鉴赏的传统美德"，一般为历史上特定时代的道德意识形态及由此推行和教化而形成的理想人格。"可实用的传统美德，一般是历史上庶民阶级在生产和交换的过程中积淀和传承下来的'伦理观念'和道德经验，同时也包含经由道德意识形态教化而世俗化的道德心理和风俗习惯。"①其间，可鉴赏部分因其崇高和先进而对全社会具有榜样和示范的价值。可实用部分因其散落和积淀在"庶民社会"，拥有最广泛的认同者和实践者，又与生产方式和生活方式密切相关而具有普遍适用的价值。任何现实社会的道德发展和进步，都既需要运用可鉴赏的传统美德肯定自己文明的过去，以维护和保持一种不可或缺的民族自豪和自尊的道德心态；也需要可实用的传统美德的普遍规约和推行，维护社会基本的道德秩序，以接种和催生产生于新的"生产和交换的经济关系"的新"伦理观念"，并在此基础上创新和建构当时代的道德意识形态。这些看法，都是改革开放以来在"相承接"问题上的主流看法。

传统即承接，含批判、继承、创新之义。中国传统美德包括中国传统道德与革命道德中的优良成分。它们作为适应所在时代的道德价值标准和行为规则都不乏道德实践智慧。对此，中国特色社会主义道德标准体系应当加以传承。融批判、继承与创新为一体，实行批判继承、弃糟取精、综合创新、古为今用。在这里，传承的关键环节是创新。在任何时代，传统美德的现实价值都是相对的，不可直接拿来，唯有经过创新、赋予其新意，才能为现实所用。没有创新，任何传统美德都难以为现实所"承接"。如对传统孝道，今天的提倡和推行应当按照这样的理路作出新的解释：孝在封建社会被不平等的专制统治政治化了，宗法化了，而其价值本义实则是公平——父母抚养我们长大成人，我们从小就应当养成孝敬父母的品性，否则是不公平的，违背了家庭伦理的基本道义，如此等等。只要我们恪守"相适应"的原则，就能够成功地进行承接。

综上所述，中国特色社会主义道德标准体系的智慧样态，要体现"适

---

① 钱广荣：《道德悖论现象研究》，芜湖：安徽师范大学出版社2013年版，第183页。

应社会主义市场经济""衔接社会主义法律规范""传承中国传统美德"三维一体的总体理路。

（四）借鉴资本主义社会道德标准体系的有益智慧

从人类社会文明法治进步的客观规律而论，正如马克思恩格斯在《共产党宣言》中揭示的那样："资产阶级在历史上曾经起过非常革命的作用"，却又同时破坏了人类文明的优秀传统，让"一切神圣的东西都被亵渎了。"①资本主义文明是在反对封建主义的斗争中形成的，相比较于中华优秀传统文化来看，具有"革命"和"亵渎"的两面性，对此不应置疑。而作为适应社会主义市场经济的道德标准体系中的公平与正义原则，却可以与资本主义的公平与正义，包括民主、法治、自由、平等等道德准则直接对话，同时展现其超越资本主义文明内涵和先进性特质。如社会主义核心价值观主张的友善，相比较于博爱而言显得具体而真实，更富有普遍的实践价值。所谓博爱，不论其如何用美妙的词语装饰自己，说到底不过是根植于垄断私有制基础上的政治和文化霸权主义的代名词而已。社会主义道德标准体系公平与正义等原则，真正体现了人类自古以来在这些方面的向往和不懈追求，真实反映了人类社会发展进步的逻辑方向和美好前景。

中国的社会主义制度，是在半殖民地半封建的基础上直接建立起来的，其间没有经过资本主义的发展阶段。实践证明，这在经济和政治的社会制度上是可以做到的，只有社会主义才能够救中国。借鉴西方社会道德标准体系中的有益智慧，旨在吸收和包容现代西方资本主义文化价值的有益成分而具有超越资本主义文明的特性，它在主导价值观的当代性和前瞻性的意义上展示了中国胸怀和中国气派，既代表中国社会文明价值观发展进步的方向，也代表着当代人类社会核心价值观的先进水平和发展进步的方向。因此，既要反对狭隘的民族主义，也要反对民族虚无主义。

---

①《马克思恩格斯文集》第2卷，北京：人民出版社2009年版，第33、35页。

第三节　道德人格标准的智慧样态

道德人格是人们遵循一定社会道德准则，即价值标准和行为规则的"社会之道"而形成的个体道德品质，一般说来，社会提倡和推行什么样的道德准则，人们就会相应形成什么样的道德人格。因此，道德人格标准属于社会道德标准体系范畴，应将其归入道德实践智慧的社会样态来加以考察。

一、有史以来道德人格类型考察

立足于社会的角度来看道德实践智慧，考察有史以来的道德人格，需要注意两个问题。由于受到特定国家和民族社会生活共同体的长期影响，道德人格不仅具有国情特色，成为民族性格的重要组成部分，成为道德国情范畴，而且也因受到特定历史时代的影响而具有时代的特征。分析自古以来道德人格的各种类型，从中梳理和阐发道德实践智慧因素，有助于培育当今人类社会健康的道德人格。

（一）克己奉公的道德人格

克己奉公，指的是在公利即公家或公众的利益与私利即自己的利益发生矛盾、需要作出选择的时候，能够克制个人对于利益的需求而服从公利的需要。在一般情况下，人们习惯于在大公无私、公而忘私、先公后私的意义上来解读克己奉公。

克己奉公的真谛在于维护社会生活共同体之利益共同体的整体需要，同时也就维护了个体利益，并获得个人的人格尊严和价值。就是说，社会要求人们克己奉公不是要求人们贬低自我，更不是要求人们否定自我。北宋时期范仲淹（989—1052）在《岳阳楼记》中抒发的"先天下之忧而忧，后天下之乐而乐"的伦理情怀，表达的就是这种道德人格。

克己奉公的道德人格，是自古以来世界各民族公认和推崇的高尚道德品质。在公利与私利发生矛盾的情况下，为了维护共同体的存在和命运，克制包括牺牲个人利益既是必要的，也是必需的。历史上那些英雄模范人物，大多具备这样的道德人格。他们的人格是人类道德文明史上最可宝贵的精神财富。

（二）乐于利他的道德人格

乐于利他与乐于助人意思相近，作为一种道德人格指的是在他人需要帮助的情况下，乐于伸出援助之手，帮助他人排忧解难。乐于利他，贵在以利他为乐，把帮助别人看成是一件能够让自己感到开心和快乐的事情。这表明，乐于利他者能够"自然"地把利他与人生价值获得感联系起来，他们按照社会道德实践要求"讲道德"不是为了"讲"道德。

有必要指出的是，乐于利他作为一种道德人格应遵循一个前提条件，这就是"在他人需要帮助的情况下。"在他人不需要帮助的情况下，社会道德标准并不要求"乐于利他"，因为自己的事情自己干本是任何一个社会都需要的社会道德风尚。不需要他人帮助就可以做起来和做好的事情却指望别人"乐于"伸过手来，这本身就是不道德的想法。社会不能支持这种想法，也不能营造这种虚假的道德风尚。

现实生活中还有这样一种人，无论他人是否需要帮助，都喜爱伸出援助之手。我们当然不能说，他们这样做不必要，他们是在沽名钓誉——仅仅为了表明自己是"道德人"，甚至是想当"道德榜样"。但需要指出的是，乐于利他作为一种道德人格的本义和真谛是以他人需要帮助为前提条件的。须知，不论他者是否需要帮助，"乐于"到处"做好事"，实则是在给爱占"道德便宜"的不道德者提供生态条件，不利于乐于利他道德人格的培育和优良社会风尚的形成。

（三）推己及人的道德人格

推己及人这种道德人格，在任何社会都是最普遍因而也是最重要的道德人格，也应当是道德标准体系实践智慧的主体精神所在。因为，一个社会，如果大多数人都能做到推己及人，这个社会的道德就必然处在文明进步的状态之中。

传统中国之所以被世人赞誉为"礼仪之邦"和"道德大国"，就在于推己及人——将心比心，成为人们最为普遍的道德认知和行为方式。它是孔孟儒学坚持不懈地推崇和倡导"己欲立而立人，己欲达而达人""己所不欲，勿施于人"的道德人格的结果。

当今人类社会，特别是当代中国社会改革和发展进程中出现的道德领域的突出问题，就其人格原因来审察，就是缺失推己及人、将心比心的道德人格。面对当前道德领域突出问题，当代中国的道德建设需要大力倡导推己及人的道德人格。

二、道德人格的先进性与一般性

在任何一个社会，道德人格都存在先进与一般的差别。这种差别的形成，既与一定社会倡导的道德价值标准和行为规则的要求有先进性要求与一般性要求的差别有关，也与人们践行社会道德准则存在差别有关。后一种差别的形成，既与人们践履社会道德准则的不同态度有关，也与人们践履社会道德准则的方法及智慧有关。

因此，考察道德人格的标准不能不涉及其先进性与一般性的问题，这将有助于我们从整体上理解和把握道德实践智慧的社会样态。

（一）先进性与一般性道德人格的涵义

先进性，通常是指人或事物具备可以作为榜样、进步较快、水平较高的特性。道德人格的先进性是就可以作为全社会学习的道德榜样的特性而言的。在一定社会里，先进性道德人格是从道德上体现"统治阶级意志"的道德人格，在统治阶级处于上升时期尤其是这样，不论这种祈求是否出于阶级自觉还是不自觉。它代表着一定社会道德进步的最高水平和人类社会道德发展进步的方向，并对一定社会的思想道德建设发挥着引领和示范的作用。人类有史以来的传统美德，实际上多是以往先进性道德要求人格化的沉积。

一般性，意思是指涉及的方面广，范围广大。这种道德人格的标准及其要求，一般是针对调整广大普通劳动者相互之间及其与国家集体之间的利益关系而提出来的，因其涉及面广而又被称为广泛性的标准和要求。在一定社会里，一般性或广泛性的道德人格要求，是道德准则规范与法律规范相衔接的中间环节，也是体现这种衔接的常态。它是每个社会道德文明最为宽泛的基础，也是道德建设最为可靠的立足点。

（二）两种道德人格标准和要求的逻辑

从认知和实践逻辑来看，先进性和一般性的道德人格标准和要求既相互区别又相互联系。在社会道德实践中，二者是主导和基础的逻辑关系，二者的关系如果认知和处理不当，或者以先进性要求替代一般性要求，或者轻视以至于忽视先进性要求，都会造成负面影响。

在任何一个社会，道德人格存在先进性和广泛性的差别都是客观事实。它既是社会道德实践的不同结果，也是社会道德进步的内在动力。一般说来，道德人格存在的差别和不平衡的事实，作为一种矛盾可以为社会道德教育和道德建设提供资源和根据，同时也会引发"见不贤而内自省"的动力，触发人们道德修身的自觉性，由此推动社会和人的道德进步，这两种要求是相互依存、相得益彰的。

在阶级对立和对抗的社会里，统治阶级不能自觉地将先进性与一般性两种道德人格标准和要求统一起来，是正常的现象。在社会主义国家，科学认知和把握两者之间的逻辑关系，是正确开展我国社会主义思想道德建设的重要前提。

（三）两种道德人格之实践模式的历史回眸

中国封建统治者自汉初实行"独尊儒术"之后，长期推行"大一统"的国家政治伦理观念和"为政以德"的官德原则，在全社会人际伦理方面则普遍倡导"推己及人"的道德要求。如果说"为政以德"的官德原则属于先进性的道德人格标准和要求，那么"推己及人"的道德要求则是一般性或广泛的道德人格标准和要求。在中国几千年的封建社会里，专制统治者为维护其统治，惯用树碑立传的实践方式引导庶民百姓遵循先进性和一般性的道德人格和要求，由此而在士阶层和庶民社会形成了"榜样的力量是无穷的"的传统理念及其道德实践模式，促使中华民族成为"礼仪之邦"。

这是历史中国在思想道德建设方面值得今人关注的一个传统经验。不过，今人应当同时注意的是，由于其先进性道德要求自身存在的缺陷，高度集权的封建专制统治本身存在"道德政治化"的倾向，封建统治者并不能真正实现先进性要求与一般性要求的统一，所谓"礼仪之邦"的"道德大国"实际上是缺乏广泛性的群众基础的。

新中国成立初期，我们的思想道德建设沿用了"榜样的力量是无穷的"这种理念和模式，使之在思想道德建设中曾占据主导地位并一度发挥了巨大的作用。"学习雷锋好榜样"、学习"党的好干部"——"人民的好公仆"的道德示范活动曾教育和影响了整整一代人。改革开放的序幕拉开之后，社会的道德观念发生了变化，人们开始把个人需求和发展放在了重要的位置，"榜样的力量是无穷的"之传统理念和实践理路，显得不是那么灵验了，相反还出现了"雷锋叔叔不见了"的不良风气。在这种情势下，全社会反思思想道德建设的传统经验，在倡导先进性的道德要求的同时重视广泛性道德要求的教育和普及，在新的历史条件下真正实现二者的有机结合，不仅是必要的，也是可行的。

基于这种唯物史观的历史反思，1986年，中共十二届六中全会作出的《中共中央关于社会主义精神文明建设指导方针的决议》中指出：我们社会的先进分子，为了人民的利益和幸福，为了共产主义理想，站在时代潮流前面，奋力开拓，公而忘私，勇于献身，必要时不惜牺牲自己的生命，这种崇高的共产主义道德，应当在全社会认真提倡。共产党员首先是领导干部，尤其要坚定不移地身体力行。总之，在道德建设上，一定要从实际出发，鼓励先进，照顾多数，把先进性要求同广泛性要求结合起来，这样才能联结和引导不同觉悟程度的人们一起向上，形成凝聚亿万人民的强大精神力量。后来，中共中央颁发《公民道德建设实施纲要》，再次确认了实行先进性要求与广泛性要求相结合的道德建设模式。

把先进性要求与广泛性要求在相互区分的前提下统一起来，建构思想道德建设的实践模式，是一种重要的思想理论和实践创新。它在思想观念上体现了实事求是、从实际出发的唯物辩证法的科学理性，在道德基本理论上反映了道德文明层次性的生成方式和发展轨迹，是承认和尊重广大人民群众精神需求实际的具体表现。所以，这种实践模式在推行过程中获得了广泛的认同，因而具备了坚实的群众基础。

三、把握两种标准和要求的实践智慧

把握先进性与一般性标准和要求的实践智慧，总体思路是要承认人的思想道德素质是一个历史范畴，存在先进与一般以至落后的情况是正常的，在社会道德建设的实践中将二者有机地结合起来。邓小平曾指出："我们在鼓励帮助每个人勤奋努力的同时，仍然不能不承认各个人在成长过程中所表现出来的才能和品德的差异，并且按照这种差异给以区别对待，尽可能使每个人按不同的条件向社会主义和共产主义的总目标前进。"[1]具体来说，把握两种标准和要求相结合的实践智慧，应抓住三个基本环节。

---

[1]《邓小平文选》第2卷,北京:人民出版社1994年版,第106页。

（一）立足于现实社会

立足于现实社会，是知识化道德实践中把道德人格两种标准和要求有机地结合起来的第一智慧。

立足于现实社会，就要承认道德人格存在差别的事实，既要看到存在先进性道德人格，更要看到广泛存在的一般性道德人格。社会设计和倡导道德人格要求，就要从这样的实际出发，而不能仅从脱离实际的主观愿望出发，更不能从一些人甚至个别人的主观意志出发。概言之，立足于现实把握先进性与一般性道德人格的标准和要求，实现二者的有机结合，不可偏废，更不可以相互替代。

（二）组建相关的实施机构

把先进性和一般性道德人格标准和要求有机结合起来的社会道德实践，无疑需要组建相关的实施机构。

我国成立了由中央到地方的精神文明建设指导委员会。1997年4月21日，中共中央发出《关于成立中央精神文明建设指导委员会的通知》（以下简称《通知》）。《通知》指出，中央精神文明建设指导委员会是党中央指导全国精神文明建设工作的议事机构。主要职责是：督促检查各地区、各部门贯彻落实党的十四届六中全会精神和中央关于精神文明建设的一系列方针、政策的情况，协调解决精神文明建设主要是思想道德和文化建设方面的有关问题，总结推广交流先进经验。《通知》下发后，各地按照中央要求相应成立了省、市、县的精神文明建设指导委员会。这就使得把先进性与广泛性两种道德人格要求结合起来的道德实践有了组织保障，而不至于停留在做理论文章和口头宣传上。

（三）开展群众自我教育活动

把先进性和一般性道德人格标准和要求有机结合起来，无疑需要发挥先进性道德人格的引导作用，因此，开展道德先进人物的评选和表彰活动是必要的，但更需要着眼于一般性道德人格的培育。从道德实践智慧之社会样态的要求来看，开展这两个方面的道德实践活动都应当抓住群众性的自我教育环节。

评选和宣传诸如"中国好人""道德模范""感动中国人物"这类道德先进人物的活动，根本目的不是要凸显个别或极少数先进人物的模范事迹，而是要教育广大群众，使之受益。因此，评选和表彰方式不能仅是媒体的宣传和报道，评选过程也不能仅是领导画圈或网媒投票，正确的做法应当是群众逐级评议。如此，就将评选活动转变成了群众自我教育活动。而那种把评选道德先进和模范人物，仅仅当作是为了举办展览的需要，其实是违背群众自我教育宗旨的，实际效果往往会适得其反。

把先进性和一般性道德人格标准和要求有机结合起来的社会道德实践，重心应是开展日常的思想道德建设活动。这样的活动，既可以单独组织，也可以结合学业和职业活动进行，还可以与社区居民的公益活动结合起来。

结语：社会道德实践智慧需要向个体转化

综上所述，建构道德实践智慧的社会样态或社会道德实践智慧的样态，要坚持运用历史唯物主义方法论原则，促使道德基本理论具有真理的内涵，即确认道德根源于一定社会的经济关系，体现作为一种特殊社会意识形态的本质特性；社会道德标准体系能够适应经济社会建设和发展的客观要求，协调法律规范体系，并能够传承传统美德；社会提出的道德人格标准要能够把先进性与广泛性要求统一起来。概言之，社会道德实践智慧的样态，总体上应是真善美相统一。

在传统伦理思维中，人们一般认为，社会道德价值标准和行为规范即"社会之道"只有在内化为个体品质即"个人之德"的情况下，才能发挥应有的社会功能和作用。对社会道德实践智慧发挥功能和作用的内在机理也应作如是观。当然，也不可以生搬硬套，将二者混为一谈。

社会道德实践智慧需要向个体道德实践智慧转化，是指转化成为个体道德实践素质和素养。但是，仅有这种转化是不够的。因为，社会道德实践智慧样式所反映的是社会发展进步对道德实践提出的客观要求，所能观照个体道德实践的实际需要只能是一般的或多数人的情况，不可能面面俱到，而个体道德实践的情况却是多样和复杂的，需要各个个体具体问题具体对待。

尽管如此，社会道德实践智慧仍然是个体道德实践智慧结构的基本依据，培育个体道德实践素质，必须高度重视社会道德实践智慧向个体转化。

第六章　道德实践智慧的个体要素

　　个体是一个复合型概念，因所反映对象的不同而被赋予不同的涵义，成为不同学科的范畴。相对于社会而言，个体即人或个人，一般被当作哲学概念。相对于集体而言，个体即具体的个人，一般是指利益主体，属于伦理学的概念。而就独立存在的真实的人而言，个体就是指每一个活生生的具体的人，亦即人们平常所说的生命个体，属于生理学和心理学等多学科的范畴。

　　心理学意义上的个性即人格，所谓个别性、个人性，指的是一个人在思想、性格、品质、意志、情感、态度等方面不同于其他人的特质，这个特质表现于外就是他的言语方式、行为方式和情感方式等，任何人都是有个性的，也只能是一种个性化的存在，个性化是人的存在方式。作为道德实践主体提出来的个体，主要是伦理学意义上的，在此基本视点上也涉及其他相关学科。

　　如前所论，学界过去没有道德实践一说，自然也就没有关注个体道德实践智慧要素的相关问题。然而，从人们参与道德活动和选择道德行为的实际情况看，有没有道德实践智慧的结果是不一样的。道德实践智慧的个体要素或个体道德实践的智慧要素问题，是一个需要开垦的学术撂荒地。过去学界没有个体道德实践一说，只有道德行为或道德行动的说法。个体的道德行为或行动，总是在特定的社会生活环境中付诸实施的，总是带有社会倡导或应允的道德价值取向的特征，从来都不是抽象的，一般也不是单独、孤立的。所以，用个体道德实践的概念替代过去道德行为或行动的称谓，显得更合乎情理。

个体道德实践的智慧要素，与以往伦理学讨论的道德品质有相似之处，同属于个体道德素质范畴。二者的区别主要是：道德品质的言说视点多为个体内化"社会之道"，强调的是一种道德素质，而道德实践智慧要素言说的视点则是个体道德实践的客观要求，强调的是一种道德素养。素质和素养的区别在于：素质是一种结构性概念，素养是一种能力性概念，人的素质唯有在转化为素养的情况下才能真正应对认识和实践的复杂环境。

个体道德实践的智慧要素，或道德实践智慧的个体要素，主要研究个体遵循社会倡导的道德价值标准和行为规则，以及社会道德实践智慧样态，认知和选择"做道德人"，实现个体道德价值的智慧。核心内容将关涉个体道德实践的自知、自选、自律的自主意识和能力。这样的要素，可以从道德认知、道德选择、个性表达、理性敬畏、道德祈愿五个基本向度进行考察和阐述。

第一节　道德认知的智慧要素

认知，作为普通心理学范畴与情感、意志相对应，是人们凭借感觉、知觉、记忆、想象、思维等心理活动获得知识的过程。所谓道德认知，亦即知"道"，指的是个体习得"社会之道"及与此相关的道德经验的过程。这种认知获得的道德知识，是个体参与道德实践活动的必要智慧。虽然，在实际的社会生活中，事实上的"道德人"不一定就是掌握了多少道德知识的人，而一些饱读道德经书、满口仁义道德的人也不一定就是"道德人"，但是，不能因此而否认应有的道德认知活动对于人们做"道德人"实践活动的前提性、基础性意义。

当代美国学者 R·赫斯利普曾批评美国"公民教育"中存在的连"道德"一词也不愿出现的偏向，指出："在德育方面，美国的青年人极需要的不只是公民教育"，否则会使他们成为"道德文盲"①。他主张把"尊重他人""同情他人""与人合群""对人诚实""追求真理""值得信任"等"美德"，列为道德教育内容。R·赫斯利普所指出和主张的，就是个体道德实践智慧中的道德认知。

一、认知做"道德人"的意义

"道德人"，是经济学的主要创立者、英国古典经济学的主要代表人物亚当·斯密在《国富论》和《道德情操论》中，相对于"经济人"提出的一个概念。他认为，经济人和道德人并不是两种独立的人，而是市场经济条件下经济主体所表现出来的两种不同的人性和人格。这种"两种人"统一于同一主体的思想问世以来，影响极其广泛。中国人惯用"做人"的品性来表达"道德人"的人性和人格。

（一）认知做"道德人"意义的实质

从根本上看，做"道德人"意义的认知不是一个理论问题，而是一个实践问题。认知做"道德人"的意义不是属于知识学习范畴，而是属于价值体验范畴。能够夸夸其谈讲一通做"道德人"意义的大道理，考试能够得一百分，并不等于就认知了做"道德人"的意义。

人作为实践主体也是意义主体，既要"做事"也要"做人"，"做事"之中要"做人"，"做人"同时也要"做事"，二者集于主体一身是人之为人的真谛所在。因此，要用辩证统一的观点理解和把握"做人"与"做事"的意义。如果单就"做人"而论，一个人能否认知做"道德人"的意义，不仅影响他能否做成"道德人"，也影响他"做事"和整个的人生发

---

① ［美］R·赫斯利普:《美国人的道德教育》，王邦虎译，北京:人民教育出版社2003年版，第133、134页。

展与价值实现。由此看，认知做"道德人"的意义，是个体道德实践的前提性智慧要素。

认知"做道德人"的意义，从根本上来分析，也就是认知"讲道德"的意义、"讲什么道德"的意义、"怎样讲道德"的意义，以及将三种意义统一起来的意义。这就是认知做"道德人"意义的智慧。

（二）认知做"道德人"意义的不同意见

历史上，关涉认知做"道德人"意义的不同意见，值得关注的大体上有如下几种：

一是人性本善说，属于道德哲学范畴。它将人要"讲道德"和做"道德人"的意义，归因于人与生俱来的"天性"。孟子所说的仁、义、礼、智四种"善端"说，可视为这种学说的代表。孟子说："恻隐之心，仁之端也；羞恶之心，义之端也；辞让之心，礼之端也；是非之心，智之端也。"[①]这种形而上学意见，可以推演为人生下来就是为了"讲道德"，做"道德人"是命里注定的，将做"道德人"意义认知的主体归因于"天"。此即所谓"天命之谓性，率性之谓道"[②]。这种观点，将认知做"道德人"的意义弄得非常通俗简化——你是人吗？那就"讲道德"，做"道德人"吧！中国人自古以来受人性本善学说的深刻影响，故而在日常道德评价上将是否讲道德作为区分人与一般动物的一个基本标准，谴责有些不讲基本道德的人是"畜牲"。

二是社会本位说，属于政治哲学或社会哲学范畴。它将人要"讲道德"、做"道德人"的必要性和意义，归因于维护社会稳定、推动社会发展的客观要求和事实需要。人类社会生活共同体自从被分为阶级、国家和民族以来，道德实际上被解读为一种特殊的社会意识形态，与这种认知意见是直接相关的。

三是个人本位说，与人性本善说根本对立，推崇人性本恶，属于典型

---

① 《孟子·公孙丑上》。
② 《礼记·中庸》。

的历史观和伦理学范畴。它将要"讲道德"、做"道德人"的必要性和意义完全归因于个体的需要。这种学说，在西方伦理思想史上以个人主义为代表。个人主义既是一种社会历史观，也是一种伦理道德观。作为伦理道德观，它的基本主张是以个人的需求为立足点和出发点。这样，从逻辑上来看，正如霍布斯分析的那样：人在自然状态下，"如有任何两人欲求相同的事物，而这事物却不能为他们所共同享受时，他们便成了敌人。"①于是，人与人的关系就不可避免地成为"狼对狼"的关系，处于"战争状态"，最终会导致人与人的"两败俱伤"，国家和社会也会因此崩溃。因此，必须用法律和道德的"社会契约"来弥补这种根本性的缺陷。这是个人主义学说从极端利己主义到合理利己主义，再到现代社群主义等学说或思想的历史发展的基本轨迹。它既反映个人主义违背人类道德进步方向的消极方面，也表明个人主义内含合乎人类道德进步发展方向的积极因素。概言之，在人为什么要讲道德的问题上，个人本位学说与人性本善学说是对立的，它的归因逻辑是"人性本恶"。

在中国伦理思想史上还没有出现过个人主义那样的学说。新中国成立后，社会曾一度在与个人主义相对立的意义上大力提倡集体主义，开展全社会性的集体主义教育。进入改革开放历史新时期以来，我们纠正了过去在集体主义的认知及其教育问题上所受到的"左"的思潮的影响，但究竟应当怎样看待西方个人主义的伦理道德观的问题，并没有真正解决。

不难看出，在做"道德人"意义的认知上，人性本善本恶说在理论上都具有伪命题的性质。因为在先天的意义上，人性本无善与恶的分界。社会本位说与个人本位说本是以往阶级社会的产物，虽然各有其不合逻辑的弊端，但其合理性也是显而易见的。在为什么要做"道德人"的认知上，人类社会道德发展和进步的方向将逐渐告别社会本位或个人本位的学说，主张把社会和个人有机结合起来。

个体，不论是在何种意义上来说，其生存和发展都离不开社会提供的各方面的条件和环境。西方个人主义尤其是当代个人主义学说主张是有其

---

① 周辅成编：《西方伦理学名著选辑》上卷，北京：商务印书馆1964年版，第659页。

合理性的，我们可以批判地吸收。这主要是因为，就绝大多数人来说，"讲道德"和做"道德人"的动因与目的，首先是从自己出发，为了个人的生存和发展。为什么要讲道德？因为不讲道德就会制约和影响自己的生存和发展。在这里，道德无疑充当了所谓的"工具价值"。诚然，道德价值充当"工具价值"似乎不如作为"目的价值"那样显得高尚，但它毕竟是一种道德价值，于己于人于社会和国家都很有利，对此不应置疑。

（三）做"道德人"意义认知的形成与发展

一个人从懂事开始就会在家庭生活圈里，被家长引导着在"好人"与"坏人"相对立的意义上，接受关于"做道德人"的意义的教育，逐渐知道"做好人"的重要性。此后上学读书，开始由少渐多、由浅入深地系统接受关于为什么要做"道德人"的价值知识教育，进而能够就此"说一套"，应对这方面的"道德人"的考试。这样的道德认知教育，一般至基础教育结束也就告一段落。至此，由于受教育者心理特点和接受能力的影响，一个人关于为什么做"道德人"的意义认知，多属于价值知识范畴。在这期间，对于"做道德人"，虽然一般都既能"说一套"也能"做一套"，把两"套"关联在一起，但是，并没有经过严格的道德实践检验，所以还不是真正的"道德人"，而是"道德书生"和"道德宝贝"。借用苏霍姆林斯基的形象化用语来说，他们只是"道德人"的"初稿"[①]。

就是说，人们在读书求学期间，关于做"道德人"的意义认知，多是来自书本的知识，带有道德情感的特色，缺乏道德智慧的内涵，也未经过自己亲身的道德实践，还不是真正的道德实践智慧要素。

一个人从校门走上社会，开始自食其力和为他的时代做贡献的职业生涯之后，关于为什么要做"道德人"的认知就由"说一套"转而"做一套"了，不论这种转变是否处于自觉，实际情况都是这样。这是因为，对

---

① 苏霍姆林斯基是20世纪苏联著名的教育思想家和实践家。他在《关于人的思考》中借用作家K.丘科夫斯基的形象用语把处于基础教育阶段的孩子比作"人的'初稿'"，并指出，一个人此后的人生道路多与作为"初稿"的鲜明个性——能力、气质、爱好和才华相关。教育者就是"肩负给这一初稿润色、修饰责任的人"。（苏霍姆林斯基：《关于人的思考》，尹曙初译，湖南人民出版社1983年版。）

做"道德人"的意义的认知，人们更多的不是看你怎么说，而是看你怎么做、"说一套"和"做一套"是不是相一致。唯有从这个时候开始，关于做"道德人"的意义认知，才真正具有道德实践智慧的内涵，成为真正的道德实践智慧要素。

二、认知做"道德人"的标准

所谓做"道德人"的标准，简言之也就是按照什么样的道德标准做"道德人"。基于个体道德实践来看，做"道德人"标准的内涵和形式都是多样的，会受到不同民族和国家的伦理文化和道德传统的影响。这使得理解和把握这种认知标准的智慧成为一个较为复杂的问题，需要抓住如下几个主要环节。

（一）做"道德人"标准的实质内涵

主观见之于客观，是做"道德人"标准的实质内涵。这里的关键词是"见"，就是说，标准本身是主观的，但是它能让人"见"到实践的方向、内容乃至结果。因此，关于做"道德人"标准的认知，作为个体道德实践智慧的一种要素，不是仅凭读书和模仿就可以理解和掌握的。实际上，关于做"道德人"的标准的认知，更多的是来自道德实践的经验积累和传承。过去，目不识丁的村夫村妇，多能够勤俭持家过日子，含辛茹苦拉扯孩子长大成人，却极少想到侵占他人财物；而那些熟读经书、满口仁义道德的人，却不乏贪腐之徒。这种由来已久的现象说明，做"道德人"的标准不是仅凭依靠读书识字就能掌握的。做"道德人"贵在"做"，领会其标准主要依靠"做"的实践活动。

（二）做"道德人"标准是历史范畴

从道德文明发展进步的整个历史过程来看，做"道德人"的标准有其"永恒性"的价值内核，但这并不等于说它是一成不变的，也不应当是一成不变的。在不同的社会制度下，或在同一种社会制度的不同时代，做"道德人"的标准应当有所不同，以至必须有所不同，甚至根本的不同。比如，"子为父隐"是中国历史上家庭生活中一直奉行的做"道德人"的标准，在今天家庭生活中这个标准显然就不能适用。新中国成立后，在处理个人与集体的利益关系问题上，曾长期是个人无条件服从集体的标准，如今这个标准已经为"有条件服从"所替代，普遍实行的是个人与集体共荣共存、和谐发展的标准，尽管这种标准在理论上还没有给予充分的说明。

（三）做"道德人"的标准是国情范畴

恩格斯在《反杜林论》中批评杜林用"永恒真理"的方式言说道德的绝对性时指出："善恶观念从一个民族到另一个民族、从一个时代到另一个时代变更得这样厉害，以致它们常常是互相直接矛盾的。"[1]这种论断是符合人类道德发展进步史的实际情况的。

做"道德人"的标准因其具有民族性特征而成为一种国情或国情的组成部分。这表明，做"道德人"的标准多不具备不同民族之间的普适性，一国一民族如果用自己民族的"做人"标准去评论别个民族的"道德人"，一般来说是不合适的。这样，会造成做"道德人"及其评价标准的混乱。

（四）做"道德人"标准的表达形式

做"道德人"的标准，既有文字文化记载的形式，也有经验和习惯传承的形式。

文字记载的形式，比较单一和统一，因而易于在不同的人们之间获得公认性，人们只要会读书识字就能够获得关于它们的认知。后一种标准则不然，既可能因其拥有"源远流长"的历史或普遍的适用性而具有公认性，也可能因其不具有这样的特性而为人们"见仁见智"，由此而造成认知的困难。比如在当代中国，对于那些在公共场所遇难的人是否应当履行

---

① 《马克思恩格斯文集》第9卷，北京：人民出版社2009年版，第98页。

见义勇为的道德责任，人们的看法就不尽一致。因为那当中有一些是"碰瓷"者，他们的遇难和需要救助是假的，怀揣准备享用见义勇为者"讲道德"之成果的叵测之心。在这里，做"道德人"的标准其实是模糊的，唯有加以分辨才能认知。认知做"道德人"标准所应具备的智慧特质，在这里就显得特别的重要。

三、认知做"道德人"的途径

做"道德人"的根本途径是"做"，做到知行合一，在"做人"与"做事"中尤其是道德实践中体会做"道德人"的意义，践行做"道德人"的标准。一个人口口声声说做"道德人"的重要性，面对道德领域的突出问题不能按照道德标准身体力行，那只能说明他关于做"道德人"意义的认知是正确的，并不能说明他对做"道德人"途径的认知是正确的。

认知做"道德人"的途径，作为个体道德实践的智慧要素，是社会和人对于发展进步的道德自觉。它不是个体与生俱来的，也不是后天自发形成的，而是个体正确认知做"道德人"的途径、经由道德实践过程将"社会之道"转化的结果。

具体来看，大体上可以从三个角度来认知做"道德人"的途径。

（一）在受教育中学习做"道德人"

人的一生要接受很多教育，学习很多东西。家庭教育是接受教育的起点，一向重视道德教育和道德学习，主题是学做"道德人"。其基本特点是突出"做"，一般不会讲多少做"道德人"的大道理，很多家庭也讲不出多少做"道德人"的大道理。这种情况，在如今中国家庭教育中依然普遍存在。家庭道德教育和学习以"先入为主"的优势，在奠基的意义上给人学做"道德人"以经验式的影响。家庭道德教育对人学做"道德人"的影响，过去有一种"龙生龙、凤生凤，老鼠生儿会打洞"的宿命论说法，其实是对这种奠基性影响的错觉和误读。

学校道德教育则不同。学校教育是有目标、有组织、有计划的系统教育，古今中外的学校教育都把道德教育放在重要的位置。中国古人说："玉不琢，不成器；人不学，不知道。是故古之王者，建国君民，教学为先。"[1]这里所说的"教学"，指的是给予道德知识的教育和学习。当代中国的学校教育传承了这种传统，仍然强调把德育放在学校教育的首位，而德育历来是以道德教育为主要内容的。近现代以来，人的成长与成才一般都需要系统接受学校教育，包括系统的道德教育。在学校道德教育中，人所接受的一般都是书本的道德知识，与做"道德人"的关系实际上并不大，需要经过学做"道德人"的实践。而从目前的实际情况看，尽管学校天天在讲德智体全面发展，但其实多不重视这个至关重要的环节，学生很少经历过学做"道德人"的实践锻炼。这种状况使得学校道德教育在做"道德人"的问题上，一直存在"说做"与"学做"相脱离的弊端。

在受教育中学做"道德人"的"教育"，还应包括社会道德教育。它的主要形式是大众传媒直接开展的道德评价。中国中央电视台晚间新闻联播之后的"焦点访谈"，中午"新闻30分"之后的"今日说法"，所"谈"所"说"的都包含大量做"道德人"的道理和经验，其中不乏道德实践智慧的内容。除此之外，大众传媒播放的电视剧和电影，一般都以"文以载道"的方式传播大量的学做"道德人"的知识、经验和智慧，给人诸多有益的启迪。

总而言之，一个人只要愿意学做"道德人"，接受社会道德教育的方式是多种多样的。

（二）在"做事"中恪守做"道德人"

亚当·斯密提出"道德人"的概念，是相对于"经济人"而言的。其实，各行各业职业活动的"做事"，都存在"做人"即做"道德人"的问题，也都存在如何将两种"人"统一起来的问题。这是"做事"的一个普遍规律。因此，在"做事"中恪守这一规律是学做"道德人"、获得个体

---

[1]《礼记·学记》。

道德实践智慧要素的基本途径。

每一种职业都有执业人员必须遵守的职业道德准则，一般来说都是依据职业活动的普遍规律和客观要求制定出来的，具备道德实践智慧的内涵。因此，职业活动中恪守做"道德人"，就是要坚守职业道德，遵循职业活动的普遍规律和客观要求"做事"。

（三）在虚拟社会中自觉做"道德人"

网络是虚拟社会。网民在这种社会中享有充分的个人自由，其作为多无人监督，能否遵守相关的道德和法律要求，关键要看网民的自觉性。从揭露出来的大量违背道德的卑劣行径来看，都是网民没有自觉做"道德人"的结果。因此，在虚拟社会中自觉做"道德人"显得尤其重要。

在网络虚拟社会中自觉做"道德人"，贵在恪守诚信原则。中国古人说："诚者万善之本，伪者万恶之基。"①人生在世"人无信则不立"。②"做人"要诚信，这是古今公认通行的道德规则，也是最重要的道德智慧。任何人的诚信品性都不是自然而然形成的，对在网络社会中自觉做"道德人"的诚信品性的形成自然也应作如是观。因此，一方面要加强和改进网络文化的社会治理和管理，另一方面也要把网络诚信教育列入做"道德人"教育的整体规划。这本身也是当代社会应对道德领域突出问题的一种道德实践智慧。

第二节 道德选择的智慧要素

道德选择，是个体道德实践过程最常见的活动环节，一般是指人们对自己的道德行为作出决断，或在有多种选择可能的处境中选择某一行为的决断。道德选择都是出于善心，付诸善行，为了善果。道德生活的实际表

---

① 蒋大始：《人范》，北京大学图书馆馆藏木刻善本。

②《论语·颜渊》。

明，道德选择是否有相应的道德实践智慧指导，结果是不一样的。这是因为，道德选择一般都会受到主客观多种因素的制约和影响。

一、道德选择的三类智慧

学界一般认为，道德行为指的是个体在一定的社会道德意识支配之下，表现出来的有益于他人和社会的行为。不论是哪一种道德行为都是道德选择的结果。道德选择既是道德行为的动因，也是道德行为的有机构成部分。从道德行为的行善目标和实际过程来看，道德选择值得讨论的问题相当多，也相当复杂。

（一）道德选择的判断智慧

从道德行为的整个过程看，道德选择可以划分为道德判断、道德抉择和道德调整三种不同形态。

道德判断由关于道德的意义判断和事实判断构成。一个人面临或身处特定的伦理情境，需要作出道德选择时，首先需要作出事实判断即"是不是"，继而作出意义判断即"值不值"和"应不应"的判断，两种判断缺一或误判便不能完成道德判断。能否将两种判断统一起来，取决于个体是否具备相应的道德实践智慧。

道德判断是道德行为的逻辑起点，决定人的道德选择的正确性和有效性。有句家喻户晓的公益广告词说："帮助了别人，快乐了自己。"殊不知实际情况是，帮助了别人，不见得就能够快乐了自己；在有些情况下还可能会被无耻之徒利用，不仅不能给自己带来快乐，反而会带来麻烦和烦恼，让自己陷落所谓"讲道德的尴尬"，以至于客观上助长了不良风气的形成和扩散。

（二）道德选择的抉择智慧

道德抉择是关于道德行为方式的选择，亦即思想见之于行动的手段和途径的选择，属于道德选择的技术范畴。如一个人学习或生活有困难，帮助他解决困难的方式可供选择的一般有多种，选择哪一种更合适，显然存在道德实践智慧问题。所谓"授之以鱼"还是"授之以渔"的分野，就是这个意思。在一个完整的道德行为中，道德抉择同样具有逻辑起点的意义，制约着人的道德选择的正确性和有效性，影响道德行为之善果的有无和大小。

获得道德选择的抉择智慧，不是一件轻而易举的事情。中国有句成语叫投鼠忌器。"投鼠"为什么会"忌器"？就是因为找不到"投鼠"的合适手段。

（三）道德选择的调整智慧

道德调整是道德行动过程中的道德选择。由于受主客观多种因素的影响，一种道德行为过程的情况有时会出现变化，制约预期善果的实现。这时，对进行中的行为作出适当调整是必要的。这种调整既有当初道德行为方式抉择意义上的，也可能有道德判断意义上的，甚至为了避免给主体自身带来伤害而中止道德行为。能否做到这一点，无疑也取决于主体是否具备相应的道德实践智慧。

道德选择的调整智慧最具有道德实践智慧的特点。然而，从道德生活的实际情况看，道德行为过程中的道德调整往往容易被人们所忽视，因此应当重视培育道德选择的调整智慧。

道德行为中道德选择的三种不同形态，是个体道德实践的必备智慧，力图将三者统一起来是"讲道德"和做"道德人"应当持有的道德实践智慧。

二、影响道德选择智慧的客观因素

（一）客观的环境因素

在实际的社会生活中，道德行为选择的客观环境一般都是较为复杂的，并不是如同书本记述得那样简单纯洁。这主要是因为，主体道德选择所处的客观环境多是人为环境，或人的环境。如在职业活动场所，同事关系是不是合乎职业伦理，因其"同心同德""齐心协力"的社会关系，就可能因地因时而异，需要具体情况具体对待。

一个人身处不良的职业环境，固然同样要忠于职守、尽职尽责，但如何让人理解如此"做事"的职业道德品质，以至于以自己的职业道德的行为选择给职业环境予以积极影响，与同事协同一道做好各自的本职工作，形成"一花独放不是春，万花齐放春满园"的令人心情舒畅的职业环境，是需要讲究在"做事"的同时如何"做人"的道德智慧的。在有些直接跟人打交道、做人的工作的职业部门，尤其应当注意客观环境的复杂因素对"讲道德"的不同影响及其提出的道德选择的智慧要求。

社会公共生活场所的同伴关系和学习场所的同学关系，同样存在这种需要用智慧的脑袋面对客观环境的问题。据报道，1985年8月26日，时年28岁的方俊明骑车经过东湖九女墩时，突然听到湖中传来"救命"声，只见一个小男孩在水里扑腾着，便一跃跳入水中施救。谁知，这是12岁顽童搞的假装溺水恶作剧，事发地的水深仅1米左右。方俊明因奋不顾身而撞到水下的水泥台上，头部受到重创，从此瘫痪，至今饮食起居仍要高龄母亲照料。他在获得"见义勇为"奖后回应记者采访时说，我的行为"证明我实实在在救人了"，但是"我当时应该多考虑一下，如果脚先下去，就不会出事"[1]。

---

[1] 魏丽娜：《对不起，为救我而瘫的叔叔》，《广州日报》2013年11月12日。

（二）客观的人为因素

影响道德选择的客观的人为因素，在许多情况下与客观的环境因素是重合的，但在有些情况下也具有其独特性。几乎国人皆知又颇具争议的"南京彭宇案"①，老太太摔倒受伤究竟是否与彭宇有关，还是讹诈彭宇，两人都似乎说不清楚。这在当时那种情况下，其实并不为奇。这其实表明，在一些特定伦理情境中的道德选择，客观上可能存在"人为"的复杂因素，需要用智慧的目光来洞察，再作选择。如果遇到刻意"碰瓷"者，更应当注意运用道德抉择的智慧。

（三）客观因素的可变性

上述两种影响道德选择的客观因素，在道德行为推进过程中时常会发生变化，给道德选择造成新的影响。当这种情况出现的时候，需要适时调整道德抉择的行为方式。

仍以见义勇为为例。有位中年女士在公交车站候车时，遇到身边一老者突然倒地，她正欲施救时想起说不清道不明的"碰瓷"问题，便要了同时候车的几个人的手机号码，说："我要扶她，如果我被冤枉，请你们给作证。"果然，那老者被扶起后一口咬定是被她撞倒的。当日晚上，那女士经由电视台找到了作证者，还了自己的清白。

三、道德选择智慧的主观动因

道德选择受主体的道德情感、道德理智、道德经验三种主观因素的支配。

（一）道德情感

道德情感是关于道德选择的情绪和态度，在人的情感结构中是最美好

---

① 梁国瑞：《南京"彭宇案"或翻案？》，《广州日报》2011年10月25日。

的情感形式。在道德选择中，道德情感是一个"愿不愿"的问题，本身并不是道德实践的智慧要素，却以一定道德认知为道德选择的智慧要素背景，充当所有道德选择形式的策动力，如对道德决策具有"当机立断"的作用，对道德理智具有"急中生智"的效应。道德情感一般会促使主体表现出"一瞬间"的情绪冲动和"奋不顾身"的态度，因而对道德判断和道德抉择的影响最为显著。犹如黄继光堵枪眼、董存瑞炸碉堡、"最美女教师"张丽莉①在危急关头奋不顾身救学生那样。在道德行为的选择问题上，没有道德情感也就无所谓道德理智和道德经验，道德实践智慧也就没有谈论的必要。同道德情感相对立的是道德冷漠，道德冷漠的人面对道德选择，一般都不会做出应有的判断和抉择。

（二）道德理智

道德理智是人的道德行为中对道德情感实行控制和调节、选择一种"审时度势""随机应变"的道德实践智慧，具有"三思而后行"的特点。在道德行为推进过程中，道德理智作为个体道德实践智慧要素，发挥两个方面的"调节器"作用，促使道德判断和抉择始终保持合乎道德选择既定目标的行为方式和方向。具体可以从两个方面来埋解，一是保障道德判断不改初衷，道德抉择的行为方式和方向不变，确保最终达到既定目标。二是调整道德判断初衷和道德抉择方式，因时因地制宜地中止既定目标，或促使既定目标作出必要的调整，以另一种结果实现。道德选择的理智智慧，在个体道德实践中通常是具有某种"战略"意义的。

（三）道德经验

道德经验，简言之就是"讲道德"和做"道德人"的经验。它在道德选择中一般表现出"胸有成竹""不假思索"的特点，最能说明个体道德

---

① 2012年5月8日20时38分,在佳木斯市胜利路北侧第四中学门前,一辆客车在等待师生上车时,因驾驶员误碰操纵杆致使车辆失控撞向学生,危急之下,教师张丽莉将学生推向一旁,自己却被碾到车下,造成双腿截肢,另有4名学生受伤。(参见《最美女教师张丽莉》,北京师范大学出版社2012年版。)

实践智慧的价值，是一个人道德上走向成熟的标志。在实际的道德生活中，为什么有的人能够沉着地作出合乎社会道德要求的选择，有的则不能，原因就在于有没有积累相应的道德经验。道德经验通常来自人"讲道德"和做"道德人"的有益经历，也与接受道德教训有关。

四、"道德当事人"的道德实践智慧人格

"道德当事人"是当代美国学者R·赫斯利普提出来的一个新概念。他认为，道德教育的优良品格不应当是抽象的，而应当是具体的。这是因为，"任何现实性的行为都是特殊的。它是一个特殊的道德当事人的产物，发生于特定的时间和地点。"[①]不能不说，用"道德当事人"来表述人具备的道德实践人格，这本身就是一种道德实践智慧。

（一）"道德当事人"释义

"道德人"是相对于"做事人"而言的，在"做事"的实际过程中选择做"道德人"，是做"道德人"的真谛所在。用"道德当事人"来表达我们所说的"道德人"，揭示了"道德人"的特性。因为，真正的"道德人"就是"做事"的"道德当事人"，在"当事"的过程中做"道德人"。

所谓"道德当事人"，也就是置身特定的伦理情境，需要当即作出何去何从之行为抉择的"道德人"。显然，一个人如此"当事"所作出的行为抉择，仅凭道德认知的知识是不够的，最重要的是凭借能够切合临场实际的方法和手段，这就是抉择智慧。"道德当事人"做聪明的"道德人"，就是"道德当事人"应当具备的道德实践智慧人格。

（二）传统道德人格反思

中国传统伦理学阐释的人格与道德人格是一个意思，指的是理想人格或道德理想。它包含两方面的意义：一方面，是指一定道德原则和道德规

[①] [美]R·赫斯利普：《美国人的道德教育》，王邦虎译，北京：人民教育出版社2003年版，第73页。

范的概括与结晶，或者是一定的道德原则和道德规范的结合与融合；另一方面，这种概括和结晶或结合与融合，往往体现在一定社会和一定阶级的典范人物身上及其高尚的道德品质中。过去，在伦理学教学和科学研究中，人们就是这样来理解和把握道德人格这一概念的。

这种缺陷和弊端在于，只是用"理想"和"高尚"的标准阐释道德人格，没有同时看到道德人格应当在实践的意义上包含道德智慧的内容。这种脱离道德生活实际、带有浓厚空想色彩的道德人格，可以完全用来应对考试和做文章，却难能真正用来有效指导个体的道德实践，促使人们"讲道德"和做"道德人"。

能够适应道德实践之需的道德人格才是真正的理想人格或道德理想，它应当是具备道德实践智慧的人格。据说，有一位乐于助人的人，在每次帮助别人之后都会得到别人由衷的感谢，他每次都会说："你不用感谢。若是真的要感谢我，那么，就在别人需要你帮助的时候，像我刚才帮助你的时候那样帮助他吧。"显然这是一种了不起的道德实践智慧。试想一下，如果帮助人的人都能如此要求被帮助的人这样表达对他的感谢，而被帮助的人在怀揣感激之情的情况下是较为容易做到这一点的。这岂不就有可能勾勒出一种"人人都献出一份爱，世界就变成美好的明天"的实践逻辑了么？

（三）道德实践智慧的人格结构

总的来说，道德实践智慧的道德人格，在道德选择的判断、抉择和调整三个环节上，应当具备善于把"讲道德""讲什么道德"和如何"讲道德"一致起来，促使道德情感、道德理智、道德经验有机地统一的综合型品格。就是说，实践智慧的道德人格应当是个体道德上的全面发展素质。社会的道德教育和培养、道德评价和宣传，都应当以此为目标和标准。

在平常生活中，一个人是否具备这样的道德人格素质，并不能显现其不可或缺的实践价值，然而，在一些特殊的情况下，其意义是绝对不可小视的。据报道：某大学一女生早晨骑车赶回学校上课，发现一老年妇女在其身后摔倒在地（后医生诊断为左腿骨折），就让他人联系到老人的家人，又联系自己的几位同学与家人一道将老人送到医院，还让同学垫付了2000元的医疗费。当她要去上课时，老人的家属不让走了，说她是肇事者。理由是："不然你为什么要付医疗费？"①而她说"我不是"，并通过微博寻找目击证人。

这是一个不讲究道德实践智慧的典型案例，其值得分析的意义在于：不论女大学生是不是肇事者，她的行为选择都是合乎社会道德要求的，值得称道。然而，从个体道德实践所需要的智慧要素来看，她的行为选择却将自己陷落在"有理说不清"的"讲道德窘境"，也提出了一些值得讨论的话题：如果你不是肇事者为什么垫付医疗费？即使是缘于同情——做"道德人"的善心而垫付医疗费，为什么不事先说明？当然，这个典型的道德选择案例，如果用法律的目光来审视，一句话就清楚了：如果认定我是肇事者，请拿出证据来。

注意和善于从道德实践的失败包括身陷道德悖论现象的"道德窘境"中吸取教训，应是个体道德实践智慧人格之结构的一个基本要素。这种应吸取教训的失败，也包括发生在他者身上的失败。在这个问题上，"做人"与"做事"的道理是相通的。据说，丹麦物理学家雅各布·博尔有一次不小心打碎了一只花瓶，他没有像别人那样悲伤惋叹，而是精心收集了满地的碎片按照大小分类称出重量，结果发现10~100克的最少，1~10克的稍多，0.1克及以下的最多；它们的重量之间存在一定的倍数关系，较大较之较小、较小较之更小，都是16倍的数量关系。于是，他开始利用这个"碎花瓶理论"来恢复文物、陨石等不知其原貌的物质，给考古学和天体研究带来了意想不到的效果②。

个体道德实践证明，一个诚心"讲道德"和做"道德人"的人，在某些特殊情况下出现"讲道德失败"甚至造成悲剧的情况并非绝无仅有。正

---

① 本刊记者：《大学生称扶老太被讹 家属：没撞为何垫付药费》，《新安晚报》2015年9月10日。

② 李原编著：《墨菲定律——世界上最有趣最有用的定律》，北京：中国华侨出版社2013年版，第42页。

确的智慧选择应当是积极总结和吸取教训，增长"做人"的智慧，而不应当是持消极的态度，转而变成一个不愿"讲道德"和做"道德人"的人。

第三节　个性表达的智慧要素

人类存在的前提是生命个体的存在，每个生命个体都有其独特的个性，个性把不同的生命个体在"人"和"人性"的意义上区分开来。任何人都是有个性的，每个人都只能是一种个性化的存在，个性化是人的个体的生存方式。认识不同事物之间的差别是把握它们之间联系的认识论前提，不这样看，所谓联系可能就是混为一谈。同样之理，认识人的个性是认识人的共性即社会性的认识论前提，也是把握不同的个人之间存在的共同性的逻辑前提。

个性表达的道德智慧要素，属于个体素质范畴，在个体整体素质结构中处于核心地位，对个体整体素质的表达起着主导作用。

一、个性与个性表达

个性是在个性表达中被区分、被识别的，在这种意义上可以说个性和个性表达是具有同等含义的概念，但是，个性与个性表达毕竟不是同一涵义的概念。

（一）个性及其结构

个性是自然性与社会性的辩证统一。自然性，体现在两个方面，一是内在的，二是外在的。内在的，是与生俱来的，受生物遗传因素制约，如性别和相貌等，其对个体个性的形成及人生的影响显而易见，过去人们说的"龙生龙凤生凤，老鼠生儿会打洞"的先天决定论观念，其实是对这种自然性的制约和误读。外在的，主要是指出生的身份和相遇的环境，出生在农民家庭、在乡野长大的人，与出生在城镇、在城镇长大的人，个性以至人生发展的差异，也是不言而喻的。不过，这些自然性对个性的制约和影响都不是绝对的，绝对的是社会性的制约和影响，它是后天的，主要是指受教育和社会化的程度。实际上，这种后天的影响，从人出生后相遇的环境已经开始。因此，科学考察人的个性，应当把个性形成的自然性和社会性统一起来，并要看到社会性因素的主导和决定性的影响。

个性，在理解上一直存在广义与狭义的差别，因而是一个多学科的概念。在人生哲学的视野里，个性就是个体存在的事实，如同叔本华在《人生的智慧》开篇所说的那样：是"人的自身，即在最广泛意义上属于人的个性的东西"，"它包括人的健康、力量、外貌、气质、道德品格、精神智力及其潜在发展"①。我们在这里要强调的是，个性是个体的个别性特征，反映特定生命个体的内在本质，一般并不包含健康、外貌、力量等方面的生理和体力方面的特征。

人与人相比，除了外貌和性别等生理特征的差别以外，个性是区别不同个体的主要标志。俗话说"人比人气死人"，造成这种差别的原因与人的个性差别有关。不同的人的个性差别是绝对的，相似或相近是相对的，因此人的人生境遇和命运差别也是绝对的。如同世界上没有两片完全一样的树叶一样，世界上也找不出个性完全一样、人生境遇和命运完全相同的两个人。

个性在结构上主要由思想、性格、品质、意志、情感、态度等层次构成。个性是不同于其他人的特质，这个特质表现出来就是他的言语方式、行为方式和情感方式等。个性当中最活跃的因素是情感和情绪，而最稳定的因素则是气质、性格和理智。

学界一般认为，个性属于心理学或美学范畴，本身无所谓好与坏、善与恶的差别。如有的人开朗、活泼、外露；有的人谨慎、独立、粗犷；有的人娇嗔、傲气、泼辣；有的人深沉、内敛、勤思，如此等等。就它们本身而论，我们或许可以作出孰好孰坏、孰长孰短的评价，但一般不宜对个性作道德评价。但是，个性不是静止的，也不是孤立的，任何人的个性都

① [德]阿·叔本华：《人生的智慧》，韦启昌译，上海：上海人民出版社2005年版，第4页。

会表达出来。由此我们甚至可以说，个性之所以被称为个性，全在于它的表达，不能离开个性表达谈论个性。

一个人的个性表达，总会在特定的伦理情境中展现，对其周围的人和事有一定的影响。这种影响总是具体的，或好或坏、或美或丑、或善或恶，由此而使得个性表达成为道德评价的对象，演绎为伦理学的范畴。譬如爱情的个性表达，有些恋人在地铁或公交车等公共场所的"亲密"举止违背基础文明，给人们带来的就不是爱情的善和美感，而是一种让人感到"恶心"的丑陋了。为什么有的人个性表达给人会产生美的、善的感觉，有的则相反以至于招致人们的恶感，给予道义上的谴责呢？原因正在这里。就是说，不能离开个性表达来抽象地谈论个性，而应将个性看成是活生生的个体的"人性"事实。因此，完全脱离善与恶乃至美与丑的道德评价来谈论个性是不科学的。也正因如此，个性表达在许多情况下存在一种值得研究的道德实践智慧的问题。

然而，正如有学者指出的那样，由于近代以来心理学的强势发展，个性的理论研究领域出现了排斥道德的纯粹心理学倾向。在这种情况下，"伦理学的许多范畴——责任、正义、良心、自尊心，被心理科学当作术语来用绝非偶然。"[1]

（二）个性的形成与共性

就特定的个体而言，个性是怎么形成的？它是先天禀赋吗？如果不是，那么它与先天究竟有没有关系？如果说有关系，那是什么样的关系？诸如此类的问题，在研究个性的所有学科领域，都是悬而未决的问题。

毫无疑问，个性的形成需要一定的物质基础。这个物质基础主要是感官和大脑的先天素质，通俗地说"是从娘胎里带出来的"，它作为生理性的身体条件，对后天心理乃至伦理意识的形成必然会发生影响。人的接受能力和反应能力等个性特征的形成，都会或多或少受其先天造就的感官和

---

① [苏]谢苗诺夫:《个性道德教育中的社会心理学问题》,常富美、方为文译,北京:社会科学文献出版社1986年版,第1页。

大脑之"器质"条件的优劣相关联。

但是,个性归根结底是后天形成的。这种形成过程,最值得关注的是人生初始阶段的"小群体"。其中,最重要的是家庭及邻里生活圈、幼儿园和小学阶段所接受的影响和教育。家庭是人生的摇篮,在奠基的意义上决定一个人的个性类型。同时发生重要影响的另一个重要因素,就是邻里伙伴的"小群体"。这类小群体虽小,对人的个性的形成却具有终生性的影响。读了《故乡》,人们自然会联想到,鲁迅能够写出这样的纪实性小说,他的个性受到了"小伙伴"闰土的影响。人在幼儿园和小学阶段所受到的教育和影响,主要应当是培育和表现孩子良好的个性。

如此形成的个性,就会自然而然地带有共性的特质,同时也为此后接受社会共同理性的教育并完善和升华个性,奠定了可靠的基础。缺失或缺损良好个性的可靠基础,社会共同理性教育不可能真正获得成功。

个性表达一般都是发生在职业岗位的执业过程和社会公共生活场所中,并产生相应的影响。执业过程的个性表达,多与执业者的责任心和事业心相关联,表现为个体特有的创造精神。在某些执业活动中,如在科学研究和技术攻关中,良好的个性表达有时会起着决定性的作用。在这种意义上可以说,没有个性就没有创造。执业活动中的个性表达,与团队精神并不矛盾。在执业活动中,一个人的真正的团队精神恰恰是以其特有的个性方式表达出来的。

社会公共生活中的个性表达及其产生的影响,人们司空见惯。一般而言,社会公共生活十分重视个体对于公共秩序的认同和尊重,任何违背公共社会秩序的个性表达方式都是不能被允许的。在这里,个性表达的道德规则很简单,因而也很严格,这就是:遵守公共生活秩序。

家庭,既是个性形成的摇篮和港湾,也是个性表达的自由场所。一个人在家庭生活中似乎可以任意表达自己的个性,其实不然。在家庭生活中,任何成员在任何时候都应当遵循家庭伦理和道德,不可以为强调自己的个性需求而无视其他家庭成员的存在。夫妻作为现代家庭的核心,在个性表达上应当给家庭所有成员作出榜样,以良好的个性表达方式,建设和呵护优良家风。

上述的个性表达既有基于个性认识论角度，也有基于个性实践论角度，后者就属于道德实践智慧的个体要素范畴。

（三）个性表达的必要性与意义

在相同或相似的社会推进下，个性及其表达方式决定一个人的命运。古希腊哲学家赫拉克利特说："人的性格，决定他的命运。"①这位古代哲人所说的这句名言应注意把握两点，所指实则就是人的个性。以独特的方式创造自己的人生价值，同时为自己生逢的时代作出独特的贡献，这是个性的意义和价值的真谛所在。就是说，没有个性也就没有个体的创造，个性的意义在于以个体独特方式创造属于个体并具有"共性"的社会价值。因而影响人的命运。正是这样的"性格"充当人敢于和乐于创造的动力之源，因而影响人的命运。当然，这并不是说个性就一定能够创造一些自己的人生价值。据说，苏联著名作家米哈依尔·肖洛霍夫曾因《静静的顿河》而先后获得斯大林文学奖（1941年）和诺贝尔文学奖（1965年），却曾被人误称他的《静静的顿河》系剽窃制作，肖洛霍夫因此而一时间斯文扫地，声名狼藉。后来，有研究者运用现代语言检索设备，检索《静静的顿河》和肖洛霍夫的其他著作如《被开垦的处女地》的语言风格和特点，发现它们基本一致，由此而确定《静静的顿河》是出于肖洛霍夫之手，从而恢复了尊严和名誉。

在人生旅途中，人的生存发展和价值创造，总是以个性表达的方式实现的。在这种意义上可以说，没有个性表达也就没有人生意义。

历史地看，任何创造都浸透着创造者的个性表达。孔子以其颠沛流离而矢志不渝的个性及其聚众讲学的表达方式，奠基了中华民族伦理文化。不难想见，如果没有充满个性特点的人生创造，中国传统伦理文化可能就会是另外一种形态。牛顿若是不具备勤于观察和善于思考的个性，就不可能发现和创建被称为"人类智慧史上最伟大的一个成就"的三大力学定

---

① 周辅成编：《西方伦理学名著选辑》上卷，北京：商务印书馆1964年版，第11页。

律。这样说，不是要否定共同性在个性表达中的奠基的和实质的意义，而是要强调用个性的独特方式表达共同性的意义。

二、个性表达与自尊心

个性表达多与人的自尊心相关联，或者说多是以自尊心的方式表达出来的。所以，如何认知和理解自尊心，对于把握个性表达的道德智慧要素是至关重要的。

（一）个性与自尊心的内在联系

自尊心，指的是生命个体对自己"作为一个人"的尊严和价值的理解和肯定。自尊心人皆有之，却有健康与否之别，不健康的自尊心通常与自卑心态相联系，且在有些情况下会做出违背社会道德的事情。

健康的自尊心的基本特性是反映社会包括"小群体"的共性要求的一种自我肯定。雷锋因公牺牲后，毛泽东和周恩来等老一辈革命家都曾题词，号召人们向雷锋学习。全国范围内掀起的"学习雷锋好榜样"的热潮，培育了一代人的优秀品格。但是，许多人对雷锋这位"无名英雄"一直坚持写日记，记下自己做好事不留名的事迹，一直感到不可理解：既然要做"无名英雄"，为什么要在日记中留下"名"呢？如果要用健康的自尊心的标准来认知就不难理解，雷锋这样做正是为了按照社会标准所作的一种自我肯定，是他个性表达的一种独特的方式，十分可贵。

在伦理道德生活的实践领域，长期以来有一些似是而非的问题，并未引起人们的认真思考，做好事"留名"就是其中之一。假如要问：一个人做了好事为什么不可以"留名"？为什么不可以做"有名英雄"？我们就未曾有过认真的思考和应答。实际上，一个人做了好事是否该"留名"这个问题并不重要，重要的是为了什么而"留名"。如果"留名"只是为了自我肯定，表达自己的一种健康的自尊心，或者同时是为了向公众作出一种示范，那就没有什么过错。

（二）自尊心与自卑心态

自尊心的对立面是自卑心。自卑心态，多因难以满足自尊需要而产生，一个人的自尊心长期不能得到满足就有可能产生自卑心理。由此看，自卑心理不过是一种被扭曲了的心态而已。如果说自尊心是人的个性这种"天性"的正面，那么，自卑心则是这种"天性"的反面。人的个性中，总是或多或少、或此或彼表现出某种自卑，绝对的自尊心其实是不存在的。帮助一个人克服自卑心态，让其恢复和振作常态自尊心，最佳的途径和方法，莫如安排可以让其满足自尊心的个性表达的机会。

自卑的人，思维方式和话语形式是"我不行"。在中国，由于受到官本位和社会本位传统道德文化的影响，个性的正常表达长期受到压抑，以至于自卑往往被赋予谦虚的美称，殊不知自卑与谦虚是两种不同性质的个性。谦虚是相对于骄傲而言的，是一种实事求是的自我认知和评价。谦虚的人对自己既不夸张也不故意贬低，因为他们懂得夸张或刻意贬低自己，不仅伤害自尊心，而且会让别人瞧不起自己。谦虚是一种美德智慧。

（三）自尊心与虚荣心

讨论自尊心作为个性的表达方式，不能不说及虚荣心。虚荣心是常与自尊心结伴而行的个性，却不是一种健康的自尊心。鲁迅笔下的《孔乙己》，写了一个旧时代未曾得志的知识分子孔乙己的形象，栩栩如生、十分传神。穷困潦倒的人生境遇，使得孔乙己只能如同当地"短衣帮"那样，"站着喝酒"、无钱要菜，却又为表明自己"读书人"的身份，总爱"穿长衫""要一碟茴香豆"。这种个性表达方式，活脱脱地展示了一个挣扎在社会底层的知识分子的虚荣心。

爱虚荣的人，都比较看中自己的面子，其个性表达通常就是为了面子，而不是为了"里子"，并不讲究个性表达的真实价值和意义。为此，有的人"死要面子活受罪"，反而有损自己的面子；有的人走极端，干出伤天害理的事情来，面子丢尽。

（四）学会和善于尊重他人

尊重他人，是个体道德实践一种不可或缺的智慧要素，表现出多方面的道德价值。一方面能够满足他人对于自尊心的需要，另一方面可以表明自己是一个懂得自尊心之重要的人，获得他人的尊重，如此，就有助于促进互相尊重，营造一种心心相印、同心同德、齐心协力的伦理氛围。

在平时人际相处和交往中，尊重他人是最具道德意义的智慧之举。它是一门"做人"的学问，需要在道德实践中不断学习和领悟，积累道德经验。其中，重要的一条是学会在适当场合以适当的方式满足他人对于自尊心乃至虚荣心的需要。如见面主动问好、礼让先上后下，把中听的话送给那些特别爱听赞美之词的人，等等。生活表明，不注意或不会尊重他人的不良言行，有时甚至可能会酿成大祸。

三、个性表达的智慧要素

总的来说，就是要在个性表达的选择上限制"自发的自由"和"绝对的自由"。自由，在本质上是对规律及其规则内涵的"实践理性"的认识和把握，因而个体的自由总是会受到限制的。因此，仅凭自发性的冲动表达个性，以为想怎么表达就可以怎么表达，实则是一种愚昧，也是一种愚蠢，结果必定会受到规律要求的规则的惩罚。这本身也是一种规律。

（一）个性表达要求真

这可以从两个方面来理解。

一是真实地表达自我，也就是要能够真实地反映独特的"我"，真实地反映自己的心态、情绪和情感需求，而不能言不由衷或行不由衷。换言之，就是不能仅仅是为了与众不同而标新立异、矫揉造作、哗众取宠。因此，一个人要真实表达自己的个性，就应当自觉反对装腔作势和弄虚作假的作风，也不要追逐名不副实的虚荣。二是要能够反映社会和他者的实际要求，与社会和他者需求相向而行，为社会和他者所接受和悦纳。

不真实、不切实际的个性表达，有损个人形象，结果往往都会难有所得，以至于得不偿失。

（二）个性表达要求善

一个人表达自己的个性，不能损害他人和社会集体的利益，包括他人的人格尊严和社会集体的声誉。比如：阳台养花，不能危及邻居的卫生和安全；饲养宠物，不能污染社区环境；跳广场舞，不能干扰邻居的正常生活。如此等等的个性表达，其实都关乎个体的道德实践智慧。据报道，一位母亲，为了表达自己心疼孩子的个性，竟然嫌飞机厕所小，让孩子在通道大便，还安慰孩子说："慢慢拉"[1]。这种关爱孩子的个性表达实在让人不适，于己于人都没有丝毫的益处。

（三）个性表达要求美

个性表达要能够给人以美感，不要令人感到恶感或"恶心"。一个人表达自己的个性，不能没有美与丑的标准，更不能美丑颠倒；特别是在公共场所，表达个性不能旁若无人，不能仅仅是为了说明"我酷故我在"，无视他人的审美习惯。个性表达的美感，与人的气质和涵养有关。

个性表达是否给人以美感，没有绝对的标准，但有一点是可以肯定的，这就是不能不要"面子"，而要持有必要的做人的尊严，与环境和谐，与他者的观感习惯相协调。一个粗俗、缺乏涵养的人，在表达个性时常会给人一种"不可理喻"的感觉。据报道，一男子为表达自己的"好奇"和"勇敢"的个性，在某海鲜酒楼的大庭广众之下让一姑娘替他剥蟹、喂蟹，每只10元，喂到嘴里加收5元，为此共消费了260元吃螃蟹服务费[2]。另据报道，一对情侣在公交车上做一些不雅的亲昵动作，还嘴对嘴喂水果。

---

[1]《女子嫌飞机厕所小让孩子在通道大便：慢慢拉》，《新闻晨报》2015年8月17日。

[2] 林曦：《男子网购美女剥蟹服务称"不剥完给差评"》，《羊城晚报》2015年8月27日。

这种缺乏理智的个性表达，让公交车上的其他乘客普遍感到"恶心"①。

个性表达要体现真、善、美相统一的智慧要素，就要用理智控制情绪。理智既是个性的一个构成要素，也是一种德性。亚里士多德认为："德性（或优点）有两类。一类叫做道德的，一类叫做理智的。"②他在这里所说的德性实则是社会理性或共同性，所谓理智德性和习惯德性，都是个体肯定和尊重社会理性或共同性的表现。因此，个性表达不能离开理智的调控，不然就可能缺失德性即社会理性或共同性的特质。

由此看来，在个性表达的问题上，理智也是一种道德实践智慧要素。其功用在于适时控制情绪和情感。人的喜、怒、哀、乐、惧等情绪和情感表达，在有些情况下会"由着性子来"，失去控制，使得个性表达偏离初衷，甚至背道而驰，造成损害自己和他人的恶果。用理智调控个性表达，是个体个性表达的一种不可或缺的实践智慧要素。

在个性表达问题上，理智作为一种个体道德实践智慧要素不是自然而然形成的，它依赖于人们长期道德实践中的经验积累，而从根本上来看，则需要用社会理性限制"自发的自由"和"绝对的自由"观，明白人的自由度是受到限制的，世上没有不受限制的绝对自由。

第四节　理性敬畏的智慧要素

当代世界范围内道德生活领域中出现的突出问题，多是明知故犯、我行我素的"低级错误"，不少人因此而遭受人生挫折，有的甚至沦为阶下囚。究其原因皆与缺失应有的理性和敬畏品质有关。这表明，将理性敬畏作为个体道德实践的智慧要素加以研究，阐明其关涉的基本理论问题是十分必要的。

---

① 张全录：《小情侣公交车上嘴对嘴喂水果无视老人孩子》，《武汉晚报》2015年8月5日。
② 周辅成编：《西方伦理学名著选辑》上卷，北京：商务印书馆1964年版，第310页。

一、敬畏心态的实质内涵与属性

敬畏是个体的一种心态或心灵秩序。关于它的实质内涵与属性，以往学界关注甚少，因此，加以探讨是一项有意义的工作。

（一）敬畏的本义

敬畏，"既敬重，又畏惧"之义。作为人的一种品德心态，既是一种心态心灵秩序和态度即行为倾向，也是一种思维和认知方式。敬畏心态的实质内涵是一定的社会历史观和人生价值观，形成于人们对自然、社会规律及由此而推演的规则的认识和价值理解。就其内在的逻辑结构而言，敬畏包含两种基本成分，一是敬重，即对自然和社会规律及与此相关的规则的理解和遵从；二是畏惧，即对违背规律和违反准则将会受到相应惩罚的预感、预知和超前性的心理体验。作为个体道德实践智慧的品德要素，前者是正面反应，后者则属于所谓负面或反面的反应，二者皆具构成完整的敬畏心态。

人们表达理性敬畏时常会伴之以恐惧、畏惧的心埋活动，带有"神秘"以至"迷信"的非理性特点。但是，它毕竟"不同于一般的恐惧、畏惧等情感活动"，"主要区别就在于它是出于人内心的需要，它要解决的是'终极关怀'的问题，并且能够为人生提供最高的精神需求，使人的生命有所'安顿'。"①正因如此，合乎理性的敬畏品质一般会沉积为人的内心信念，与信仰相关联或直接以信仰的方式呈现出来，如对马克思主义普遍真理和中国共产党执政权威的敬畏，就具有这样的特点。

（二）"君子有三畏"及其当代意义

两千多年前，孔子把人是否具有敬畏品质当作区分"君子"与"小人"的重要标准，他说："君子有三畏：畏天命，畏大人，畏圣人之言。

---

① 郭淑新：《敬畏伦理研究》（蒙培元序），合肥：安徽人民出版社2007年版，第1页。

小人不知天命而不畏也，狎大人，侮圣人之言。"①孔子的这种主张，自然不仅仅是道德意义上的，但其作为一种道德实践智慧或人生智慧来看待，却应是毋庸置疑的。②因此，将此作为个体道德实践智慧的一种要素，认真加以总结和传承是一件很有意义的事情。

中国台湾著名学者南怀瑾对"君子有三畏"的本义做了这样的解读："畏天命"之"天命"含有不可知的"自然神"意思；"畏大人"之"大人"既指位高权重的"大官"，也包含父母、长者和有道德成就的人；"畏圣人之言"的"言"，应被理解为诸如《四书五经》之类的经典之言③。然而，读识经典的旨趣不在解读经典的本义，而在从古人那里获得理解和把握今人今事的真知灼见，亦即所谓古为今用。伽达默尔说："历史理解的真正对象不是事件，而是事件的'意义'。"④这是伽达默尔关于"效果历史"解释学思想的一个代表性命题。他认为，历史不是已经过去的事件，而是一种不断产生效果的发展过程；理解历史的工作不能仅是一种复制（复述或注释）的工作，而是一种"创造"。因此，作为一种历史理解，不能停留在对历史事件本身的把握上面，只是去做一种"还原本义"的工作，而应该去关注历史事件本有的认知意义，开启其对于当代的"意义"。

这种解释学的方法原则，对于我们理解和把握"君子有三畏"的现代价值是有帮助的。用今天的话语来表述，对孔子"君子有三畏"作为一种"怕的哲学"，可作这样的理解："畏天命"就是尊重、畏惧和服从不可抗拒的自然规律；"畏大人"就是尊重、畏惧和服从国家及社会管理者的执政权威；"畏圣人之言"就是尊重、惧怕和信从贤达志士的警戒与教导。

孔子以后，"君子有三畏"的政治哲学思想被不断赋予形而上学的思辨色彩。所"畏"之物，在荀子那里被赋予人性论的意义，抽象为

①《论语·季氏》。

② 在南怀瑾看来，"君子有三畏"之"畏"的本义是"敬"，所谓"三畏"也就是"三敬"，是一种"怕的哲学"，可归于"兴灭继绝"的政治哲学范畴。有的学者则认为，"君子有三畏"说的是"君子"应当具备的道德境界和人格，属于伦理学范畴。

③ 参见南怀瑾：《论语别裁》（下册），上海：复旦大学出版社2012年版，第780—783页。

④ ［德］伽达默尔：《真理与方法：哲学诠释学的基本特征》（上卷），洪汉鼎译，上海：译文出版社1999年版，第422页。

"礼"——法制和德治的哲学根据；在老庄哲学那里被推到彼岸世界，成为"不可道"的神秘力量；唐宋以后，随着佛学的中国化及其与儒道的"圆融"而走进世俗社会，特别是朱熹立足于敬畏"天理"提出"敬畏伦理"，主张"居敬穷理"之后，"畏"天地鬼神、王权和圣人之言逐渐而成为中国人的处世原则，演化成为普遍的社会认知，普遍遵从的思维方式和品质要素。不言而喻，中国传统的敬畏主张，并非都是源自对自然规律和社会规则的理论自觉，但其立足点和价值取向无疑是尊重和畏惧自然、社会和人自身生存发展的规律，关涉社会和人生诸方面的利害关系，作为一种社会历史观和人生价值观内涵毋庸置疑的经验理性或实践理性。

（三）理性敬畏的类型

在实际的社会生活中，敬畏心态作为一种心态与态度、思维和认知方式，大体上可以分为非理性敬畏和理性敬畏两种基本类型。

非理性敬畏，视敬畏之物为一种不可认识、不可超越的神秘力量。各种敬畏神鬼的迷信就是非理性敬畏的典型形态。它们多起着控制敬畏者的心灵、束缚敬畏者的手脚，对敬畏者造成多方面伤害的消极作用。当今之世的邪教，甚至还会伤害敬畏者的人身直至生命，扰乱社会秩序和破坏国家安全。从政治和文化上反对和纠正这种非理性敬畏的价值观与心态，是当代人们维护和推进自己文明进步的一项重要任务。

理性敬畏，是对自然和社会的规律及由此推演的社会规则特别是法律和道德规范以及精神文明的真理性认识，以及由此而产生的价值体验。理性敬畏作为一种心态，也是一种优良的道德和政治品质，具备这种心态和品质的人，时常会给人"保守"的印象，然而由于其尊重规律和规则，总会被他者和社会悦纳，从而获得人生发展和价值实现的必备条件，于己于人于社会的发展进步都是十分有益的。

理性敬畏的心态和品质，还包含某些基于对社会规律的理性认识和价值体验的信仰和信念。如坚信普遍真理、人类社会发展进步的光明前景和恪守"做人"的基本道德原则等。在一定社会里，一些人由于受到自己认知条件和能力的局限，加上政治立场和态度方面存在的问题，看不到许多信仰和信念内涵的深刻的社会理性，故而不能接受关涉信仰和信念一类的理性敬畏，对他者持有这种敬畏心态和品质往往还采取嘲讽的错误态度。有些人之所以信奉历史虚无主义，对马克思主义等科学社会历史观和人生价值观持不恭不敬的错误态度，原因正在于此。

探讨敬畏心态是否合乎理性，不能不涉及如何看待宗教信仰的敬畏问题。马克思恩格斯在说到"人们是自己的观念、思想等等的生产者"时指出，离开现实"最遥远的形态"①的宗教信仰，产生的直接动因是人们对宗教信仰之物的敬畏。世界上有些宗教信仰是合乎社会公共理性的，且信仰者一般都具有"自我立法"的自律精神，这样的宗教信仰无疑有助于社会和人类的文明进步，故而一直受到文明社会以立法形式给予肯定和保护。因此，它与邪教有着本质的区别，应将此归于理性敬畏范畴。

合乎理性的敬畏心态和品质将人对于生存和发展的追求，置于合规律、合规则与合目的的科学、正确的人生道路上，从而也就把社会和国家的稳定、繁荣和昌盛，置于合乎人类社会历史发展的正确方向和轨道上。在任何社会里，合乎理性的敬畏品质都是人处世立身必须具备的思维方式和心理要素，充当着管理国家和治理社会最重要的认知基础，因而一直受到中西方政治哲学和道德哲学的关注。康德在他的《实践理性批判》中视社会道德规则为"绝对命令"，他在该书末尾感慨地说道："有两样东西，我们愈经常愈持久地加以思索，它们就愈使心灵充满日新又新、有加无已的景仰和敬畏：在我之上的星空和居我心中的道德法则。"②

概言之，重视理性敬畏的品质，是社会和人自觉维护文明与进步的一个重要标志。一个人犯了违背社会规则的"低级错误"，并因此而受到相应的惩罚，重要的应是首先检讨自己是否缺失敬畏理性。一个社会出现的突出问题如果多与缺失理性敬畏品质有关，那么开展社会治理就应当高度重视检讨敬畏品质缺失的危害与成因。

---

① 《马克思恩格斯文集》第1卷,北京:人民出版社2009年版,第524—525页。
② ［德］康德:《实践理性批判》,韩水法译,北京:商务印书馆2003年版,第177页。

二、理性敬畏心态缺损的突出表现

理性敬畏心态和品质缺损的情况，在不同的国度和时代有所不同。在当代中国，其突出表现可以从三个方面进行叙述。

（一）历史虚无主义

历史虚无主义突出表现是对历史缺乏应有的敬畏之心。不识历史却常用轻佻态度对历史说三道四，以至于肆意诋毁和否定中国共产党领导革命的历史功绩和中华民族优秀的传统文明。在这个问题上，特别需要指出的是一些执掌舆论权的知识分子和所谓公众人物的表演。他们倚仗自己的社会影响，"天不怕、地不怕"，明里或背地里散布历史虚无主义的错误言论和消极情绪。诚然，中国共产党在领导中国革命和建设的过程中，也曾多次犯过教条主义错误，中华民族历史文明也并非一路光明，没有落后乃至腐朽的因素。但是，这些问题都不可以作为全盘否定历史、无视历史功绩和光明的理由。

在唯物辩证法和唯物史观看来，任何事物的存在都是一种由低级向高级不断发展的过程，这种过程的内在动力是事物自身的矛盾运动。社会的发展进步也是这样，它是一种"自然历史过程"。这种过程同时存在矛盾与斗争，以及正确与错误的分野，这本是正常的历史现象。在认识历史问题上，今人的责任仅在于总结和汲取历史功绩和教训，在传承历史文明的前提下避免重犯历史错误，从而推动社会继续向前发展和进步。那种揪住历史问题不放，并以此全盘否定历史的态度是不可取的，因为它违背了历史唯物主义科学的社会历史观。

（二）极端利己主义

极端利己主义的突出表现是极端自私，置他者和社会集体的利益和需求于不顾。在政治活动领域，一些人虽身为共产党员和国家公务人员，但心里没有广大人民群众，装的只是自己的官爵迁升和利害得失，为以权谋私而无视党纪国法。在经济活动领域，极端利己主义的突出表现就是巧立名目，为快快发财而肆无忌惮地生产经营假冒伪劣食品和药品，坑蒙消费者。

人类文明发展至今，极端利己主义早已成为一种广为人们所唾弃的"低级错误"。一个人之所以会如此，与其欲壑难填的利己主义欲望是直接相关的。叔本华在《人生的智慧》中仔细分析了人要理性对待自己的生活之后，指出："我们应该给我们的愿望规定一个限度，节制我们的欲望，控制我们的愤怒，时刻牢记着这一事实：在这世上有着许多令人羡慕的东西，但我们只能得到其中微乎其微的一小部分，相比之下，许许多多的祸患却突然地降临在我们的头上。换句话说：'放弃和忍受'就是我们的准则。"①大量事实表明，极端利己主义是一种最愚蠢的人生观念和态度，欲壑难填的人最终会葬送自己的人生。

（三）个性至上主义

个性至上主义其突出表现是无视社会公共理性的存在。美丑不分、荣辱颠倒，追逐与众不同的"我酷故我在"，推崇"三俗"（低俗、庸俗、媚俗）文化，如炫耀在故宫拍摄裸体照、全裸于猪群的别样"艺术"等；或者不分场合地炫耀自我的"存在"，如在卢克索神庙浮雕上刻汉字"×××到此一游"②等。个性作为一种思维方式和人生价值观，是相对于共同性和社会理性而言的。合乎理性的个性是人获得生存和发展的必要素质和条件，也是社会发展进步最为活跃的普遍动力，没有这样的个性也就没有人的创造，没有社会的发展进步。然而，个性作为精神文明范畴，不能脱离作为社会公共理性的精神文明的基本要求，更不可站在社会精神文明进步要求的对立面，以反对社会公共理性的方式来表达。个性表达与理性敬畏应当是一致的，为表达个性而无视社会公共理性是缺失理性敬畏品质的

---

① ［德］阿·叔本华：《人生的智慧》，韦启昌译，上海：上海人民出版社2005年版，第160页。

② 王翔：《埃及千年神庙惊现"到此一游"》，《新闻晚报》2013年5月25日。

表现。

上述理性敬畏心态缺失的突出表现，其个性特点就是损害广大人民群众的根本利益，公开违犯法纪和违背道德，否定中华民族传统精神和挑战人类文明底线的恶劣性质。其根本危害在于制造社会不和谐，激化社会矛盾，使人们感到精神家园受损，人心涣散，精神难得寄托。如果任其存在和蔓延，最终势必会危及中国特色社会主义和中华民族的前途命运。

三、理性敬畏心态的培育

理性敬畏心态的培育和维护，需要从个体自身和社会两个方面展开。

（一）高度重视羞耻感教育

羞耻感是道德情感的重要形态之一。它本身并不属于个体道德实践智慧范畴，但它却是"讲道德"和做"道德人"的基础，因而也是个体道德实践智慧的前提。一个缺失羞耻感的人是不可能真正"讲道德"的，也就不可能进而讲究道德实践智慧。个体道德实践的智慧要素如果缺失羞耻感，所谓道德实践智慧就难免会蜕变为与"讲道德"和做"道德人"背道而驰的伎俩。

作为个体道德实践智慧的一个要素，羞耻感贵在自律，因此也是社会得以治理的根本所在。孔子说："道之以政，齐之以刑，民免而无耻；道之以德，齐之以礼，有耻且格。"[①]意思是说：以政令来诱导百姓，以刑罚来整饬百姓，百姓只是暂时避免犯罪，并不知道犯罪是可耻的事情；以道德来引导百姓，以礼教来约束百姓，则百姓不仅有羞耻之心，而且会使言行归于正道。

羞耻感教育是一个社会和民族进行精神文明建设的重要内容。一个缺失羞耻感的人，必定是一个不讲道德的颓废者；一个普遍缺失羞耻感的社会，肯定是一个无序的动乱社会；一个缺失羞耻感的民族，必然是一个没

---

① 《论语·为政》。

有希望的颓废民族。

羞耻感与荣誉感是一对范畴。重视羞耻感教育，应当同时重视荣誉感的教育。这是培育理性敬畏心态的根本所在。这样的教育应当从家庭教育开始，方法上应伴之以必要的批评和责罚，让受教育者自幼便开始明白羞耻感和荣誉感对于"做人"的重要性。

（二）切实推进依法治国和以德治国相结合

针对社会生活中违背法律、道德和精神文明要求的突出问题，培育理性敬畏品质，强调以"治"服人，是十分必要的。最重要的是要厉行有法可依、有法必依、执法必严、违法必究的社会主义法治原则，切实推进依法治国。这是培育理性敬畏品质的关键所在。

要将国家管理和社会治理纳入法治轨道，坚决依法行政、依法行使监督权。法治的真谛在于运用法律尊重和保护人民群众的合法权利，打击一切违背人民利益和要求的行为。对胆大妄为、明知故犯的违法犯罪和渎职行为，决不姑息，绝不手软，以确保法律和纪律的威严，促使国家公务人员养成应有的政治品格和道德水准，以带动和促进广大人民群众养成尊重和恪守法纪的心态和行为习惯。要大力彰显社会主义法制的权威，摈弃那种空谈"法治的真谛在于将一切权利归于人民"的陋习。

把握依法治国的关键环节，需要正确认识法治与"自治"的逻辑关系。一百多年前，恩格斯为从理论上武装正在组建政党的无产阶级，批判和清算巴枯宁及其追随者的无政府主义和"反权威主义"的错误论调，写了《论权威》这篇战斗檄文，强调指出"把权威原则说成是绝对坏的东西，而把自治原则说成是绝对好的东西，这是荒谬的"；同时又指出权威是"随着社会发展阶段的不同而改变"的历史范畴，在社会主义革命成功后，其"公共职能"的"政治性质"和"管理职能"将会发生根本性的变化①。因此，在推进依法治国的同时，还应当加强德治即以德治国，切实推进社会公德、职业道德、家庭美德建设，把依法治国与以德治国有机地

①《马克思恩格斯文集》第3卷，北京：人民出版社2009年版，第337—338页。

结合起来。法治为德治提供可靠的强力保障，德治为法治提供坚实的社会基础。

（三）倡导乐做"守法者"和"道德人"的新风尚

就个体而论，培育与维护理性敬畏心态，最重要的是要乐于做"守法者"和"道德人"，以敬重法律权威和社会道德规则为荣。为此，要诚心接受科学的社会历史观和人生价值观的教育，学会理性看待和处置个人与社会集体的应有逻辑关系。

社会要大力倡导乐做"守法者"和"道德人"的新风尚。道德教育和精神文明建设不仅要去发现典型和树立道德榜样的工作，而且要以引导人们遵守社会主义法律和道德为主题，以平等、公平、公正、诚信等社会主义核心价值观的原则为核心内容，以执政党成员、国家公务人员和青少年学生为重点对象。促使他们养成尊重规律和服从规则的理性敬畏品质，明白挑战权威（传统）与尊重权威、敢于创新与尊重规律（规则）、张扬个性与尊重共性之间的辩证统一关系，进而能够在行动上把握民主与法治、自由与纪律、文明与愚昧的实践理性。

在等级森严、愚昧落后的专制社会里，统治阶级从维护一己私利出发，需要培育和造就一批道德上的高尚者为芸芸众生做出表率，也是为了弥补专制势必会压抑和窒息人的道德与精神生活的缺陷，彰显人的基于"自然本性"的需求。在全社会倡导乐做"守法者"和"道德人"的新风尚，视为治国安邦、促使社会和人相得益彰地发展进步，就是必然选择了。

第五节　道德祈愿的智慧要素

祈愿，祈求和愿景之义。道德祈愿，是指一个人对道德实践和实际道德生活的祈求和愿景，属于道德上的人生期待和追求范畴。传统道德哲学和伦理学没有道德祈愿一说，但就道德实践来看，祈愿实际上是存在的，任何人在道德实践和实际道德生活的问题上，总会有这样或那样的期待、祈求和愿景。

人生在世，每个人都希望自己能成为被他人和社会认可的"道德人"，同时也希望自己身边的人是能够被自己认可的"道德人"，自己生活的时代是一个道德风尚优良的社会。这就是个体在道德实践上的祈愿。道德祈愿是一种"蓄势待发"的道德实践智慧，它对人们道德实践至关重要的影响，无须多加证明。

一、祈愿自我的道德实践智慧

所谓祈愿自我，简言之就是对自己的希望和期待。道德实践智慧方面的祈愿自我，是关于要做"道德人"和如何做"道德人"的自我要求。

（一）祈愿自我之道德实践智慧释义

祈愿自我的道德实践智慧，作为道德实践智慧的个体要素，追求的是一种理想的道德人格，与传统伦理学所说的人格或道德人格有相似之处，也存在重要的差别。传统伦理学视野中的人格或道德人格，指的是"个人在一定社会中的地位和作用的统一；是个人做人的尊严、价值和品格的总和"①。它强调的是个人对于社会应担当的实际责任和应尽的道德义务，并不立足于做"道德人"的自我要求，也不关注做"道德人"的道德实践智慧问题，而在做"道德人"的问题上，显然是要讲智慧的。一个愿意做"道德人"的人，在面临做"道德人"的抉择时却毫无做"道德人"的实践智慧，这种道德祈愿的实现实际上是有限的，有时甚至会走向反面。因此，把传统伦理学涉论的道德人格直接拿来作为祈愿自我的道德实践智慧要素，并不合适。

祈愿自我的道德实践智慧，实质内涵不仅是有要做"道德人"的善良

---

① 罗国杰主编：《伦理学名词解释》，北京：人民出版社1984年版，第111页。

愿望和选择动机，而且还有能够成功做"道德人"的自我要求。生活表明，不愿做"道德人"的人其实并不多，因为人人都有"爱面子"的自尊心，但是不会做"道德人"的人并因此而影响做"道德人"的心愿的人，却大有人在。祈愿自我的道德实践智慧问题的提出，旨在解决这个长期被人们忽视的问题。

（二）祈愿自我之道德实践智慧的实质内涵和标准

祈愿自我的道德实践智慧，核心内涵是与人为善、与社会为善的道德情感和态度。

人生在世，一个人要热爱自己生活的时代，对他人和社会要持有一颗善良之心，表现出一种热情爱护和关心他人的积极态度。这种态度，亦即行为倾向，是一种做"道德人"的心理态势，既能够让自己随时随地作出合乎道德要求的选择，也会在另一种情况下获得来自他者的道德帮助，因而有助于自己的生存和发展，是一种道德实践意义上的智慧。一个人一生不可能不需要他者的帮助，而道义上的帮助历来是相互的。在道德生活领域，一个有智慧的聪明人，在集体需要为之效力的情况下会选择尽力而为，在他者需要帮助的情况下总会伸出援助之手。正因如此，他也就易于获得集体和他者的关爱，成为真正的"道德人"。

把握自我祈愿的道德实践智慧的标准，不是绝对的，既要因人而异，也要因地因时而宜，身份和社会角色不同的人，祈愿自我的道德实践智慧应当有所不同，甚至要有重要的不同，不可一概而论，应区别对待。如国家公务人员与普通劳动者的道德自我祈愿应当有差别；担当宣传教育职责的文化和教育工作者与业外人员的自我祈愿要有差别；教师与成年人和未成年人的自我祈愿也应有差别；如此等等。这是因为社会对他们的道德祈愿不一样。作如是观，实际上本身也是一种自我祈愿的道德智慧。

（三）祈愿自我的中庸之道

这个问题的实质，是按照什么样的社会道德标准要求自己做"道德人"的问题。科学的标准是社会道德要求的"中庸之道"。

所谓中庸之道，简言之就是既"不可不及，也不可过"之道。不可不及，就是对自己做"道德人"的要求不可太低，在道德实践中缺乏积极主动的道德态度，显得怯懦或懦弱、被动或勉强。不可过，即不可过高，不要凡事都将祈愿自我的目标定在道德榜样或道德模范上。诚然，希望自己成为高尚的"道德人"是正常的心态，但若是将此作为道德实践的目标来追求，甚至想方设法以至刻意去追求这样的目标，就大可不必了。这样的自我祈愿不仅难以实现，相反还可能会误导自己，于己于人于社会都不一定会有什么益处。

在中国传统思想史上，中庸之道强调无过无不及、"过犹不及"，既是"做人"之道，也是"做事"之道，其实践理性不言而喻。在西方伦理思想史上，亚里士多德倡导的"中道"也是这样的"做人"原则。在他看来，每个极端都是一种罪恶，而真正的德行都是两个极端之间的"中道"。例如，勇敢是懦怯与鲁莽之间的中道，磊落是放浪与猥琐之间的中道，不亢不卑是虚荣与卑贱之间的中道，机智是滑稽与粗鄙之间的中道，谦逊是羞涩与无耻之间的中道，等等。

二、祈愿他者的道德实践智慧

不论是在集团、学校、职业岗位，还是公共生活场所，每个人对他人都会有道德上的祈求和愿景，在面临特定的伦理情境，需要得到他者尊重、理解和帮助的情况下更是如此。这种十分正常的道德要求，就是对他者的道德祈愿。祈愿的具体内容和标准应是什么，如何实现自己的祈求是需要智慧的，属于祈愿他者的道德实践智慧范畴。

（一）祈愿他者"讲道德"和做"道德人"的实质内涵

人生在世，"做人"与"做事"不一样。一个人在"做事"问题上，除了担当管理职责，一般不会对他人提出这样那样的要求和希望，而对于

"做人"则不同，总会对他人抱有这样那样的希望和要求。这种现象，我们称其为祈愿他者"讲道德"和做"道德人"。这种道德祈愿，同样是讲究智慧的。

祈愿他者之道德实践智慧的实质内涵，简言之就是希望和要求他者成为什么样的"道德人"和怎样做"道德人"。祈愿他者做"道德人"的标准，应当是社会提倡和赞许的道德规则和人格标准。就是说，一个人祈愿他者做"道德人"的标准是客观的，不以自己的好恶为转移。因为是客观的，所以也是普适的和统一的，做到要求别人与要求自己相一致。在这里，祈愿他者的道德实践智慧的实质内涵，体现公平和公正的现代价值观念。

（二）祈愿他者"讲道德"和做"道德人"的表达方式

祈愿他者"讲道德"和做"道德人"的表达方式，笼统地说是道德评价。但细究起来，存在表达智慧问题，值得探讨。

道德评价是典型的个体道德实践方式。俗语"一句话说得使人笑，一句话说得使人跳"，说的就是道德评价上的表达智慧问题。当然，如何使人"笑"或"跳"都存在原则问题，不可以"笑"之处则不让"笑"，有必要让其"跳"时就不应顾忌其是否会"跳"。

一个人在道德上期许他者，多以道德评价的方式表达出来。这也是一种道德实践智慧的真谛，如同这种祈愿的目标通常都以自我祈愿做"道德人"的标准，即所谓以己之心度他人之腹，自己按照什么样的标准"做人"，就希望他人也能够按照这样的标准"做人"。这是人之常情。还有另外一种情况就是自己不想按照应有的道德标准"做人"，却要求别人这样"做人"。这种祈愿他者的道德实践，是缺乏智慧的，一般很难奏效。一定社会倡导的道德标准，属于"底线道德"范畴。期许的立足点和价值尺度，通常是多元的，既有与自己相关的利益关系，从自我的标准出发；也有相关于他者和社会的利益关系，从社会和他者需要出发。后者即所谓"客观立场"。在具体的道德实践中，究竟哪一种期许更具有道德实践智慧

的特定内涵，因人而异，并没有统一的评价尺度。

（三）祈愿他者做"道德人"的常见误识

一是"以小人之心度君子之腹"，以自我祈愿为目标和标准。其表现就是祈愿自己做什么样的"道德人"和怎样做"道德人"，就以为和希望别人也是如此。这种人，在道德生活中总是"戴着有色眼镜"看人，不能理解他者的高尚选择和行动，因而难能获得志同道合、心心相印、同心同德的朋友。这种人的道德心理一般都比较闭锁，缺少社会理性的阳光。他们习惯性地偏爱看道德生活领域内的阴暗面，对社会和人的道德进步缺乏信念，常常利用网络散布消极情绪。他们多是道德生活世界里的孤独者，难以被他者礼遇，很难感受到做"道德人"的快乐和幸福。

二是"手电筒照别人"。其突出表现就是缺乏自我要求，却对别人合乎道义、冠冕堂皇地提出这样那样的道德祈愿和要求。这样的人，在面对道德领域冲突时，往往还会义正词严地批评别人不讲道德，却没有想到要把自己"摆进去"。他们实际上是"讲道德"的两面派。不能说这些人发表道德祈愿不是一种"做人"的智慧，因为他们确实可能会从中得到个人的好处。但是，他们如果总是如此来表达自己的道德祈愿，终归会失去他者的响应，最终可能落到"没人沾"的道德窘境。

三是"无意义祈愿"。其突出表现就是希望他人不要那么认真"讲道德"和做"道德人"。这种人由于自己存在社会历史观和人生价值观方面的突出问题，在道德上缺乏自我要求，因而对他人也并不抱有什么希望，因而常散布不利于他人"讲道德"和做"道德人"的言论。

祈愿他者做 "道德人"的常见误识，不论是哪一种都会在冥冥之中直接制约和影响着这个人的人际关系和生存境况。因此，在个体道德实践智慧的意义上理解和把握对于他者的祈愿，是十分重要的。

三、祈愿社会的道德实践智慧

每个人对他生活的时代，都会有道德上的期待、祈求和愿景，关注社会道德风尚、道德要求和道德实践方式。不少人还会因其关注而发表自己道德评论意见。这种情况，在网络文化十分发达的当今社会更是比比皆是，因此，提出祈愿社会的道德实践智慧是很有必要的。

（一）祈愿社会的道德目标是良好风尚

基于道德实践智慧来看，人们祈愿社会道德的目标应是良好的社会道德风尚。一般说来，祈愿自己做"道德人"和善于做"道德人"的人，总是会热爱自己生活的时代，希望自己的国家政风正、民风淳，道德文明不断发展进步。他们同时懂得，良好的社会道德风尚可以为自己提供优质的道德生活资源，让自己心情舒畅，精神愉悦，因而有益于自己的成长、成才和成功，实现自己的人生价值。

因此，那些祈愿社会道德风尚良好的人们，多是把握了个体道德实践智慧的"道德人"，他们多会自觉自愿地采取实际行动，为营造良好的社会道德风尚做出自己的贡献。

（二）祈愿社会的道德评论方式

道德评论或道德评价，是人们祈愿社会道德的常用方式。一个人对社会道德风尚的祈愿，自然离不开他对社会道德实际状况的评头论足，乃至直接的道德批评。评论什么和如何评论，事实上存在有无道德实践智慧的分野。

从彰显个体道德实践的智慧要求来看，道德评论和批评有两点个体智慧要素是不可或缺的。一是不可以局外人的身份出现，更不能站在社会的对立面，只是让自己充当社会道德状况的评论员。二是评论和批评要实事求是不带个人的成见乃至偏激情绪，更不可让道德批评政治化，迎合异域敌对势力的政治图谋。

（三）祈愿社会良好道德风尚要从我做起

祈愿社会形成良好的社会道德风尚，不能脱离祈愿自我的道德要求，将自己置身于祈愿社会之外。20世纪80年代，清华大学学生提出的"从我做起，振兴中华"，用通俗的话语表达了这种祈愿智慧的真谛所在。

祈愿社会形成良好的道德风尚，根本在祈愿者对个体道德实践智慧的理解和把握。严格说来，一个不能认识自己优良道德品质与良好社会道德风尚之间内在逻辑关系的人，或者把自己不良的道德品质推责给社会的人，是失之于祈愿社会的个体道德实践智慧的。

结语：个体掌握道德实践智慧贵在投身社会实践

完整的理解个体道德实践的智慧要素，还应当善于把道德认知、道德选择、个性表达、理性敬畏和道德祈愿等各种个体道德实践智慧要素有机统一起来，这是一个人在"讲道德"和做"道德人"问题上走向成熟的根本标志，也是一个人在道德上关注和善待自己的基本立足点和出发点。

马克思恩格斯在《德意志意识形态》中曾说过："作为确定的人，现实的人，你就有规定，就有使命，就有任务，至于你是否意识到这一点，那是无所谓的。这个任务是由于你的需要及其与现存世界的联系而产生的。"[1]这里所说的客观必然性的责任和使命，无疑应包含对自己的责任和使命。因此，在责任和使命担当的问题上，任何一个人都应该运用社会生活共同体的思维方式，把对社会集体、他者和自己负责结合起来，把善待他者和社会集体与善待自己有机统一起来。

一个人为什么要"讲道德"和做"道德人"？正确的回答首先应当是关注自我和善待自己。一个不能关注自我、善待自己的人，就是对自己不

---

①《马克思恩格斯全集》第3卷，北京：人民出版社1960年版，第328—329页。

负责，而不能对自己负责任的人，他的所谓对社会和他者负责，就实难令人信服；他的所谓"讲道德"和做"道德人"，其实多不过是"讲一讲"和"做做样子"而已。这不是什么道德动机问题，而是一个道德实践问题。不愿、不能对自己负责的人，也就很难真正对社会和他人负责。

当然，这一命题的反命题不一定能够成立：凡是对自己负责的人，都能对社会和他者负起责任；凡是真心实意地"讲道德"和做"道德人"、真心实意对社会和他人负责的人，都对自己不负责。

立足于人的责任理性看个体道德实践智慧，其真谛就在于把对自己负责和对社会与他人负责有机地统一起来，在追求这种有机统一的实践中"讲道德"和做"道德人"。

也就是说，个体掌握道德实践智慧旨在对自己负责，并实现对自己负责与对社会和他者负责相一致，而要如此，就要投身到倡导道德实践智慧的社会实践中去。

第七章　道德实践智慧的践行理路

　　道德实践智慧作为一种理论和知识体系，唯有付诸切实可行的实践，才能展现其价值和意义。因此，需要探究和阐明践行道德实践智慧的基本理路。人类研究道德实践之践行理路的探讨实际上一天也没有停止过，但是，如何立足于道德实践智慧开展实践基本理路的研究，还是一个带有原创性的理论话题。不过也应看到，可供探讨道德实践智慧之践行理路借鉴的理论资源和实践经验，还是相当丰富的。理论资源，主要涉及道德哲学、伦理学、政治学、法学、教育学、社会学乃至文学等。实践经验，主要涉及前人开展道德教育、道德评价和精神文明建设的有益实践。

　　探讨道德实践智慧之践行的基本理路，应致力于推进社会认同和个体认同，建立两种认同的互信机制。要普及道德故事和人生箴言，促使道德故事和人生箴言中的做"道德人"智慧和人生哲理成为人们"讲道德"的文明素养和座右铭，启发和指导人们成功地践行道德实践智慧。与此同时，要实行社会道德治理，鞭笞和责罚那些违背社会道德准则和道德实践智慧要求的野蛮和愚昧行为，为此，需要厘清和辨正道德治理的基本学理，开发和总结道德治理的历史经验，把握道德治理的主要路径。

第一节 建构社会认同与个体认同

一般说来，社会认同和个体认同都具有事实型认同和建构性认同两种不同含义。事实型认同即已经实现的认同，建构性认同是尚未达到的认同，前者为后者提供现实的基础，后者为前者提供引领和推进发展的方向。

践行道德实践智慧的第一理路，应是建构道德实践智慧的社会认同和个体认同及其相互关系。而要如此，就要立足于两种认同的现实，着眼于两种认同发展的未来。

一、建构道德实践智慧的社会认同

道德实践智慧的社会认同，顾名思义自然是指个体对社会倡导的实践智慧体系的认同，这样的认同应当从理解和认知一般社会认同的原理起步。

（一）社会认同的一般理解

一般意义上的社会认同，指的是社会成员共同拥有信仰、价值和行动取向的过程及其达到的实际水准，集中表现为人们关于社会生活共同体及其命运与前途的整体观念和归属感以及行为表现。

按照社会生活共同体的内涵和规模来划分，社会认同可以划分为不同类型的集体认同，即某一特定民族、地区、群体或单位的成员对其所在集体的共同利益、价值目标和行为准则的认可、赞许、支持、接受的思想观念和态度。从集体认同的角度来看，社会认同还应当包含对不同民族、区域和全体之间存在的差别的认同，它是一般社会认同的思想和心理基础，是国家精神和民族性格的基石，是一种真正的文化软实力所在。按照时序来划分，社会认同还可以分为传统认同和现实认同。

社会认同的内涵结构有四种基本要素。一是关于国家经济政治制度包括基本规制的认同，二是关于公民身份和人生角色的认同，三是关于各种文化价值观特别是伦理与道德价值观的认同，四是关于主流意识形态及其主导下的意识形态体系的认同。

社会认同是维系社会集体生活共同体及其命运与前途最重要的内在凝聚力，是一个社会和集体维持稳定的基础，也是社会集体走向繁荣进步的前提。美国人类学家克利福德·格尔茨（1920—2006）说："思想——宗教的、道德的、实践的、审美的——如同马克斯·韦伯及其他人永不厌倦地坚持的那样，必须由强大的社会集团来承担，才会发挥强大的作用。必须有人尊崇它们、赞美它们、维护它们、贯彻它们。"①

从人类社会发展进步的历史进程和价值维度来看，社会认同的内涵和价值趋向历来存在文明与否及文明程度的差别。考察和把握这种差别需要抓住社会认同内涵结构的两种基本要素，一是主流意识形态——"代表了社会上普遍的、占统治地位的愿望、要求、观念、理想、信仰等，是大多数社会成员意志的体现"②的社会认同，二是道德及其实践智慧的社会认同。道德及其实践因无处不在、无时不有的大众化生态方式，使得这种社会认同成为做人与立国的根本。

（二）道德实践智慧社会认同及其意义

依据一般社会认同理论推论，所谓道德实践智慧的社会认同应是指人们对社会推崇的道德真理及由此推衍和倡导的道德准则的信奉和遵从，以及对个体道德实践智慧要素的认可和践履。其实质内涵是对道德价值及其实践方式的认同。

有史以来，世界各国各民族都十分重视思想道德建设的实践，包括家庭和学校的道德教育、社会的道德宣传和评价，其圭臬和内涵就是为了维

---

① [美]克利福德·格尔茨：《文化的解释》，韩莉译，南京：译林出版社1999年版，第372页。
② 聂立清：《我国当代主流意识形态认同研究》，北京：人民出版社2010年版，第11页。

护和推进道德价值标准和行为规则的社会认同。但是，所有这些关涉道德的社会认同，多是在轻视以至无视道德作为一种生存和人生发展的智慧、围绕道德实践智慧的情况下展开的。在那些特别重视道德知识灌输和说教的国度里，情况尤其是这样。在这样的国度里，人们都知道道德价值的无可替代性，"讲道德"是做人和立国的根本，社会和人也在天天"讲道德"，社会上存在一种无时无处不在"讲道德"的舆论氛围，但是面对社会生活中出现的不该发生的不道德问题，人们觉得不可思议，在社会变革时期道德领域出现突出问题时更是感到"道德困惑"，自己的"讲道德"热情也逐渐减退，甚至加入不愿"讲道德"的人群。究其深层原因，与只是局限在道德知识与准则层面人格化的道德榜样之平台上"讲道德"、轻视以至于无视在道德实践智慧的层面上"讲道德"，是很有关系的。

从当代中国社会生活之道德领域出现的突出问题来看，道德当事人的行为多是明知故犯、违背"做人"基本准则、害人也害己的"低级错误"。人犯错误，如果可以分为"聪明错误"即所谓"聪明反被聪明误"的错误和"愚蠢错误"的话，那么"低级错误"就是"愚蠢错误"，即不应该犯或完全可以不犯的错误。这表明，现代社会的"缺德"问题，所缺的主要不是对"讲道德"的意义认识不足，也不是对"讲什么道德"和"怎样讲道德"没有认识，而是对"讲道德"作为一种人生智慧认识不足。从根本上看，这是一个如何认同将道德知识和规则转化为实际的道德实践，实现应有的道德价值的意识和能力的问题。

概言之，建构道德实践智慧之社会认同的意义，在于能够在社会生活共同体及其命运与前途的根本点上，彰显道德实践智慧对于社会与人的生存与发展的意义。

（三）道德实践智慧社会认同的目标与任务

道德实践智慧社会认同的目标，是促使把"要讲道德""讲什么道德"和"怎样讲道德"统一起来的道德智慧成为人们参与社会道德生活的共识，成为家喻户晓、人人皆知的"实践理性"，从而实现道德实践智慧的社会认同在整个社会认同体系中的核心地位和意义。

虽然，就社会认同的范围和规模而言，道德实践智慧的社会认同是整个社会认同的一个部分或一个方面。但是，不可因此而简单地视道德实践智慧社会认同与总体的社会认同是部分与整体的关系，淡化道德实践智慧之社会认同的重大社会价值。这是因为，从社会属性来看，道德实践智慧社会认同是整个社会认同的实质内涵和价值核心，它在建构"心照不宣"和"心心相印"、"同心同德"和"齐心协力"之"人心所向"的伦理精神共同体的意义上，深刻地影响和制约着整个社会认同的实际水准和文明进步的方向。一切道德实践的真谛在于建构表现为"思想的社会关系"的伦理关系，而伦理关系是社会功能，就是以"人心所向"的精神共同体方式，影响整个社会生活共同体及其命运与前途。因此，关于道德实践智慧的社会认同实则居于一般社会认同的核心地位，决定一般社会认同的社会属性和水准，主导着一般社会认同发展和进步的方向。不难想象，一个社会如果不能建构应有的道德实践智慧的社会认同，其思想道德和精神文明建设就难免会受到教条主义和形式主义的干扰，整体的社会认同也因此而可能会带有某种表面的虚假的性质。

道德实践智慧社会认同的任务由其目标而设定，主要有三：

其一，传承优秀的传统道德理论和知识，在合适的平台上通过各种渠道宣传道德实践智慧的社会样态和个体要素，解读其科学内涵和创新精神，促使道德实践智慧逐渐成为普遍的社会共识。如此，逐步营造一种乐于"讲道德光荣"、善于"讲道德更光荣"的新型的社会舆论氛围和道德心理。

其二，有组织有计划地在各级各类学校的道德教育课程中增加有关道德实践智慧的知识和理论的内容。在各级各类学校中开设道德教育课程，是中国学校教育的优良传统。然而，过去偏重传授和灌输道德知识，轻视坚持问题导向的"问题教育"，不注意引导受教育者自主地运用道德知识思考"如何做人"。其所以如此，与道德教育缺乏实践智慧的内容直接相关。将道德实践智慧引进道德教育的课堂，实则是一种关涉道德教育实际效果的革命，担当这种认同任务的责任主体只能是国家。

其三，以创新的姿态，积极开展道德实践智慧理论建构及其践行理路包括责任主体担当的科学研究。面对道德领域出现的突出问题，提出建构道德实践智慧体系，促使其成为社会共同认识，都是道德理论和实践创新，如果没有相应的科学研究跟进是很难推进的，也就谈不上推进践行道德实践智慧的任务。

二、推进道德实践智慧的个体认同

个体认同理论是在现代主义兴起过程中出现的一种认知心理学派别，关注的是现代社会中个体的独立性。长期以来，受利他主义和社会本位主义的支配，人们"讲道德"和"做道德人"遵循的是社会认同的认知路径，并不谈论个体认同问题，因此也就没有个体认同一说。而从建构道德实践智慧的社会认同来看，是不能回避个体认同及其与社会认同的辩证统一关系的。

（一）个体认同的一般理解

学界一般认为，个体认同亦即自我认同，指的是个体依据个人的经历反思自我的过程及结果，实质内涵是个体对自己的社会地位、身份、角色的理解和确认。由此看来，个体认同本质上是个体对社会、对个体规定的认同，也是个体对自己在"社会关系总和"中的实有或应有位置的价值认同。个体认同是一个人存在和发展的思想观念基础和最为持久的动力源，因而也是一个人形成信念和信仰的价值观基础。

因此，不能站在与社会认同相对立的立场认知个体认同及其特点。个体认同固然不能脱离对自我经历的反思，其过程不能被看成只是社会给定的，但肯定会受到特定的社会历史观和人生价值观的制约和影响。一个人依据科学的社会历史观和人生价值观反思自己的社会地位、身份和角色，就会对自己负责，同时明白自己应承担的社会责任，久之就会形成文明进步的信念和信仰。反之，就难能正确认知自己的社会地位、身份和角色，因而也就可能逃避对于自己和他者包括社会集体的责任。一个人如果背离社会责任，那么他所经历的自我认同过程形成的信念或信仰，要么皈依某种宗教，要么沦为极端利己主义者，这些都是违背道德实践智慧的不科学不明智的自我认同。

就个体自我认知的选项和态度而言，个体认同有主动认同、被动认同、引导认同三种基本方式和形态。主动认同是个体一种积极的自知和自觉，是个性健康成熟的标志。被动认同通常与自我认知偏差有关，实际上是个体面临特定的社会生活环境"不得已"所采取的选项，多为一种消极的人生态度和道德选择。引导认同，是介于主动与被动认同之间的一种自我认同，通常与接受教育和宣传有关，也是个体认同的常态。

（二）道德实践智慧个体认同的基本特性

道德实践智慧的个体认同，是指个体身处特定的道德选择情境和实践过程，能够乐于并善于担当道德责任的自觉意识与主动精神，实质内涵是个体对自己在社会生活中承担道德责任和角色的理解和确认，在任何社会，道德都是"做人"的根本。道德实践智慧的个体认同，是生命个体实现道德社会化的实际过程和结果，一般而言也是人的社会化的实质内涵所在。

个体道德实践智慧认同，包括认同社会道德实践的智慧样态、个体道德实践的智慧要素，以及道德实践智慧之践行理路的认同，这是它与一般个体认同的主要区别所在。它强调的是个体要"善于"投身道德实践，亦即明白"善于讲道德"的必要性和重要性，以及"善于讲道德"的方法和能力。一个人认同道德实践智慧，就会乐于"讲道德"，知道"讲什么道德"，也明白善于"讲道德"的意义与方法，从而真正成为一个"道德人"。以乐于助人为例，人只有在既乐于也善于帮助人，从而真实地帮助了人、得到别人的称赞和社会的肯定的情况下，才能感受到做"道德人"的尊严（"面子"），把乐于助人看作是一种快乐和幸福的事情，此即所谓助人为乐。如果不是这样，乐于助人的结果不仅不能让别人得到真实的帮助，相反还可能会让自己陷入"讲道德"的"尴尬"，甚至因帮助别人而给自己带来痛苦，根本感受不到助人为乐的快乐。如此下去，一个人就可能会渐渐远离助人为乐的社会道德要求。

道德实践智慧的个体认同，固然离不开个体学习道德实践智慧的知识，但最重要的还是要反思道德实践的经验和教训，既反思自己的道德实践，也反思别人的道德实践，在这种相比较中认知自己在社会道德生活中的既在位置或应在位置。

（三）道德实践智慧个体认同的心理基础

一般心理学认为，心理是反映客观事物时的心理活动过程与结果，包括感觉、知觉、记忆、想象和思维等。所谓心理基础，是专门就心理活动过程的结果而言的。道德实践智慧个体认同的心理基础主要由道德认识、道德情感、道德意志和道德态度构成。这些心理要素都不是人与生俱来的，而是个体参加道德实践活动，特别是学习社会道德知识和道德要求以及传统道德文化的心理反应。

道德心理与一般心理的不同之处在于，其实质是一种反思性的责任心理，具有自知、自觉、自律和自责的特点。人们处在特定的社会生活和道德舆论的环境之中，运用社会道德准则反思评判哪些事情是对的、该做的，对在何处，应当怎样效法，哪些事情是错的、不该做的，错在何处，应当怎样规避或纠正，由此而逐渐形成一定的道德心理。这样的反思多应是既反思他者，也反思自己。

道德实践智慧个体认同的心理基础的核心是社会信任意识。社会信任，是一种肯定性的价值心态和态度即行为倾向，既表现在人们相处和交往中，也表现在个体对国家和社会的整体性肯定评价之中。社会信任对于塑造高尚的道德品质、完善理想的道德人格有至关重要的作用。因此，培育社会信任意识，是建构道德实践智慧个体认同的心理基础的关键所在。

三、建构道德实践智慧两种认同的互信机制

信，作为伦理道德范畴是诚实、不欺骗、不怀疑，被认为可靠的意思。信的真谛与生命力在于互信，亦即互相诚实、互相不欺骗、互相不怀疑，互相被认为可靠，因而是最重要的道德实践智慧。

毛泽东在新中国成立之初曾说过："我们应当相信群众，我们应当相信党，这是两条根本的原理。如果怀疑这两条原理，那就什么事情也做不成了。"①这个合乎历史唯物主义的道理，说的就是互信机制之于执政党与人民群众之间互信关系对于成就社会主义事业的根本意义。建构道德实践智慧之社会认同与个体认同的互信机制，是建构两种认同之逻辑关系的关键所在。

（一）厘清道德实践智慧社会认同与个体认同的逻辑关系

厘清不同事物之间的逻辑关系，首先需要看到它们之间存在的差别，防止因看不到差别而将不同事物混为一谈，这是认识和把握不同事物之间逻辑关系的前提，也是辩证唯物主义认识论的一项基本原则。道德实践智慧的社会认同与个体认同的逻辑关系的差别主要有三方面：

其一，二者的主体视角不同。社会认同的主体视角是社会生活共同体的客观要求，认同的问题集中在所有人的生存现状及其发展的前途与命运。个体认同的主体视角是一个个现实的活生生的单个人，认同的问题虽有共同性和趋同性的特性，却多表现为个性化的内容和方式，因而千姿百态、复杂多样。

其二，二者的认同方式和使用范围不同。个体认同的方式和使用范围总是千差万别的，即使是接受大体相同的道德实践智慧的教育和影响，也会呈现出千姿百态的景况，带有"各领风骚"以至"标新立异"的鲜明的个性特征。社会集体认同的方式和范围则不一样，在一定的社会里，道德

①《建国以来毛泽东文稿》（第五册），北京：中央文献出版社1991年版，第239页。

实践智慧的社会认同，总是呈现"人心所向""众望所归"的情况，其适用范围总是关照全社会，并一般总是带有民族性格和道德国情的特色。

其三，二者发挥的功能不一样。正因为存在上述的差别，道德实践智慧的两种认同在发挥功能方面也存在明显的差别。个体认同是从个体的角度看待自己，其功能在于确信个体在社会生活和道德实践中的身份感、地位感、角色感和意义感，单个人通常会以"这事与我有何关系"的认同心态响应。集体认同则不一样，其重点在于强调社会生活和道德实践中为人们共识、被人们共享的个体的道德要求和行为方式，其功能在于确保道德实践之社会样式得到所有人的认同感和遵循。也正因如此，一个文明社会应当更看重道德实践智慧的社会认同，并致力于据此来广泛影响个体认同。

从逻辑关联来分析，道德实践智慧的社会认同与个体认同的差别是相对的，在绝对性的意义上二者不可分开。社会认同是个体认同的前提条件和基础，个体认同所认同的自己，归根到底是要"同"在社会认同的道德实践智慧样式，包括社会道德的价值标准、行为规则和行为方式。一个人只有这样来选择和安排自己的道德认知和行为选择，才不至于迷失自我，赢得社会对道德实践成果的肯定，获得做"道德人"的资格。这也就是说，个体性认同和社会性认同永远处于一种相互塑造之中。个体性认同构成了社会性认同，社会性认同提升了个体认同，引导着个体性认同的发展方向。

（二）尊重和维护个体认同的个性方式

这里所说的个体是"每个人"或单个人的个体，不是相对于群体和社会而言的一般意义上的个体。在任何社会，单个人相对于群体和社会而言都是弱者，即使是"朕即国家"的皇帝也不例外。如果没有"家天下"的专制体制，再聪明能干的皇帝也是寸步难行的。社会对特定的单个人认同所采取的态度，无疑会影响其他的单个人。社会唯有立足于命运共同体的整体关爱每个人，尊重每个人认同社会的个性和方式，才能赢得"全体每个人"的信任，这是一个现代社会不断走向文明成熟的主要标志。

从建构社会认同的客观要求来看，尊重和维护个体认同社会的个性方式的目的，是要赢得社会认同。因此，不应当将尊重和维护个体认同的个性方式理解为主张和鼓励个体认同就是要与众不同和标新立异，更不可借助社会尊重个体认同方式而奉行个性至上主义，与社会主流文化和文明风尚格格不入。

概言之，个体认同与社会认同的逻辑关系可以理解为：二者只有在社会生活共同体中才能成为可能。加拿大政治哲学家查尔斯·泰勒认为："一个人只有在其他自我之中才是自我。在不参照他周围的那些人的情况下，自我是无法达到描述的。"①美国心理学家罗洛·梅指出"自我总是在一定的社会环境中诞生的，这一事实我们一刻也不曾忽略""自我总是在人际关系中诞生并成长的"②。这些论断，对于科学认识和把握社会认同与个体认同的逻辑关系，都是具有指导意义的。

（三）提升道德实践智慧社会认同的公信力

所谓社会公信力，简言之是指社会能够使公众信任的力量，属于政治伦理和社会伦理范畴，其功能在于赢得"人心所向"的凝聚力。从理论上来解析，公信力是指公共权力与公民社会领域中以组织形态存在的行动者（公共机构）所具有的"公共性"权威（主要包括语言、制度、权力、货币、真理等）因赢得公民的普遍信任而拥有的权威性资源等。过去，学界没有道德的社会公信力的概念，更没有道德实践智慧的社会公信力的说法。其所以如此，与脱离社会生活共同体整体性视域，片面强调社会认同的思维方式——仅仅向个体发出道德要求的指令，不无关系。然而，从道德实践智慧之践行理路的客观需要来看，没有这种社会公信力，是难以奏效的。

① ［加］查尔斯·泰勒：《自我的根源：现代认同的形成》，韩震等译，南京：译林出版社2001年版，第48—49页。

② ［美］罗洛·梅：《人寻找自己》，陈刚、冯川译，贵阳：贵州人民出版社1991版，第66、67页。

提升道德实践智慧的社会公信力，是建构道德实践智慧之社会认同的关键，也是建构两种道德实践智慧之互信机制的关键所在。不难想见，如果广大社会成员对社会倡导的道德实践智慧不认同、不相信，是不可能主动去实践道德实践智慧的。

提升道德实践智慧的公信力，一要道德实践智慧的理论和知识系统本身是可信的，能够反映社会和人的发展进步的客观要求，为绝大多数社会成员所理解、认同和接受。二是要社会通过各种渠道刷新以至于摈弃无视道德实践智慧的不合时宜的传统旧观念，实事求是地高扬道德实践智慧的真理与价值，如树立的"道德榜样"应是践行道德实践智慧的榜样，同时是践行道德实践智慧的智者，而不应是超凡脱俗的圣人，也不是仅仅"凭良心"做人的"道德人"。三是社会公信力的行动者（公共机构）要能够带头践行道德实践智慧，身先士卒，为全社会做出榜样。在一定意义上可以说这是提升道德实践智慧的公信力关键所在。如一切建构和推荐道德实践智慧之社会认同的主持者，首先应是能够这样做到的人，号召别人"见贤思齐"，自己应当首先是乐于和善于"见贤思齐"的人，具备值得人们效法的道德人格。

第二节 普及道德故事与人生箴言

故事是描述已经发生的事情，注重事情之情节的生动性、连贯性和启发性意义。箴言，即规谏劝诫之言，多富含人生哲理，故而又称人生格言。故事通常可以口述，也可以用文字记述，箴言则多是用简短的文字记载和流传，口头传播的并不多。

道德实践，不论是社会还是个体意义上的，不论是曾经发生的还是正在发生的，也不论是已经有文字记载的，还是没有文字记载的，只要具有道德实践智慧的意义和价值，都可以编撰为道德故事和人生箴言，予以广泛传播，使之成为践行道德实践智慧的重要路径。

一、道德故事及其实践价值

道德故事，简言之就是以既往道德实践的人和事为叙述方式、宣示事情所蕴含特定的道德价值和意义的故事。厘清和阐明道德故事的结构、类型及意义，坚持从不同的角度对不同的人群宣讲道德实践智慧的内涵和要求，有助于推动道德实践智慧的实践。

（一）道德故事的内涵结构

道德故事的结构，从形式特征来看，有人物、事件、时间、地点（包括民族和国别）等结构要素。从内涵结构特性来看，应能够体现真善美相统一的特性。

真，是指故事之人物和事件是真实的，或可能是真实的，亦即合乎道德生活的实践逻辑。它不是臆造的，即使是经过编撰而成的故事，其基本事件也应是"可能发生"的，具有所谓"艺术真实"。比如20世纪50年代小学语文课本里的《太阳山》《猴子捞月》《狐狸与白鹤请客》等，都是"讲道德"的艺术作品，给予孩子道德启蒙教育并使其终身受益。这类道德故事中的"讲道德"主题具有真善美与假丑恶泾渭分明的特性，"道德人"的形象一般都是真善美的化身，让人们感到可亲、可爱、可敬、可学。否则，道德故事对人们的教育和影响就可能会微不足道，甚至会适得其反。

善，是指道德故事中的"道德人"之"讲道德"是出于善心，是真实的善心，不是做作的、虚假的善心。他们不是为图谋虚荣或沽名钓誉、欺世盗名而"讲道德"，更不能是像"狼外婆"那样居心叵测的伪君子和阴谋家。否则，一旦被人们识破就会产生反面作用。道德故事所扬之善，应是会"讲道德"的真善，其"讲道德"的结果应是真实的善果，即道德行为的结果给他人和社会集体带来积极的效益。当然，这样说不是要排斥悲剧式的道德故事。悲剧式的道德故事，真谛是要把"讲道德"之善心的真与美撕碎了给人看,从反面告知和告诫人们科学把握践行道德实践智慧之实践路径的必要性和重要意义。比如舍己救人道德故事本是"讲道德"的悲剧,传播这样的道德故事,其宗旨应是一要"讲道德",二要会"讲道德",因此,不难把"舍己救人"的道德故事仅仅讲成"舍己光荣"的悲剧。

美,有两种含义。一是指道德故事的形式好看或动听。道德故事不是道德知识和理论的教科书。它应能给人以美感,将"讲道德"的智慧寓于故事之中。二是相对于拙而言,指的是道德故事内涵之向善取向给人以伦理美的美感,因而具有社会美的感召力和震撼力。就"讲道德"的善心而论,中华民族传统道德故事都是非常突出的,如宣示大孝之道的"卧冰求鲤"①、言行一致"曾子杀彘"②等。虽然今天看来,这些道德故事的"讲道德"显得有些笨拙,缺乏具备道德智慧的美感。

道德故事之真善美及其相统一的结构与特点,都是历史范畴。它应当能够反映现时代的特点,正确反映现代社会各种利益关系的逻辑。有一位母亲给孩子讲"孔融让梨"的故事,孩子问:孔融为什么要让梨子?他吃不掉吗?那个人家里没有梨吗?买不到吗?买不到梨为什么不去买巧克力呢?这个宣讲传统道德故事的故事,也是一个现实版的道德故事,表明反映以往道德实践经验的道德故事,要伴之以与时俱进的改造或解读,否则就不可能有感动人的生命力。

道德故事作为一种文学体裁,其道德价值取向都是直奔主题的,这一特点与小说、诗歌、戏剧所描述故事是不一样的,虽然后者也含有明确的道德价值取向。

(二)道德故事的类型与特点

道德故事,可以从不同的角度划分为不同的类型。

---

①传说晋时王祥幼时丧母,继母朱氏谗言使其失去父爱。一次隆冬时节继母患病,很想吃鲤鱼,王祥为捕捉鲤鱼,不计前嫌,解衣卧冰,引跃于冰上。继母食后,果然病愈。

②传说曾子妻哄儿子时随口说要杀猪给他吃,事后曾子真的杀了猪。曾子此举教育孩子要言而有信、诚实待人。

从内容来划分，可以按照社会生活领域的不同，将道德故事划分为不同类型。中国历史上这样的道德故事很多。其一，记述刻苦读书、终究成才的道德故事，如西汉时期匡衡的《凿壁借光（凿壁偷光）》、孙敬的《悬梁刺股》、东晋时期车胤的《萤囊映雪》等。其二，记述职业道德故事，如赞扬不争权位的《泰伯采药》、精益求精的《庖丁解牛》等。其三，记述人际相处和交往的道德故事，如众所周知的《负荆请罪》《萧何月下追韩信》《六尺巷》等。

从属性来划分，可以按照道德文明进步的程度，将道德故事划分为宣扬高尚者品格的道德故事、彰显恪守"做人原则"的道德故事、谴责背离良知——"恶有恶报"的道德故事，等等。

从主体角色或身份来划分，可以将道德故事划分为执政者的道德故事、士阶层的道德故事、普通劳动者的故事、励志求学的道德故事，等等。对此，人类有史以来的道德故事多有涉及，今人应当梳理和总结，并加以改造和创新，发挥它们在应对当今人类道德领域突出问题中的积极作用，使之成为践行道德实践智慧的重要路径，适应培育现代社会发展进步的新型道德人格。

从题材来划分，道德故事可以划分为神话传说、民间故事、寓言故事、童话故事等。神话传说的故事是由人们幻想中的古今生物，如神、鬼、人、仙、妖、精、魔鬼、上帝、天使、龙、凤、动植物等从而编造出来的故事。神话传说和民间故事也是一个民族和国家的宝贵精神财富，在文学史上有着很重要的地位。如《羿射九日》《精卫填海》《夸父追日》等，它的题材内容和各种神话人物对历代文学创作及各民族史诗的形成具有多方面的影响，特别是它丰富奔放、瑰奇多彩的想象和对自然事物形象化的幻想，与后代作家的艺术虚构及浪漫主义创作方法的形成都有直接的渊源关系，为后世的创作提供了丰富的题材。不仅如此，神话还具有丰富的美学价值与历史价值，它与远古的生活和历史有密切关系，研究人类早期社会的婚姻家庭制度、原始宗教、风俗习惯等很重要的文献资料。民间故事是民间文学中的重要门类之一。从广义上讲，民间故事就是劳动人民创作并传播的、具有虚构内容的散文形式的口头文学作品，是所有民间散文作品的通称，有的地方叫"瞎话""古话""古经"等。民间故事是从远古时代起就在人们口头流传的一种以奇异的语言和象征的形式讲述人与人之间的种种关系，题材广泛而又充满幻想的叙事体故事。它从生活本身出发，但又并不局限于实际情况以及人们认为真实的和合理的范围之内。它们往往包含着自然的、异想天开的成分，多富含"善有善报"和"恶有恶报"以及"以智取胜"的道德实践价值。童话中丰富的想象和夸张可以活跃我们的思维，那生动的形象、美妙的故事可以帮我们认识社会、理解人生，引导我们做一个通达事理、明辨是非的人。

从时序来划分，道德故事可以划分为传统道德故事、当今道德故事，甚至还可以有反映未来社会道德理想的道德故事等。

上述的道德故事有一个共同的特点，这就是既彰显"讲道德"的意义，又说明善于"讲道德"的必要性，把"要讲道德"的德性之根与"怎样讲道德"的智慧之光融为一体，故而特别具有哲理，能给人以深刻的启迪。

（三）道德故事的实践价值

一般说来，经过千百年来道德教化洗礼的道德故事，都是道德故事的精品，对于践行道德实践智慧的价值具有十分重要的意义。历史地看，自古以来的社会道德要求之世俗化的过程，多是以各种各样的道德故事形式实现的，它伴随着很多人道德上的道德认知和成长。在"听故事中"长大是人们道德进步的一种普遍现象。

就是说，相比较于道德知识和理论的传授与灌输而谈，普及道德故事的意义、道德故事对于道德实践的意义是显而易见的。如果说道德知识和理论，可以给人以"讲"道德的资本和学问，那么道德故事所给予人的多是道德与智慧的启迪，给人以"讲道德"的引导。集中体现在刻意把道德实践智慧的相关知识、理论和社会规则事实化和人格化，通过艺术感染的方式，对人产生潜移默化的影响。

二、人生箴言及其道德价值

人生，是人的生活过程的总称。对人生的思考和思考有所得便是人生观，人生观人皆有之。经过思想家们的理论概括和加工便是所谓人生哲学，它是理论化、系统化的人生观。在不同的历史时代，人们的人生观可能不一样，人生哲学的理论形态也不可能人皆有之。人生箴言，是对人生哲学条理化、格言化、经验化的结晶，它是人生哲学的精华。

箴言或人生箴言，一般是指富含人生哲理和道德哲学的至理名言，故而富含道德意义。每个民族都有自己的道德箴言，它们多为传统道德的优良部分，属于道德实践智慧范畴，因此，如同普及道德故事一样，普及人生箴言也是道德实践智慧的一个不可或缺的实践路径。

（一）人生箴言的类型与特点

中国传统的人生箴言非常丰富，难计其数，若是按照道德生活的领域来划分，可以将其划分为治国安邦、居家理财、立身处世、立业谋生等基本类型。

治国安邦的人生箴言，有"得人心者得天下""贤乃国之宝，儒为席上宾""尊师以重道，爱众而亲仁""作事须循天理，出言要顺人心"等。

居家理财的人生箴言，有"鸦有反哺之义，羊知跪乳之恩""家和万事兴""父子和而家不败，兄弟和而家不分，夫妇和而家道兴"等。

立身处世的人生箴言，有"知己知彼，将心比心""路遥知马力，日久见人心""宁可人负我，切莫我负人""君子之交淡如水，小人之交甘若醴"等。

立业谋生的人生箴言，有"做事就是在做人""能说不能做，不是真智慧""莫道君行早，更有早行人""三人行必有我师，择其善者而从之，其不善者而改之"等。

中国传统人生箴言有三个最显著的特点：一是就其出处和语源来看，

多与传统儒道经典文本话语有关，如"君子之交淡如水，小人之交甘若醴"出自《庄子·山木》，"三人行必有我师焉"出自《论语·述而》等。二是就其内涵而言多富含道德价值，亦即多是立足"做人"的角度言说人生哲理，并且把思考如何"做人"的智慧选择交给了作为道德主体的人。也正因为如此，应当将人生箴言与道德故事放在一起，强调以普及的方式，列入讨论道德实践智慧之实践路径的范畴。三是大多可以用口头吟诵的方式，传播其包含的道德实践智慧，使之家喻户晓。

（二）人生箴言的道德价值

总的来说，人生箴言的道德价值表现在其用思辨方式和经验形态的短语，生动深刻地彰显特定的哲理内涵，给人以道德智慧的启迪。具体来看，可以从如下几个角度来考察。

其一，以直接的方式给人以道德上如何"做人"的道德态度和行为方式的启迪。道德实践智慧体系所包含的道德上"做人"和如何"做人"的道理，多内涵丰富，寓意深刻，人生箴言能够以自己独特的语态将其中的道德价值简明鲜活地表达出来，让人赏心悦目。

其二，以间接的方式给人以如何"做事"的指导，在指导"做事"的过程中体验"做人"的人生意义和道德价值。

其三，以相互贯通的方式，给人以这样的启迪：通过指导如何"做事"来指导如何"做人"，通过要求把"做人"与"做事"结合起来，让"做人"不至于陷入空洞的说教。故而，中国民间自古就有"读了《增广》会说话，读了《幼学》走天下"的道德经验之谈。

（三）人生箴言与道德故事之比较

在中国，人生箴言和道德故事同属于道德俗文化范畴，多以道德经验的形式被记录在所谓"另册"之中传播了下来。有一些可以在"正册"中找到它们的记载，那是因为那些被记载的走近大众的社会生活，经过口头教化被世俗化的缘故。

传统人生箴言与道德故事交叉重叠的情况较为普遍。一句人生箴言往往也就是一则道德故事，反之亦是。若要做区分的话，那么，人生箴言的智慧含量可能会多一些，道德智慧的含量可能会少一些，道德故事的道德价值则十分明显，人生智慧的含量相对来说可能会少一些。

中国历史上有不少属于道德启蒙的经典，却多是以人生箴言的方式记载的。如《三字经》《百家姓》《千字文》《增广贤文》《弟子规》《小儿语》《声律启蒙》《千家诗》等。它们汇集的多是古代圣贤的智慧和传统的中华美德，包括天文、地理、历史、文学等多方面的知识，有些也内含道德故事或是道德故事格言化的结晶，多属于道德俗文化范畴。人生箴言不仅适用于少儿学习，也适宜成人阅读、鉴赏。不过，应当看到，它们说得多是"讲道德"——"做人"的重要和规则，却少有"如何讲道德"或"如何做人"的智慧，难以培养真正懂得如何"讲道德"的"道德人"，如果照搬照套地使用，在有些情况下就有可能陷入"讲道德窘境"，演绎成道德悖论。

三、普及道德故事与人生箴言的基本原则

道德故事与人生箴言多形成于以往的年代，优良与腐朽兼陈，唯有经过梳理和鉴别其中的优良成分，创造性转化、创新性发展，进而为现实社会的人们所运用。这是一项细致的伦理道德和精神文明建设工程。

（一）传承与创新

从立足现实社会和人的道德进步的客观要求来看，优良道德故事和人生箴言大体上内含两种道德实践智慧元素，一种是永恒的普世价值元素，适用于一切历史时代和所有人群，另一种主要适用于以往的历史时代或特定的伦理境遇，相对于现实社会而言具有局限性，不具有普适性意义。

具有普世价值元素的道德故事和人生箴言，如《狼来了》《农夫与蛇》《小红帽》等寓言故事，"钱财如粪土，仁义值千金""达则兼济天下，穷

则独善其身""勿以善小而不为，勿以恶小而为之""良田万顷，日食三餐；大厦千间，夜眠八尺"等人生箴言，其共同特点是"放之四海而皆准"的道德真理和智慧。不具有普适性意义的道德故事和人生箴言，如《负荆请罪》《千里送鹅毛》等，"人善被人欺，马善被人骑""人无千日好，花无百日红""责人之心责己，爱己之心爱人""宁可人负我，切莫我负人"等，只适用于特定的人群或场合，因而其所含道德智慧多带有片面性，在传承的过程中是需要加以鉴别的。

不论是哪一种道德故事和人生箴言，在传承过程中都需要创新，不可以照搬照用，把握创新的标准就是适用于现实社会和人的道德发展进步。如此，才能发现和彰显其道德实践智慧的元素为现实社会所利用。

（二）整理与编撰

整理与编撰的目的，是要使富含道德实践智慧的道德故事和人生箴言得以传承，将"要讲道德"与"讲什么道德""怎样讲道德"有机地结合起来。为此，要在把握传承与创新标准的前提下，去伪存真、舍粗取精。参加整理与编撰工作的人员，主要应是作为道德实践智慧建构科学共同体中的思想者和学者，些优秀的实践者当然也可以参与其中。他们应当既具有丰富的道德文化方面的历史知识，又具有丰富的道德实践经验。

用以普及的道德故事和人生箴言的整理与编撰工作，应列入道德教育的整体规划，在国家相关部门统一组织下有计划地进行。

（三）立足蒙学

立足蒙学，是普及道德故事和人生箴言的主要路径。蒙学是中国古代的启蒙教育，有广义和狭义之分。广义的蒙学包括启蒙教育的体制、教学方法、教材等内容；狭义的蒙学专指启蒙教材，即童蒙读本。

在中国古代，蒙学属于统治者及其士阶层的专利，一般黎民百姓家庭的孩子是没有条件接受蒙学教育的。虽然一些商贾和农工的殷实人家，也安排幼儿参加蒙学，但那也是为了让他们识读文字、粗通文章。传统蒙学阶段采用的教材主要是《三字经》《百家姓》《千字文》《千家诗》《弟子规》等，也有的会让儿童接触"四书"(《大学》《中庸》《论语》《孟子》)等儒学经典文本，为日后的专门学习和应试科举打下基础。蒙学教育的基本目标是培养儿童认字和书写的能力，养成良好的日常生活习惯，能够具备道德伦理规范的基本知识；并掌握一些中国基本文化的常识及日常生活的一些常识。传统蒙学形式多样，历史学家周谷城认为，李斯的《仓颉篇》和史游的《急就章》可谓最早的蒙学教材，并指出："《汉书·艺文志》收有小学十家，所谓小学，也就是蒙学。"①

今天，普及道德故事和人生箴言的蒙学，需要纳入国家道德教育的发展战略，有规划有组织地进行，经过批判性的继承和创新，统一编撰教材。立足蒙学普及道德故事和人生箴言，要从幼儿的家庭教育抓起，并与学校的基础教育接轨，要将两者贯通起来。

四、发挥"文以载道"的作用

以文学的美学方式传播求真与求善的智慧，即所谓"文以载道"，因其为人们喜闻乐见而成为世界各国各民族源远流长的传统。普及道德故事和人生箴言要充分发挥"文以载道"的作用。

(一)"文以载道"释义

"文以载道"的"文"，大体上有文论和文学两种。文论以论述的逻辑演绎"载道"，文学以描述的形象演示"载道"。普及道德故事和人生箴言的"文以载道"当属于后一种"载道"，即以诗歌、小说、散文、戏剧以及现代影视作品等文学样式叙述故事和箴言中的道德实践智慧。

中国文学批评史上，有许多关于"文以载道"的精到见解。如南朝梁代的刘勰在《文心雕龙》中指出："文章是道的表现，道是文章的本源；古代圣人创作文章来表现道，用以治理国家，进行教化；圣人制作的各种

---

① 周谷城：《传统蒙学丛书·序》，长沙：岳麓书社1986年版，第1页。

经不但是后世各体文章的渊源，而且为文学作品的思想和艺术树立了标准。"同时代的钟嵘在《诗品》中也发表过类似的看法："诗歌内容只有表现了人们在自然和社会环境中所激发的思想感情，才能够产生'可群可怨'的艺术感染力量。"①

不言而喻，"文以载道"的"道"不是老子《道德经》中所说的"道可道，非常道""道生一，一生二，二生三"的"道"，而是孔子说的"志于道，据于德"的"道"，也就是社会道德规则和"做人的道理"的"道"，荀子说的"道者，非天之道，非地之道，人之所以道也，君子之所道也"②的"道"。

日本文艺理论家浜田正秀在谈到"文学的本质"时指出："所谓文学，就是依靠'语言'和'文字'，借助'想象力'来'表现'人体验过的'思想'和'感情'的'艺术作品'。"③他所说的"人体验过的'思想'和'感情'"，主要就是渗透在文学作品中的道德意蕴，包括善恶观念、评价标准、行为倾向即态度与情感。文学的这种本质特性使其与伦理学具有"自然而然"的必然联系。

（二）"文以载道"的道德功能

历史地看，文学和伦理学的诞生与"文以载道"几乎是同步的。在这种意义上，我们甚至可以说，美与善的价值就是以"文以载道"的方式传播的。麦金太尔在解释西方伦理思想史这种研究和叙述范式时指出：提出道德问题和回答道德问题并不是一回事，提出道德问题通常发生在社会变化时期，而回答道德问题一般是在对道德问题有了哲学伦理学的思考以后。所以，他说：古希腊社会变化提出的道德问题是"反映在从荷马时期的作家经过神普时期的文本（Theognid corpus）到智者派的过渡时期的希

① 王运熙，顾易生主编：《中国文学批评史》（上卷），上海：上海古籍出版社2002年版，第149、197页。

②《荀子·儒效》。

③ [日]浜田正秀：《文艺学概论》，陈秋峰、杨国华译，北京：中国戏剧出版社1985年版，第9页。

腊文学之中"的①。中国人叙述自己的伦理思想史多没有上溯至《诗经》，更没有观照《楚辞》和《山海经》等这类古典文本。唐宋之后特别是明清以降，中国文学史上涌现的众多文学名著如《西游记》《水浒传》《三国演义》《红楼梦》《聊斋志异》《儒林外史》等，皆是因其以传神的"载道"喻世才成为传世佳作的。诚如文学界有位学者指出的那样：在起源上，"文学是特定历史阶段伦理观念和道德生活的独特表达形式，文学在本质上是伦理的艺术。"②

"文以载道"开掘和铺垫了道德文化建设的主要渠道。文学样式，特别是小说、民间文学和神话等，以其为广大人民群众所喜闻乐见的形式传播和普及其所载的道德价值，赋予道德以"人民性"的特质，因而成为真正的大众道德文化，由此赢得自己在道德文化建设中最可靠、最有益的史学地位，充当建构和提升民族道德素质之道德文化建设的主要渠道。"文以载道"深刻反映了当代道德生活中的道德悖论现象，引发人们对社会和人道德进步的深度思考。

（三）"文以载道"普及道德故事和人生箴言的主要路径

在纯美学主义看来，道德故事和人生箴言是"小儿科"的文学样式，对它们的"载道"问题更是不屑一顾。因此，要发挥"文以载道"在普及道德故事和人生箴言中的作用，首先应实行"文学伦理学批评"。从践行道德实践智慧的角度来看，这是一件"冒犯"文学的事情，做起来比较困难。然而，如上所述，"文以载道"本来就是文学的生命力所在。普及人民大众喜闻乐见的道德故事和人生箴言，既是文学重要的生长点，也是文学应担当的使命。

让道德故事和人生箴言走进文学作品，成为其间人物和事件的内容，并使之成为基础教育阶段语文课程的必备课文，是用"文以载道"的方式普及道德故事和人生箴言的基本路径。创作诗歌、散文、小说、戏剧和电

---

① ［美］麦金太尔：《伦理学简史》，龚群译，北京：商务印书馆2003年版，第5页。
② 聂珍钊：《文学伦理学批评：基本理论与术语》，《外国文学研究》2010年第1期。

影，都应当有"故事"和"箴言"的意识。在这方面，今人应当向古人学习。诸如《负荆请罪》《完璧归赵》《萧何月下追韩信》《桃园三结义》《李逵下山》等戏剧，实则都是道德故事，而"性格决定命运""船到桥头自然直""君子之交，其淡如水""三人行必有我师"等人生箴言，多反复出现在现代文学作品之中。它们对于培育中华民族的优秀品质和道德实践智慧，都有重要的作用。

各种大众传媒，包括网络媒体传播，是用"文以载道"方式普及道德故事和人生箴言的重要渠道。普及道德故事和开展关于人生箴言问题的理论研究，是实行"文以载道"的必要选择。但从实际情况看，这方面的科学研究工作还有待加强。相反，一些外国人，如日本人就很重视研究自己国家的道德故事和人生箴言，并从民俗文化的角度关注中国的民间故事和人生哲学。中国文学的科学共同体需要转换自己的学科范式，创新思维方式，刷新理论框架。

第三节　实行社会道德治理

中国共产党第十八次全国代表大会报告在论述"扎实推进社会主义文化强国建设"的战略部署时，作出"深入开展道德领域突出问题专项教育和治理"的重大工作部署，正式提出社会道德治理这一新的道德实践概念。

道德治理作为一个有着独立涵义的概念，是一个创造。中外伦理思想和道德实践史上，很少有人用道德治理这个概念谈论社会道德教育和实践，使人们面对改革进程中道德领域出现的突出问题而感到束手无策，嗟叹和踌躇于"道德困惑"和"无所适从"，所进行的道德教育和道德建设低效、缺效以至无效，被这些问题所困扰。然而实际上，人类自古以来任何一个社会一天也没有停止过道德治理。

一、社会道德治理的学理辨析

辨明社会道德治理这一新概念的基本理路，应是将其与道德教育和道德建设做比较，说明三者的不同含义及逻辑关联。

（一）道德治理的涵义

所谓道德治理，应从"扬善"和"抑恶"两个方面来理解，指的是社会倡导的道德标准和行为准则承担的"扬善"和"抑恶"两个方面的社会职能，用"应当—必须"和"不应当—不准"的命令方式，发挥其调整社会生活和人们行为的社会作用。

在这里，理解和把握"不应当—不准"是至关重要的。过去，人们认识道德的社会职能与作用，只是其"应当"和"不应当"的命令方式，轻视以至忽视与"应当"关联的"必须"和与"不应当"关联的"不准"的命令方式。这种误读在道德实践上的弊端在于："扬善"的"应当"命令缺乏"必须"的命令支持，"抑恶"的"不应当"命令缺乏"不准"的命令支持，致使道德所能发挥的社会作用有限，在有些情况下甚至会形同虚设。不难理解，当社会处于变革、适应新制度和新体制的新道德观念与规则尚未形成社会共识的特定时期，如果将道德命令方式仅归于"应当"和"不应当"，道德就难能担当应有的社会职能，发挥应有的社会作用。

（二）道德治理要突出"治"

道德治理的实质内涵和关键是"治"——责罚和惩治，充分发挥道德"抑恶"的社会作用。严厉遏止和矫正恶行，特别是要责罚和惩治道德领域内那些明知故犯的"低级错误"。因为，这种突出问题的危害不仅直接损害社会和他者利益，而且会制造恶劣的社会影响，毒化社会生活环境。纠正这类"低级错误"无须说明"要讲道德"和"讲什么道德""怎样讲道德"。就是说，这类错误根本背离了道德实践智慧的要求，而其中也有一些是违犯法律甚至是犯罪的问题。

道德治理要突出"治"，就要完善法制，实行"道德与文明立法"，促使相关的道德和精神文明要求制度化和法律化，使之具有强制性的约束力。这是培育理性敬畏品质的必要条件。所谓道德与文明立法，可作两种理解：一是强化道德与文明要求，将一些道德文明规范转变为法律规定，这是完善法制的应有之义；二是强化道德与文明调节手段，将某些道德调节的手段同法纪惩罚接轨，在舆论谴责的同时伴之以惩罚措施。诚然，道德与文明发挥社会功能需要一定的舆论环境和人们的内心信念。但大量事实证明，形成一定的舆论环境光"说"是不行的，更需要"治"。须知，"治"本身就是一种舆论或形成舆论的机制，对于毫无敬畏感和羞耻感的人来说只"说"不"治"，等于"白说"。人的内心信念也不是自然而然形成的，以"治"迫使某些人养成对于社会道德与文明的敬仰和遵从的思维方式及态度，是内心信念形成的基本途径。

就当今社会道德领域突出问题而言，道德治理的任务和目标应是要坚决纠正以权谋私、造假欺诈、见利忘义、损人利己的歪风邪气，引导人们自觉抵制拜金主义、享乐主义、极端个人主义，鞭策人们履行法定义务、社会责任、家庭责任，营造劳动光荣、创造伟大的社会氛围，培育知荣辱、讲正气、作奉献、促和谐的良好风尚。道德治理的对象和领域涉及社会生活的方方面面，凡是存在道德突出问题的部门、行业和公共生活场所，都要开展道德治理，同时把面上治理与专项重点治理结合起来。道德治理的方法和途径，关涉道德作为特殊的社会意识形态、价值形态和精神活动的基本方面，不是简单地只用道德规范去说教人、说服人。总之，道德治理就是要运用道德的特殊"命令"方式充分发挥道德"抑恶"的社会作用。

（三）道德治理是道德进步的必要条件

为什么要有道德治理？对这个问题的回答涉及道德的根源与本质问题。对此，历史上大体有两种学说。历史唯心主义的先验论将道德的根源与本质归结于人之外的神秘力量或人与生俱来的"人性"。先验论的人性论关于道德根源与本质的学说大体有两种：以孔孟为代表主张"性善论"，以荀子和西方近代哲学史上的霍布斯为代表主张"性恶论"。孟子认为人之初性本善，道德是因人"扬善"的需要而发生的："恻隐之心，仁之端也；羞恶之心，义之端也；辞让之心，礼之端也；是非之心，智之端也。"[①]荀子认为人之初性本恶，道德是因社会"抑恶"之必要而产生的："人生而有欲，欲而不得，则不能无求，求而无度量分界，则不能不争；争则乱，乱则穷。先王恶其乱也，故制礼义以分之，以养人之欲，给人以求。"[②]霍布斯认为，人性本恶（自私）使得人与人之间是"狼"的关系，处于"战争"状态，所以社会必须要有"一个使所有人都敬畏的权力"，这就是政治、法律和道德。[③]用先验论的人性论解释道德的根源与本质问题是不科学的，因为它不能说明不同社会和同一社会不同时代存在的道德差别，也不能说明人何以会有"善"与"恶"的不同，因而也就不能说明社会为何要进行道德治理。

这里有必要指出，一个人"生而有欲"的"本性"并无善恶之分，这种"本性"既可能使人走向善，也可能使人走向恶，究竟如何取决于人在特定利益的关系中所选择的道德态度和行为方式。就是说，"人性"的善恶与否，是人后天是否接受道德教育和道德治理的结果。历史唯心主义道德本质观把"生而有欲"的"本性"归于"人性恶"，其实是无视道德职能与作用的一种学理性误读。

（四）道德治理与道德教育和道德建设的关系

道德教育作为社会道德实践的一种方式，由来已久，是国内外通用的概念。道德建设则不同，这一概念是中国共产党在十四届六中全会作出的《中共中央关于社会主义精神文明建设的若干重要问题的决议》中正式提

①《孟子·公孙丑上》。

②《荀子·礼论》。

③ 参见[英]霍布斯：《利维坦》第十三章"论人类幸福与苦难的自然状况"、第十四章"论第一与第二自然律以及契约"，刘胜军、胡婷婷译，北京：中国社会科学出版社2007年版。

出来的。它的提出"反映了当代中国人在伦理思维和道德生活方面的与时俱进的杰出智慧和实践品格"①。道德治理与道德教育和道德建设三者在内涵上是相互包容渗透、相辅相成、相得益彰的关系。

从道德治理角度看，道德教育也是一种治理，道德治理之"治"的"抑恶"不能离开道德教育。道德教育的宗旨在于塑造健康和优良的道德人格，道德治理之"治"并不是最终目的，只能视其为一种道德教育的方式或手段，为道德教育提供前提，最终目的还是要促使作恶的道德当事人接受道德实践智慧的洗礼，改邪归正。

从道德教育的角度看，道德治理本身也是一种教育，道德教育不能没有"抑恶"。在道德教育领域，人们长期以来重视的是正面教育，强调引导，这自然是无可厚非的，但不能因此而轻视甚至忽视所谓"反面教育"，亦即批评和纠正具有"恶"的倾向的不良思想意识和行为。古人曰："教也者，长善而救其失者也。"②"长善"，如果基本上可称其为"正面教育"，那么，"救其失"则是"反面教育"或"问题教育"。今天的道德教育应当传承这条重要经验。

从道德建设的角度看，道德治理和道德教育都是道德建设的题中之义，是道德建设的两种不同的方式和路径。所以，研究和部署道德治理和道德教育，不能离开道德建设的总体要求，要在道德建设的战略布局下进行。从内涵看，道德建设的方式和途径多种多样，可以为道德治理和道德教育所采用。

二、道德治理的历史回眸

在中国，存在忽视道德治理的社会职能与作用的认知误区，这与对中国传统伦理文化和道德实践的历史缺乏正确认识密切相关。实际上，注重道德治理是中国传统伦理文化及道德教育实践的一大特色。这可以从其源

---

① 钱广荣：《中国道德建设通论》，合肥：安徽大学出版社2004年版，第2页。
② 《礼记·学记》。

头及其历史演绎的过程看得很清楚。

（一）《论语》关涉道德治理的逻辑

从逻辑上来推论，孔子作为中华民族伦理思想和道德主张的奠基人，生逢奴隶制向封建制过渡的变乱年代，不可能不关心当时代的政治重构和道德治理问题。实际情况也是这样，他终生颠沛流离而矢志不渝追求的就是要治理和拯救"礼崩乐坏"的乱世，恢复像西周"郁郁乎文哉"那样的伦理秩序和道德风貌。这种人生追求，必然会使得他"述而不作"的《论语》，包含着反映那个变革年代所需要的道德治理观念。

因此，今天释解和阐发《论语》关于道德治理观的合理元素，在中华道德文本源头上正本清源，进而考察和反思孔子"仁学"的原典精神中的道德治理思想，不仅是可能的，也是必要的；不仅对于道德实践智慧建构具有多方面的道德理论和实践的意义，而且对整个中华民族传统文化的研究和传承也具有创新的意义。

（二）敬畏伦理是传统道德治理的信仰基础

敬畏伦理是中国传统伦理思想的内在特质和最重要的基本元素之一，也是中国出台社会道德治理思想的心理基础。这同样可以追溯到《论语》。《论语》表达的敬畏伦理观念甚为丰富而复杂，然可一言以蔽之："君子有三畏：畏天命，畏大人，畏圣人之言。"[①]

孔子所说的"天"主要是指"天命"，核心观念是指天神、天帝。其无比廓大而神秘，即他所说的"巍巍乎，唯天为大"[②]，"天何言哉？"[③]在他看来，"天"的力量是无穷的，说不清道不明的，因此我们只能搁置一边，不要妄加评说，亦即庄子所说的"圣人存而不论"或"圣人论而不

---

①《论语·季氏》。
②《论语·泰伯》。
③《论语·阳货》。

议"①。据杨伯峻考证，庄子此处所说的"圣人"，指的就是孔子②。这种释解符合孔子一贯主张的"知之为知之，不知为不知，是知也"③的认知精神和处世态度。孔子所说的"大人"与"圣人"究竟是什么样的人，《论语》中并没有明确的说法。不过，总的来看，孔子言说的"大人"和"圣人"，实际上是指具有一般"君子"和"善人"品性因而必须尊崇、信仰的理想人格，而不特指某个人。

由上可知，孔子关于道德治理的敬畏伦理的基础并不在彼岸世界，而在人们的现实世界的视界之内，是无法言说、令人敬畏的超然力量，实则是他的一种处世态度和人生信仰。"它不同于一般的恐惧、畏惧等情感活动，其主要区别就在于它是出于人内在的需要，它要解决的是'终极关怀'的问题，并且能够为人生提供最高的精神需求，使人的生命有所'安顿'。"④不难想见，一个人，尤其是那些执掌行政权的官吏，在看待伦理道德的问题上，如果对诸如"天""君子""大人""圣人"等不能持应有的尊重和敬重的虔诚态度，以至于"天不怕""地不怕"，什么话都敢说，什么事情都敢做，所谓"讲道德"还有什么可"讲"呢？在这种情况下，道德治理自然也就无从谈起。由此看来，立足于敬畏伦理建构尊重和敬重道德的信仰基础，正是《论语》的道德治理观的高明之处，虽然这种高明并不一定是基于孔子对道德之"实践理性"的自觉。

（三）道德治理要以"君子"教化"小人"

中国传统道德治理思想和道德学说自《论语》开始，就把人的道德人格分为"君子"与"小人"两种基本类型。君子，是指重视道德和道德品质优良的人；小人，是指轻视道德和道德品质不良的人。具体来说，就是"君子"有"三畏"，"小人"反是。在关乎国家和社会的大事情上，君子心怀的是仁德，小人则怀念故土；君子关心国家法度，小人关心恩惠，即

---

① 《庄子·齐物论》。

② 杨伯峻：《论语译注》（试论孔子），北京：中华书局1980年版，第9页。

③ 《论语·为政》。

④ 郭淑新：《敬畏伦理》（蒙培元序），合肥：安徽人民出版社2007年版，第1页。

所谓"君子怀德，小人怀土"①；在处置道德与利益的关系问题上，君子懂得的是道义，小人明白的只是利益，即所谓"君子喻于义，小人喻于利。"②总之，君子与小人的人格存在着明显的差别，所以在国家和社会的治理上，必须要用君子的道德人格影响和教化小人。此即"君子之德风，小人之德草"③之谓。在道德治理上，中国自古以来尊奉"榜样的力量是无穷的"这一理念，与自孔子开始推行的这种道德教化密切相关。需要指出的是，在一些情况下，孔子所说的"小人"也指普通劳动者。樊迟向孔子讨教种庄稼和种菜蔬的技术，孔子说樊迟是小人。

今天来看"榜样的力量是无穷的"这一理念，其存在夸大其词的"道德万能"倾向是显而易见的。是否还需要推崇自然可当作别论，但有一点是必须肯定的：基于道德治理的客观要求，要在全社会营造尊重和效法"君子"、责问和鞭笞"小人"的舆论氛围。

（四）以刑罚补充和支持教化

中国历史上是一个十分重视道德社会作用和道德治理的国家，但不存在所谓反对法（刑）、主张法律道德化的道德万能的倾向。实际情况是主张教化与刑罚并举，在教化不能起到应有作用时，让刑罚来支持。这种社会道德实践思想观念，也可以追溯到孔子创建的儒学。

《孔子家语》直接传承了《论语》关于教化及继而刑罚的原典精神。如关于教化，《孔子家语·王言解》篇就有所谓"七教"的记述："上敬老则下益孝，上尊齿则下益悌，上乐施则下益宽，上亲贤则下择友，上好德则下不隐，上恶贪则下耻争，上廉让则下耻节，此之谓七教。"又说："七教者，治民之本也。"④关于教化及继而刑罚举之莫过于这种表达直接和完整："化之弗变，导之弗从，伤义以败俗，于是乎用刑矣。"⑤意思是说，

---

①《论语·里仁》。

②《论语·里仁》。

③《论语·颜渊》。

④ 王肃：《孔子家语·王言解》，王国轩、王秀梅译注，北京：中华书局2009年版，第20页。

⑤ 王肃：《孔子家语·刑政》，王国轩、王秀梅译注，北京：中华书局2009年版，第245页。

对经过教化还不改变，对经过教导也不听从，损害义理有伤风败俗的人，只好用刑罚来惩处了。在教化和刑罚之间，孔子强调教化的必要性和意义，他认为"不教以孝而听其狱，是杀不辜"①。意思是说，不用孝道来教化民众而随意判决官司，这是滥杀无辜。

综上可以看出，《论语》含有结构合理的道德治理观体系。在这种意义上，我们甚至可以进一步说，《论语》创建的"仁学"伦理思想和道德主张，本来就是孔子关于当时道德治理主张的"述而不作"的著述，离开道德治理观就难能真正理解《论语》"仁学"思想的主旨，因而也就难能真正把握孔子"仁学"的原典精神。

三、当代社会道德治理的基本途径

探讨和阐明当代社会道德治理的基本途径，是践行道德实践智慧之基本理路的一个重要环节。事实表明，当前道德领域突出问题多是明知故犯的"低级错误"，其中多数既违背道德基本准则，也违犯法律规定。因此，实行道德治理的基本途径应是依靠依法治国，推进道德立法和伦理制度建设。

（一）借助法治强力

道德治理的关键在于"治"，"治"的可靠前提必须是法治。法律是维护社会基本道义的国家强制力量，道德治理"抑恶"的根本宗旨也是为了维护社会基本道义，在彰显社会基本道义这个共同点上体现了与法治相向而行的实践逻辑。立足于道德治理把两种不同的"治"结合起来，也是全面实施依法治国和以德治国相结合之战略的必然选择。孟子说的"徒善不足以为政，徒法不能以自行"②，是在一般学理意义上说明德治与法治的逻辑关系，强调治理国家必须把行善政与行法令结合起来，这无疑是正确

①王肃：《孔子家语·刑政》，王国轩、王秀梅译注，北京：中华书局2009年版，第14页。
②《孟子·离娄上》。

的。但是，如果脱离国家管理和社会治理的具体环境，进行抽象的解读和运用，那就可能成为一种折中主义的谬误了。在社会处于变革、道德领域出现突出问题的特定时代，道德治理应当特别强调借助法律的强力，看到"徒善不足以为政"的局限性。

当代中国社会，面对道德领域出现的那些明知故犯的"低级错误"，唯有强调依靠法律的强力加强治理，方能起到当头棒喝的遏制作用，给道德实践智慧的践行以一片适宜的土壤和蓝天。

（二）渐行道德立法

道德与法律作为国家和社会管理的两大基本的行为规范，是相辅相成的。就二者的生成逻辑来看，有史以来既有道德规范转变为法律规范的现象，也有法律规范转变为道德规范的情况，促使这种转变的逻辑张力是社会发展和国家管理的客观要求。

追本溯源，人类社会早期的行为规范基本上是道德的，包括一些风俗习惯和规矩。后来，国家随着私有制产生而出现，一些道德逐渐演变为法律，成为实行阶级统治的国家强制力量。而那些尚未转变为法律的道德规范，通常也需要法律的强制力量来维护和支撑。

这里有必要指出，完善法制和实行道德与文明立法，应当同时关注当代中国的学校教育，以应对发生在学校中那些无视道德与文明进步要求的"低级错误"。据报道，一个15岁的初三男生在所谓的"愚人节"那天，往一位女老师背后贴了一张"我是乌龟"的纸条，事发后还拒不接受老师的批评教育，被那位老师打了耳光。当地教育部门依据相关法规给予女教师开除处分，而对该男生的"我酷故我在"的"个性"却没有一句批评。如此处置是否适当，社会已有公论①。袒护一个未成年学生如此胆大妄为、目无尊长和教育权威的"个性"，其实是不利于培育学生具备必要的理性敬畏品质，也触犯了教育权威，违背了教育公平。那位教师因教育行为失当而受到处罚的法律依据是否合乎法理，是否需要修改和完善现行的教育

① 《被学生贴纸条老师冲动打人被开除》，安徽财经网2015年6月8日。

法规以保障教育者的相关权利，显然也是一个有待探讨的问题。

（三）建设伦理制度

伦理作为"思想的社会关系"，表现为"心照不宣"和"心心相印"、"同心同德"和"齐心协力"的心灵秩序和心理倾向。不难想见，这种思想关系不可能自然而然形成，它需要有制度保障，这就是伦理制度。伦理制度是中国学界在20世纪末提出来的新概念，与此同时被提出来的概念还有所谓制度伦理，二者在科学研究活动中经常被相提并论、混为一谈。

其实，伦理制度不同于制度伦理。制度伦理有两层意思，一是制度所包含的伦理，强调制度要有伦理与道德的精神内涵，亦即在"人心所向"的意义上所包含的伦理精神和道德观念，反映制度制定和执行者"对谁有利"的价值思考和目标设计。二是关于制度的伦理评价。一项制度或一个系列的制度是否具备应有的伦理和道德的精神内涵，执行过程中是否合理、正当，表现出来的"人心所向"如何，是否具有"众望所归"的价值取向，结论不在制度本身，而在于关于制度的伦理评价。

伦理制度，指的是维护和优化伦理精神共同体之道德建设的保障制度。比如，为保障公共场所不准抽烟这项公德规则得以实行，同时规定违反者罚款或给予其他处罚，就是关于社会公德建设的伦理制度。从属性和功能来看，伦理制度是介于道德与法律规范之间的一种约束和惩戒制度，应与一些行政法规交叉重叠，相向而行。在当代中国，伦理制度是一种支撑道德治理的新型的制度体系，反映了人们在社会道德实践方面的智慧，应当在道德治理的实际过程中广泛运用。建设伦理制度是实行社会道德治理的必然选择。

（四）创新和优化道德表彰

道德治理的关键在于"治"即"抑恶"，以达到"扬善"的目的。但也不能因此而忽视正面的"扬善"，即道德表彰。在道德治理中，道德表彰作为社会道德实践的一种特殊方式，如表彰"感动中国""中国好人"

的道德榜样等是不可或缺的。不过，从践行道德实践智慧的客观要求来看，对道德表彰进行创新和优化也是必要的。

首先，要创新道德表彰的实践价值观。社会树立的道德榜样，其示范价值究竟有多大应有一个客观标准，然而中国社会长期以来推崇的标准是"榜样的力量是无穷的"，却从不考证这种力量究竟是不是"无穷"的。实际情况是，道德榜样的力量从来都是"有穷"的，或是有限的，只不过是过去的人们因慑于一些政治因素的考量而不愿明说罢了。实事求是地评判道德表彰的道德价值，是正确开展道德表彰活动的科学前提。不这样看，结果反而可能会诱发一些人对于道德表彰这种社会道德实践活动本身的怀疑，影响道德表彰的应有成效。

其次，要优化道德表彰的标准。道德表彰旨在直接扬善，彰显受表彰者的理想人格，而理想人格的标准应具有真、善、美相统一的特性。因此，优化道德表彰的标准，应围绕"善"之"真"与"美"展开，实现"真善"与"美善"。

以优化表彰"中国好人"的标准为例，"真善"即"真好"，不是假情假意的"好"或做作的"好"，表现在"做人"上是真心实意地要做"真好人"，"做事"上是真心实意地要做"好事"和实打实地做了"真好事"。如此，就使得"好人"实现了"真"与"善"的统一。同样之理，"美善"，指的是"好人"要给人以一种社会美的美感。一是伦理美，即"思想的社会关系"意义上的心态美，做"好人"是出于与他者"心照不宣"和"心心相印"、"同心同德"和"齐心协力"的心灵秩序，而不是出于所谓"一时冲动"等偶发情绪，尽管其行为或许是合乎道德价值标准、应当给以肯定的。二是道德行为美，这是相对于笨与拙而言。道德行为本应当给以一种"行为艺术"的美感。一位贸然下水施救溺水者的人本不会泅水，结果施救未成却献出了自己的生命，其见义勇为的行为固然不失为英雄壮举，应当给予必要的表彰，但也应指出其行为存在缺乏动机与效果相一致的美感。从践行道德实践智慧的要求来看，人的道德行为选择是要讲究"艺术"，实行"美"与"善"统一的，这是一个成熟的社会对道德表彰应当持有的科学态度和实践理性。

最后，优化道德表彰的评选机制。道德表彰一般都是从评选受表彰的道德榜样开始，因此，评选机制是一种重要的社会道德实践方式，其智慧含量如何直接影响到道德表彰的质量。

传统的评选机制，是群众推荐与组织鉴定相结合，其科学性显而易见，因为它体现了民主与集中相统一的评选机制原则。20世纪60年代，雷锋之所以能够成为整整一代人学习的道德榜样，其无私奉献的共产主义精神之所以能够积极影响和培育一代人，与当时的科学评选机制直接相关。改革开放以来特别是互联网被广泛使用以来，这种评选机制发生了裂变，有的蜕变为"网选"机制。如今，利用互联网包括微信群等自媒体公开拉票，已经不是什么新闻。为此，有的单位或部门甚至发文件、出通知为候选者拉票。如此评选机制评选出来的道德榜样究竟怎样，人们心中有数。优化道德表彰的评选机制，应当坚持民主与集中相统一的原则。在集中的环节上，除了相关组织部门机构直接参与外，还应当吸收相关的专家学者参与，从而使受到表彰的道德榜样具有公认性和专业性，真正能够发挥示范作用。

结语：在社会建设系统工程中践行道德实践智慧

践行道德实践智慧是一项精神文明建设的系统工程，涉及社会建设的各个方面，需要有专门的机构进行宏观的协调和管理。为此，需要建立健全相关的体制机制。最重要的是要转变道德和精神文明建设的思想观念和实践方式，确立道德实践智慧的真理观、价值观和实践观。要看到伦理作为一种特殊的"思想的社会关系"及其表现出来的"心照不宣"和"心心相印"、"同心同德"和"齐心协力"的精神共同体，在"人心所向"的意义上实则是最大的政治。为此，应纠正"道德为政治服务"的传统旧观念，确立伦理道德文化为人类生存和发展第一智慧、真正的文化软实力所在的现代观念。如此，把道德和精神文明建设的立足点牢牢地置放在社会和人发展进步的这个基本点上。

中华民族自有史以来一直高度重视道德和精神文明建设，践行道德实践智慧，因此给今人留下了十分可贵的思想资源和实践基础。不过，同时也应看到这样的资源和基础形成的惯性思维和行为方式，会自然而然地视道德实践智慧及其践行问题的提出为"一家之言"的学术意见。这显然是不利于倡导和践行道德实践智慧的。

当今中国社会，正大力倡导和培育富强、民主、文明、和谐，自由、平等、公正、法治，爱国、敬业、诚信、友善的社会主义核心价值观。道德实践智慧的理论和知识体系，充分体现了社会主义核心价值观的社会主义伦理意蕴和道德主张的基本精神。由此观之，践行道德实践智慧体系，也是倡导和培育社会主义核心价值观的题中之义。

关于伦理道德与智慧*

近几年，一些论著对伦理道德与智慧的关系问题作了诸多积极的探讨，《哲学动态》还开展了这方面的讨论和争鸣。笔者认为，这种探讨实际上开辟了中国伦理学和道德实践研究的一个新领域，其理论与实践意义不言而喻，有必要继续进行下去。为此，在这里不揣浅陋发表几点看法。

一

伦理与道德相通却不相同，伦理与智慧的关系和道德与智慧的关系并不是同一种意义上的关系。因此，讨论伦理道德与智慧的关系，首先需要区分伦理与道德这两个不同的领域、不同的概念。

在学理上，中国伦理学界长期将伦理与道德看成是同一种含义的范畴，以为"伦理，也可以说是道德"①。这一理解范式是把伦理与道德这两个不同领域的社会精神现象混为一谈了，但由于是约定俗成，其所存在

---

* 原载《伦理学研究》2003年第1期。

① 于树贵：《伦理是一种智慧》，《哲学动态》2001年第5期。

的问题过去并没有引起人们注意。今天在"伦理，也可以说是道德"的意义上来讨论伦理、道德与智慧的关系问题，其固有的概念混淆的问题就显露出来了。

在我国，伦理一词出自《小戴礼·乐记》"乐者，通伦理者也"一说，郑玄作了"伦，犹类也；理，犹分也"的解释，意即人与人之间的类别与条理，指的是一种特殊的思想——精神形态的社会关系。但当时，在人们的理解中，伦理尚不与道德相通，更不与道德同义。许慎在《说文解字》里对伦理作了这样的解释："伦，辈也，从人、仑；一曰道也"，何为"仑"呢？又曰"思也"。连贯起来看，伦理就是人与人之间合乎某种"道"的辈分关系。这一解释，将伦理与道德贯通了起来，为人们所接受，渐渐地成为一种理解范式和传统。

但伦理与道德毕竟又是两个不同的领域，不同的概念。道德，是古人在社会之"道"与个人之"德"之间建立起逻辑联系之后提出来的，真正建立这种联系的第一人是荀子。"道"，反映的是社会性的要求，"做人"应当遵循的行为规范或价值准则。自古至今，与"德"相关的"道"不论其理论意蕴如何的浓厚，如何的玄而又玄，本质上是一种关于社会需要和精神生活的经验，亦即如同甘绍平先生所说的是"对生活本身规则的总结"[①]。"德"，在商代卜辞中为"值"，通"直"，当时并不具有后来的道德意义。"德"，初始意思为"得"，起于西周，作为道德范畴反映的是人的内在素质，"做人"应当具备的"德（得）性"。商人把自己的祖宗神与天神当成了一回事，天神就是他们的祖宗神，"君权神授"也就是"君权祖宗授"。这样，周人在灭商建立自己的国家之后就首先碰到了一个不容回避的难题：商人的祖宗怎么会把"君权"转交给周人呢？周人的解释是："天命靡常""皇天无亲，惟德是辅"（《左传》），天神与祖宗神不是一回事，天神把"君权"交给谁是有条件的，这个条件就是"德"——"德"者，"得"也，可"得天命"之人性也。

从这点看，所谓道德，初始之义实则为"德（得）道"，即所谓"外

[①] 甘绍平：《伦理智慧》，北京：中国发展出版社2000年版，第8页。

得于人，内得于己"。古人的这种理解方式其实一直延续到今天，所不同的是，今人不是从"得天命""得纲常"的意义而是从"得"社会规范要求的意义上，来理解"德（得）"罢了。

概言之，伦理是一种特殊的社会关系，道德是一种因伦理而存在的社会规范、价值标准和个体的素质；伦理是需要道德维系的社会关系范围，道德是维护和创新伦理关系的社会价值范畴；伦理不因道德而存在，道德只为伦理而存在。在一定的社会里，伦理建设是本，道德建设是用。伦理与道德的相通之处在这里，不同之处也在这里。

也许正因为如此，伦理学才把道德作为自己的对象，道德才成为伦理学的对象，研究道德的学说或思想才被中国人（借用日本的译法）习惯地称为伦理学而不被称为"道德学"。

二

伦理、道德都与智慧相关但两者本身都不是智慧，视"伦理是一种智慧"，是不合适的；若是从"伦理，也可以说是道德"的思维范式出发提出"道德是智慧"的命题，也是不能成立的。

一定的伦理关系，是随着一定社会的经济关系和政治制度的建立而被确定的，又会随着经济关系和政治制度的变革和完善或最终被更新而面对需要创新的时代性课题。人类的伦理文明史表明：新建立的伦理关系总是需要维护，固有的伦理关系总是需要创新，维护和创新又总是需要与其相适应的道德，这里的"相适应的道德"也就是有的学者所指出的"学理化道德"。

那么，究竟什么样的道德才是与一定的伦理关系"相适应的道德"呢？回答这个问题就须依靠智慧，这就是伦理智慧。20世纪80年代以来，我国伦理学界乃至整个理论界一直在探讨建立与改革开放和发展社会主义市场经济相适应的道德体系的问题，最终形成《公民道德建设实施纲要》。在这里，"与改革开放和发展社会主义市场经济相适应"，其实就是与改革开放和发展社会主义市场经济所需要的伦理关系相适应，这种探讨工程中所运用的就是伦理智慧。伦理智慧不是伦理关系发生某种转变的自然结果，而是主体立足和依据一定的伦理关系进行思辨性创造的产物。

当主体欲运用道德（"学理化道德"）维护和创新伦理关系的时候，道德还只是一种关于善与恶的知识，不可直接用之，需要对道德进行思索和转化。这一思索和转化过程的流动物虽与道德有关却已不是原质的道德，而演变成了与道德有关的智慧，这就是道德智慧。在这个过程中，道德所充当的始终是维护和创新伦理的质料，道德智慧才是维护和创新伦理的"思想"。如敬业奉献是公民道德的一项基本规范要求，在其价值实现的过程中就需要主体回答诸如"什么是敬业奉献"和"怎样才算敬业奉献"的问题，这种回答所凭借的就是道德智慧。对于一定的伦理关系来说，道德只有转化成这样的智慧形式，才能发挥其应有的价值。

从以上的简要分析可以看出两个问题：一、伦理、道德与智慧都有联系，这种联系不是"伦理是智慧""道德是智慧"的对等性联系，也不是"伦理（或道德）何种意义上成为一种智慧"的转移性联系，而是伦理在何种情况下才能成为激发人的伦理智慧的基础以提出道德，道德在何种情况下才能成为激发人的道德智慧的质料以维护和创新伦理的转化性联系。鸡蛋在一定的条件下可以转化为鸡，但不能因此而断定"鸡蛋是鸡"，或鸡蛋在一定的意义可以被当作鸡看因而就成为鸡了。二、伦理智慧与道德智慧相通，但两者不是同一种意义上的智慧。

在人类社会文明发展的历史进程中，伦理、道德、伦理智慧、道德智慧之间的关系可以概要地表述为：道德是伦理智慧促使伦理实现观念化的结晶，伦理道德智慧引导道德走向现实化的客观基础，在后续的意义上又是道德智慧的终极目标。依据伦理生发伦理智慧，由伦理智慧促发道德的生成，化道德为道德智慧，以道德智慧维护和创新伦理，这既是人类社会一切伦理与道德现象的价值所在，也是人类社会的伦理和道德不断走向文明进步的实际过程和真谛所在。这一价值转换和实现的过程可表述为：伦理→伦理智慧→道德→道德智慧→伦理……

三

反映在个体身上，伦理智慧和道德智慧究竟指的是什么？目前讨论伦理智慧的论文对这个问题的表述是含糊不清的。或者将其归结为"理性的直觉"和"在他人看来也是一种'合情合理'的状态"，或者将其归结为"良心"，或者归结为"常识性道德"①。

依笔者见，所谓"理性的直觉"和"在他人看来也是一种'合情合理'的状态"，实则是以主体既成的道德意志为基础而形成的伦理思维习惯及其现实表现形式，这并不一定体现主体的伦理智慧和道德智慧。比如"老实人吃亏"，全在于"老实人"的伦理思维定式和行为习惯，而其"吃亏"在有些情况下并不能表明他的道德智慧，所说明的恰恰是他在道德上的愚蠢。这是为人们的"常识性道德"的生活经验所证明了的。该"吃亏"时"吃亏"，不该"吃亏"时不愿或不会"吃亏"，才是具有了道德智慧的表现。

"良心"，作为道德范畴，指的是人在履行对他人和社会的道德义务时，对所负的道德责任的内心道德感和行为的自我评价能力，是人对道德责任的自觉意识。良心，不应被视为伦理智慧或道德智慧是显而易见的。某人有了困难，你产生了道德义务感，要去帮助他，这是智慧吗？不一定。一是他的困难可能是假的，或者不是必须经过你的帮助才能解决的。二是他的困难通过自己的努力能够得以克服，他在这个过程中会得到锻炼和发展。试想，这时候我们去帮助他，能够说明什么样的伦理智慧或道德智慧？有些寓言如《农夫与蛇》所寓之言——哲理，说明的恰恰就是不要简单地认为"良心"就是智慧。这也是为"常识性道德"所揭示的道德生活经验。

"常识性道德"也不是伦理智慧。如果笔者没有理解错，有的学者所谈论的"常识性道德"，实在只是一种道德生活习惯。它可能是以往伦理

① 于树贵：《伦理是一种智慧》，《哲学动态》2001年第5期。

智慧和道德智慧的结晶，但随着时间的流变特别是面对变革的年代，其智慧的成分或者已渐渐地演变成无须"动脑筋"的"习惯"，或者渐渐地淡化以至于消解而变得不合时宜了。不论是哪种意义上，"常识性道德"作为"习惯成自然"的问题，都与伦理智慧或道德智慧无关。

在我看来，体现在个体身上，伦理智慧和道德智慧集中地表现在思维和行动上实现了价值判断与逻辑判断相统一。

为了说明这个问题，不妨让我们先来分析一下"君子作风"和"雷锋精神"。《镜花缘》里的"君子国"写道：一个买主拿着货物向着卖主大声吼道："老兄货物如此之好，价钱却这么低，叫我心中如何能安！务必请你将价钱加上去，若是你不肯，那就是不愿赏光交易了。"卖主大声辩解道："出这个价，我已是觉得厚颜无耻，没想到老兄反而说价钱太低，非要我加价，岂不叫我无地自容。我是漫天要价，你应当就地还钱。"另有两人为付银子的事也争执不下，付方坚持说自己的银子分量不足、成色不好，收方坚持说你的银子分量、成色都超过标准，于是相互指责对方违背了买卖公平的交易原则。矛盾的最终解决，前者是买方拿了八折货物就跑，后者是收方把认为是自己多收的银子丢给了路边的乞丐。

"雷锋精神"曾教育过几代人，对新中国的道德和精神文明建设产生过重大的积极影响。但是可以说，从20世纪60年代初开始人们就渐渐地感到，"学雷锋"在许多情况下正在走向形式主义，甚至正在走向它的反面。20世纪60年代初，在某个中学里就发生过这样的事情：一个宿舍的某位同学因专门为其他同学洗脏衣服和臭袜子而被评为"学雷锋积极分子"，其他同学因为身边有"雷锋"而个个变成了生活不愿自理的"懒鬼"。在80年代，在有些地方也曾出现过大学生成群结队上街"学雷锋"——扫马路而让清洁工回家休息、替交通警察站岗而让他们"下岗"的"学雷锋"的新鲜事。有人向我们作了这样的介绍：某年3月5日，一个人在街头"学雷锋"——无偿地为别人修补铝锅，忙得浑身是汗的"雷锋"身后站了十几个等待修补锅的人，甚至还有一个人随手在垃圾堆里捡了一只破得不像样的铝锅，也加入修补锅的行列。他忿忿不平地说，这些人其实都是试图无偿占有"雷锋"劳动的"剥削分子"①。

发扬"君子作风"和"雷锋精神"的人，从善良意志的价值判断看无疑都是"替他人着想"，期待着促进助人为乐的伦理关系的形成。但是，其选择是否合理，行为是否得当，结果能否转化为善的事实，却成了另一回事。不仅与"君子"和"雷锋"的本意相左，而且与社会道德进步的客观需要和发展方向也是相悖的，甚至在另一种意义上失落了伦理和道德应有的价值。这种事与愿违的情况之所以出现，原因就在于主体在进行伦理思维与道德行为选择和实施的过程中忽略了黑格尔所说的"中介"，没有实现由道德知识到道德智慧的转变，价值判断与逻辑判断脱节了。

从道德评价看，对"君子国"的"君子"和"修铝锅"的"雷锋"都应当给予肯定。因为，任何时代都需要"君子"和"雷锋"，"君子作风"和"雷锋精神"之所以可贵，发扬"君子作风"和"雷锋精神"之所以必要，全在于任何时代都存在着确实需要给予谦让和帮助的人，对这样的人实行"助人为乐"，不仅有助于解决他们的实际困难，影响他们的道德品质，而且有助于促进良好的社会风气的形成。这里的"确实需要"就属于逻辑判断。主体只有在"确实需要"的情境下发扬"君子作风"和"雷锋精神"，才值得称道，因为在这种情况下主体所运用的是他的智慧，其行为选择实现了价值判断与逻辑判断的统一。

诚然，在道德评价上，我们对"君子国"的"君子"和"修铝锅"的"雷锋"，应当给予肯定。但同时也应当看到，应该肯定的行为不一定就是应该提倡的行为，社会不能盲目地提倡人们发扬"君子作风"和"雷锋精神"。道德是指导社会生活的指南针，贵在提倡，不仅要教导人们具备善良的选择动机，而且要引导人们善选择（获得）良好的结果。所谓人格的完善，不应被解释为越高尚越无私便越好，而应被理解为既是高尚无私的，又是充满智慧的，高尚和智慧的统一才是真正完善的人格。道德评价，其实也不应被解释为只看动机是否高尚和无私，而不看行为的效果是

---

① 刘智锋：《道德中国》，北京：中国社会科学出版社1999年版。

否有利于社会和他人，有利于社会的道德进步和人格的完善。否则，人们不禁要问：只讲善良动机而不讲善良功效的道德选择，提倡又有何用？在这个问题上，我们应是统一论者，而且更应当看重效果。

人与人之间的伦理关系既是互相帮助的关系，也是彼此自主、自立、自强的关系，从促进当代中国社会的全面进步和人的全面发展看，我们的社会主义道德建设需要提倡"君子作风"和"雷锋精神"，更需要把"君子作风"和"雷锋精神"与自主、自立、自强意识和精神整合起来的新的伦理意识和道德精神。仅仅讲发扬"君子作风"和"雷锋精神"，所失落的往往恰恰正是"君子作风"和"雷锋精神"。作如是观，本身也是一种伦理和道德智慧。

四

伦理智慧和道德智慧具有多方面的社会价值。一个社会要赢得伦理与道德的文明进步，自然需要重视自己的伦理关系和道德体系的建设，但这一建设的实际过程是高扬自己的伦理智慧与道德智慧。

伦理智慧的价值首先表现在主体对伦理价值的确认。伦理关系之重要，在于它作为一种思想——精神的社会关系对于社会和人的发展与进步具有不容置疑性和不可忽缺性的价值。经验证明，人不可能在一种失常的伦理关系的环境中求得生存和发展，社会不可能在伦理关系失常的状态中求得自己的稳定和繁荣。伦理关系，其客观基础是一定的利益关系，凡是存在利益关系的地方，不论是"公域"和"私域"都存在伦理问题。伦理以利益关系的基本形式渗透在各种社会关系之中，其价值集中体现在对整体的社会关系进行"软件"式的整合，使各种社会关系具有道德价值的内涵和底蕴，促使整体的社会关系保持某种合理的必要平衡。在一个社会，如果伦理关系失态，势必会引起整体社会关系的失衡，最终或者危及社会的稳定和持续发展，或者连带伦理问题把社会变革的课题尖锐地提到了人们面前。能够如此看问题，本身也是伦理智慧的表现。

其次，伦理智慧表现在主体依据现实伦理提出伦理得以存在或需要创新的道德的要求，这是伦理智慧的主要使命。人类最初的伦理，尚是一种自然状态的社会关系，其思想——精神的内涵只是一些简单的宗教禁忌和风俗习惯，并不是后来意义上的道德。人类在组织社会生产和管理社会生活的过程中，渐渐地察觉到这种以宗教禁忌和风俗习惯为纽带的社会关系一方面需要不断丰富和发展，另一方面可以用有别于强制性的管理方式、依赖个体体认方式加以维护和创新。这种关于伦理的"察觉"便是伦理智慧，因"察觉"而被用来"维护和创新"伦理的东西便是道德。随着社会的变迁，一定社会的道德规范和价值标准总是优良与腐朽、先进与落后并存，它们都会对现实的伦理发生着巨大的影响，需要现实的人们加以鉴别和取舍。对这种"需要"的自觉和"鉴别和取舍"的把握，也是伦理智慧。从这个角度看，我们不妨说，人类伦理文明发展史就是人不断运用伦理智慧"察觉""鉴别和取舍"道德的历史。

再次，伦理智慧表现在主体为维护和创新伦理而适时地向道德以外的其他"社会调节器"提出自己的要求。担当维护和创新伦理的任务，主要的"调节器"自然是道德，但绝非只是道德。道德之外，尚须政治、法律和文化。这种"察觉"的目光，正是伦理智慧之光。不作如是观，以为道德可以包打天下，轻视政治、法律和文化等对于维护和创新伦理的巨大作用，此为"道德万能论"。经验仍在证明，这种思想上的"道德万能论"必定会走向实际的"道德无用论"。就当代中国的国家和社会治理来说，强调以德治国以调整现实的伦理关系、促进社会全面进步和人的全面发展，固然重要，但若因此而轻视依法治国和"依政治国"的重要，那就大错特错了。

道德智慧的价值首先表现在为道德教育和道德活动提供"思想"的桥梁。道德教育和道德活动不应仅仅被理解为是关于道德规范和价值标准的灌输，因为这样的灌输并不能真正维护、改善和创新现实的伦理关系。"灌输论"是道德说教的认识论根源，它使道德变成教条或形式。道德作为"对生活本身规则的总结"是伦理智慧的结晶，包含着人的智慧，但其本身不是道德智慧，在道德教育和道德活动中它仅仅是道德的"教条"。道德教育和道德活动的规律犹如"种瓜种豆"。"种瓜种豆"是否遵循"种瓜得瓜，种豆得豆"的规律，即取决于"种"的是什么"瓜""豆"，也取决于在什么"地"上"种"、用什么样的方法"种"。这里的关键问题是"选种""选地"和"选方法"，它们都是"种瓜种豆种智慧"。道德教育和道德活动是否遵循"一分耕耘便有一分收获"的规律，全在于怎样"选道德""选对象""选方法"，这"选"就是道德智慧。我们今天的道德教育的力度可以说比以往任何时候都大，开展的道德活动可以说比以往任何时候都多，但正如人们所普遍感受到的那样收获却比以往任何时候都差，个中的原因能说与我们的"种瓜种豆"智慧不当、缺乏道德的"思想"无关？在实际的道德建设中，道德"思想"比道德知识更重要，当我们遇上"种瓜非得瓜，种豆非得豆"的情况的时候，所要反思的首先不应是道德知识的"灌输"是否"加强"了，而应是道德"思想"的有与无、多与少。这种反思本身也是道德智慧。

　　道德智慧的价值也体现在它是道德教育和道德活动的一个方面的内容。将道德教育和道德活动的内容局限于道德知识，不注意道德教育过程中的智慧内容，往往收效甚微。从道德智慧的要求看，道德建设不能只是告诉人们应当做什么，而不注意启发人们为什么要这样做，怎样这样做。我们知道，道德教育的目的全在于使人们"德（得）道"，化社会要求为受教育者的内在素质——德性。而人的德性历来是知、情、意、行的统一体，不仅包含着对道德知识的了解，还包含着对道德知识的理解和体验、积累和固化以及自觉的行动。后三个方面的德性因素的形成，都离不开道德智慧。多年来，不少学校的思想道德教育，注意采用经济学、法学、教育学、心理学等学科的一些知识和方法，这是教育者关于道德智慧的一种自觉。这种自觉，实则是关于道德智慧的一种觉醒。但遗憾的是，目前尚未形成教育界的普遍认同，从全社会来看更是如此。

　　道德智慧的价值还体现在有助于培养和提高专门从事道德建设工作的人才的综合素质。任何一个社会，道德建设都需要一批专门的人才来组织、指挥和实施。对这些专门人才的业务素质要求，过去我们偏重道德知识，让他们了解和掌握道德体系，而不大注意培养他们具有将道德知识转化为道德"思想"的能力。在我看来，从事道德和精神文明建设的人，不应当是只会记忆和传播道德规范和价值标准的"颂经者"，而应当是善于将道德要求转化为道德智慧，用道德"思想"塑造人们心灵的智者和艺术家。重视道德智慧，就要重视培养一大批重视道德智慧、具有道德智慧的道德和精神文明建设者。

20多年来我们一直在致力于伦理关系的调整与创新和道德体系的研究与建设，现在又终于有了《公民道德建设实施纲要》。我们缺少的不是对调整伦理关系的认识，不是道德知识，仍然是伦理智慧和道德智慧。在学习和贯彻《公民道德建设实施纲要》的问题上，用何样途径的道德智慧将公民道德规范和要求转变为公民的道德素质，并与调整和创新伦理关系紧密联系起来，是我们面临的主要任务，也是最严峻的挑战。

一个社会重视它的伦理关系和道德体系，实在莫若高扬它的伦理智慧和道德智慧。

五

中国传统伦理与道德的基本倾向是向善，不是向智慧，中国人对伦理道德问题的理解和把握，一直缺少将伦理道德与智慧联系起来的自觉意识。今天讨论伦理智慧和道德智慧，需要对中国传统的伦理道德进行批判性的反思。

中国传统伦理思想和道德标准形成于奴隶制向封建制过渡的历史时期，真正开创者是孔子。孔子创建的"仁学"伦理文化，价值结构在"爱人"的统摄之下可分政治伦理和人伦伦理两个部分。政治伦理实现了仁与礼的贯通，是对奴隶社会的宗法专制政治（刑法）制度的伦理改造和补充，使本作为奴隶社会典章制度的礼制发生历史性的演变，不仅具有政治和法律（刑法）的内涵，而且具有伦理道德的内涵。孔子在强调君君、臣臣、父父、子子的宗法关系的同时，主张"为政以德""推己及人""己所不欲，勿施于人"（《论语·卫灵公》）、"己欲立而立人，己欲达而达人"（《论语·雍也》）、"君子成人之美，不成人之恶"（《论语·颜渊》）等等。这种文化史上的大变革，适应了当时社会发展的客观要求，使得中国传统伦理思想和道德标准体系在形成之初曾经具有极为丰富的智慧内涵。这是孔子最大的历史功绩，体现了孔子个人高深的伦理智慧和道德智慧。

但是，经孟子、荀子之后，中国传统伦理和道德的发展渐渐地演变成为绝对善良文化，现实的伦理关系和现行的道德标准被视为体现善的"纲常"，绝对不可置疑和改变，原有的智慧因素被形式化、程式化，转而变成了"纲常"式的教条，削弱了其原有的智慧价值。可以说，从西汉以后，中国人看待和处理伦理道德问题便形成了这样的思维定式：道德行为必须不折不扣、照搬照用社会的伦理道德标准，只要有此"良心"，即使行为过程有错、后果不善，也是情有可原的。由此而形成了中国传统伦理与道德形成的基本倾向是向善而不是向智慧的特征。

有的学者以"五常"之一的"智"为例，认为儒家"仁学"文化在后来的发展中一直保持着重视伦理和道德智慧的传统，这是一种误解。孔子的伦理与道德智慧主要不是体现在"智"上，他的"智"尚不具有明显的道德意义。后来，孟子认为，"智"发端于人的"是非之心"，他在解释"智"的社会功能的时候说道："仁之实，事亲是也；义之实，从兄是也；智之实，智斯二者弗去是也"（《孟子·公孙丑上》）。"智"者"知"也，说的意思很明显："智"是被用来"知"仁"知"义（包括了提出的"知性""知天"）的，本质上仍然是关于道德的智慧。到了西汉，经过董仲舒的精心制作，"智"被列为"五常"之德的一种，用作对"三纲"的认识，本义仍为知。此后的儒家学者对"智"的理解和把握，一直没有真正超越这样的理解范式。

今天看来，这种主要是向善而不是向智慧的倾向所包含的合理因素是毋庸置疑的，但其不合理的因素也不应小视。我们的社会，不论是从自身的内部调整还是从对外交往上看，都既需要人们"以善待人"、做善良的人，也需要人们"以智待人"、做有智慧的人，这是讨论伦理道德与智慧问题的真实意义所在。

道德假定及其实现散论*

　　道德假定是人类社会道德生活领域的一种特殊现象，伦理学应将其作为一个特定的范畴摄进自己的研究视野。说明道德假定，对于帮助人们分清是非善恶、科学认识社会道德现象世界、正确选择道德行为、完善道德人格，是很有实际意义的。本文试就道德假定的意义、内容和形式、本质及其生成与实现条件、把握道德假定应当注意的问题，发表一些看法，抛砖引玉，以期能够引起伦理学界对这个领域的问题给予应有的关注。

　　道德在价值取向上历来是向善的，这种向善的价值取向在逻辑起点上总是通过主体的假定方式反映出来，不管这种假定是出于"自觉"还是溢于"习惯"。所谓道德假定，简言之就是主体对其行为选择的后果所作的一种与善有关的选择的判断、设想与预测。如一人傍门乞讨，你判断他（她）是弱者，顿生怜悯之心，施舍于他（她），这里的判断就是一种道德假定。

　　道德，作为一种价值是可能与事实的统一。在人的动机、目的和目标的视阈里，道德尚是一种可能的价值形式，当主体以正确的方式沿着假定的逻辑方向行动的时候，道德才能变成事实的价值形式。主体行为选择的基本方式是：在道德上是立足于内心体验的假定，在法律上是立足于事实的裁决，两者不同。现在有些人总是想不通：社会上存在不少的道德问

　　* 原载《巢湖学院学报》2003年第5期。

题，甚至"道德失范"的现象随处可见，还要谈什么道德假定、提倡什么道德呢？事实上，现实的道德失范问题并不排斥道德假定，不应作为排斥道德假定的理由。我们甚至可以说，正因为存在道德失范的现象，才更需要道德假定，这是道德发展的内在逻辑。还有一些人认为，针对现在存在的大量的道德问题，在国家管理和社会调控上只能讲法治，不能讲什么德治。这种认知方式是离开了道德假定看道德、失之于一种道德发展与进步的逻辑错误了。

社会和人都不能没有道德假定。道德是以"应有"的方式认识、把握和评价的，不断地将"应有"转变成"实有"，又在"实有"的基础上倡导新的"应有"，正是道德发展与进步的内在逻辑。社会总是在"实有"的基础上以"应有"的方式思考和设计自己的文明蓝图，引导着它的成员不断地走向文明进步；人总是在"实有"的基础上以"应有"的方式思考和设计自己的"做人"问题，使自己成为有道德的人。这里所谓的"应有"，其实就是道德假定。道德是生活的指南针，总是把"应有"的社会规范和美好的生活图景描绘给人们看，号召和劝导人们追求健康文明乃至高尚的精神生活，使人们从中得到启迪，受到鼓舞，生发凝聚力，做有道德的人，并以"应有"去说服人，打动人。道德假定是道德何以成为可能和现实的基本方式，从一定意义上可以说没有道德假定也就没有道德。

道德假定是一个自成体系的逻辑系统，其间对道德价值的意识和理解存在着不同层次。社会的道德假定，一般层次是关于社会道德生活的常态秩序的要求和希望，最高层次是社会的道德理想，前者是实现后者的逻辑基础和基本内容。《礼记·礼运》在描绘"天下为公"的"大同社会"的时候，所具体说到的"选贤与能，讲信修睦。故人不独亲其亲，不独子其子；使老有所终，壮有所用，幼有所长，矜寡孤独废疾者皆有所养；男有分，女有归；货恶其弃于地也，不必藏于己；力恶其不出于身也，不必为己。是故谋闭而不兴，盗窃乱贼而不作，故外户而不闭，是谓大同"，就是关于社会道德假定的典型生动的逻辑系统。个人的道德假定，情况相当复杂，但也是一个自成体系的逻辑系统，总的来说可以分为两种情况。第

一种情况是关于自己的，小者有关于自己一言一行的后果对社会和他人包括自身发生何种影响的假定，大者有关于个人道德人格总体上"做一个什么样的人"的假定。第二种情况，是关于社会和他人的道德要求和希望，比如就当代中国的道德发展和进步的方向来说，许多人都存有或多或少这样那样的设想和期待。

道德假定的具体内容和方式表现在多个方面。在社会，有道德教育、道德评价、道德提倡等。道德教育上的道德假定，在学校、家庭和社会，都是通过明确的价值目标反映出来，具体的则体现在道德教育的过程之中，通过一个个具体要求和希望反映出来。道德评价，一般包括提倡什么反对什么两种形式。提倡什么，通常以道德榜样为具体内容和形式，直接的道德劝导是"大家都应该像他那样"，内含着"大家如果都能像他那样，社会就一定会走向文明进步"的道德假定。反对什么，直接的道德告诫是"大家都不可像他那样"，内涵着"大家如果都像他那样，社会的文明进步就会成为问题"的道德假定。时下不少人为什么会"端起碗来吃肉，放下筷子骂娘"？因为党风政风中存在着贪污腐败的问题，社会上存在着分配不公的现象，一些人"刮"的"风"不正，吃着不该"吃"的"肉"，以至于"吃"得很多，而且还心安理得，甚至自鸣得意，这样，"端起碗来吃肉，放下筷子不骂娘"的道德假定就很难实现了。社会的道德建设，除了道德教育、道德评价还有道德提倡之外，还应当提倡其他一些"准伦理""非伦理"形式，如富有伦理道德蕴涵的各种文化活动、体育活动、娱乐活动、心理咨询活动等，这些活动显然一般都或多或少地包含着某种事先的道德假定和预测。由此而论，我们不也可以说人类社会的一切活动不都与道德假定有关，以至于道德假定甚至在其中充当某种内在要求和原动力吗？在个人，道德假定有"说"和"做"的内容与方式，有接受道德教育的假定，有进行自我修养上的假定，如此等等，不再详议。

道德假定的本质，在哲学的意义上是人的自觉能动性的一种表现，在价值论的意义上则是一种价值判断和价值预测。恩格斯说："在社会历史领域内进行活动的，全是具有意识的、经过思虑或凭激情行动的、追求某种目的的人；任何事情的发生都不是没有自觉的意图，没有预期的目的的。"①凡属道德假定，主体都具有"自觉的意图"和"预期的目的"，都认为自己的举措和行为会对社会和他人产生有意义的积极影响。如我与他分两个苹果，我先拿小的，让他拿大的，这种选择就是基于这样的道德假定：我会因此而得到一种道德上的自悦或精神享受，他会因此而受到感动，受到教育，从心中生起"向我看齐"的道德意识，下次在同样的情境下，他自然会像我这次一样先拿小的。如学雷锋，就是基于这样的道德假定："我这样做，自己会得到一种道德上的自悦或精神享受，同时也会感动人，带动人，引起千万个雷锋在成长。"

道德假定生成和实现的主观条件是主体自觉，它以主体的道德认识和道德情感等心理因素为基础。在这一点上，道德假定既是人区别于其他动物的根本标志，也是有道德的人区别于无道德的人的基本尺度。其间，道德良知最重要。主体作出和实现道德假定的时候，总是首先将自己看成是"有道德"的人或应当做"有道德"的人，同时，又总是将对象看成是"有道德"的人或愿意做"有道德"的人，不论后者是否合乎实际，假定能否实现，情况都会是这样。所以，在道德假定的思维活动中，主体所摄的都是"好人"与"好事"，抉择标准都是善。道德假定生成和实现需要适宜的合道德的社会环境。经济活动是有规则有序的，政治的局面是稳定和使人舒畅的，社会和个人的道德假定就易于生成和实现，道德教育、道德评价和道德提倡的价值导向就可能成为价值事实。文化的环境如果适宜于道德的生成和发展与进步，社会和个人的道德假定也易于生成和实现。

正确把握的道德假定应当是主客观条件的统一，这样的道德假定才是合理的。概言之，所谓合理性就是指假定的东西在多大程度上具有实现的可能。再说"分苹果"和"学雷锋"，"分两个苹果"时自己首先拿小的，是不是"我会得到一种道德上的自悦或精神享受，他因此而受到感动，受到教育，从心中生起'向我看齐'的道德意识，下次在同样的情境下，他自然会像我这次一样自觉自愿地拿小的？"不一定，如果与你"分苹果"

①《马克思恩格斯选集》第4卷，北京：人民出版社1972年版，第243页。

的人缺乏这方面的道德良知，或者在别人的唆使下，他在下次就还会要拿大的。"学雷锋"，我会得到一种道德上的自悦或精神享受，同时也会感动人，带动人，引起"千万个雷锋在成长"吗？也不一定，因为受益于"雷锋"的人可能是爱占他人便宜的人，可能是一些根本不愿"学雷锋"的人，或者在社会舆论环境不好的情况下，他们根本就不可能"成长"为"雷锋"。于是就出现这样的问题：如此"分苹果"和"学雷锋"，岂不与主体的道德假定背道而驰？其假定的意义除了表明自己是一个道德高尚的人还会有别的什么实际意义呢？就是说，道德假定在价值取向上是向善的，而其实际的结果是否为善则不一定。原因就在于道德假定本身内存在是否合理的问题。

我们可以称合理的道德假定为理性道德假定，不合理的道德假定为非理性道德假定。理性道德假定与人类的道德生活实践和道德进步的过程，在逻辑走向上是一致的，而非理性的道德假定在逻辑走向上必然会导致道德下滑的颓势，使得社会的道德教育、道德评价、道德提倡显得乏力，"做人"难"做"。与此同时，个人也会走向非道德主义的邪路，所谓"希望并且能够做有道德的人"和"希望并且能够做有道德的事"的道德假定，也因此而成为道德的价值说教，而不能成为价值事实。"法轮功"的练习者，包括那些痴迷者，事实上都有事先的道德假定。他们认为，"法轮功"的"师傅"一定是"真善人"，不仅一定会给他们带来强身之善，而且一定会使他们获得会友之善，为他们创建一种精神家园，满足他们的精神生活需要，结果却相反，不仅事与愿违，反而蒙受害身之苦，给国家和社会也造成危害。

理性的道德假定，其要义和实质内涵是实现价值判断与逻辑判断的统一。价值判断即意义判断，其功用在于区分和把握善与恶、美与丑，体现人的精神需求和德性水准。逻辑判断又称科学判断或真判断，其功用在于辨明真与假、是与非，体现人的智慧水平和认知能力。人都具有假定各种价值目标的自由，社会和人在多大程度上假定自己的道德价值目标，这看起来完全是社会和人自己的事，但这种自由能在多大程度上实现则是另一回事情，究竟如何要看作的假定是否遵循了价值判断与逻辑判断相统一的规律。

把价值判断与逻辑判断统一起来，属于道德智慧范畴。社会发展和"做人"都离不开讲道德，但只讲道德不一定就能赢得道德，惟有讲道德又讲智慧或在讲智慧的平台上讲道德才能赢得道德。一个社会如果普遍缺少道德智慧，人们只凭借一股道德热情，依据善良愿望做出判断，选择自己的道德行为，确可以造成某种繁荣的道德进步景象，但这往往是虚假的，一旦受到某种社会变革的冲击，虚假的道德大厦就会迅疾坍塌，道德热情就会转而变成道德冷漠，出现"道德失范"现象就在所难免。我们通常所说的道德素质，应当是指道德品质与道德智慧的统一体。看一个人的道德素质是否高，不能仅看其在是否具有"良心"，还应看其是否同时具有"慧心"。

中国的伦理传统与西方的伦理传统存在着诸多的差别，其中一个明显的不同就是西方人遵循"美德即智慧"传统，中国人遵循的是"美德即良心"。在中国传统伦理思想史上，曾有一些大家同时说到"良心"与"慧心"的问题，如孟子伦理思想在其逻辑立论起点上确认的人皆有的"四端"，其中"恻隐之心""羞恶之心""辞让之心"便是"良心"，而"是非之心"则是"慧心"，以及他所阐发的"良知良能"。但是，从基本倾向看，中国传统伦理思想所提倡的是义务论道德，或无"慧心"道德。它的基本特征是"推己及人""将心比心"，把道德假定的立足点和道德行为的出发点建在自己的"良心"之上，忽视他人之"心"的复杂情况。从中国社会的发展与进步的实际需要看，培养道德智慧需要对传统的伦理思想和传统的道德价值结构进行必要反思、改造和完善。我们的道德教育，不能再仅仅是所谓的"正面教育"，不能让受教育者所受的道德教育处在"听老师讲的都是对的，走出校门则要上当受骗"的状态。

传统诚信与智慧及其教育问题[*]

由于道德上的诚信缺失已经成为制约中国经济和社会发展的一个突出问题，所以开展对传统诚信及其教育问题的研究，正在引起全社会的普遍关注。笔者认为，开展这项有助于提升人的素质和促进中国社会全面发展的研究，需要全面认识传统诚信的本义及其历史演变过程并将诚信与智慧联系起来，这样才能收到应有的效果。

一

中国古人孜孜不倦追问的诚信，是一种关于认识与实践的智慧学说，一种与人的生存和发展密切相关的价值标准与行动规则。

古人阐释的诚，有两个方面的基本含义。一是"一"，指的是"诚"的实际状态，即独立于人的外部世界的一种本原性的实在或规律。在中国古人看来，人之外的事物尽管多种多样、千姿百态，却存在一样可以用"一"来概括的共同的东西，如《说苑·反质》说："夫诚者，一也"，《礼记·中庸》说："诚者，一也"。在这里，"诚"具有本体论的含义，专指事物的"真"和"实"自在状态，所以《增韵·清韵》说："诚，无伪也，真也，实也"。二是"至诚"，指的是认识和把握"诚"的方法和态度，属

＊原载《安徽农业大学学报》(社会科学版)2005年第1期。

于认识论范畴。古人认为，"诚"是可知的，知"诚"应取"至诚"，这样才能通达"诚"的状态，因此知"诚"应持"求真""求实"的方法和态度，做到"诚意""正心"，不虚妄，不虚假。《礼记·大学》说："格物，致知，诚意，正心，修身，齐家，治国，平天下。"由"格物"开始至"平天下"的最终目标，是一个由认识到实践的完整路线，其中间环节是"诚意"和"正心"，强调的是认识事物要真心实意，做到主观与客观统一，动机与目的一致。孟子曾用"天道"与"人道"来阐发"诚"的上述两种基本含义："诚者，天之道也；思诚者，人之道也。"（《孟子·离娄上》）"天之道"即外在的"一"，"人之道"即认识和把握"一"——"至诚"的方法和态度。

历史上，"诚"与"信"是互训的，在古人的阐释中具有内在的同一性。如《说文解字》称："诚，信也，从言成声"，又说："信，诚也，从人从言"。两者的区别主要表现在："诚"的基本含义是本体论和认识论意义上的，强调人要尊重外在事物本来的样子，所思所得要合乎外在事物本来的样子，"信"则强调人对所说的话和欲做的事要采取"守"和"用"的态度，把"说"与"做"（"用"）统一起来，也就是说话要算话，做到言行一致，言必信，行必果，张扬的显然是一种实践论主张。正因如此，在中国古人的语境中，"诚"通常与"真"，"实"联用为"真诚"，"诚实"，"信"常与"守"，"用"联用为"信守""信用"；诚信，即诚实守信，是做人和做事的原则。

可见，"诚""信"之间，"诚"为本，"信"为用；"诚"主内思，"信"主外行，"内诚于心""外信于事（人）"，这是传统诚信内在的语言逻辑形式。

概言之，传统诚信的真实内涵是将人与整个外部世界看成是一个可以用"一"加以概括的统一体，人只要诚实守信就可以认识和把握社会与人生，继而可以修身，在实践的意义上通达齐家、治国、平天下的目标系统，成就事业，处世立身。正是基于这种哲学大智慧，我们民族才形成数千年不变的"心诚则灵""无信不立"的经验之谈和人生信条。传统诚信的伦理道德蕴涵及其规则形式，不过是这种智慧在道德现象世界中的具体说明和运用而已。

既然如此，为什么从古到今人们惯于只在伦理道德的知识和规范的意义上理解传统诚信、开展诚信教育？这与封建社会统治者为适应专制统治的实际需要，对包括诚信在内的伦理精神和道德规则采取实用主义的方法是密切相关的。

从人类道德文明发展史看，一切道德在封建专制时代都被打上政治和法律的阶级烙印，正是在这种意义上恩格斯说："社会直到现在还是在阶级对立中运动的，所以道德始终是阶级的道德。"①西汉初期，儒学被抬到"独尊"的地位，但封建专制统治者要"独尊"的其实只是先秦儒学的伦理精神而不是其哲学大智慧，虽然当时代有"天人感应""天人合一"之类的繁琐追问和探讨，后时代又有"天理""天命"之类的形上说明，目的却都是为以儒学为代表的封建专制伦理文化的"独尊"地位提供实用主义的证明，"独尊"是专制的代名词，是专制社会的基本特征，这种思维方式的转变是合乎逻辑的。但它却一方面导致包括诚信在内的儒学道德沦为封建专制政治和法律（刑法）的婢女，使得传统中国成为名副其实的"道德大国"，一个强调以诚信待人、诚信侍君的"道德大国"，而其实际作用的发挥却一刻也不能离开专制政治和刑法的参与，以至在"三纲"统摄之下通常为专制政治和刑法所替代，很有限。另一方面，又使得包括诚信在内的儒学文化渐渐地被抽去了它古朴的哲学智慧内涵而被彻底伦理化、规则化了，演变成不变的道德知识和教条。在这个历史性的转变过程中，中国人渐渐地养成了爱用伦理道德的标准审视和评论社会和人生问题、看重教条式的"道德人"而轻视思辩性的"道德人"的思维定式和行为习惯。这是中国传统伦理文化在中国封建社会的命运，也是传统诚信在中国封建社会的命运。

这一历史转变对今天的影响就是：人们依然在伦理道德的视域内讨论传统诚信问题，开展诚信教育，离开了诚信的智慧内涵或其与智慧本有的

①《马克思恩格斯选集》第3卷,北京:人民出版社1995年版,第435页。

逻辑关系。

二

智慧，本质上是人对事物能认识、辨析、判断处理和发明创造的能力，应属于哲学范畴。它是人类认识和把握世界、社会、人生和自我的一种特殊能力，体现在人类思维和实践活动的各个方面、各个领域，在时空向度上表现为各种不同的内容和形式，因而在人类的认识和知识系统中有不同的智慧。在哲学的视域里，不论是哪一种具体形态的智慧，都应是人对自己面对的宇宙和人生的某种洞见（insight）。与伦理道德有关的智慧，其"洞见"或第一要义的实质是揭示社会和人生中的特定的伦理关系和道德生活秩序之"真"与"实"，并在此基础上以价值标准和行为规则的形式表现出来。所以，伦理智慧和道德智慧的内在逻辑是：价值标准和行为规则是其形式，关于对象的"洞见"是其实质。如上所说，传统诚信本来是内含这种逻辑结构的，所以我们说它是一种伦理智慧和道德智慧，但由于其经历了封建统治者的实用主义作为，剩下的主要是价值标准和行为规则的外壳，我们今天重提不得不将其与智慧联系起来。

从历史看，存在就是合理的。一切伦理智慧和道德智慧都是特定时代的人们对当时代的现实伦理关系和道德生活应有秩序进行"洞见"性思索的产物，在这种意义上，我们可以说，适应于一定时代的伦理道德原则和规范都是当时代的伦理智慧或道德智慧，或都包容当时代的人们的伦理智慧和道德智慧的价值因子。作为规范是"知其然"，作为智慧是"知其所以然"，一定社会的伦理道德原则和规范的价值实现过程本质上都是其道德价值趋向的"知其然"与"知其所以然"在实践的层面上实现统一的过程。但是，历史上，随着社会的变迁，现实的伦理关系和道德生活秩序总是不断改变其内容和形式，与此相应的伦理道德原则规范及其内含的伦理道德智慧因素也因此而不断发生变化，变化的结果是某些伦理道德原则规范渐渐失落其"洞见"的智慧价值而蜕变成"纯粹"的道德教条。这时，

传统美德如果不能经过与时俱进的改造，发掘和扩充其智慧内涵，就不能给现实的人们带来道德的福音而带来道德的困惑和挫折，最终动摇以至失落自身的价值魅力，制约自身的发展与进步。从这点看，可以说，适时地发掘和扩充传统道德的智慧内涵，在新的现实的平台上提出伦理道德与智慧的关系问题，正是伦理道德及其智慧的历史发展的内在要求与机制。今天阐释传统诚信和进行传统诚信教育，不可回避对传统诚信实行与时俱进的改造问题，改造的主题就是在现实的意义上提出诚信与智慧的关系问题。

在市场经济及由其营造的社会环境中，人们成就事业和处世立身是否"心诚则灵""有信则立"呢？不一定。如果你是一个诚实的人，就应当承认当代中国社会存在着这类不争的事实：只讲诚实守信的人往往上当受骗，诚信缺失的人反而易于得到好处。显然，这不是诚信道德本身的错，或是传统诚信的要义过时了，也不是人们没有尊重传统诚信或是诚信教育没有受到应有的重视，而是人们在讲诚信、进行诚信道德教育时忽缺了与此相适应、相伴随的智慧。诚信的缺失与对诚信及其教育的理解存在缺失是很有关系的。

众所周知，市场经济以经济利益最大化的原则和自由竞争为自己的运作机制，其立足点是主体的自主和主观能动性。在市场经济运作机制中，主体获得了最大的个性张力，这在客观上对于社会的道德进步和个人的德性发展来说就具有两重性，既可以促进新道德生长，优化人的德性，也可能污染社会环境，诱发、激活"人性的弱点"，导致道德的沦丧，使人服从于金钱，做金钱的奴隶，致使拜金主义和利己主义泛滥。这种双重特性，在社会基础的意义上必然波及和震荡着整个社会生活，同时改变着人们经济活动之外的固有的思维定式和行为方式，由此而易于造成诚信缺失现象横生。

就是说，作为伦理道德的原则和规范，传统诚信的价值标准和行为规则是既定的，不变的，而主体所处的选择环境和面临的选择对象却是不确定的，多变的，因此，主体欲践履诚信标准和规则，就需要在恪守诚信的前提下对环境和对象作出正确的判断和选择，在这种判断和选择中起作用的不是传统诚信标准规则本身，而是与传统诚信标准和规则相联系的新的智慧。因此，在市场经济及其创设的社会环境中，对"心诚则灵""有信则立"的古训是需要作具体分析的。

说市场经济是法制经济、诚信经济，以此为基础的社会应是法治社会、诚信社会，都没有错，千真万确，但必须同时看到市场经济也是智慧经济，以市场经济为基础的社会在提倡传统诚信的同时必须营造崇尚新智慧的社会氛围，在这样社会环境中生存和发展的人们要善于将传统诚信与智慧结合起来，既乐于做诚实守信的"老实人"，也善于做明于选择的"聪明人"。在今天，既"老实"又是"聪明人"的人，其德性才是优良的，人格才是健全的，才能适应社会和自身发展的客观需要。

三

综上所述，为抵制和逐步解决当代中国社会存在的诚信缺失问题，建立经济活动和社会运行的伦理新秩序，首先需要在认识上将诚信与智慧联系起来，在这种联系的意义上开展诚信教育。为此，改变"纯粹伦理思维方式"是十分必要的。

所谓"纯粹伦理思维方式"，简言之就是就道德讲道德，忽视道德的内在逻辑结构及其与外部世界的必然联系。道德本是以广泛渗透的方式存在于社会其他物质和精神现象以及人的素质结构之中的，这一生命特性决定了道德作为一种特殊的社会精神现象只具有相对独立的形态，反映在人的伦理思维活动、道德理论与知识形态中必须要有"非道德"的成分，反映在社会的道德教育和道德实践中必须要有"非道德活动"的参与。在人类文明史上，"纯粹"的伦理思维活动或许曾发生过，但"纯粹"的道德理论与知识却从来没有出现过。中国儒学的成功，正在于其理论和知识体系并非纯粹的道德理论与知识，它其实是一种以伦理道德问题为主线，涉及和包容哲学、政治学、法律学、心理学乃至经济学和社会学多学科的理论和知识的特殊的学问体系。亚里士多德的《尼各马可伦理学》之所以能够影响整个西方文明的发展，原因也并非其仅仅是一部关于道德问题的巨著。人类文明史还表明，道德教育或道德建设，从来都是以与其他的社会实践形式组成"大合唱"的方式进行的，"纯粹"意义上的道德教育和道德建设除了最终归落于道德说教，营造出虚假的道德繁荣以外，并不能真正取得人们预想的实际效果。把道德教育和道德建设与其他社会实践活动紧密结合起来，是人类至今在道德和精神建设方面的基本做法和成功经验。

然而，改革开放20多年来，我们的道德教育和道德建设一直存在忽视"非道德"参与的思维倾向。虽然，为适应中国社会发展的客观要求，在伦理学思维方面出现了许多分支学科，这种学科渗透和变异现象所表明的正是人们对道德广泛渗透特性的自觉或不自觉的理解和把握，但是，当我们在思索现实的道德问题和进行道德教育与道德建设时，又往往自觉和不自觉地回归到"纯粹"的伦理思维方式，习惯于把一切良性道德难以普及归咎于旧的不良道德的消极影响，归咎于"道德无用论"的复活，以为批判了旧的不良的道德就可以光大良性道德，强调了道德的社会作用，就能赢得道德的文明进步，而不注意良性道德的倡导本身需要"非道德"的参与。目前思索诚信及其教育问题不能将其智慧联系起来，就是这种"纯粹伦理思维方式"的一种典型反映。

恕笔者直言：如果不能改变"纯粹伦理思维方式"，在认识和实践上将诚信与智慧联系起来，那么，所谓的诚信教育最终不过是"讲一讲"而已，解决目前存在的诚信缺失问题除了诉诸法律还是无济于事的。

道德经验刍议[*]

生活在经验世界中又以经验应对经验世界，这是人类生存与不断走向文明进步的基本方式。人类的经验大体上可以分为物质生活经验和精神生活经验两种基本类型，后者的常见形态便是道德经验。所谓道德经验，是指人们在利益关系境遇中既可维护或获取自己的利益，又能表明自己是"道德人"的经验。在我国，以道德为对象的伦理学从不研究道德经验，在道德教育和道德建设中人们也从来不提及关于道德经验的教育。但是，如果我们尊重历史，那就应该看到人类道德发展进步史清晰地铺垫了道德经验的足迹。这样说，并不是要否认道德理性的必要性和历史意义，而是要强调不可无视道德经验的真实存在的事实及其价值。

一、道德经验的来源及特点

经验，经历与体验之谓，基础是"社会存在"，是因循"社会存在决定社会意识"规律之所得，而非康德批判哲学所言的"先验"（transzendenta）所决定。道德经验的基础是关于利益关系的"社会存在"，是人们在处置利益关系的问题上因循"社会存在决定社会意识"的产物。历史地看，经验主要是西方哲学史上的认识论范畴。经验主义的始祖培根认为经

* 原载《伦理学研究》2008 年第 2 期。

验是一切认识的唯一来源，主张伦理学应当概括人类的经验事实，但他所说的"经验事实"本身并不属于道德范畴，即不是以利益关系为基础，具有"善"或"恶"的价值倾向的经验。

伦理学视野里的道德经验，无疑也是人在后天的社会实践中形成的，所不同的是它必定以特定的利益关系为基础，是人们"经历与体验"特定的利益关系的产物，本身具有明确的"善"的价值趋向。人形成道德经验所"经历与体验"的特定的利益关系大体上有三个方面。一是生产与交换关系。恩格斯说："人们自觉地或不自觉地，归根到底总是从他们阶级地位所依据的实际关系中——从他们进行生产和交换的经济关系中，获得自己的伦理观念。"①这里所说的"伦理观念"，既是直接与生产和交换中的利益关系相关联的"生产观念"和"交换观念"，也是关于生产的道德经验。在自然经济社会里，小生产的生产和交换关系特别是交换关系都很简单，以"自力更生""自给自足"以及"鸡蛋换咸盐"为基本特征，因此，形成的"生产观念"、"交换观念"——"伦理观念"相对来说也比较单纯，不过是诸如"各人自扫门前雪，休管他人瓦上霜""童叟无欺"之类而已。关于生产和交换活动的"伦理观念"，是人类最基本也是最普遍的道德经验。这里有必要指出，恩格斯所说的"伦理观念"只是与生产和交换活动（"关系"）直接相关的道德经验，并不属于社会道德理性即一定社会提倡和推行的道德原则及其规范体系；把道德与经济的关系简单地理解为"伦理观念"与"生产和交换的关系"的关系，以为一个社会存在什么样的"生产和交换的关系"，就应当提倡和推行什么样的道德原则和规范的看法，是不正确的。事实上，一定社会提倡和推行的道德并非就是当时代关于生产活动（"关系"）的"伦理观念"和道德经验。正因如此，中国历史上的杨朱思想乃至墨家学说不能入"正册"。

二是生活与消费关系。不论是个人、家庭还是群体的，也不论是物质的还是精神的，生活和消费活动总是直接或间接地在特定的人际（社会）关系中进行的。生活和消费关系，是最直接也是最典型的利益关系，也是

①《马克思恩格斯选集》第3卷，北京：人民出版社1995年版，第434页。

最能体现"人情味"的伦理关系。人们在这样的利益关系中一方面形成和
发展着相应的"生活观念"、"消费观念"——"伦理观念",积累着关于
生活和消费的道德经验,另一方面又以形成和发展着的关于生活和消费的
道德经验,维护生活和消费活动的合道德状态,丰富着生活和消费活动的
伦理内涵。人们进行生产和交换的目的都是为了生活和消费,并决定着生
活方式和消费方式,这使得关于生产的道德经验势必深刻地影响着关于生
活和消费的道德经验。小生产者的生产和交换关系及由此形成的"各人自
扫门前雪,休管他人瓦上霜"的道德经验,决定了小生产者的"拔一毛以
利天下,不为也"的生活与消费关系及在其中形成的关于生活和消费的
"伦理观念"。这就是学界时常谈论的小私有观念、自私自利的小农意识。

三是相处与交往关系。一般说来,相处和交往之间,关键是交往,因
为相处是在交往的过程中体现出来的,不过是交往的"静态形式"而已。
在自然经济的传统社会,小生产者们的公共生活空间十分有限,可谓"开
门相望,老死不相往来",有限的交往多不是为了生产和交换、生活和消
费,而是为了休闲或满足某种精神需要,带有"纯粹"的精神交往的性
质,如搭台唱戏、走亲访友、市井串客等。所以,在中国传统社会,人们
相处和交往方面的道德经验多是注重礼节、礼尚往来意义上的。现代以
来,情况有了很大的改变,人们不仅相处渐少而交往渐多,而且交往多与
生产和经营活动乃至消费活动有关,在许多情况下生产经营活动乃至消费
活动就是在交往中进行的,脱离生产和消费活动的纯粹的精神交往活动已
经越来越少。这使得现代以来人们的交往观念及其道德经验,更多地带有
功利的色彩,不像传统社会那样"纯粹"了。

总的来说,人们怎样生产和交换就会怎样去生活和消费,就会怎样去
相处和交往,这种"关系系统"形成了上述三种道德经验构成的道德文明
系统。

道德经验由于是直接来自于生产与交换、生活与消费、相处和交往的
实际过程,所以具有自发性、群众性、普适性、连续性的特点。自发性,
是相对于理性而言的。任何道德经验,都是在实际的利益关系中"自然而

然"生成的,人们只要有那样的"经历和体验"就会产生那样的道德经验。卢梭正确地指出:"我们的求善避恶并不是学来的",即不是从道德教育的理性活动中获得的,但他把"求善避恶"归于"大自然"的赋予和"天生"的本性却是不正确的①。这里需要注意的,自发性是相对于社会理性而言的,不是相对于自觉性而言。任何道德价值的真谛所反映的都是主体的自觉,道德经验也是主体自觉的产物;道德自觉,既可能是理性的,也可能是自发的。群众性,是就道德经验所"拥有"的广泛人群而言的。自古以来,国家和社会的管理实行的是少数人对多数人的统治(领导),"劳力者"总是远远多于"劳心者",而道德经验从其来源看正是广大的"劳力者"对自己身在其中的现实的利益关系的自觉。普适性是由群众性决定的,正因道德经验"拥有"广泛的人群,所以它的适用面最广。普适性使得道德经验在任何时代都是"最可靠""最可信",因而也是最有价值的道德文明。连续性是继承性的客观基础。在人类社会道德文明发展的历史长河中一直涌动和激荡着的那些传统美德,其实多是积累和传承下来的道德经验,如中华民族传统美德中的自力更生、发愤图强、艰苦奋斗、勤俭持家等。我们的伦理学所阐述的道德继承性,实则多是立足于道德经验而言的。

人类自诞生以来,正是不断发展丰富的道德经验系统维持了人们生产、生活和交往的基本秩序,体现了人类社会的基本文明和人的基本素养。这同时也表明,有史以来人类社会最基本的道德文明是人民群众创造的,"历史是人民群众创造的"这一历史唯物主义的基本观点应包含关于道德文明的创造。

二、道德经验的本质内涵

哲学史上争论经验的本质多是围绕经验的客观性和真理性问题展开的,讨论道德经验不可沿袭此路径,因为一切道德价值关系的轴心是作为

---

① [法]卢梭:《爱弥儿》(下卷),李平沤译,北京:商务印书馆1981年版,第416页。

主体的人而不是人的对象物。道德经验是主体在直接"经历和体验"利弊得失的过程中产生的，本质内涵是"趋利避害"或"求善避恶"，属于典型的道德价值范畴，体现的是人作为价值主体存在的本质特性。

人总是作为主体而存在的。对这一命题，即使是那些极力反对"人类中心主义"和主张"自然内在价值"的现代人也不否认，但是，一旦涉及理解"何为主体"或"究竟应当在什么意义上理解主体"的问题时，人们就见仁见智了。在我看来，主体只是一个价值概念，应当在价值论而不是在认识论、实践论的意义上来理解"人总是作为主体而存在的"，所谓认识主体和实践主体等都是在价值主体主导下演绎出来的。虽然，人对价值的理解和追求离不开人对事物的客观性和真理性的认识和把握，甚至离不开对诸如"自然内在价值"的追问和承认，但在"逻辑起点"和归根到底的意义上，人只是为了满足自身的需要和实现既定的目标才去认识和把握事物的客观性和真理性的，价值理解和冲动永远是人类不懈不倦地认识和把握客观世界的真正动因。毫无疑问，当初"人"不是为了要"认识"和"实践"什么而是为了适应生存需要才跳到地上，开始人之为人的艰难之旅的；今人追问"内在自然价值"、追求人与自然的和谐，也只是为了人自身。人一旦失去主体意识和主体精神，一切客观事物就只是无意义的存在，而不可能有什么"内在价值"。恩格斯说："在社会历史领域内进行活动的，全是具有意识的、经过思虑或凭激情行动的、追求某种目的的人；任何事情的发生都不是没有自觉的意图，没有预期的目的的。"[1]人的这种主体性和主体精神，注定人在一切认识的实践活动中必定是认识价值的主体和实践价值的主体。就是说，价值主体是一切"主体"的核心和实质形式，具有自初始至终极的绝对意义。从"纯粹"客观的角度看，在人的一切认识和实践活动中，一切事物的客观性、真理性和"对象化"目标只有在被赋予价值意义的情况下才有可能被揭示和开发出来。不这样看问题，"人"至今还待在树上，今人也只有"返璞为真"、回归自然了。

我们一直在批评西方思想史上"趋利避害"的伦理学说。实际上，这

---

[1]《马克思恩格斯选集》第4卷，北京：人民出版社1972年版，第243页。

一学说的哲学基础就是关于人作为价值主体存在的思想，它体现了近现代以来西方经验论哲学的基本特性，其片面性仅在于没看到或不重视"趋利"与"避害"同时也包含道德和精神方面的需求，在有些情况下甚至更多的是道德和精神方面的需求这一经验事实。经验表明，为了维护和获取自己的物质之需而"不要脸"、不怕"被人戳脊梁骨"的人其实是很少的。诚然，趋利避害的哲学支点是人的"自然本性"，但这究竟有什么错呢？以"自然本性"否定"社会本性"固然不对，以"社会本性"否定"自然本性"就是正确的吗？为什么要将"自然本性"与"社会本性"对立起来，以至于形成了"自然本性"是可恶的、"社会本性"是可亲的这种认知心理呢？我们究竟是为了什么要一味地强调"社会本性"而否定"自然本性"？作如是观究竟会不会造成什么样的危害？好像并没有多少人认真地思索过。其实，"趋利避害"是人之为人的第一性征，它既是"自然"的，也是"社会"的，不应当在"人只是社会的人"而应当在"人是自然人""也是社会人"且首先是"自然人"的意义上，来理解和把握"人是社会的人"这一命题的真谛。

诚然，"趋利避害"的立足点是"为自己"。"为自己"是不是道德的？也应作具体分析。人类自古以来的道德既有为别人的形态，也有为自己的形态；以为道德本质上就是"替他方着想"，替自己着想就背离了道德精神，这种根深蒂固的传统看法并不合乎道德存在的事实，其实是一种剥削者和压迫者阶级的偏见。整个专制统治时期，道德教化的基本内容就是"替他方着想"，不是为自己需要，是为他方"赴汤蹈火"，不是为自己"趋利避害"。其所以如此，是因为剥削者和压迫者执掌着国家大权，需要把道德变成维护其统治的工具，而不是民众之需。这样看来，历史上，强化关于道德义务的教化，漠视直至否认道德经验及其"趋利避害"的本质内涵，不就是要从道德上否认"芸芸众生"价值主体地位么？在社会主义制度下，充分肯定道德经验的"趋利避害"和"为自己"的本质内涵，其实就是在道德上肯定人民群众当家作主的主人翁地位。这本身就应当成为一种极为重要的经验事实：改革开放以来广大人民群众不就是在"为自己"的经历和体验中，感悟到党的政策的英明正确吗？

流传甚广的《天堂与地狱》说：有个人想知道天堂与地狱的区别，就去找上帝，上帝带他先去看了天堂和地狱，发现两处都设有一口大锅，锅里都盛满食物，锅边都站满食者，食者盛食都用长柄勺。不同的是地狱的人们饥肠辘辘，因为他们都只盛食物给自己吃，因勺柄太长而吃不着，天堂的人们却吃得饱饱的，因为他们都将自己盛的食物送进别人的口中。这故事的旨趣很清楚：一个人只有首先替他人着想自己才能活下去。然而稍加思索便知，这故事描绘的"不道德"的窘境只是为张扬"天堂道德"所作的一种文本假设，在实际生活中并不存在，因为地狱里的人们完全可以凭借自己的经验感悟到，只要将各自的"长柄勺"改为"短柄勺"（不过是举手之劳），就不仅解决了自己的食物问题，而且所面临的与己有关的善恶分野的"道德问题"也迎刃而解了。

人类的许多"恶"其实并不源于"为自己"的"趋利避害"，而是源于治者对"为自己"的"趋利避害"采取不以为然和掉以轻心的态度。

一个人如果不注意合理地"为自己"，那么对于"他方"来说他或许是一位"道德人"，但同时也难免会成为"他方"的一个"问题人"，因为他的"个人问题"总是要解决的，但由丁他总是"替他人着想"，也就只能同时把自己的"个人问题"交给"他方"了。假如"他方"不能或不愿解决自己的合理"问题"，那么，他就会成为一个实实在在的"问题人"，在生存和发展的竞争中他就可能会成为一个"讲道德"的弱者，结果社会就会出现这样的分层：只替"他方"着想而不愿合理"为自己"的"道德人"，成为"弱势群体"。这样的人要想继续做"道德人"就只有一种选择：要么同时承认"为自己"的经验，要么走向"非自己"的颓废和堕落。

在文盲占多数乃至绝大多数的传统社会，人们没有通过道德教育接受社会道德理性的机会，他们为了生存和履行对家庭的责任，首先不是要去思考如何学习道德的知识和理论、遵循社会的道德规则和标准，使自己成为"道德人"乃至高尚的人。他们不可能是为了"讲道德"而去"生活"——生产和交换、生活和消费、相处和交往，而是为了"生活"才与道德相遇，因而感悟道德、体验道德、接受道德，接受"讲道德"，进而在经验和初始的意义上把"生活人"（"经济人"等）与"道德人"联系了起来。不注意合理地"为自己"，不仅是对自己的不负责任，也是对他人和社会的不负责任。被我们称为中华民族传统美德的"自力更生""自给自足""勤俭持家""和睦邻里"等，其价值旨趣不就是"为自己"么？

实际上，是善还是恶的问题不在于是否"为自己"，而在于"为自己"的最终目的、态度和行为方式。经验告诉人们，在客观关系中，每个人必然要与周边的人和事发生联系，"为自己而活着"的"目的"必须"不得已"地含有"为他人"的目的，"为自己而活着"的"方式"必然"不得已"地含有"利他人"的方式，否则真的会遭遇"长柄勺"的尴尬。在西方人看来，这就是"合理利己主义"的合理性。弗里德里希·包尔生在批评那种把"为自己"的"利己心"等同于利己主义的认识方法时正确地指出："我相信，这一理论是违反事实的"，"个人的自我保存冲动无疑在生活中扮演了一个极其重要的角色，并且经常牺牲他人利益来维护自己。但是没有一个人是这个意义上的个人主义者——即完全独占式地只关心他自己的祸福，而完全不管别人的幸福。"①

三、道德经验的整合形式

如前所说，有史以来正是道德经验建构和维护了人类社会生产、生活和交往的基本秩序，体现了人类社会的基本文明和人的基本素养。但同时也应当看到，道德经验都是与生产、消费和交往直接相关的"伦理观念"，具有漠视整体和权威的"自发"倾向，它是实然的道德，不是应然的道德，不能反映特定时代社会整体发展对道德的要求和道德自身发展进步的客观方向。人类社会每个时代都需要道德维护社会的整体需要并引领道德

---

① ［德］弗里德里希·包尔生：《伦理学体系》，何怀宏、廖申白译，北京：中国社会科学出版社 1988 年版，第 208 页。

文明发展的客观方向，这就要求道德不仅仅是经验的，必须同时是理性的，具有"特殊的社会意识形态"的性质，体现治者所代表和言说的整体利益。作为"特殊的社会意识形态"的道德，是特定时代治者经由"士者"的加工提出的道德原则和规范体系，它遵循经济基础决定上层建筑（包括其他意识形态）的客观逻辑，反映一定社会的经济关系的性质，体现治者的国家意志。

但是，真正维护社会整体需要并引领道德文明发展的客观方向的道德，却并不是"特殊的社会意识形式"的道德理性，而是道德经验的整合形式。其所以如此，总的来说是因为道德理性与政治反映经济的规律一样，也是经济的"集中"表现，具有"超验"的性质，如果说道德经验与其发生源之间是一种直接的"相一致"的关系，是"经验"的，那么，"特殊的社会意识形式"与其发生源则是一种"相适应"的关系，是"超验"的。由于"集中"和"超验"，道德理性在价值趋向上通常表现出与道德经验相左的倾向。如"三纲五常""推己及人"及其派生形式"己所不欲，勿施于人"（《论语·里仁》）、"己欲立而立人，己欲达而达人"（《论语·颜渊》）等，与"各人自扫门前雪，休管他人瓦上霜""开门相望，老死不相往来""拔一毛以利天下，不为也"的道德经验就是相左的。由于"集中"和"超验"，所以具有"假说"的性质。"集中"—"超验"—"假说"，这是私有制产生以来一切社会道德理性的共同特征。

毫无疑问，"假说"的道德价值对任何历史时代的社会发展和道德进步来说，不仅是必要的，也是可能实现的。但同时也应当注意到如下一些情况势必会影响到"假说"的价值实现。一是将具有假说性质的道德理性转变为人们的道德素质，需要经由道德教育和教化的过程，在这个转变过程中假说的东西由于受到种种因素的影响会发生一些偏移、变形，乃至失落。如"己所不欲，勿施于人"变形为"事不关己，高高挂起"，"己欲立而立人，己欲达而达人"偏移到"哥们义气"，今天的集体主义在倡导的过程中失落为"单位主义""地方主义"，等等。二是如果治者的"假说"和"假设"不能真实反映当时代道德发展和进步的客观方向，那么道德理性就会离道德经验更远，从而加剧了经验与理性之间的对立与分裂，导致假说的价值不能甚至根本不可能实现。三是人类至今的社会分层（在阶级社会里集中表现为阶级的差别和对立），使得人们通常对假说的道德价值存有一种"逆反心理"。社会分层在道德上的表现就是：决定了道德经验总是属于"劳力者"的，道德理性总是属于"劳心者"的，这种状况使得每个时代的道德现象世界总是存在对立乃至分裂的情况。

从以上的简要分析中我们不难看出，真正维护一定时代的社会整体需要、体现道德发展进步方向的并不是表现为"特殊的社会意识形式"的社会道德理性，而是道德经验的整合形式，即被道德经验"干扰"和"消解"过的"道德综合体"。它既不是"纯粹"的诉诸文本的道德理性，也不是"纯粹"的生长在"庶民"社会中的道德经验，它究竟是什么，人类至今尚没有多少准确的文字给予言说。这至少给我们有两点启示：其一，认识和把握一个民族的道德传统，继承和发扬民族传统美德的问题上，不能仅仅依据历史上有关道德的经典文本。那些典籍其实都是当时代的"特殊的社会意识形式"，都是关于道德的言说——假说体系，并不能真实反映当时代的道德现实及其发展进步的客观方向。其二，进行道德解释和道德评价，不能仅仅依据现实社会提倡和推行的有关道德理性的文本标准，把人的德行叙述得那么完美，把道德榜样描绘成偶像。这两点启示是很重要的，有助于我们客观地认识人类道德文明发展进步的历史轨迹，避免因把道德"纯粹化"和"理想化"而使之远离生活，变成人人皆可说却很少有人去身体力行的门面话。

道德能力刍议*

　　人类在物质和精神生产领域取得的每一种文明成就，赢得的每一次进步，都离不开其认识和实践的能力，包含认识和改造自然、社会和人自身的能力，认识和改造自身的能力包含道德价值选择和实现的能力。人们在道德选择和价值实现的过程中，"好心没办好事"以至"好心办了坏事"的情况时有发生，结果事与愿违，甚至适得其反，不仅挫伤人做"道德人"的积极性，久之还会影响人对道德价值的向往和追求，直至动摇人对道德价值和道德进步的信念。发生这种情况的根本原因，就是人们选择和实现道德价值的能力不足。我们称这种能力为道德能力。

一、道德能力及其意义

　　广义地说，道德作为"实践理性"就是一种能力，就是一种反映人对文明和理性生活的认识、向往和追求的能力，是人类直面和战胜邪恶、不断走向进步的"资本"。狭义的道德能力，是相对于道德现象世界内部的其他方面而言的，指的就是如上所说的选择道德行为和实现道德价值的能力。

　　中国伦理思想史上没有"道德能力"一说。虽然，载有"知"（或

---

* 原载《理论与现代化》2007年第5期，中国人民大学书报中心复印资料《伦理学》2008年第1期。

"智")的文本思想颇为丰富，但所表达的意思多不是道德行为选择和价值实现意义上的能力，而是人关于道德知识和行为准则的接受能力和积累水准。孟子在解释智与仁、义的关系时说："仁之实，事亲是也；义之实，从兄是也；智之实，知斯二者弗去是也。"（《孟子·公孙丑上》）把"智"看成是知仁知义的过程，以及因知之积累而形成的姿态和意志（"弗去是也"）。西汉初年，经过董仲舒的制作和阐发，"智"被推崇到"五常"（仁、义、礼、智、信）大德之一的位置，表明中国古人对道德知识（"知"或"智"）的极度重视，由此而渐渐形成中国人在道德生活领域内注重"学道德（知识）""讲道德（知识）"的传统，使得中国传统哲学富含"道德知识"。西方思想史上的情况大体也是这样。自古希腊智者苏格拉底提出"美德即知识"的著名命题始，西方人就重视在哲学的大视野里思考、研究和阐发道德问题，其哲学传统虽然不如中国传统哲学那样浸透着"道德知识"的意蕴和特色，但也多与阐述道德知识及其价值标准有关，近现代以来更是这样。近现代以来有影响的西方哲学大多是围绕"道德"和"人生"的问题叙述的知识体系，风光一时的现代性和后现代性哲学思潮在这一点上尤其突出。这是近现代西方哲学自20世纪80年代始纷纷传入并影响中国社会发展和人的精神生活的最重要的原因，因为改革开放和发展社会主义市场经济使得当代中国人在道德上面对许多令自己感到困惑的"奇异的循环"。

中西伦理思想史的上述传统给今人至少有两点有益的启示：（1）道德之"知"或"智"是一种认识道德现象世界的能力，重视道德之"知"或"智"的能力是人类的共识。（2）关注道德之"知"或"智"是人类哲学思维的共同特征，关注道德和人生的现实是步入哲学殿堂的入门向导，试图超越"道德知识"去追问和揭示所谓的"纯粹哲学"包括康德、黑格尔的哲学的真谛，是在误导自己，也是在误导哲学。这就给我们留下了一个极为重要的历史性课题：认识道德现象世界的目的是为了改造道德现象世界，促进社会和人的文明进步。因此，客观地说明道德现实世界及动人地描绘道德未来世界，都不应是人们伦理思维的目的，而应是揭示将道德之

"知"或"智"转化为实际的道德价值的能力。

道德能力是正确选择道德行为和实现道德价值的关键因素。诚然,道德价值的选择与实现离不开人的善良动机,离不开人对善恶标准的认识和体验,既离不开道德认识和道德情感,也离不开人的实际的道德行动,但仅仅如此是否就表明行为选择的正确,结果就能实现道德价值呢?不一定,原因就在于不一定具备正确选择道德价值和推动道德价值实现的能力。任何道德价值实现的"善果"都不是善良动机、善良认识和善良情感的直接产物,而是善良动机、善良认识、善良情感和相应的道德能力有机结合的产物;舍掉相应的道德能力,仅凭善心、善知和热情不一定能结出"善果",有时甚至还会结出"恶果",即所谓"好心办坏事"。茅于轼在其《中国人的道德前景》中给我们讲了个故事,说有一年3月5日毛泽东题词"向雷锋同志学习"纪念日那天,有一位老师傅在大街上"学雷锋"——帮人修理铝锅。他忙得满头大汗,而他身后仍然站着十几位等他修锅的人,有一个路过的人竟然随手在路边的垃圾堆上捡了只破得不像样的铝锅也站到队伍里等着"雷锋"给他修①。"学雷锋",选择了给人修锅的行为本身是无可厚非的,但老师傅不加分析地"助人为乐",实际上是给"爱占他人小便宜"的人以可乘之机,"体面"地享用了自己讲道德的成果,助长了那些人的自私心,并没有真正实现自己选择的"学雷锋"的道德价值目标。之所以会有这样的"恶果",就是因为老师傅缺乏正确选择自己道德行为的能力——没有分清助人的对象,帮助了不该帮助的人。在社会生活中,这类现象反复地提醒我们,在有些情况下,不会讲道德不如规避讲道德,因为不会讲道德即没有能力讲道德所造成的后果充其量只是一种悖论,即在产生"善果"的同时也带来"恶果",而"恶果"又时常是大于"善果"的。毛泽东在第一次国内革命战争期间曾写过一篇文章,将"关心群众生活,注意工作方法"比作渡河之舟,过河之桥,强调的是领导方法对于成功的领导工作的极端重要性,这种方法就是政治伦理——为人民服务意义上的一种能力。不难设想:想过河,也懂得过河的知识和技

---

① 茅于轼:《中国人的道德前景》,广州:暨南大学出版社1997年版,第5—6页。

术，却没有过河的"舟"和"桥"，能够过得了河吗？依此而论，道德能力就是由善良动机、善良认识和善良情感通向"善果"的"舟"和"桥"。

二、道德能力的类型

从以上的简要分析中不难看出，在道德价值选择和实现过程中人的道德能力有两种基本类型，一是道德价值的选择能力，二是道德价值实现的能力。所谓道德价值的选择能力，简言之就是主体客观地判断自己面对的道德情境，依据一定的道德知识和价值标准正确选择自己的道德行为的能力。这种能力的重要意义是无须多加分析和证明的，因为没有这种能力就不能正确选择道德价值的目标，道德价值的实现也就无从谈起。这里需要探讨一个问题：道德价值的选择能力是否应当包含选择"道德成本"的能力，就是说"讲"道德要不要讲"道德成本"？回答应当是肯定的。道德广泛渗透性的生成和进步方式决定道德价值的选择和实现离不开特定的"载体"，所谓"载体"就是"道德成本"。否认正确选择道德成本的必要性和意义，人们在选择和实现道德价值目标的问题上除了"空口说白话"地"讲道德"，还能有别的选择吗？传统观念赞美的"君子之交淡如水"，要义是说强调人际相处和交往在"成本"上要"淡"，有"水"即可，并不是主张连"水"也不要。"千里送鹅毛，礼轻情意重"的千古佳话，说的是"鹅"的"成本"飞了，不得已，改"送鹅"为"送鹅毛"，虽然这近乎荒唐，但"鹅毛"毕竟是一种可以代表"鹅"和体现"送鹅情意"的"道德成本"，有"鹅毛"比没有"鹅毛"好。如果说在小农经济和计划经济的年代里人们在选择和实现道德价值时尚且能够重视选择"道德成本"的话，那么，在发展社会主义市场经济及由此营造的社会历史条件下，人们在选择和实现自己的道德价值的时候就更应当注意选择"道德成本"，将如何选择"道德成本"看成是一种道德选择的能力。当然，毫无疑问，选择"道德成本"应当注重能够体现"成本"的道德价值，即能够表达一种"情意"，或者能够体现"礼尚往来"的原则；不然的话，"道德成本"

就可能成为行贿受贿的"载体",在根本上失去选择道德价值和道德行为的意义。

道德价值选择能力只能满足正确选择道德价值目标的要求,不能满足正确道德价值实现的要求,对于实现道德价值目标来说它只是必要条件,不是充分条件。这就要求人们在充分肯定道德价值选择能力的意义的同时,还必须看到道德价值实现能力的重要意义。所谓道德价值实现能力,指的是道德行为主体将其选择的道德价值目标转变为道德价值事实的能力。这种能力,主要表现为应对行为过程可变因素的思维能力。仍以"千里送鹅毛,礼轻情意重"为例,"鹅"飞了,如果那人不知应对,改"送鹅"为"送鹅毛",那么只有中止行为过程,放弃选择的目标。生活表明,道德价值实现过程的情况时常是比较复杂的,正确的价值选择只是价值实现的前提,能否最终实现价值目标还要看能否依据价值实现过程的环境的变化适时调整自己的行动方式乃至价值目标。

应当注意的是,一种道德价值("善果")的选择和实现,实际上是上述两种基本类型的道德能力相统一的结果。因此,人们应当充分注意到道德能力的意义,在社会生活中表达自己的善良意志的时候注意把两种相互联系的不同类型的道德能力结合起来。

三、道德能力的本质

中国现行的伦理学通常把人的道德品质结构划分为道德认识、道德情感、道德意志和道德行为四个基本层次,从不涉及道德能力。这是需要重新认识的。人的道德品质结构应当是知、情、意、行、能的统一。要说清这个问题就需要揭示道德能力的本质。

目前的伦理学体系一般包含两个部分。第一部分分析的是"道德是什么",第二部分阐述的是"道德应当是什么"或"应当是怎样的"。不难理解,围绕"道德是什么"建立起来的知识体系属于真理范畴,围绕"道德应当是什么"或"道德应当是怎样的"建立起来的知识体系属于价值范畴。这种通行的逻辑结构本身没有问题，它真实地反映了道德现象世界的客观性状。然而令人遗憾的是，当人们把道德当作"实践理性"，用其干预和指导社会和人生的时候，就忘了它的真理性要求，使两个部分脱节了，只在"应当"的价值层面提倡道德，进行道德教育、道德评价和道德建设，不注意反映道德价值选择和实现的真理性内容，或者不注意没有反映道德文明复杂的内容和价值实现的逻辑走向。道德能力反映的是道德现象世界的真理问题，但不是以客观存在的性状为内容的真理问题，或道德知识的真理问题，而是主观见之于客观——道德价值选择和实现过程中的真理问题。后者所反映的就是道德能力的本质。

由此看来，在整个道德现象世界里有两个领域的道德真理问题，一是反映道德现象世界的客观现实，二是反映道德价值选择和实现过程中的客观要求。一种完整的伦理学体系，不仅要客观描绘道德现象存在的真实性状——"道德是什么"，说明什么样的社会和人生才是文明和进步的——"道德应当是怎样的"，而且还应当揭示怎样的选择和行动才能促使社会和人生走向文明和进步——"应当怎样才能是道德的"。如果没有第三部分的内容，伦理学的知识体系充其量只是关于道德现象世界的素描和设计蓝图，只是关于"道德是什么"和"道德应当是怎样的"报告书，并不能展示道德作为"实践理性"的本质存在。道德的现象世界之所以会成为一代代人孜孜不倦追问和认识的对象，是因为人类将其预设为意义世界，而预设的意义世界是否具有真实的意义，并不取决于预设的意义性，而是取决于预设的真理性。

在道德价值的选择和实现的过程中，如果说认识和把握道德的价值问题属于价值判断或意义判断的范畴，那么认识和把握道德的真理问题就属于事实判断或逻辑判断的范畴。道德能力本质上就是能够认识和把握事实判断或逻辑判断的能力，能够把事实判断或逻辑判断与价值判断或意义判断结合起来的能力。任何一种道德价值的选择和实现过程，其实都是这两种判断相统一的过程。这就说明，不能离开人的道德能力来谈论人的道德选择和价值实现问题，不能离开道德能力的高低来评论人的道德品质的优与劣的问题。价值判断或意义判断反映的是人的德性，事实判断或逻辑判断反映的是人的智慧，人的道德品质结构应当是德性与智慧的统一。如果说德性反映的是人在道德上的高尚与否，那么，"慧性"反映的则是人在道德上的成熟与否，评价道德品质是否优良，既要看其是否高尚，也应看其是否成熟。"学雷锋"的老师傅之所以作了不当的选择，就是因为他没有辨别真假，帮助了不该得到他帮助的人，他的道德品质或许是高尚的，但不能说他的道德品质是优良的。

道德价值选择和实现的过程的情况是复杂多变的，人在德性水准上的差别、差异是普遍客观存在的，任何社会都不能把道德进步仅仅诉诸"人皆可以为尧舜"的德性预设，也不能把道德价值的选择和实现的过程预设在"我为人人，人人为我"的逻辑推理上。社会的道德教育和道德建设的基本目标和任务，应当是促使人们形成高尚与成熟相统一的道德品质，形成既崇尚德性又崇尚智慧的社会道德风尚。在实行改革开放和发展市场经济的社会环境里，尤其应当作如是观。

四、道德能力的培养

道德能力不是与生俱来的，它的形成和提高依靠后天的教育与培养。如上所说，道德能力是一个全新的概念，在目前的伦理学知识体系中都没有它的学科地位；作为人的优良道德品质的重要组成部分和人在道德上成熟的主要标志，道德能力虽然在不同的人的身上反映出不同的水平，是一种客观的存在，但是人们大多还没有自觉地认识到它的存在，或者虽然认识到它的存在却不愿接受这一事实。因此，培养道德能力首先需要从检讨和批评中国儒学伦理文化的主流传统做起，进行相关道德理论的创新。中国儒学伦理文化的主流传统，强调"推己及人"，推崇"己所不欲，勿施于人""己欲立而立人，己欲达而达人""君子成人之美，不成人之恶"等，义务论的倾向十分明显。在义务论的价值理念的教化和引导下，人们在进行道德选择时注重的是从"良心"和"善良动机"出发，不大关注选择的条件和情境，更不注意选择的后果如何，信奉的是"凭良心做事"。因此，要培养和提升人们的道德能力，就要在检讨和批评传统伦理文化的基础上，将关于道德能力的知识和理论引进伦理学的知识体系。

其次，要将道德能力列入道德教育的内容体系，这种教育应从家庭教育阶段抓起。由于种种原因，中国人的家庭道德教育本来就存在内容不规范、方式不规则的问题，道德教育含量不高，关于道德能力教育的含量就更低。就道德能力的教育与培养而言，这是一个需要认真研究和加以解决的问题，以减少后续的学校教育的"补课"工作量。基础教育阶段的道德能力教育，应把"由心而发"与"量力而行"结合起来，注意与《未成年人保护法》的立法精神相衔接，在培养学生具备基本的"爱心"的过程中教育学生学会"保护自己"。笔者曾参加过某省小学思想品德课系列教材的审定工作，对原书稿中关于一位少年画家宁死不愿为土匪头子画像的内容提出过异议和建议，异议和建议后来都被编者采纳，此为一件幸事。对大学生进行有关道德能力的教育，应列入高校思想政治理论课，尤其是《思想道德修养与法律基础》课的教学内容。教育过程中要突出道德智慧的思辨内容，把"善心""善举"与"智举"结合起来，教育大学生既做"道德人"又做"聪明人"，渐渐形成既高尚又成熟的优良的道德品质。

再次，要将道德能力的教育与培养列入社会道德提倡和道德评价的范围，改进和丰富道德评价的标准与机制。由于受到具有义务论倾向的儒学伦理文化主流传统的深刻影响，我们的社会道德评价历来注重的是对象的道德动机的"纯洁性"和道德榜样的"崇高性"，而不重视动机的多样性及其付诸行动之后的实际效果，看不到道德榜样力量的"一般性"，致使道德提倡和道德评价在许多情况下脱离道德现实和人们道德品质的实际水平，最终流于形式，甚至还会出现怀疑道德动机和道德榜样本身价值的不良心态。社会的道德提倡和道德评价，要既宣传道德动机也宣示道德能力，既讲动机的"纯洁性"也讲动机的多样性，既肯定和高扬道德的"崇高性"，也评论道德上的"成熟度"。如此坚持下去，无疑会不断提升中华民族的道德素养，改善社会道德风尚，促进社会和谐。

后　记

　　总结和提炼是人们成就事业的重要方法和手段，是推动事物发生质变的重要环节，任何人都概莫能外。通观钱老师的这套文集，也正是在总结和提炼的基础上形成的重大成果。从微观看，老师在伦理学、思想政治教育、辅导员工作等领域的研究，多是以总结的方式用专业的话语表达出来的。从宏观看，老师的总结和提炼站位高远、视野宽阔、格局恢弘。这又成就了老师在理论上的纵横捭阖、挥洒自如，呈现出老师深厚的学术底蕴和坚实的理论功底。

　　比如在谈到思想政治教育整体有效性问题的时候，老师说：马克思主义认为，世界是不同事物普遍联系的整体，某一特定的事物也是其内部各要素之间普遍联系的整体，事物内部各要素之间的关系是怎样的，事物的整体就是怎样的。恩格斯说："当我们通过思维来考察自然界或人类历史或我们自己的精神活动的时候，首先呈现在我们眼前的，是一幅由种种联系和相互作用无穷无尽地交织起来的画面。"[1]为了"足以说明构成这幅总画面的各个细节"，"我们不得不把它们从自然的或类似的联系中抽出来"[2]。就是说，人们只是为了细致分析和把握事物某部分的个性，也是为了进而把握事物的整体，才"不得不"在许多情况下把事物某部分从整体关联中"抽出来"。然而，这样的认识规律却往往给人们一种错觉和误

---

　　[1]《马克思恩格斯文集》第9卷,北京:人民出版社2009年版,第385页。

　　[2]《马克思恩格斯文集》第3卷,北京:人民出版社2009年版,第539页。

导：轻视以至忽视从整体上把握事物内在的本质联系，惯于就事论事，自说自话。这种缺陷，在思想政治教育有效性的研究中也曾同样存在。

20世纪80年代初，中国改革开放和社会转型的序幕拉开后，由于受到国内外各种因素的影响和激发，人们特别是青年学生的思想道德和政治观念发生着急剧的变化，传统的思想政治教育面临严峻挑战，受到挑战的核心问题就是思想政治教育的"缺效性"以至"反效性"问题。思想政治教育作为一门科学、进而作为一种特殊专业和学科的当代话题由此而被提了出来。因此，在这种意义上完全可以说，推进新时期思想政治教育走向科学化的原动力，正是思想政治教育有效性问题的研究。然而，起初的思想政治教育有效性问题的研究只是围绕思想政治工作展开的，关注的问题只是思想政治教育实际工作的原则和方法，缺乏从思想政治教育专业和学科整体上来把握有效性问题的意识。而当思想政治教育作为一门学科的"原理"基本建构起来之后，关于思想政治工作有效性问题的学术话语却又多被搁置在"原理"之外，渐渐地被人们淡忘，以至于渐渐退出学科的研究视野。不能不说，这是一种缺憾。

推进思想政治教育科学化是解决这一问题的根本途径。思想政治教育科学化本质上反映的是全面贯彻党和国家的教育方针，培养和造就一代代社会主义事业的合格建设者和可靠接班人提出的理论与实践要求，具体表现为大学生思想政治素质的全面发展、协调发展和可持续发展，即凸显整体有效性。这种整体有效性，不只是大学生思想政治教育单个要素的有效性，也不是各个要素有效性的简单相加，而是思想政治教育要素、过程和结果的整体有效性；大学生思想政治教育要素、过程和结果的整体有效性不是静态有效，也不是各个阶段有效性的简单叠加，而是各个要素在各个阶段有效性的有机统一，是整体有效性的全面协调可持续提升。

…………

当我们合上老师的文集，类似的宏论一定会在我们的脑海里不断涌现，或似深蓝大海上的朵朵浪花，或似微风吹皱的湖面上的粼粼波光，令人醍醐灌顶、振聋发聩。

在老师的文集付梓之际，我们深深感谢为此付出过辛勤劳动的同学们。在整理文稿期间，一群活泼阳光的思想政治教育专业的同学通过逐字逐句的阅读、录入和校对，为文集的出版做了大量的最基础的工作。

感谢安徽师范大学副校长彭凤莲教授为文集的出版所做的大量努力。

感谢安徽师范大学马克思主义学院领导给予的高度关注和大力支持。

感谢安徽师范大学出版社，在文集出版的过程中，从策划、编校到设计、印制，同志们付出了许多的心血。

感谢我们的师母，在老师病重期间对老师的温暖陪伴和精心呵护。一个老人是一个家庭的精神支柱，一个老师是一个师门的定盘星。我们衷心祝福老师健康长寿，带着愉悦的心情看到自己的理论成果在民族复兴的伟大征程中发光发热，能够在中华民族伟大复兴即将来临之际，安享晚年。

执笔人　路丙辉

二〇二二年八月